MATHÉMATIQUES
DES COURBES ET DES SURFACES

# Modèles de BÉZIER, des B-SPLINES et des NURBS

**Outils pour l'ingénieur**
**Bases pour la CAO**



Gilbert DEMENGEL Jean-Pierre POUGET

ellipses

**Présentation des auteurs**

**Gilbert Demengel** est ancien élève de l'E.N.S de Cachan, professeur agrégé de l'Université, ex-maître de conférences à l'E.N.S de Cachan, inspecteur général honoraire de l'Education Nationale en Mathématiques. Pendant de nombreuses années, il a, dans le cadre de son service d'enseignement, dispensé des cours sur les courbes et les surfaces du modèle de Bézier et de celui des B-splines.

**Jean-Pierre Pouget** est ancien élève de l'E.N.S de Cachan, professeur agrégé de l'Université en mathématiques, docteur d'Université (thèse sur la modélisation). Il a enseigné la modélisation géométrique dans le cadre des formations dispensées par les M.A.F.P.E.N et par les I.R.E.M (Instituts de recherche en enseignement mathématique).

**Remerciements des auteurs**

Nos remerciements s'adressent tout d'abord à Pierre Bézier qui a bien voulu préfacer ce livre et nous aider de ses conseils.

La lecture de cet ouvrage se devait d'être agrémentée d'illustrations de réalisations effectives. Nous tenons à souligner le très bon accueil qui nous a été réservé et la qualité des photographies que nous avons été autorisé à reproduire dans les laboratoires de l'ENS de Cachan, de l'Ecole Centrale de Paris, de Dassault Systèmes et de Matra Datavision.

Nous remercions tout particulièrement :

chez Dassault Systèmes : Jean Marc Galéa, Philippe Laufer, Alain Collet et Pierre Villa,
chez Matra Datavision : François Costes, Stéphanie Pottier et Jean Noël Dodote,
à l'Ecole Centrale : Mounib Mékhilef,
à l'ENS de Cachan : Bernard Terrée.

**Illustrations des pages de couverture**

Première de couverture

vue n°1 : Carrosserie, *CATIA- Dassault Systèmes*

Deuxième de couverture

vue n°2 : Moto, *STRIM- Matra Datavision*

vue n°3 : Hélicoptère, NH INDUSTRIES, *CATIA - Dassault Systèmes*

Troisième de couverture

vue n°4 : Voiture stylisée, *STRIM- Matra Datavision*

vue n°5 : Capot (visualisation de courbures), *STRIM- Matra Datavision*

Quatrième de couverture

vue n°6 : Capot (visualisation d'isoparamétriques), *CATIA- Dassault Systèmes*

ISBN 2-7298-9806-9

*« Il me semble n'avoir été qu'un enfant jouant sur la plage, tout au plaisir de trouver de temps à autre un galet plus lisse ou un coquillage plus joli qu'à l'ordinaire, tandis que le grand océan de la vérité s'étendait inexploré devant moi »*

*Isaac Newton*

Ami lecteur,

Nous t'invitons à découvrir un beau coquillage.

## EXEMPLE DE REALISATION

*(Un Premier coquillage)*

***(Image fournie par le logiciel Catia du Laboratoire de Génie Mécanique de l'ENS de Cachan. Reproduction autorisée par M. Bernard Terrée, professeur à l'Ecole)***

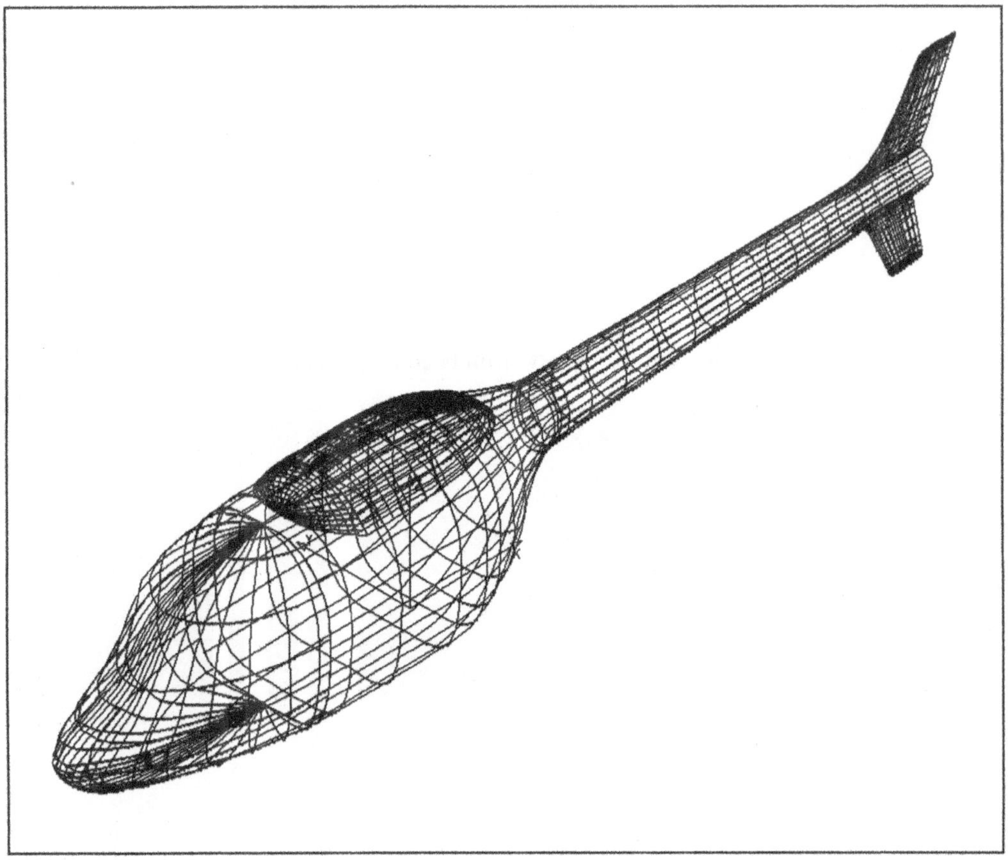

*Structure de fuselage complète d'un hélicoptère. Réalisation au moyen, d'une part, de surfaces composites de Bézier et de B-splines, et, d'autre part, de surfaces engendrées par des segments, des arcs de cercles ou de coniques.*

*( Voir le chapitre 4 concernant les surfaces de Bézier)*

## TABLE DES MATIERES

# PREFACE

Le dessin a été le premier moyen de communication de nos lointains ancêtres ; ceux qui ont tracé les images bouleversantes des parois des cavernes n'avaient peut-être encore, comme autre langage, que des grognements et des gestes.

Une quinzaine de millénaires se sont écoulés ensuite avant qu'apparaissent les premiers alphabets cunéiformes ou hiéroglyphiques ; c'étaient des images stylisées, et il a fallu beaucoup de temps encore avant que l'on imagine de leur donner une valeur phonétique ; ceux des phéniciens ne sont apparus que beaucoup plus tard.
Dans notre civilisation occidentale, le dessin est, depuis la plus lointaine origine, l'indispensable moyen pour décrire un objet avec la précision nécessaire à sa fabrication ; on a commencé très vite à tracer des épures, et l'on a la preuve palpable que les temples ou les grands bateaux n'étaient pas construits à vue de nez.
Les charpentiers, les tailleurs de pierre, les gens des chantiers navals, les compagnons carrossiers et bien d'autres encore, établissaient leurs plans sur le sol des halles ou les murs des ateliers.

Pour satisfaire à l'accroissement de l'exigence de la précision, on a complété les plans par des cotes, puis par des tolérances.

On trouve, dans le dessin de la pièce mécanique la plus simple, mille fois plus de renseignements que dans une description écrite ; bref croquis, long rapport... n'évoquons pas, une fois de plus, le jugement de l'empereur!.

Si un compagnon, travaillant sur place, peut aisément consulter une épure et en reporter les grandeurs à l'aide d'une règle graduée ou d'un rapporteur d'angle dit « sauterelles », il est aujourd'hui indispensable de diffuser des plans et de les remettre, quelle que soit la distance, à tous ceux qui interviennent dans la réalisation d'un travail. Les « Ozalids » ont succédé aux « bleus » et la présence des cotes a réduit l'inconvénient de l'hygrométrie du papier, auquel ont succédé, en cas de besoin, les feuilles de matière organique du genre du polyéthylène.

Il était naturel que l'ordinateur trouve son emploi dans la résolution de problèmes que pose le transport des informations, et que tout soit exprimé par des nombres, comme le voulait Platon.

Depuis des millénaires, les mécaniciens employaient principalement, et presque exclusivement, une géométrie fondée sur les propriétés de la droite et du cercle ; la règle, l'équerre et le compas leur suffisaient donc. Si un jardinier a créé l'ellipsographe, c'est bien plus tard que « le Vinci » a inventé des appareils pour tracer les autres coniques.

Depuis l'antiquité grecque, les mathématiciens se sont intéressés à d'innombrables courbes, mais on peut dire que leur but était de matérialiser les propriétés de certaines expressions mathématiques et il faut observer, qu'avant Fourier, on ne s'était guère posé le problème inverse, à savoir trouver la représentation algébrique d'une courbe ou d'une surface données.

Cette question est venue se poser de façon aiguë lorsque les phénomènes de la dynamique des fluides ont pris une importance de plus en plus grande et que l'extrapolation prudente de formes affinées par l'expérience n'a plus suffi ; on peut situer vers 1955 le moment où, les ordinateurs étant devenus plus surs, plus dynamiques et plus maniables, les travaux sur la CAO, vite devenue CFAO, ont pris une réelle ampleur.

L'industrie aéronautique a ouvert la route ; celle de l'automobile l'a vite suivie et même parfois dépassée et, en quelques décennies, tout le reste en foule, comme disait Rabelais, a pris le même chemin.

Cette fois, la droite et le cercle ne suffisaient plus et on a dû prendre en compte des courbes gauches.

La première démarche, la plus naturelle, fut d'essayer de définir des lignes puis des surfaces, contenant des points situés sur un modèle préalablement établi : dessin ou maquette sculptée ; les courbes dites « splines », que l'on me pardonne ce mot anglais que son équivalent « latte » n'a pu déraciner, les Nurbs, les carreaux de Coons et les facettes triangulaires de Delaunay et de Voronoï répondent bien à la question ; mais il faut souvent qu'une solution obtenue de façon automatique subisse une mise au point, qui est en quelque sorte un lissage traité de manière subjective, donc forcément arbitraire.

Depuis l'époque des premières polynomiales paramétriques, de nombreux travaux ont développé les connaissances relatives à ces espaces et forment une collection très importante.

Evidemment, avec un bagage rudimentaire, on peut obtenir, avec l'aide de la CFAO, des résultats très appréciables, un peu comme on conduit une automobile sans avoir besoin de la moindre notion de thermodynamique mais, pour ceux qui veulent dominer leur technique et se trouver capables de la compléter et de la perfectionner en vue d'une application spécifique, le livre de l'Inspecteur Général Demengel est une aide de qualité.

Une dernière remarque : dans leurs raisonnements, les auteurs font appel alternativement à la géométrie et à l'analyse. S'il y a là de quoi faire hausser les sourcils et pincer les lèvres à des mathématiciens purs, les techniciens, qui recherchent l'efficacité plus que la pureté, observerons que, dans tel ou tel cas, emprunter l'une de ces voies est, pour eux, plus simple et plus rapide que de choisir l'autre ; c'est un rappel salutaire d'une vérité trop souvent négligée.

D'ailleurs, la CFAO n'a-t-elle pas été créée d'abord pour le service de la Technique.

Pierre Bézier

## AVANT- PROPOS

*Quel contenu, quelles méthodes ?*

Le but de ce livre est de présenter les modèles mathématiques qui sont les bases des modèlisations pour les courbes et les surfaces, dans le domaine des systèmes informatiques utilisés principalement pour la C.A.O.(conception assistée par ordinateur), et aussi pour la F.A.O.(fabrication assistée par ordinateur). Les secteurs d'application sont très variés : construction automobile, construction aéronautique, « désign », graphisme...
L'ouvrage est consacré à l'exposé des courbes de Bézier, des courbes B-splines, des courbes rationnelles, des surfaces de Bézier (carreaux ou facettes triangulaires) et des surfaces B-splines.
Ces modèles sont étudiés de plusieurs façons. A chacune de ces présentations, aussi bien pour les surfaces que pour les courbes, sont associées des méthodes spécifiques apportant des éclairages variés sur la capacité de ces modèles dans la conception des formes. Ces méthodes peuvent être vectorielles, analytiques, géométriques, algébriques, indicielles, matricielles, algorithmiques ...
Deux points ont été privilégiés par les auteurs :
- d'une part, la géométrie de ces courbes et surfaces fait l'objet de substantiels développements, associés la plupart du temps à la notion d'hodographe,
- d'autre part, toutes ces études, définitions, démonstrations, interprétations, résultats font intervenir tout au long de cet ouvrage des formules dites « symboliques » qui condensent, sous des formes particulièrement simples, les expressions globales des points courants de ces courbes et surfaces.
Enfin, pour chacun des modèles, une étude globale permet de se faire une idée de la forme générale de la courbe ou de la surface. Parallèlement, une étude locale permet en chaque point de définir les tangentes, les plans tangents, les plans osculateurs, les courbures, les torsions...
Le souci majeur est de favoriser la compréhension des méthodes qui sont au coeur des principes gouvernant les logiciels de C.A.O. Une des idées directrices est de faire percevoir pourquoi et comment les modèles étudiés possèdent une très grande souplesse et une bonne adaptabilité dans la conception des formes.
*En bref, ce livre de Mathématiques dévoile « la boîte noire » des modèles mathématiques qui sont à l'intérieur des logiciels de C.A.O.*

*Quels lecteurs, quels niveaux ?*

Cet ouvrage qui s'inscrit dans l'étude mathématique des courbes et des surfaces, qu'elles soient de Bézier ou du type B-splines s'adresse à un très large éventail de lecteurs:

- Il s'adresse aux ingénieurs et techniciens qui, au sein des bureaux d'études de conception et dans le domaine de la production, sont amenés à utiliser des systèmes de C.A.O. pour des applications industrielles variées.

- Il est destiné aux étudiants dans les Ecoles d'ingénieurs ou dans les Maîtrises et Licences techniques ou encore dans les Instituts Universitaires Professionnels qui sont concernés par la compréhension et l'utilisation des logiciels de C.A.O.

- Il est destiné aussi aux étudiants et aux professeurs du premier cycle et du deuxième cycle post-baccalauréat, aux élèves de certaines classes préparatoires, à certaines sections de Techniciens Supérieurs et d'Instituts Universitaires de Technologie, soit dans le cadre d'une formation mathématique, soit dans le cadre de certaines formations techniques.

- Enfin, il peut rendre service aux candidats aux Concours de recrutement de professeurs de Mécanique et de Génie mécanique.

Son niveau d'accès peut osciller entre Bac+1 et Bac+3. Dans la mesure où des annexes fournissent les résultats utiles en analyse et en algèbre, la presque totalité du premier chapitre consacrée aux courbes de Bézier et les définitions et propriétés importantes contenues dans les premiers paragraphes des autres chapitres, à l'exception de certaines démonstrations, est abordable pour des étudiants en première année post-baccalauréat. Les propriétés fines des fonctions B-splines et les méthodes requises notamment pour l'étude des carreaux de Bézier et des facettes de Bézier réclament en revanche une réflexion mathématique plus élaborée.

*Quelle structure, pour le développement de cet ouvrage ?*

La plupart des notions sont abordées dans le souci de la meilleure compréhension possible. Les premières définitions et propriétés sont préparées par des exemples où les degrés sont faibles, les indices peu nombreux, les interprétations faciles faisant intervenir des situations connues de la plupart des lecteurs. Les démonstrations générales sont souvent précédées de cas particuliers où l'on peut mieux apercevoir la nature du raisonnement utilisé.

Enfin, des exercices nombreux à la fin du livre, sont à même d'alimenter une recherche plus personnelle et, dans certains cas, de favoriser la compréhension des notions. Ils proposent des compléments, des mises en oeuvre de méthodes nouvelles, l'examen de cas singuliers, des calculs non abordés dans le cours proprement dit.

*Quel rapport avec l'informatique et la C. A. O ?*

Il faut bien dire que les modèles présentés ici réclament, pour leur utilisation dans la pratique, un outil informatique. Nous n'abordons pas l'aspect programmation mais, dans beaucoup de cas, nous décrivons les algorithmes nécessaires ( de type récursif ou itératif avec schématisations par des arbres) pour passer de la formulation mathématique à l'utilisation informatique.

La vocation de ce livre étant la compréhension complète et profonde des modèles, la présentation d'exemples illustratifs simples, pédagogiques est choisie de préférence à la présentation de réalisations complexes issus de cas réels de l'industrie, dont quelques exemples sont cependant fournis soit par des illustrations en couleurs sur les pages de couverture, soit au cours du développement ou à la fin de chacun des chapitres.

Reprenant les idées majeures exprimées par P. Bézier dans sa préface, on souligne l'apport important des mathématiques qui, avec le relais de l'informatique, fournit des moyens efficaces et interactifs pour la création des formes.

Les auteurs

# CHAPITRE 1

# MODELE DES COURBES DE BEZIER

## 1. INTRODUCTION

### *1.1 Présentation*

C'est au sein du bureau d'études du constructeur automobile Renault que l'ingénieur français Pierre Bézier a proposé une modélisation spécifique pour concevoir les différents éléments d'une voiture.

Ce modèle donne un moyen interactif pour concevoir les formes en utilisant un outil informatique. Mis en place à partir de 1962, ce modèle a été à la base du logiciel UNISURF, développé chez Renault.

A la suite de communications scientifiques, la première en 1982, les courbes dites « de Bézier » sont devenues aujourd'hui un des modèles de base dans les nombreux logiciels de conception assistée par ordinateur (C.A.O), utilisés dans des domaines divers d'applications tels que : mécanique, aéronautique, automobile, « design », polices de caractères, etc...

### *1.2 Plusieurs aspects*

Le modèle des courbes de Bézier peut être abordé de différentes façons. Chacune apporte un éclairage particulier sur sa capacité à maitriser la conception des formes. Dans cette étude, on dégage les aspects fondamentaux de ce modèle en prenant divers points de vue amenés par des définitions équivalentes ( par des points, des vecteurs associés à des contraintes, des suites de barycentres....), alimentés par des propriétés algorithmiques, vectorielles, géométriques et justifiés par des applications spécifiques diverses.

## 2. PREMIERE DEFINITION : POINTS DE DEFINITION

La définition classique des courbes de Bézier s'appuie sur la famille des polynômes de Bernstein dont l'étude est faite ci-dessous.

### *2.1 Polynômes de Bernstein*

Ces polynômes ont été utilisées par Bernstein, au début du XX$^{\text{ème}}$ siècle, pour l'approximation polynomiale des fonctions (voir l'annexe 4 sur l'approximation). Ils sont utilisés dans la description du modèle de Bézier par les points de définition nommés aussi points de Bézier ou même encore, mais à tort, « points de contrôle ». Les propriétés essentielles de ces polynômes proviennent de leur intervention à l'intérieur de la formule du binôme lors du développement de $\left(t+(1-t)\right)^n$ .

### 2.1.1 Définition et exemples

Soit $n$ un entier naturel non nul. Pour tout $i$ variant de $0$ à $n$ ($i \in [[0,n]]$)(1) , on définit le polynôme de Bernstein de degré $n$ et d'indice $i$, noté $B_n^i$, par la formule (2) :

$$\boxed{B_n^i(t) = C_n^i\, t^i\,(1-t)^{n-i}}$$

où $C_n^i$ est le coefficient classique du binôme $\dfrac{n!}{i!(n-i)!}$ (Cf. Annexe 1 sur ces coefficients) et où la variable $t$ est une variable réelle, la plupart du temps considérée sur $[0,1]$.

Exemples :

Pour $n=0$ $B_0^0(t)=1$

Pour $n=1$, $B_1^0(t)=1-t$ et $B_1^1(t)=t$

Pour $n=2$, $B_2^0(t)=(1-t)^2$ , $B_2^1(t)=2t(1-t)$, $B_2^2(t)=t^2$

Pour $n=3$ $B_3^0(t)=(1-t)^3$ , $B_3^1(t)=3t(1-t)^2$, $B_3^2(t)=3t^2(1-t)$ et $B_3^3(t)=t^3$.

### 2.1.2 Propriétés

La plupart d'entre elles vont conduire à des propriétés du modèle de Bézier.

◆ **(P1) :** $\boxed{\sum_{i=0}^{i=n} B_n^i(t)=1}$, propriété dite « de partition de l'unité ». Elle résulte de la formule du binôme : $\sum_{i=0}^{i=n} C_n^i\, t^i\,(1-t)^{n-i} = \big(t+(1-t)\big)^n = 1$ (Cf. Annexe 1).

◆ **(P2)** dite propriété de « positivité »: $\boxed{\forall t \in [0,1],\ \ B_n^i(t)\geq 0}$. Elle résulte de la positivité des 2 facteurs qui composent le polynôme pour $t$ dans $[0,1]$.

◆ **(P3)** dite propriété de « récursivité » :

$$\boxed{\forall i \in [[1,n-1]],\quad B_n^i(t)=(1-t)B_{n-1}^i(t)+t\,B_{n-1}^{i-1}(t)}.$$

a) La démonstration en est immédiate lorsque $i=n$ ou $i=0$ et elle résulte, pour les autres valeurs, de la relation de Pascal (annexe 1) pour les coefficients du binôme :

$$\begin{aligned}B_n^i(t) &= C_n^i\, t^i\,(1-t)^{n-i} = \left(C_{n-1}^i + C_{n-1}^{i-1}\right)t^i\,(1-t)^{n-i}\\ &= C_{n-1}^i t^i\,(1-t)^{n-i} + C_{n-1}^{i-1} t^i\,(1-t)^{n-i} = (1-t)\,C_{n-1}^i t^i\,(1-t)^{n-i-1} + t\,C_{n-1}^{i-1} t^{i-1}\,(1-t)^{n-i}\\ &= (1-t)\,B_{n-1}^i(t) + t\,B_{n-1}^{i-1}(t)\end{aligned}$$

b) **Algorithme exploitant cette récursivité** :

Pout t fixé appartenant à $[0,1]$

Initialisation :

$B_i^i(t)=t^i$, $B_{i-1}^{i-1}(t)=t^{i-1}$ , ....,$B_2^2(t)=t^2$ ,$B_1^1(t)=t$

$B_1^0(t)=1-t$, $B_2^0(t)=(1-t)^2$,....,$B_{n-2}^0(t)=(1-t)^{n-2}$ ,$B_{n-1}^0(t)=(1-t)^{n-1}$.

---

(1) Le double crochet $[[0,n]]$ est l'ensemble des entiers compris au sens large entre 0 et n.

(2) On a préféré la notation $B_n^i$, en concordance avec la notation $C_n^i$, à une notation plus lourde telle que $B(i,n,t)$ ou encore $B_{i,n}(t)$.

Récursivité : $B_n^i(t) = (1-t)\,B_{n-1}^i(t) + t\,B_{n-1}^{i-1}(t)$

**c) Représentation graphique par un arbre**

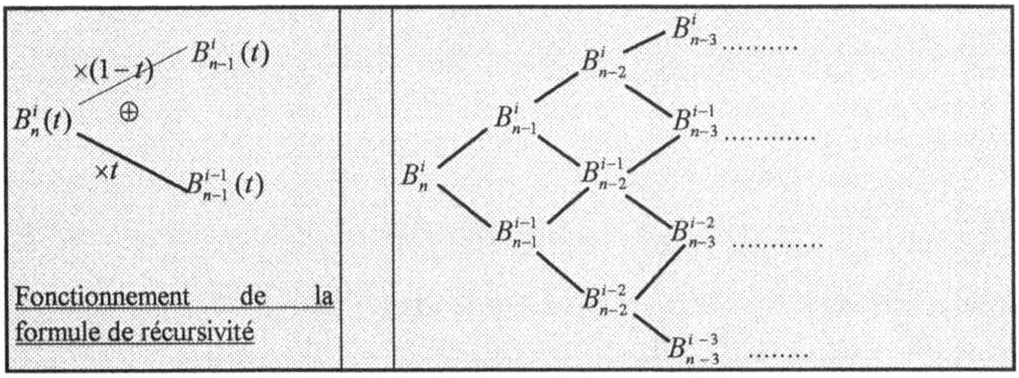


<u>Fonctionnement de la formule de récursivité</u>

L'arbre est arrêté (figure de droite) lorsque les indices ne respectent plus les contraintes, à savoir que les indices doivent être positifs ou nuls et les indices en position haute doivent être inférieurs aux indices en position basse. Dans les schémas ci-dessous, l'arrêt de l'application de la formule récursive est indiqué par les symboles cerclés (ceux qui suivent étant barrés). Cet arrêt correspond à l'initialisation, c'est à dire au calcul effectif des expressions terminales de l'arbre.

| | |
|---|---|
| <u>Initialisation</u> : $B_2^2(t) = t^2$ <br> $B_1^1(t) = t$ et $B_1^0(t) = 1-t$ | (* indique que l'arbre de gauche se greffe sur cet arbre) . <u>Initialisation</u> : $B_2^2(t) = t^2$ , $B_1^1(t) = t$ , $B_1^0(t) = 1-t$ et $B_3^0(t) = (1-t)^3$ |

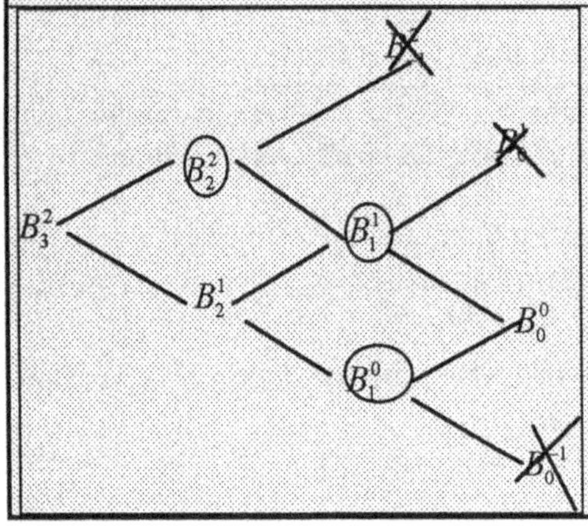


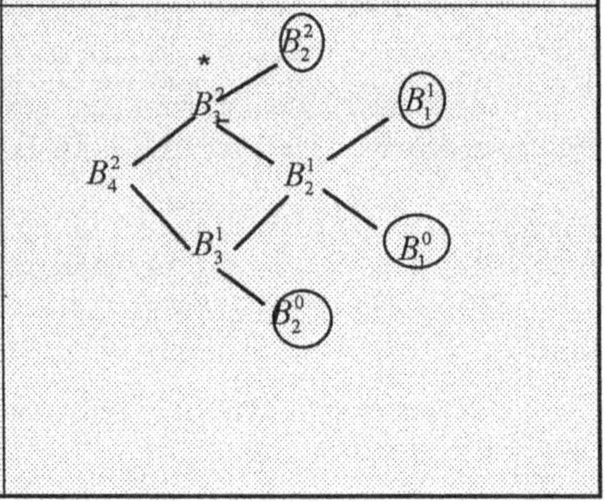


**2.1.3 Etude conjointe, à n fixé, des polynômes de Bernstein**

On construit les courbes représentatives, notées $(\Gamma_n^i)$,lorsque t varie entre 0 et 1.

◆ Pour n=1 , ce sont des segments de droites parallèles aux première et seconde bissectrices.

◆ Pour n=2, ce sont des arcs de paraboles et pour n=3, ce sont des arcs de cubiques. Les graphiques qui suivent fournissent les tableaux de variations et l'allure des courbes correspondantes :

| TABLEAUX ET COURBES POUR n=2 | | | |
|---|---|---|---|
| t | 0 | 0,5 | 1 |
| $(B_2^0)'(t) = 2(t-1)$ | -2 | - | 0 |
| $B_2^0(t) = (1-t)^2$ | 1 | ↘ | 0 |
| $(B_2^1)'(t) = 2-4t$ | 2 + | 0 - | -2 |
| $B_2^1(t) = 2t(1-t)$ | 0 ↗ | 0,5 ↘ | 0 |
| $B_2^2(t) = t^2$ | 0 | ↗ | 1 |

| TABLEAUX ET COURBES POUR n=3 | | | | |
|---|---|---|---|---|
| t | 0 | 1/3 | 2/3 | 1 |
| $B_3^0(t) = (1-t)^3$ | 1 | ↘ | | 0 |
| $B_3^{1'} = (3-3t)(1-3t)$ | 3 + | 0 | - | 0 |
| $B_3^1(t) = 3t(1-t)$ | 0 ↗ | 4/9 ↘ | | 0 |
| $(B_3^2)' = 3t(2-3t)$ | 0 + | | 0 - | -3 |
| $B_3^2(t) = 3t^2(1-t)$ | 0 ↗ | | 4/9 ↘ | 0 |
| $B_3^3(t) = t^3$ | 0 | ↗ | | 1 |

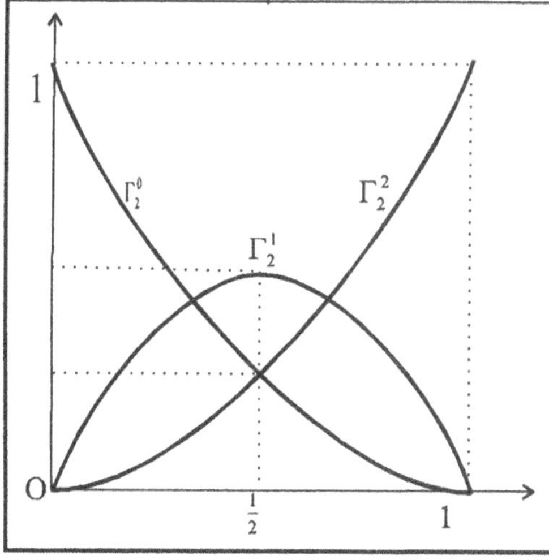


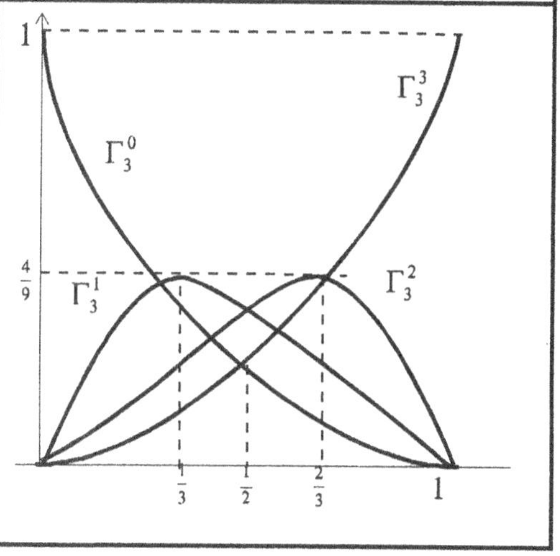


### 2.1.4 Relations dans la famille des polynômes de Bernstein

En dehors de la formule **(P3)** de récursivité valable quels que soient $i$ et $n$, nous avons des formules où seul l'un des deux indices est variable.

◆ **(R1)** où $n$ est constant , $i$ variable :

En utilisant la relation (Cf. Annexe 1) : $C_n^i = \frac{n-i+1}{i} C_n^{i-1}$ , le polynôme $B_n^i$ peut être exprimé à l'aide de $B_n^{i-1}$. On écrit, en effet, $B_n^i(t) = \frac{n-i+1}{i} \frac{t}{1-t} C_n^{i-1} t^{i-1} (1-t)^{n-i-1}$ et le produit des 3 derniers facteurs représente un autre polynôme de Bernstein, d'où :

$$\boxed{B_n^i(t) = \frac{n-i+1}{i} \frac{t}{1-t} B_n^{i-1}(t)}$$

Il en résulte, en faisant agir la formule où $i \geq 1$, un algorithme de calcul récursif de $B_n^i$ , jusqu'à l'initialisation par $B_n^0(t) = (1-t)^n$.

$$B_n^i(t)=\left[\frac{n-i+1}{i}\times\frac{t}{1-t}\right]\times\left[\frac{n-i+2}{i-1}\times\frac{t}{1-t}\right]\times\ldots\times\left[\frac{n}{1}\times\frac{t}{1-t}\right]B_n^0(t)$$

**Exemple pour n=3**

$B_3^3(t)=\frac{1}{3}\frac{t}{1-t}B_3^2$, $B_3^2(t)=\frac{t}{1-t}B_3^1(t)$, $B_3^1(t)=\frac{3t}{1-t}B_3^0(t)$. Avec l'initialisation $B_3^0(t)=(1-t)^3$, on trouve bien les 3 autres polynômes de degré 3.

◆**(R2)** pour *n* variable et *i* constant :

Utilisant une autre relation entre les coefficients du binôme (Cf.annexe 1) $C_n^i=\frac{n}{n-i}C_{n-1}^i$,

on obtient : $B_n^i(t)=\frac{n}{n-i}C_{n-1}^i\,t^i\,(1-t)^{n-i-1}\,(1-t)$, d'où :

$$B_n^i(t)=\frac{n}{n-i}(1-t)B_{n-1}^i(t)$$

On obtient ainsi un autre algorithme de calcul récursif jusqu'à l'initialisation $B_i^i(t)=t^i$, fin de l'utilisation de la formule :

$$\mathrm{B}_n^i(t)=\left[\frac{n}{n-i}(1-t)\right]\times\left[\frac{n-1}{n-1-i}(1-t)\right]\times\ldots\times\left[\frac{i+1}{1}B_i^i(t)\right]$$

Par exemple pour *i=3* et *n* variant à partir de *4*, on obtient en premier lieu $B_4^3$ grâce à :

$$B_4^3(t)=\frac{4}{1}(1-t)B_3^3(t)=4t^3(1-t)$$

**Remarque** : la relation **(P3)** met en oeuvre une récursivité double avec une fonction récursive de 2 variables alors que les 2 relations **(R1)** et **(R2)** mettent en oeuvre une récursivité simple avec pour chacune une fonction récursive d'une seule variable.

◆ **(R3)** où *i* et *n* sont constants, *t* retrouvant son rôle de variable :

En l'occurence, le polynôme $B_n^i$ est une solution particulière de l'équation différentielle linéaire du premier ordre $(E_n^i)$ : $t(1-t)x'+(nt-i)x=0$ ; autrement dit, on a la relation **(R3)** :

$$t(1-t)\left(B_n^i\right)'(t)+(nt-i)B_n^i(t)=0$$

En effet, la fonction polynomiale $t\mapsto B_n^i(t)$ a pour dérivée la fonction suivante :

$\left(B_n^i\right)'(t)=C_n^i i\,t^{i-1}(1-t)^{n-i}-C_n^i t^i\,(n-i)(1-t)^{n-i-1}$ . En multipliant par $t(1-t)$, on obtient **(R3),** vérifiée pour tout réel t. Remarquons, par ailleurs, que l'équation différentielle $(E_n^i)$ étant linéaire du premier ordre et homogène (autrement dit, sans second membre), la solution générale de $(E_n^i)$ est constituée de **tous** les polynômes proportionnels à $B_n^i$ (on peut , pour le redémontrer, intégrer l'équation différentielle sur l'intervalle $]0,1[$ et prolonger les solutions sur $\mathbb{R}$ puisqu'il s'agit de polynômes). En donnant une condition initiale, en dehors des points $t=0$ et $t=1$ (car, en ces points, le coefficient de x' est nul), par exemple en $t=\frac{1}{2}$, on peut caractériser le polynôme $B_n^i$ de la façon suivante :

Chacun des polynômes de Bernstein $B_n^i$ est l'unique solution, sur $\mathbb{R}$ ou sur $]0,1[$, de l'équation différentielle $(E_n^i)$ : $t(1-t)x'+(nt-i)x=0$ qui vérifie $x(\frac{1}{2})=C_n^i\left(\frac{1}{2}\right)^n$.

### 2.1.5 Propriétés concernant l'intégration sur $[0,1]$

Commençons par $n=3$ :

$$\int_0^1 B_3^0(t)dt=\int_0^1(1-t)^3\,dt=\left[-\frac{(1-t)^4}{4}\right]_0^1=\frac{1}{4}$$

$$\int_0^1 B_3^1(t)\,dt=\int_0^1\left(3t-6t^2+3t^3\right)dt=\left[\frac{3}{2}t^2-2t^3+\frac{3}{4}t^4\right]_0^1=\frac{1}{4}$$

$$\int_0^1 B_3^2(t)\,dt=\int_0^1(3t^2-3t^3)\,dt=\left[t^3-\frac{3}{4}t^4\right]_0^1=\frac{1}{4}$$

$$\int_0^1 B_3^3(t)\,dt=\int_0^1 t^3\,dt=\left[\frac{t^4}{4}\right]_0^1=\frac{1}{4}$$

On constate que ces intégrales sont toutes égales entre elles, on montre également que les 3 intégrales relatives au cas $n=2$ sont toutes égales à $\frac{1}{3}$.

Plus généralement, pour l'entier n arbitraire non nul, on a :

$$\boxed{\forall i\in[[0,n]],\quad \int_0^1 B_n^i(t)\,dt=\frac{1}{n+1}}$$

De ceci résulte que l'aire limitée par la courbe $\Gamma_n^i$, l'axe des abscisses et les droites d'équation $t=0$ et $t=1$ est toujours égale, en unités d'aire, à $\frac{1}{n+1}$.

**Démonstration** : On a d'abord facilement $\int_0^1 t^n\,dt=\frac{1}{n+1}$, il suffit donc de démontrer que toutes les intégrales $I_n^i=\int_0^1 B_n^i(t)dt$ vérifient $I_n^i=I_n^{i+1}\ \forall i\in[[0,n-1]]$.

Or, en prenant $v'=t^i$ et $u=(1-t)^{n-i}$ pour effectuer une intégration par parties, on obtient :

$$I_n^i=C_n^i\left(\left[(1-t)^{n-i}\times\frac{t^{i+1}}{i+1}\right]_0^1+\int_0^1\frac{n-i}{i+1}t^{i+1}(1-t)^{n-i-1}\,dt\right)=C_n^i\frac{n-i}{i+1}\int_0^1 t^{i+1}(1-t)^{n-i-1}\,dt\,.$$

On a, par ailleurs : $C_n^i\frac{n-i}{i+1}=C_n^{i+1}$, on reconnait dans le deuxième membre précédent l'intégrale du polynôme $B_n^{i+1}$. Donc, $I_n^i=I_n^{i+1}\ \forall i\in[[0,n-1]]$ ; ce qui termine.

### 2.1.6 Indépendance des $B_n^i$ dans l'espace vectoriel des polynômes

a) Rappelons que dans l'espace vectoriel $\mathcal{P}_n$ des polynômes de degré inférieur ou égal à $n$, il existe une infinité de bases (Cf. annexe 2), la plus utilisée est la base canonique constituée des n+1 monômes $X^i$ (ou $t^i$ si l'on préfère), $i$ prenant toutes les valeurs entre $0$ et $n$. Mais ce n'est pas toujours la mieux adaptée aux calculs concernant cet espace.

**Proposition 1.1**

Les n+1 polynômes de Bernstein $B_n^i$ forment une base de l'espace vectoriel $\mathcal{P}_n$.

**Démonstration**

Il suffit, puisqu'ils sont en nombre n+1, de prouver qu'ils sont linéairement indépendants (Cf. annexe 2).

Soient donc des réels $\lambda_i$ en nombre n+1 tels que le polynôme $Q = \sum_0^n \lambda_i \, B_n^i$ soit le polynôme nul. En utilisant les valeurs $t = 0$ et $t = 1$ de l'indéterminée, on obtient $\lambda_0 = \lambda_n = 0$; il en résulte, en factorisant par $t(1-t)$ le polynôme Q, que l'hypothèse peut s'écrire : $Q_1 = \sum_1^{n-1} \lambda_i B_n^i$. Là encore, à l'aide des valeurs $t = 0$ et $t = 1$, on obtient $\lambda_1 = \lambda_2 = 0$. En factorisant $Q_1$, on peut continuer. Si $n$ est un nombre impair ($n=2p+1$), au bout de $p+1$ opérations de ce type, on obtient la nullité de tous les coefficients. Si $n$ est un nombre pair ($n=2p$), on arrive au bout de $p$ opérations à la nullité des $\lambda_i$ pour $i$ non égal à $p$. Il reste seulement un terme $\lambda_p C_n^p$, qui doit donc s'identifier à 0 et ceci achève de démontrer que tous les coefficients sont nuls.

b) **Changements de bases associés**

D'après ce qui précède, tout polynôme $U_n$, de degré apparent n, d'écriture sur la base canonique $U_n = \sum_{i=0}^{i=n} a_i \, t^i$, peut s'écrire dans la base précédente : $U_n = \sum_{i=0}^{i=n} b_i \, B_n^i$.

On désignera par $(\mathcal{M}_n)$ la matrice de passage de la base canonique à la base de Bernstein, la matrice inverse $((\mathcal{M}_n))^{-1}$ étant alors la matrice de passage de la base de Bernstein à la base canonique. On rappelle (Cf. annexe 2) que si l'on désigne par $(\mathbf{a})$ et $(\mathbf{b})$ les matrices colonnes , d'ordre $n+1$, de composantes $a_i$ et $b_i$ respectivement, on a :

$$(\mathbf{a}) = \mathcal{M}_n.(\mathbf{b}) \text{ et } (\mathbf{b}) = (\mathcal{M}_n)^{-1}.(\mathbf{a}).$$

On sait que la matrice $(\mathcal{M}_n)$ s'obtient en plaçant dans les colonnes les composantes des polynômes de Bernstein sur la base canonique. Dans le cas général, ces composantes peuvent s'obtenir en développant $B_n^i$ par la formule du binôme.

**Exemple :** $n = 3$.

Les développements des polynômes de Bernstein donnent dans ce cas :

$$B_3^0 = (1-t)^3 = 1 - 3t + 3t^2 - t^3, B_3^1 = 3t(1-t)^2 = 3t - 6t^2 + 3t^3,$$
$$B_3^2 = 3t^2(1-t) = 3t^2 - 3t^3 \text{ et } B_3^3 = t^3.$$

Les composantes du premier polynôme par exemple sont donc $1, -3, +3, -1$. La matrice de passage cherchée s'en déduit : $\mathcal{M}_3 = \begin{bmatrix} 1 & 0 & 0 & 0 \\ -3 & 3 & 0 & 0 \\ 3 & -6 & 3 & 0 \\ -1 & 3 & -3 & 1 \end{bmatrix}$.

Pour trouver la matrice inverse, on peut, par exemple, résoudre le système linéaire $(\mathbf{a}) = \mathcal{M}_n.(\mathbf{b})$, ce qui fournira la matrice cherchée dans la solution $(\mathbf{b}) = (\mathcal{M}_n)^{-1}.(\mathbf{a})$.
Ce système est simple car il est triangulaire :

$$\begin{cases} b_0 & = a_0 \\ -3b_0 + 3b_1 & = a_1 \\ 3b_0 - 6b_1 + 3b_2 & = a_2 \\ -b_0 + 3b_1 - 3b_2 + b_3 & = a_3 \end{cases} \text{ donne } \begin{cases} b_0 = a_0 \\ b_1 = \dfrac{3a_0 + a_1}{3} \\ b_2 = \dfrac{3a_0 + 2a_1 + a_2}{3} \\ b_3 = a_0 + a_1 + a_2 + a_3 \end{cases} \text{ d'où } (\mathcal{M}_3)^{-1} = \begin{bmatrix} 1 & 0 & 0 & 0 \\ 1 & \frac{1}{3} & 0 & 0 \\ 1 & \frac{2}{3} & \frac{1}{3} & 0 \\ 1 & 1 & 1 & 1 \end{bmatrix}$$

**Cas général**

Le polynôme $B_n^i$ s'écrit sur la base canonique :

$$B_n^i(t) = C_n^i t^i (1-t)^{n-i} = C_n^i t^i \sum_{k=0}^{k=n-i} C_{n-i}^k (-t)^k = \sum_{k=0}^{k=n-i} C_{n-i}^k C_n^i (-1)^k t^{i+k}$$

On en déduit donc la matrice $\mathcal{M}_n$ de $n+1$ lignes et $n+1$ colonnes dont le coefficient général de la colonne numéro *i* et de la ligne numéro *j*, variant tous deux de *0* à *n* est égal à $(-1)^{j-i} C_n^i C_{n-i}^{j-i}$ :

$$\mathcal{M}_n = \begin{bmatrix} 1 & 0 & 0 & \cdots & \cdots & \cdots & \cdots\cdots & 0 \\ -C_n^1 & C_n^1 & 0 & \cdots & \cdots & \cdots & \cdots\cdots & 0 \\ C_n^2 & -C_n^1 C_{n-1}^1 & C_n^2 & \cdots & \cdots & \cdots & \cdots\cdots & 0 \\ -C_n^3 & C_n^1 C_{n-1}^2 & -C_n^2 C_{n-2}^1 & \cdots & \cdots & \cdots & \cdots\cdots & \\ \cdots & \cdots & \cdots & \cdots & \cdots & \cdots & \cdots\cdots & \\ \cdots & \cdots & \cdots & \cdots & (-1)^{j-i} C_n^i C_{n-i}^{j-i} & \cdots & \cdots\cdots & 0 \\ \cdots & \cdots & \cdots & \cdots & \cdots & \cdots & \cdots\cdots & \cdots \\ (-1)^n C_n^n & (-1)^{n-1} C_n^n C_{n-1}^{n-1} & \cdots & \cdots & \cdots & \cdots & \cdots\cdots & 1 \end{bmatrix}$$

C'est une matrice triangulaire dont on pourrait calculer l'inverse par la résolution d'un système triangulaire.

## *2.2 Première définition des courbes de Bézier*

### 2.2.1 Définition et formule symbolique

Soient $n$ un entier strictement positif donné et, dans le plan ou dans l'espace à trois dimensions, une suite de *n+1* points quelconques $P_0, P_1, P_2, \ldots, P_n$. La courbe de Bézier associée à ces données est l'arc décrit par le point $M(t)$ défini, par l'intermédiaire d'une origine O choisie arbitrairement, au moyen de la formule vectorielle (où t varie dans $[0,1]$)

$$\boxed{\overrightarrow{OM(t)} = \sum_{i=0}^{i=n} B_n^i(t) \overrightarrow{OP_i}}$$

Les points $P_0, P_1, P_2, \ldots, P_n$ sont dits « **points de définition** » ou « **points de Bézier** » (la dénomination « points de contrôle », utilisée parfois, entendue au sens du mot anglais « control », c'est à dire « commande » devrait être évitée). Le polygone dont les sommets successifs sont ces points est dit « polygone caractéristique de la courbe. On verra dans ce qui suit que la **courbe ne dépend pas du choix de l'origine O.**

**Exemples** : Pour *n=1*, on a $\overrightarrow{OM(t)} = (1-t)\overrightarrow{OP_0} + t\overrightarrow{OP_1}$, ce qui signifie que M est barycentre des points $P_0$ et $P_1$ affectés des coefficients $(1-t)$et t, d'où il résulte, puisque $t \in [0,1]$, que l'arc de courbe de Bézier est le segment $[P_0, P_1]$. Il se réduit à un point si les points de définition sont confondus.

-Pour *n=2*, on a $\overrightarrow{OM(t)} = (1-t)^2\overrightarrow{OP_0} + 2t(1-t)\overrightarrow{OP_1} + t^2\overrightarrow{OP_2}$, ce qui signifie, si les trois points de définition ne sont pas alignés, que M reste dans le plan qu'ils déterminent et que, dans ce plan, la courbe est un arc de parabole dont les extrémités sont les points $P_0$ et $P_2$. Dans les cas de l'alignement des points de définition (ou du cas de deux points confondus), on obtient à nouveau un segment de droite ou même un point.

-Pour *n=3* , on a $\overrightarrow{OM(t)} = (1-t)^3\overrightarrow{OP_0} + 3t(1-t)^2\overrightarrow{OP_1} + 3t^2(1-t)\overrightarrow{OP_2} + t^3\overrightarrow{OP_3}$ . Si les 4 points ne sont pas dans le même plan, c'est une courbe gauche. Si les 4 points sont dans un même plan mais non alignés, la courbe est un arc de cubique plane. On n'étudie pas pour le moment les cas de dégénérescence de degré qui, on le verra, présentent un certain intérêt.

**Propriété importante**

**La courbe ne dépend que des points de définition**, et non de l'origine choisie. C'est heureux; sinon ce modèle serait inutilisable. Une autre façon d'affirmer cette propriété consiste à dire que la définition est **intrinsèque**. On le voit bien dans les exemples précédents relatifs à $n=1$ et $n=2$. Démontrons le dans le cas général, en choisissant une autre origine O' et en prouvant que : $\sum_{i=0}^{i=n} B_n^i(t)\overrightarrow{O'P_i} = \overrightarrow{O'O} + \sum_{i=0}^{i=n} B_n^i(t)\overrightarrow{OP_i}$ quel que soit *t*.

Or, puisque $\sum_{i=0}^{i=n} B_n^i(t) = 1$, la décomposition du premier membre fournit deux parties dont l'une est $\sum_{i=0}^{i=n} B_n^i(t)\overrightarrow{O'O}$ , c'est à dire $\overrightarrow{O'O}$ ; ce qui établit cette propriété.

**Forme symbolique de la définition**

On définit les produits symboliques, indiqués par le symbole $[*]$, des vecteurs $\overrightarrow{OP_i}$ , puis leurs puissances symboliques, indiquées par des exposants entre crochets :
$\overrightarrow{OP_0}[*]\overrightarrow{OP_k} = \overrightarrow{OP_k}$, $\overrightarrow{OP_1}[*]\overrightarrow{OP_k} = \overrightarrow{OP_{k+1}}$, $\left(\overrightarrow{OP_0}\right)^{[k]} = \overrightarrow{OP_0}$ , $\left(\overrightarrow{OP_1}\right)^{[k]} = \overrightarrow{OP_k}$

Alors, la définition d'un point *M* qui décrit une courbe de Bézier peut s'écrire :

$$\boxed{\overrightarrow{OM(t)} = \left((1-t)\overrightarrow{OP_0} + t\ \overrightarrow{OP_1}\right)^{[n]}}.$$

Quand on développe cette puissance symbolique à l'aide des règles précédentes et de la formule du binôme adaptée à ces puissances symboliques, on retrouve bien l'expression de la définition donnée ci-dessus. En effet :

$$\overrightarrow{OM(t)} = \sum_{k=0}^{k=n} C_n^k\, t^k \left(\overrightarrow{OP_1}\right)^{[k]} [*](1-t)^{n-k}\left(\overrightarrow{OP_0}\right)^{[n-k]} = \sum_{k=0}^{k=n} C_n^k\, t^k (1-t)^{n-k}\, \overrightarrow{OP_0}[*]\overrightarrow{OP_k}$$

$$= \sum_{k=0}^{k=n} C_n^k\, t^k (1-t)^{n-k}\, \overrightarrow{OP_k} = \sum_{k=0}^{k=n} B_n^k(t)\overrightarrow{OP_k}$$

### 2.2.2 Forme matricielle de la définition. Aspect numérique

On désigne par $(\mathbf{B}_t)_\mathbf{n}$ la matrice colonne d'ordre $n+1$ dont les éléments sont les polynômes de Bernstein $B_n^i$ de la variable $t$ et par $\left(\overrightarrow{\mathbf{OP}}\right)_\mathbf{n}$ la matrice colonne d'ordre $n+1$ dont les éléments sont les vecteurs $\overrightarrow{OP_i}$. Les matrices lignes associées sont donc définies par leurs transposées qui sont notées par l'indice supérieur **t** précédant la matrice colonne. En remplaçant, dans les produits matriciels considérés, la multiplication des scalaires par la multiplication des vecteurs par les scalaires, la définition précédente peut alors s'écrire :

$$\overrightarrow{OM(t)} = {}^{\mathbf{t}}\left(\overrightarrow{\mathbf{OP}}\right)_\mathbf{n} . (\mathbf{B}_t)_\mathbf{n} = {}^{\mathbf{t}}(\mathbf{B}_t)_\mathbf{n} . \left(\overrightarrow{\mathbf{OP}}\right)_\mathbf{n} .$$

En désignant par la majuscule $(\mathbf{T_n})$, en gras, la matrice colonne d'ordre $n+1$ des puissances $t^i$ , les notations de §2.1.6 nous fournissent $(\mathbf{B}_t)_\mathbf{n} = {}^{\mathbf{t}}(\mathcal{M}_\mathbf{n}).(\mathbf{T_n})$, on en déduit :

$$\boxed{\overrightarrow{OM(t)} = {}^{\mathbf{t}}\left(\overrightarrow{\mathbf{OP}}\right)_\mathbf{n} . {}^{\mathbf{t}}(\mathcal{M}_\mathbf{n}).(\mathbf{T_n}) = {}^{\mathbf{t}}\left(\overrightarrow{\mathbf{OQ}}\right)_\mathbf{n} .(\mathbf{T_n})},$$

les points $Q_j$ qui définissent la colonne $\left(\overrightarrow{\mathbf{OQ}}\right)_\mathbf{n}$ étant définis par la transposition de l'égalité ${}^{\mathbf{t}}\left(\overrightarrow{\mathbf{OP}}\right)_\mathbf{n} . {}^{\mathbf{t}}(\mathcal{M}_\mathbf{n}) = {}^{\mathbf{t}}\left(\overrightarrow{\mathbf{OQ}}\right)_\mathbf{n}$ , c'est à dire par : $\left(\overrightarrow{\mathbf{OQ}}\right)_\mathbf{n} = \mathcal{M}_\mathbf{n} \cdot \left(\overrightarrow{\mathbf{OP}}\right)_\mathbf{n}$ .

L'expression, ainsi obtenue de $\overrightarrow{OM(t)}$, comme polynôme, à coefficients vectoriels, exprimé sur la base canonique des $t^i$ , est évidemment bien adaptée au calcul numérique sur ordinateur. Cette définition de la courbe de Bézier, que nous qualifions de « numérique » présente cependant l'inconvénient de ne pas illustrer de manière simple les propriétés géométriques de la courbe (Cf. § 2.4).

### 2.2.3 Propriétés de barycentre

#### a) **Interprétation barycentrique**

La définition indique, puisque les coefficients $B_n^i(t)$ sont positifs et que leur somme (de *i=0* à *i =n*) est égale à 1, que, pour $t$ fixé dans $[0,1]$, *M(t)* est le barycentre des points $P_0, P_1, P_2, \ldots, P_n$ affectés de ces coefficients.

b) **Interprétation mécanique** (par l'attraction des points de définition sur $M(t)$).

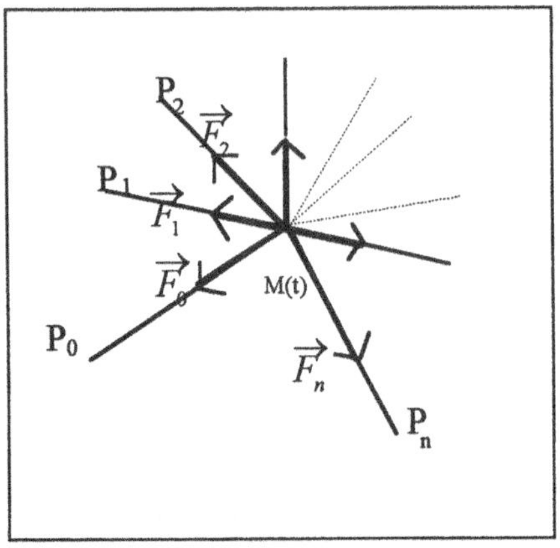


Une première interprétation, permettant d'apprécier la capacité du modèle dans le « pilotage » de l'arc de courbe, consiste à dire que le point *M(t)* est soumis de la part de chacun des points $P_i$ à une force d'attraction $\vec{F_i} = B_n^i\,\overrightarrow{MP_i}$, ces forces réalisant l'équilibre traduit par $\sum_0^n \vec{F_i} = \vec{0}$. Autrement dit, à chaque instant le point M, soumis à ces forces, prend la seule position possible d'équilibre statique.

◆ **Un exemple**

L'exemple traité dans ce qui suit donne, en application de ce qui précède, une construction purement géométrique d'un point de la courbe de Bézier pour $n = 2$.

On construit le point $M\left(\frac{1}{2}\right)$ qui est donc en équilibre sous l'action des forces $\frac{1}{4}\overrightarrow{MP_0}$, $\frac{1}{2}\overrightarrow{MP_1}$ et $\frac{1}{4}\overrightarrow{MP_2}$, autrement dit qui vérifie $(1)$ : $\frac{1}{4}\overrightarrow{MP_0}+\frac{1}{2}\overrightarrow{MP_1}+\frac{1}{4}\overrightarrow{MP_2} = \vec{0}$. On peut d'abord, par exemple, construire le barycentre G de $P_0$ et $P_1$ affectés des coefficients respectifs $\frac{1}{4}$ et $\frac{1}{2}$.

Une propriété du barycentre fournit :

$$\left(\frac{1}{4}+\frac{1}{2}\right)\overrightarrow{MG} = \frac{1}{4}\overrightarrow{MP_0}+\frac{1}{2}\overrightarrow{MP_1},$$

donc, l'égalité $(1)$ devient $\frac{3}{4}\overrightarrow{MG}+\frac{1}{4}\overrightarrow{MP_2} = \vec{0}$.

Cette relation donne $\overrightarrow{GM} = \frac{1}{4}\overrightarrow{GP_2}$

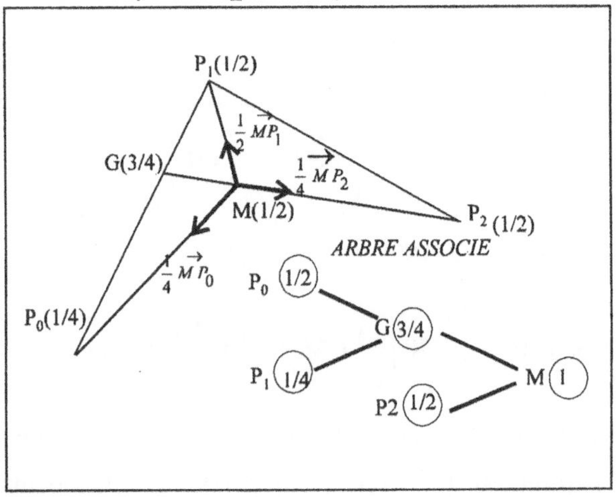


Remarque : Pour une valeur quelconque du paramètre t; le point G, qui est fonction de t, conduit à une construction du même type. Cette construction est d'ailleurs généralisée dans ce qui suit (Cf. § 6.2.4).

c) **Globalité du modèle**

On peut noter que chaque force d'attraction $\vec{F_i}$ **dépend de deux facteurs indépendants** qui sont
- le coefficient pondérateur qui est constitué par $B_n^i(t)$,
- la position du point de définition $P_i$.

◆ Pour *t=0*, seul intervient $P_0$ puisque $B_n^i(0) = 0$ si $i>0$. On a $M(0) = P_0$ et, pour des raisons de continuité, le point M(t) est attiré, lorsque t est voisin de 0, très fortement par ce point $P_0$ , les autres n'ayant que peu d'influence.

◆ Pour t=1, l'explication est la même, en remplaçant $P_0$ par $P_n$ .

◆ En dehors des deux points précédents, extrémités de l'arc, l'influence des points de définition tout au long de la courbe de Bézier est globale. On peut, pour mieux le « voir », faire des « découpes » successives des graphiques $\Gamma_n^i$ des polynômes de Bernstein, ce qui permet de visualiser l'évolution des valeurs relatives de ces polynômes lorsque *t* varie entre *0* et *1*.

Le schéma suivant (graphique de droite) est relatif au cas $n = 3$.
Ce schéma peut être lu de la façon suivante :
On peut se rendre compte que pour $t = 0$, seul $P_0$ a de l'influence. Au fur et à mesure que *t* augmente, l'influence de $P_0$ reste prépondérante mais diminue, alors que celles de $P_1$ , de $P_2$, puis de $P_3$, d'abord très faibles, augmentent. Pour 1/3, c'est $P_1$ qui a la plus grande influence. Pour 1/2, $P_1$ et $P_2$ ont la même influence, $P_0$ et $P_3$ ont également même influence, mais plus faible.

En fait, la courbe « suit » la forme de la ligne polygonale joignant les points de définition

Cette allure générale est suggérée ci-dessous dans le graphique de gauche

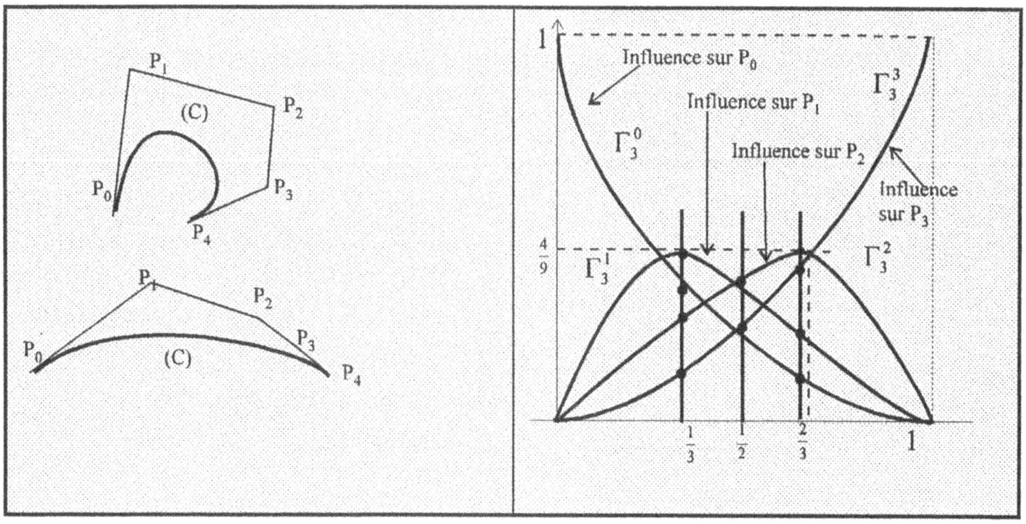


On peut aussi se rendre compte de la globalité du modèle en examinant comment se modifie la courbe lorsqu'on déplace des points de définition.
Supposons, pour simplifier, que seul le point $P_k$ soit modifié, la caractérisation de cette modification étant la donnée du vecteur $\overrightarrow{D} = \overrightarrow{P_k Q_k}$ . La nouvelle courbe de Bézier est le lieu de $M'$ défini par $\overrightarrow{OM'}(t) = \sum_{i=0}^{i=n} B_n^i(t)\overrightarrow{OP_i} + B_n^p(t)\left(\overrightarrow{OQ_k} - \overrightarrow{OP_k}\right) = \overrightarrow{OM(t)} + B_n^p(t)\overrightarrow{D}$ .
On voit, sur cette formule, que tous les points subissent une translation « d'intensité » variable, mais de direction et de sens qui sont ceux du déplacement opéré sur $P_k$, donc constants.
Le graphique ci-aprés illustre cette modification.

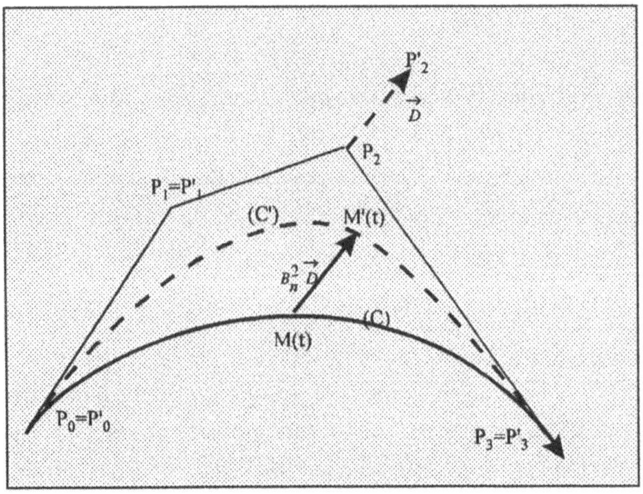


Si on modifie la position d'un point de définition, toute la courbe se trouve modifiée. Dans la figure ci-contre, la modification du seul point $P_2$ en $P_2'$ fait passer la courbe de la position $(C)$ à la position $(C')$. Pour une étude plus générale , il suffira d'additionner toutes les modifications résultant des modifications de chacun des points de Bézier de la courbe considérée.

Les propriétés des polynômes de Bernstein pourraient être utilisées pour étudier les modifications de $M$ suivant les valeurs de $t$ (Cf. exercice 5).

**Illustration (exemple réalisé par un logiciel de mathématiques et de dessin)**

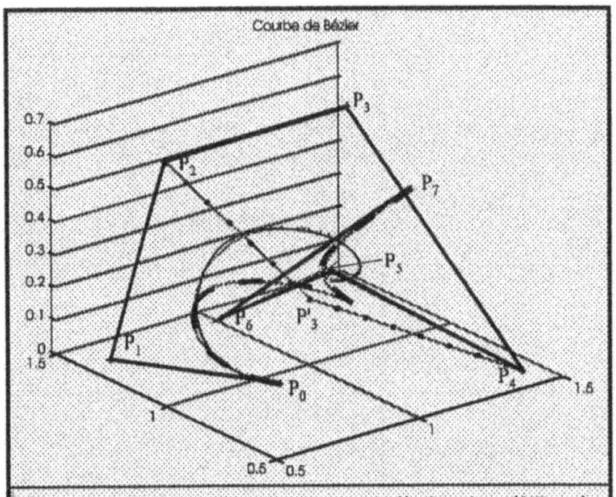


Dessin programmé et réalisé à l'Ecole Centrale de Paris (logiciel Matlab). [1]

Les courbes de Bézier qui proviennent ici d'une programmation effective sur un logiciel de laboratoire sont de degré 7. La première, tracée en filet fin, est définie par ses points de Bézier de $P_0$ à $P_7$ . La deuxième, tracée en tirets forts, est le résultat de la modification de cette première courbe, conséquence du remplacement de $P_3$ par $P_3'$. Il faut voir cette figure dans l'espace et remarquer le déplacement global de toute la courbe qui résulte de cette modification de l'un des points de définition.

d) **Notion d'enveloppe convexe**

*Rappel :* Un ensemble A de points de l'espace affine $\mathcal{E}$ de dimension 2 ou 3 est dit convexe si, quel que soit le couple $(m,m')$ de points de A, le segment $[m,m']$ est inclus dans A, ce qui revient à dire que : $\forall \mu \in [0,1]$, le point $m''$ défini par $\overrightarrow{Om''} = \mu \overrightarrow{Om} + (1-\mu)\overrightarrow{Om'}$ appartient encore à A. Lorsqu'un ensemble A est convexe, tout barycentre à coefficients positifs d'un sous-ensemble fini de points quelconques de A appartient encore à A. D'où la **définition :**

[1] Reproduction autorisée par M. Mékhilef, Maître de conférence à l'Université d'Orléans.

**Définition**

L'enveloppe convexe $\Gamma(A)$ d'un ensemble fini $A$ de points $\{Q_0, Q_1, \dots, Q_n\}$ est le plus petit ensemble convexe qui contient tous ces points. Dans le cas où ces points sont dans un même plan, on l'obtient en traçant tous les segments les joignant deux à deux et en considérant la région du plan $\Gamma(A)$ limitée par la ligne polygonale fermée la plus petite contenant tous ces segments et dont d'ailleurs les côtés sont formés de certains de ces segments.

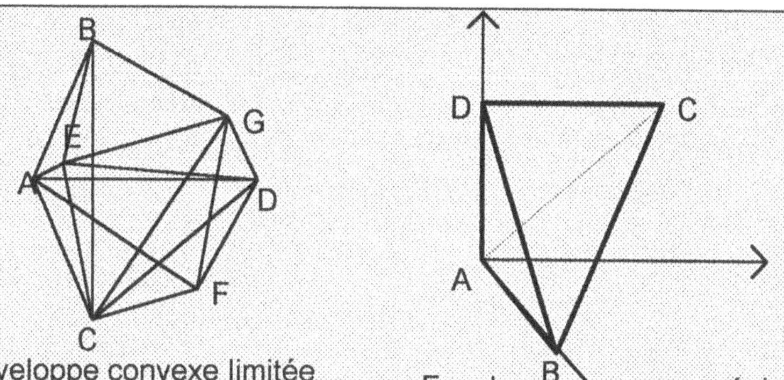


Enveloppe convexe limitée par A C F D G B A

Enveloppe convexe = région limitée par le tétraèdre ABCD

Dans le cas où les points ne sont pas dans le même plan, on a la même caractérisation mais, concrètement, cette enveloppe convexe est une région polyédrale dont les arêtes sont formées de certains des segments joignant deux points de l'ensemble de départ. Une des figures les plus simples est alors celle constituée par quatre points qui ne sont pas dans un même plan (voir la figure de droite ci-dessus), l'enveloppe convexe est alors la région polyédrale (tétraèdrale) limitée par les 4 arètes du tétraèdre de sommets *A, B, C, D*.

Soit alors une courbe de Bézier dont les points de définition sont les points $P_i$ où $0 \leq i \leq n$, la propriété de barycentre du point *M(t)* point courant de cette courbe de Bézier implique que ce point appartient, quel que soit $t$, à l'enveloppe convexe des $P_i$. On remarque, sur l'illustration précédente qui fait intervenir des courbes de degré 7 dans l'espace, que les deux courbes paraissent bien situées toutes entières dans cette enveloppe convexe de leurs points de Bézier.

***Proposition* 1.2 :**

Toute courbe de Bézier est incluse dans l'enveloppe convexe de l'ensemble de ses points de définition.[1]

[1] Cette propriété peut être considérée comme une évidence dans la définition des courbes de Bézier à l'aide des polynômes $f_m^i$ qui seront vus dans § 4. Dans cette définition, une courbe de degré n est la projection d'une courbe d'un espace à n dimensions enfermée dans le « cube » généralisé constitué par les vecteurs d'un repère.

**Schémas récapitulatifs**

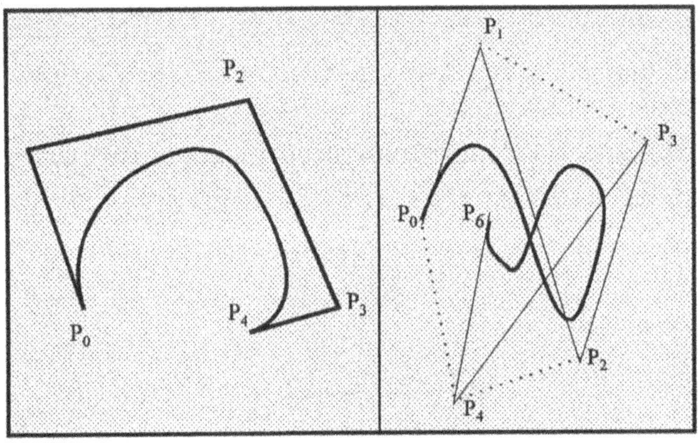


Dans la figure de gauche, la courbe est incluse dans le pentagone $P_0 P_1 P_2 P_3 P_4 P_0$ .

Dans la figure de droite, la courbe est toute entière incluse dans le polygone $P_0 P_1 P_3 P_2 P_4 P_0$ , polygone qui définit l'enveloppe convexe de l'ensemble des points de définition.

### 2.2.4 Réversibilité

Commençons par constater, sur une courbe de degré 3, la propriété suivante qualifiée de « réversibilité » : En remplaçant *t* par *(1-u)*, la courbe obtenue est encore une courbe de Bézier puisque *t* et *u* parcourent le même segment, , c'est celle qui est associée à la suite des points de départ mais pris dans l'ordre inverse.

Dans ce changement de paramètre, le point *M* est défini par :

$$\overrightarrow{OM}(1-u) = u^3\,\overrightarrow{OP_0} + 3(1-u)u^2\overrightarrow{OP_1} + 3(1-u)^2u\,\overrightarrow{OP_2} + (1-u)^3\,\overrightarrow{OP_3}\,.$$

Puisque $u \in [0,1]$, ce point *M(1-u)* reste sur la courbe et, en posant $Q_0 = P_3$, $Q_1 = P_2$ , $Q_2 = P_1$, $Q_3 = P_0$, on obtient :

$$\overrightarrow{OM'}(u) = (1-u)^3\,\overrightarrow{OQ_0} + 3(1-u)^2u\,\overrightarrow{OQ_1} + 3(1-u)u^2\overrightarrow{OQ_2} + u^3\,\overrightarrow{OQ_3}\,.$$

Le point *M'(u)* qui s'identifie au point *M(1-u)* est bien défini par la courbe de Bézier annoncée qui est **identique à la première mais parcourue dans le sens opposé.**

Il est facile de généraliser pour le degré *n* en utilisant le changement d'indice *i=n-j* dans le sigma de la définition :

$$\overrightarrow{OM}(1-u) = \overrightarrow{OM'}(u) = \sum_0^n C_n^i\,(1-u)^i u^{n-i}\,\overrightarrow{OP_i} = \sum_0^n C_n^{n-j}\,(1-u)^{n-j}u^j\,\overrightarrow{OP_{n-j}}$$ d'où, en posant

$P_{n-j} = Q_j$ et en tenant compte de l'égalité $C_n^{n-j} = C_n^j$, l'égalité :

$$\overrightarrow{OM'}(u) = \sum_{j=0}^{j=n} B_n^j(u).\overrightarrow{OQ_j}\,.$$

Les points de définition sont donc ceux de la courbe de départ, pris dans l'ordre inverse et, par conséquent, *M'* décrit, dans le sens contraire, la courbe décrite par *M.*

### 2.2.5 Modification de la forme de la courbe

Plusieurs possibilités sont offertes pour des modifications d'une courbe de Bézier.

a) **Points de définition multiples**

Si l'on souhaite qu'un point de définition $P_i$ ait une influence plus grande sur la forme de l'arc en exerçant sur les points *M* une plus grande force d'attraction, on donne un ordre de multiplicité à ce point $P_i$, ce qui veut dire qu'on prend ce point plusieurs fois de suite dans la suite des points de définition (ce qui implique qu'on augmente le degré). Soit, par exemple, l'arc de parabole de Bézier associé à la suite $P_0, P_1, P_2$. En décidant de donner l'ordre de multiplicité 2 au point $P_1$, on obtient la suite $P_0, P_1, P_1, P_2$ associée à une courbe de degré 3. La nouvelle courbe est l'ensemble des points $M_1$ défini par :

$$\begin{aligned}\overrightarrow{OM_1}(t) &= (1-t)^3\,\overrightarrow{OP_0} + 3t(1-t)^2\overrightarrow{OP_1} + 3t^2(1-t)\,\overrightarrow{OP_1} + t^3\,\overrightarrow{OP_2}\\ &= (1-t)^3\,\overrightarrow{OP_0} + \left(3t(1-t)^2 + 3t^2(1-t)\right)\overrightarrow{OP_1} + t^3\,\overrightarrow{OP_2}\\ &= (1-t)^3\,\overrightarrow{OP_0} + 3t(1-t)\overrightarrow{OP_1} + t^3\,\overrightarrow{OP_2}.\end{aligned}$$

**Remarque**

On peut dire que cette courbe est la projection, sur le plan $(P_0, P_1, P_2)$ d'une cubique gauche dont les points de Bézier sont $P_0, P_1, P_1', P_2$, la droite $(P_1, P_1')$ étant parallèle à la direction de la projection, autrement dit, le projeté de $P_1'$ venant se superposer à $P_1$.
Ce point de vue est à placer dans le cadre de l'invariance affine (Cf. § 2.3), la projection donnant la courbe de Bézier dont les points de Bézier sont les projetés de $P_0, P_1, P_1', P_2$.

**b) Ajout de points de définition** (Cf. §8.5.5)

Si on souhaite attirer davantage la courbe au voisinage d'un point de définition, il suffit d'adjoindre des points de définition supplémentaires au voisinage de ce point. **L'ensemble** de la courbe va se modifier ( globalité du modèle) mais, localement, il existera une déformation plus marquée vers le point de définition considéré.
Bien entendu, avec le nombre de points de définition, c'est aussi le degré qui augmente.

**Exemple**
Soit une courbe de Bézier de degré 2, donc un arc de parabole, dont les points de définition sont $P_0, P_1, P_2$. Supposons qu'on ajoute deux points de définition $Q_1$ et $Q_2$ sur les segments $[P_0 P_1]$ et $[P_2 P_1]$ définis par $\overrightarrow{OQ_1} = \eta\overrightarrow{OP_0} + (1-\eta)\overrightarrow{OP_1}$ et $\overrightarrow{OQ_2} = \eta\overrightarrow{OP_2} + (1-\eta)\overrightarrow{OP_1}$ ( qui sont au voisinage du point $P_1$ lorsque $\eta$ est au voisinage de 0). La nouvelle courbe est du quatrième degré, elle est définie par :

$$\begin{aligned}\overrightarrow{OM'}(t) &= (1-t)^4\,\overrightarrow{OP_0} + 4t(1-t)^3\,\overrightarrow{OQ_1} + 6t^2(1-t)^2\overrightarrow{OP_1} + 4t^3(1-t)\overrightarrow{OQ_2} + t^4\,\overrightarrow{OP_2}\\ &= (1-t)^3\left[1-t+4\eta t\right]\overrightarrow{OP_0} + \left[4(1-\eta)t(1-t)^3 + 6t^2(1-t)^2 + 4(1-\eta)t^3(1-t)\right]\overrightarrow{OP_1}\\ &\quad + t^3\left[t + 4\eta(1-t)\right]\overrightarrow{OP_2}\end{aligned}$$

On pourrait discuter complètement les variations du vecteur $\overrightarrow{MM'}$, mais prenons simplement $\eta = \dfrac{1}{4}$ et $t = \dfrac{1}{2}$. On obtient : $\overrightarrow{OM'} = \dfrac{1}{8}\left[\overrightarrow{OP_0} + 6\overrightarrow{OP_1} + \overrightarrow{OP_2}\right]$ alors que :

$\overrightarrow{OM} = \frac{1}{4}\left[\overrightarrow{OP_0} + 2\overrightarrow{OP_1} + \overrightarrow{OP_2}\right]$. La comparaison des deux est claire, le point $M'\left(\frac{1}{2}\right)$ est plus près que $M\left(\frac{1}{2}\right)$ de $P_1$, le coefficient barycentrique de $P_1$ est d'ailleurs $\frac{3}{4}$ à la place de $\frac{1}{2}$ ; une figure peut illustrer cette attraction supplémentaire de $P_1$.

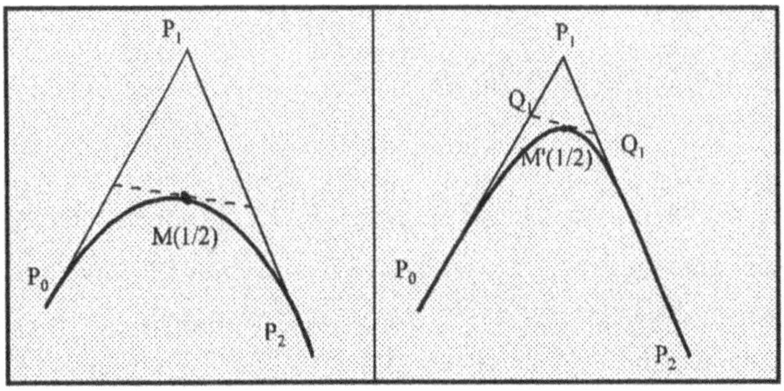


On voit, en effet, comment l'adjonction des deux points de définition supplémentaires $Q_1$ et $Q_2$ rapproche de façon globale la courbe du point $P_1$. En particulier, le point de paramètre $\frac{1}{2}$.

c) **Réduction du nombre de points de définition**

Il faut préciser la motivation de cette opération qui, en général, va modifier le degré de la courbe. Cette motivation peut être, si la courbe est à déterminer pour satisfaire à certaines contraintes, de réduire les calculs numériques. Une question intéressante serait de déterminer cette réduction de manière à conserver la courbe. Cette question sera traitée plus loin.

**Remarque :**

Il est possible, tout en réduisant le nombre des points de définition, de conserver le même point $M(t)$, **pour t fixé**. Il suffit, par exemple, de remplacer les points $P_k$ et $P_{k+1}$ par le point $P'_k$ , barycentre des points pour les coefficients **déterminés** $B_n^k(t)$ *et* $B_n^{k+1}(t)$. Il est facile de voir que le point $M(t)$ n'a pas été modifié. Cependant cette réduction ne présente guère d'intérêt car la courbe est globalement modifiée avec des nouveaux points qui ne relèvent plus de la définition d'une courbe de Bézier!

## *2.3 Transformations d'une courbe de Bézier*

### 2.3.1 Transformations affines; invariance du modèle

Les transformations ponctuelles qui sont des transformations affines ont la propriété de conserver le modèle de Bézier. Ceci signifie que la transformée d'une courbe de Bézier est aussi une courbe de Bézier (susceptible donc d'être définie avec des points de Bézier et les polynômes de Bernstein), les points de Bézier de la transformée étant les transformés de ceux de la première. On commence par un exemple.

◆ **Une première transformation : l'homothétie**

Soient $\vec{B}$ un vecteur de l'espace, $a$ un nombre réel non nul et $O$ un point de l'espace. On désigne par $\mathcal{H}$ la transformation qui à $M$ fait correspondre le point $M'$ tel que $\overrightarrow{OM'} = a\overrightarrow{OM} + \vec{B}$ . On considère la courbe de Bézier de degré $n$ construite avec les points de définition $P_i$. La transformée de cette courbe, ensemble des points *M(t)*, est la courbe ensemble des points *M'(t)* définis donc par :

$\overrightarrow{OM'}(t) = \vec{B} + a\sum_0^n B_n^i(t)\overrightarrow{OP_i}$. Comme $\vec{B} = \sum_0^n B_n^i(t)\vec{B}$, on peut faire entrer le vecteur $\vec{B}$ sous la sommation, de même que $a$, et ceci nous donne :

$$\overrightarrow{OM'}(t) = \sum_0^n B_n^i(t) a\overrightarrow{OP_i} + \sum_0^n B_n^i(t)\vec{B} = \sum_0^n B_n^i(t)\left(a\overrightarrow{OP_i} + \vec{B}\right) = \sum_0^n B_n^i(t)\overrightarrow{O\mathcal{H}(P_i)}.$$

**$\mathcal{H}$ possède bien la propriété d'invariance envisagée**.

On remarquera que cette transformation est la composée d'une homothétie de centre O et de rapport a avec une translation de vecteur $\vec{B}$.

Si $a=1$, c'est une translation et si $\vec{B}$ est nul, c'est une homothétie de centre O. De toute manière, la transformation est une homothétie dont on peut déterminer facilement le centre.

◆ **Cas général**

Une application affine $\mathcal{A}$ étant donnée, il existe une application linéaire associée $\mathcal{L}$ tel que, pour tout point m de l'espace considéré dans lequel une origine O a été choisie , on ait, avec les notations habituelles (point + vecteur) : $\mathcal{A}(m) = \mathcal{A}(O) + \mathcal{L}(\overrightarrow{Om})$.

Si un point M décrit une courbe de Bézier et si on pose $\mathcal{A}(M) = M'$ et $\mathcal{A}(O) = O'$, alors, puisque $\mathcal{L}$ est linéaire, $M' = O' + \mathcal{L}\left(\sum_0^n B_n^i(t)\overrightarrow{OP_i}\right) = O' + \sum_0^n B_n^i(t)\mathcal{L}\left(\overrightarrow{OP_i}\right)$, ce qui, si l'on pose $\mathcal{A}(P_i) = P'_i$, peut encore s'écrire : $\overrightarrow{O'M'} = \sum_0^n B_n^i(t)\mathcal{L}\left(\overrightarrow{OP_i}\right) = \sum_0^n B_n^i(t)\overrightarrow{O'P'_i}$.

Cette écriture traduit l'invariance annoncée.

Il en résulte, pour citer des exemples importants, que la projection orthogonale sur un plan, ou même parallèlement à une direction de droite donnée, transforme une courbe de Bézier plane ou gauche en une courbe de Bézier plane dont les points de définition sont les images dans cette projection de ceux de la courbe initiale donnée.

◆ **Cas particulier des similitudes planes**

Parmi les applications affines planes les plus utilisées, figurent les similitudes dont le groupe contient les translations, les homothéties et les rotations.

L'écriture d'une telle similitude est particulièrement simple lorsqu'on utilise les nombres complexes. On rappelle qu'à une similitude plane directe $S$, on peut associer 2 complexes $a$ et $b$ tels que l'affixe z' du point $m' = S(m)$ soit donné à l'aide de l'affixe $z$ de $m$ par $z' = az + b$.

Il est laissé au lecteur le soin de reprendre la démonstration de l'invariance du modèle de Bézier dans ce cas particulier de la similitude plane directe. En utilisant par ailleurs la formule $z' = a\bar{z} + b$, on pourrait traiter de la même façon les similitudes planes indirectes.

**Exemple d'application**

Soit un arc de parabole $(C)$, courbe de Bézier de degré 2, définie par les trois points $P_0, P_1, P_2$ dont on peut se donner les coordonnées dans le plan rapporté à un repère orthonormé ou encore les affixes dans le champ complexe associé : $z_0, z_1, z_2$. Proposons-nous de déterminer la courbe de Bézier obtenue en faisant subir à $(C)$ la similitude de centre $\Omega$ d'affixe -1, de rapport $\sqrt{2}$ et d'angle $\dfrac{\pi}{4}$.

On sait qu'il s'agit de la courbe de Bézier de degré 2 dont les points de définition sont les transformés $P_0', P_1', P_2'$ de ceux de $(C)$.

Il suffit donc de déterminer ceux-ci. L'écriture complexe de la similitude est immédiate : $z' + 1 = \sqrt{2}\, e^{i\frac{\pi}{4}}(z+1)$ ou encore $z' = (1+i)z + i$, ce qui permet de déterminer les points de Bézier de l'arc de parabole transformé de $(C)$ et donc cette courbe elle-même. On a choisi pour affixes des points de Bézier : $-i$, $2i$, $1+i$.

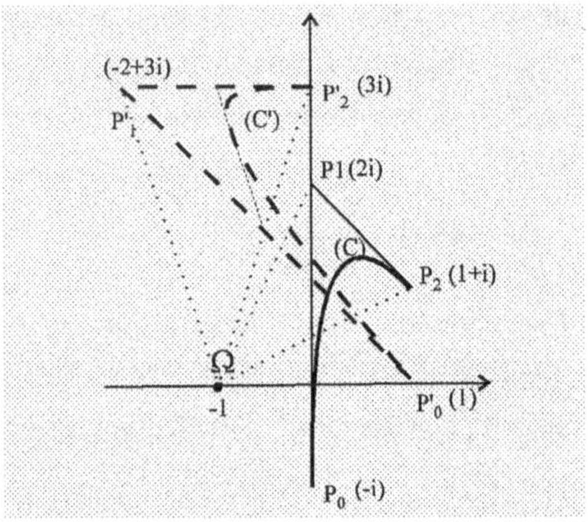


### 2.3.2 Transformations non affines

En général, la définition d'une courbe de Bézier ne sera pas conservée. Pour s'en convaincre, il suffit de considérer une inversion plane $I$ que, pour simplifier, on traduit par la transformation complexe qui à $z$ fait correspondre l'inverse de son conjugué $\dfrac{1}{\bar{z}}$.

La courbe de Bézier de degré 1 se transforme en général en un arc de cercle, ce qui justifie déjà l'affirmation ci-dessus. Donnons un autre exemple, celui d'une parabole dont les points de définition sont les points d'affixes $i$, $1+i$ et $1$. Le conjugué de l'affixe du point courant s'écrit : $\bar{z} = -(1-t)^2 i + 2t(1-t)(1-i) + t^2 = 2t - t^2 + i(t^2 - 1)$ et l'inverse de ce complexe est $\dfrac{(2t-t^2) - i(t^2-1)}{(2t-t^2)^2 + (t^2-1)^2}$, expression qui n'est même pas polynomiale.

## *2.4 Développements dans d'autres bases polynomiales*

### 2.4.1 Formulations vectorielles

La définition classique des courbes de Bézier de degré $n$ utilise la base dans l'espace $\mathcal{P}_n$ des polynômes de degré inférieur ou égal à $n$, constituée par la famille des polynômes de Bernstein $B_n^i$ (i variant de $0$ à $n$). Si on considère à sa place la base canonique de $\mathcal{P}_n$, la définition vectorielle de $M(t)$ s'ordonne par rapport aux puissances de $t$ (Cf. §2.2.2) :

$$\boxed{\overrightarrow{OM(t)}=\sum_{j=o}^{j=n} t^j\,\overrightarrow{OQ_j}}\,.$$

Cette écriture sera dite la « **définition canonique** » et les points $Q_j$ seront dits, par analogie, les « **points de définition canoniques** ».
On peut déterminer les points $Q_j$ à l'aide des points de Bézier $P_i$ de la première définition. Pour cela, on applique le développement de Taylor pour un polynôme à coefficients vectoriels :

$$\overrightarrow{OM}(t)=\overrightarrow{OM}(0)+t\frac{d\overrightarrow{OM}}{dt}(0)+\frac{t^2}{2}\frac{d^2\overrightarrow{OM}}{dt^2}(0)+\ldots+\frac{t^j}{j!}\frac{d^j\overrightarrow{OM}}{dt^j}(0)+\ldots+\frac{t^n}{n!}\frac{d^n\overrightarrow{OM}}{dt^n}(0).$$

On en déduit que le coefficient de $t^j$ dans le développement est donné par la formule :

$$\overrightarrow{OQ_j}=\frac{1}{j!}\frac{d^j\overrightarrow{OM}}{dt^j}(0)=\frac{1}{j!}\sum_{i=0}^{i=n}\left(B_n^i\right)^{(j)}(0).\overrightarrow{OP_i}$$

**Exemple**

Bien qu'on puisse, dans les cas où $n$ est assez faible, développer par la formule du binôme les polynômes de Bernstein, on utilise plutôt de façon systématique les formules précédentes. Faisons-le pour $n=3$ en cherchant les dérivées au point t=0 des $B_3^i$ .

$$B_3^0=(1-t)^3\Rightarrow\left(B_3^0\right)'=-3(1-t)^2\Rightarrow\left(B_3^0\right)''=6(1-t)\Rightarrow\left(B_3^0\right)'''=-6$$

$$B_3^1=3t(1-t)^2\Rightarrow\left(B_3^1\right)'=3(1-4t+3t^2)\Rightarrow\left(B_3^1\right)''=6(-2+3t)\Rightarrow\left(B_3^1\right)'''=18$$

$$B_3^2=3t^2(1-t)\Rightarrow\left(B_3^2\right)'=3(2t-3t^2)\Rightarrow\left(B_3^2\right)''=6(1-3t)\Rightarrow\left(B_3^2\right)'''=-18$$

$B_3^3=t^3\Rightarrow\left(B_3^3\right)'=3t^2\Rightarrow\left(B_3^3\right)''=6t\Rightarrow\left(B_3^3\right)'''=6$ ; d'où, en remplaçant :

$$\overrightarrow{OQ_0}=\overrightarrow{OP_0}\ ,\ \overrightarrow{OQ_1}=-3\overrightarrow{OP_0}+3\overrightarrow{OP_1}\ ,\ \overrightarrow{OQ_2}=3\overrightarrow{OP_0}-6\overrightarrow{OP_1}+3\overrightarrow{OP_2}$$

$$\text{et }\ \overrightarrow{OQ_3}=-\overrightarrow{OP_0}+3\overrightarrow{OP_1}-3\overrightarrow{OP_2}+\overrightarrow{OP_3}\ .$$

Avec la formule $\overrightarrow{OM(t)}=\sum_{j=o}^{j=3} t^j\,\overrightarrow{OQ_j}$ , le calcul est achevé. Pour juger de la qualité de corrélation de cette nouvelle écriture avec la forme de la courbe, nous simplifions en prenant le point O au point $P_0$ et en faisant apparaître les vecteurs « joignant » les points de définition.

On a : $\overrightarrow{P_0M}(t)=-3t\,\overrightarrow{P_0P_1}+3t^2\left(\overrightarrow{P_1P_0}+\overrightarrow{P_1P_2}\right)+t^3\left(\overrightarrow{P_0P_3}+3\,\overrightarrow{P_2P_1}\right)$.

En dehors du premier vecteur, les autres coefficients vectoriels ne semblent pas être clairement liés à la courbe et se compliquent lorsque les puissances augmentent ; en outre, on perd, a priori du moins, l'interprétation barycentrique, l'interprétation mécanique , une certaine symétrie dans ces coefficients et la réversibilité. On en conclut à une mauvaise adaptation des points de définition canoniques $Q_j$ ; il n'en reste pas moins que cette écriture « canonique » permet des calculs numériques plus systématiques et plus rapides par l'intermédiaire du calcul polynomial (Cf. la formulation numérique générale de §2.2.2

et diverses applications, notamment celles associées aux problèmes de changements de paramètres, d'augmentation fictive de degré, d'interpolation...).

**Commentaires**

Historiquement, c'est cette forme développée suivant les puissances de t qui a été utilisée en premier lieu et notamment par Ferguson. Mais, comme il est facile de le constater même sur des exemples simples (Cf. l'exemple traité dans le paragraphe suivant), ce développement n'est pas corrélé de façon claire à la forme de la courbe associée, le choix des points $Q_j$ ayant une influence non explicitable de façon simple sur la variation de $\overrightarrow{OM}(t)$. Dans le modèle utilisé par Ferguson, il fallait de nombreuses heures d'expérimentation pour mettre en place la courbe concernée.

### 2.4.2 Formulations analytiques (ou matricielles)

L'utilisation des coordonnées des points $m$ de l'espace affine $\mathcal{E}$ rapporté à un repère d'origine $O$ revient à l'utilisation des composantes des vecteurs $\overrightarrow{Om}$ dans l'espace vectoriel associé relativement à la base associée au repère. Soient les deux écritures vectorielles associées , d'une part, au développement suivant les polynômes de Bernstein (écriture de Bernstein) et d'autre part au développement suivant les puissances de $t$ (écriture canonique):

$$\begin{cases} \overrightarrow{OM}(t) = \sum_{j=o}^{j=n} t^j \, \overrightarrow{OQ_j} \\ \overrightarrow{OM}(t) = \sum_{i=0}^{i=n} B_n^i \, \overrightarrow{OP_i} \end{cases}$$

Les formules matricielles de la définition ont conduit (Cf. §2.2.2) à la relation matricielle $\left(\overrightarrow{\mathbf{OQ}}\right)_{\mathbf{n}} = \mathcal{M}_{\mathbf{n}} \cdot \left(\overrightarrow{\mathbf{OP}}\right)_{\mathbf{n}}$ permettant d'obtenir les points Q à l'aide des points P. Si on désigne les colonnes des abscisses (respectivement des ordonnées ou des cotes) des points P et Q par $(x_P)$ et $(x_Q)$ (resp. par $(y_P),(y_Q)$ et par $(z_P),(z_Q)$ ), on en déduit donc $(x_Q) = \mathcal{M}_n.(x_P)$ et des formules analogues pour les autres coordonnées.

**Remarque :** La matrice $\mathcal{M}_n$ étant inversible, la donnée des points Q fournit les points de Bézier associés. On en déduit qu'**une courbe polynomiale à coefficients vectoriels est obligatoirement une courbe de Bézier.**

Traitons un **exemple relatif à n=3** avec des paramètres, ce qui peut permettre de discuter des localisations relatives de la courbe et des points Q et de justifier davantage les affirmations précédentes sur les inconvénients géométriques de l'écriture ordonnée suivant les puissances de $t$.

On suppose que , dans le repère choisi $(O, \vec{u}, \vec{v})$, les points de définition sont les points de coordonnées respectives $(0,0)$ , $(0,1)$, $(\lambda, -\lambda)$, $(0, \mu)$. Utilisons ce qui précède pour obtenir l'écriture sur la base canonique. Il suffit, pour cela, de déterminer les points de la définition canonique $Q_0$ , $Q_1$ , $Q_2$ , $Q_3$ de la courbe considérée.

On utilise les formules matricielles précédentes dans lesquelles on remplace les $x_j$, abscisses des P dans l'ordre, par $0, 0, \lambda, 0$ et les $y_j$, ordonnées des P dans l'ordre, par $0, 1, -\lambda, \mu$, les abscisses et ordonnées des points Q étant notées $x'_j$ et $y'_j$ :

$$\begin{pmatrix} x'_0 \\ x'_1 \\ x'_2 \\ x'_3 \end{pmatrix} = \begin{bmatrix} 1 & 0 & 0 & 0 \\ -3 & 3 & 0 & 0 \\ 3 & -6 & 3 & 0 \\ -1 & 3 & -3 & 1 \end{bmatrix} \begin{pmatrix} x_0 \\ x_1 \\ x_2 \\ x_3 \end{pmatrix} = \begin{pmatrix} 0 \\ 0 \\ 3\lambda \\ -3\lambda \end{pmatrix} \quad \text{et} \quad \begin{pmatrix} y'_0 \\ y'_1 \\ y'_2 \\ y'_3 \end{pmatrix} = \begin{bmatrix} 1 & 0 & 0 & 0 \\ -3 & 3 & 0 & 0 \\ 3 & -6 & 3 & 0 \\ -1 & 3 & -3 & 1 \end{bmatrix} \begin{pmatrix} y_0 \\ y_1 \\ y_2 \\ y_3 \end{pmatrix} = \begin{pmatrix} 0 \\ 3 \\ -6-3\lambda \\ 3+3\lambda+\mu \end{pmatrix}$$

Les points $Q_0, Q_1, Q_2, Q_3$ ont pour coordonnées $(0,0), (0,3)$, $(3\lambda, -6-3\lambda), (-3\lambda, 3+3\lambda+\mu)$. Il est très spectaculaire dans ces exemples, sachant que la courbe est enfermée dans le quadrilatère de sommets $P_0, P_1, P_2, P_3$, de constater, à ce sujet, la dispersion des points Q. On a choisi, pour les deux exemples dessinés ici, des valeurs distinctes pour $(\lambda, \mu)$.

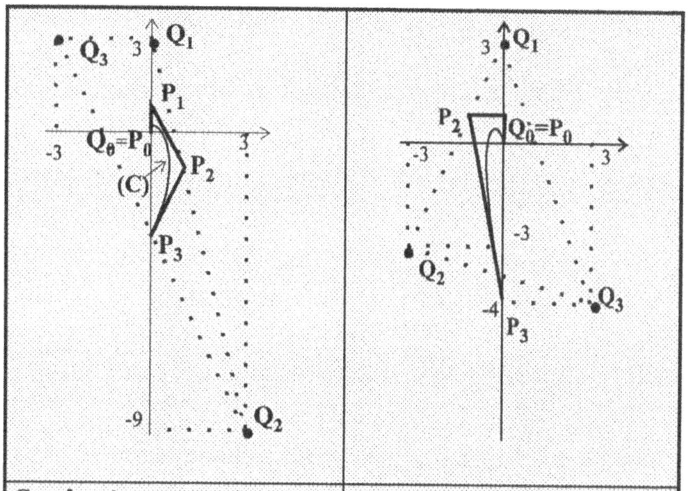


Cas $\lambda = 1$ et $\mu = -3$ | Cas $\lambda = -1$ et $\mu = -4$

Outre des propriétés locales concernant le vecteur $\overrightarrow{P_0P_1}$ au point $P_0$ de la courbe et du vecteur $\overrightarrow{P_3P_2}$ au point $P_3$ (voir ci-après), qui sont loin, du moins a priori, d'être vérifiées vis-à-vis des points $Q$ qui restent, sauf les premiers, assez dispersés et éloignés du « théatre des opérations », on peut même constater que (voir le deuxième cas), la courbe peut ne pas être située dans l'enveloppe convexe des points $Q$.

**Remarques :** On peut utiliser d'autres bases que celles utilisées ci-dessus, en particulier, celles constituées (voir chapitre 2) de fonctions B-splines. Il n'est pas exclu que d'autres bases soient, pour des problèmes d'un type particulier, mieux adaptées que celle associée aux polynômes de Bernstein. Mais il faut rappeler que, dans ces recherches de nouvelles formes, l'indépendance du modèle par rapport aux repères aussi bien que la capacité à piloter ces formes sont des impératifs absolus.

## 3. PROPRIETES LOCALES DES COURBES DE BEZIER

### *3.1 Vecteurs dérivés successifs, tangente en un point.*

#### 3.1.1 Vecteurs dérivés

Les polynômes de Bernstein étant indéfiniment dérivables, il en est de même de la fonction vectorielle définissant une courbe de Bézier. La fonction vectorielle dérivée à l'ordre $p$

s'exprime par : $\dfrac{d^p \overrightarrow{OM}}{dt^p}(t) = \sum_{i=0}^{i=n} \dfrac{d^p B_n^i}{dt^p}(t)\overrightarrow{OP_i} = \sum_{i=0}^{i=n} \left(B_n^i\right)^{(p)}(t)\overrightarrow{OP_i}$ , égalités dans lesquelles on précise les notations de dérivées qui peuvent être utilisées.

### 3.1.2 Tangente en un point. Cas des points extrémités de la courbe

On rappelle que la tangente en un point d'une courbe définie par une fonction vectorielle est portée par le premier vecteur dérivé non nul en ce point ( Cf. annexe 3).
Considérons, par exemple, le vecteur dérivé au point $P_0$ de la courbe, c'est-à-dire au point de paramètre $t = 0$. La fonction vectorielle de Bézier dérivée d'ordre 1 s'écrit :

$\dfrac{d\overrightarrow{OM}}{dt}(t) = \sum_{i=0}^{i=n} C_n^i\left(i\,t^{i-1}(1-t)^{n-i} - (n-i)t^i(1-t)^{n-i-1}\right)\overrightarrow{OP_i}$ où les seuls termes non nuls pour $t = 0$ sont le premier et le deuxième. Ce vecteur s'exprime donc simplement à l'aide du vecteur défini par les deux premiers points de Bézier de la courbe par la formule :

$$\frac{d\overrightarrow{OM}}{dt}(0) = -n\overrightarrow{OP_0} + n\overrightarrow{OP_1} = n\overrightarrow{P_0P_1} .$$

De même, pour $t = 1$, seuls les deux derniers termes sont non nuls et on obtient une égalité du même type :

$$\frac{d\overrightarrow{OM}}{dt}(1) = -n\overrightarrow{OP_{n-1}} + n\overrightarrow{OP_n} = n\overrightarrow{P_{n-1}P_n} .$$

Ces propriétés et leurs généralisations sont à la base d'une autre définition (Cf. §4). On a :

**Proposition 1.3 :**

Si $P_0$ et $P_1$ sont distincts, la droite $(P_0\,P_1)$ est tangente à la courbe de Bézier au point origine $P_0 = M(0)$ de cette courbe. De même, si $P_{n-1}$ et $P_n$ sont distincts, la droite $(P_{n-1}\,P_n)$ est tangente au point extrémité $P_n = M(1)$ de cette courbe.

**Remarque :**
Si $P_0$ et $P_1$ sont confondus (point de définition multiple), on peut vérifier que, si $P_k$ est le premier point de contrôle qui soit distinct de $P_0$, alors la tangente à la courbe de Bézier au point $P_0$ est la droite $(P_0P_k)$; de façon analogue, au point $P_n$, la tangente est $(P_l\,P_n)$ où $P_l$ est le point de plus grand indice qui soit distinct de $P_n$ .

**Conséquence sur le pilotage de la forme de la courbe**
La connaissance, par la propriété précédente, des tangentes aux deux points extrémités de la courbe est tout à fait précieuse pour indiquer l'allure de la courbe (Cf. les figures ci-après). C'est surtout intéressant pour les faibles valeurs de *n*, à savoir 2 ou 3.

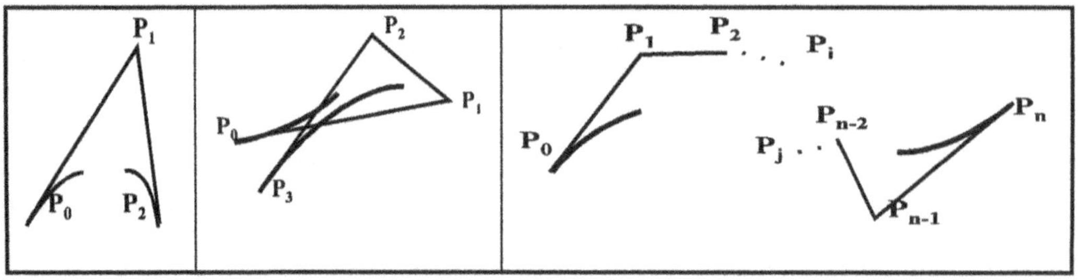

Par contre, la tangente en d'autres points, comme on s'en aperçoit sur la formule générale donnant la dérivée, fait intervenir tous les points de contrôle, ce qui revient à insister sur le caractère global du modèle de Bézier. Cette détermination des tangentes en des points quelconques sera abordée dans les notions d'hodographe qui suivent.

### 3.1.3 Vecteurs dérivées seconde et troisième

Contentons-nous encore, pour le moment, des points extrémités $P_0$ et $P_n$ de la courbe. Le cas général sera repris plus loin avec une définition équivalente des courbes de Bézier.
Les polynômes $B_n^i$ contiennent $t^i$ en facteur ; par conséquent, le vecteur dérivée seconde au point $t = 0$ ne fait intervenir que les trois premiers points de définition. De même, pour la dérivée troisième, seuls interviendront les 4 premiers points :

$$\frac{d^2}{dt^2}\overrightarrow{OM}(0) = \left(B_n^0\right)''(0).\overrightarrow{OP_0} + \left(B_n^1\right)''(0).\overrightarrow{OP_1} + \left(B_n^2\right)''(0).\overrightarrow{OP_2}$$

$$= n(n-1)\overrightarrow{OP_0} - 2n(n-1)\overrightarrow{OP_1} + n(n-1)\overrightarrow{OP_2}$$

$$\frac{d^3}{dt^3}\overrightarrow{OM}(0) = \left(B_n^0\right)'''(0).\overrightarrow{OP_0} + \left(B_n^1\right)'''(0).\overrightarrow{OP_1} + \left(B_n^2\right)'''(0).\overrightarrow{OP_2} + \left(B_n^3\right)'''(0)\overrightarrow{OP_3}$$

$$= n(n-1)(n-2)\left[-\overrightarrow{OP_0} + 3\overrightarrow{OP_1} - 3\overrightarrow{OP_2} + \overrightarrow{OP_3}\right]$$

On voit d'ailleurs, ce qui sera confirmé et utilisé plus loin, que ces vecteurs s'expriment aisément à l'aide des « vecteurs-côtés » du polygone dont les sommets sont les points de définition, ce qui généralise la propriété des vecteurs dérivés d'ordre 1 constatée plus haut.

Par exemple : $\frac{d^2}{dt^2}\overrightarrow{OM}(0) = -n(n-1)\left[\overrightarrow{P_0P_1} - \overrightarrow{P_1P_2}\right].$

Ce sont donc les deux premiers vecteurs-côtés du polygone qui conditionneront le contact au second ordre, notamment les questions de courbure (Cf. §4.4.3).

## *3.2 Etude locale d'une courbe de Bézier*

Cette étude locale peut être considérée comme une étude classique si on envisage, à l'aide des formes canoniques des définitions des courbes de Bézier (voir ce qui précède), d'utiliser les écritures des coordonnées de *M(t)* sur un repère donné. Pour cette étude dans le cas général, avec un aperçu sur les différents types de points stationnaires, on se reportera à l'annexe 3.

Mais l'intérêt du modèle réside dans la possibilité de faire ces études par des outils géométriques qui permettent dans de nombreux cas des visualisations précieuses. Ces outils, notamment les hodographes, seront exposés dans ce qui suit.

On se contentera d'étudier deux exemples d'étude locale, le premier étant l'étude d'un point d'inflexion, le deuxième demandant l'étude, suivant les valeurs d'un paramètre, de points doubles, de points d'inflexion, de points à tangentes parallèles aux axes.

**Premier exemple**

Soit la courbe de degré 3 dont les points de définition sont $P_0, P_1, P_2, P_3$, dont les coordonnées sont $(-1,0),(0,-1),(0,1),(1,0)$. La définition à l'aide des polynômes de Bernstein donne pour coordonnées de *M(t)* :

$$\begin{cases} x = f(t) = -1 + 3t - 3t^2 + 2t^3 \\ y = g(t) = -3t + 9t - 6t^3 = -6t(t-1)\left(t - \dfrac{1}{2}\right) \end{cases}$$

Le calcul des dérivées fournit :

$$\begin{cases} x'(t) = 3 - 6t + 6t^2 \\ y'(t) = -3 + 18t - 18t^2 \end{cases} \quad \begin{cases} x''(t) = -6 + 12t \\ y''(t) = 18 - 36t \end{cases} \quad \begin{cases} x'''(t) = 12 \\ y'''(t) = -36 \end{cases}$$

L'étude de la courbe au point de paramètre ½ est celle d'un point stationnaire, le vecteur dérivée seconde en ce point étant nul. On vérifie que $\overrightarrow{V^{(3)}}\left(\frac{1}{2}\right) \wedge \overrightarrow{V'}\left(\frac{1}{2}\right) \neq \vec{0}$, c'est donc un point d'inflexion, ce qui est confirmé d'ailleurs par la forme générale de la courbe. Les calculs nous donnent, en effet :

$$\begin{cases} x(\frac{1}{2}) = 0 \\ y(\frac{1}{2}) = 0 \end{cases} \quad \begin{cases} x'\left(\frac{1}{2}\right) = \frac{3}{2} \\ y'\left(\frac{1}{2}\right) = \frac{3}{2} \end{cases} \quad \begin{cases} x''\left(\frac{1}{2}\right) = 0 \\ y''\left(\frac{1}{2}\right) = 0 \end{cases} \quad \begin{cases} x'''\left(\frac{1}{2}\right) = 12 \\ y'''\left(\frac{1}{2}\right) = -36 \end{cases}$$

La représentation graphique peut alors être faite de façon précise :

La figure de gauche donne l'allure générale de la courbe, la figure de droite fournit le détail des vecteurs dérivées d'ordre 2 et d'ordre 3 définissant le point d'inflexion.

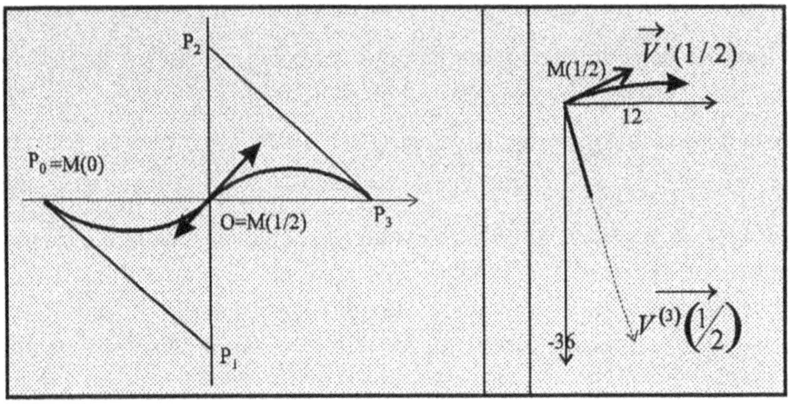


**Deuxième exemple (avec discussion)**

On considére encore une courbe de degré 3 dont les points de définition sont de coordonnées $(-1,0),(\mu,\mu),(-\mu,\mu),(1,0)$ où est strictement positif. Les coordonnées de *M(t)* s'écrivent :

$$\begin{cases} x = f(t) = -(1-t)^3 + t^3 + 3\mu\, t(1-t)(1-2t) \\ y = g(t) = 3\mu\, t\,(1-t) \end{cases}$$

et leurs dérivées :

$$\begin{cases} f'(t) = 3\left[2t^2(1+3\mu) - 2t(1+3\mu) + 1 + \mu\right] \\ g'(t) = 3\mu\left[1-2t\right] \end{cases}$$

L'existence des racines de $f'(t)$ dépend du signe du discriminant $\delta = (1+3\mu)(\mu-1)$

$$\begin{cases} f''(t) = 6(1+3\mu)(2t-1) \\ g''(t) = -6\mu \end{cases}$$

*Etude du point* $M\left(\frac{1}{2}\right)$

A cause de la symétrie des données et aussi de la réversibilité, le point de paramètre $\frac{1}{2}$ doit jouer un rôle particulier. En effet, on vérifie que $f\left(\frac{1}{2}\right) = 0$, ce qui veut dire que le point $M\left(\frac{1}{2}\right)$ est sur l'axe des ordonnées. En ce point d'ailleurs, on a $g'\left(\frac{1}{2}\right) = 0$, ce qui signifie, si $f'\left(\frac{1}{2}\right) \neq 0$, que la tangente en ce point y est horizontale.

***Discussion de l'existence d'un point de « croisement » ou de superposition***

En connaissant seulement l'allure grossière de la courbe avec ses tangentes aux extrémités, il peut arriver que, dans certains cas, la courbe présente ce qui, en théorie des courbes, s'appelle un point « double » et qu'on qualifiera plutôt de point de croisement. Ici, on peut prévoir qu'un tel point existe qui devrait d'ailleurs se situer sur l'axe des ordonnées.

Pour le confirmer, on commence, puisqu'on connaît une racine de $f(t)$, par factoriser ce polynôme.

On trouve : $f(t) = (2t-1)\left[t^2(1+3\mu) - t(1+3\mu) + 1\right]$. Si le trinôme du second degré du crochet s'annule, il le fait pour 2 valeurs $t_1$ et $t_2$ de $t$ telles que $t_1 + t_2 = 1$ donc telles que $g(t_1) = g(t_2)$, ce qui signifie qu'en ce point de l'axe des ordonnées, la courbe présente en effet un point double. Par contre, dans le cas où ce trinôme ne peut s'annuler, il ne peut y avoir de point double. Le discriminant de celui-ci est $\Delta = 3(1+3\mu)(\mu-1)$, qui est proportionnel à $\delta$ ; il ne peut s'annuler que pour $\mu = 1$.

***Points d'inflexion***

Là aussi, c'est l'allure générale de la courbe qui peut faire songer à l'existence de tels points. Le vecteur $\overrightarrow{V''}$ n'étant jamais nul, on peut les caractériser par l'égalité $\frac{g''(t)}{f''(t)} = \frac{g'(t)}{f'(t)}$, c'est-à-dire, réduction faite, par : $t^2(1+3\mu) - t(1+3\mu) + \mu = 0$, trinôme dont le discriminant $(1+3\mu)(1-\mu)$ est positif seulement si $\mu < 1$.

Ces calculs préliminaires étant effectués, on peut débuter la discussion en se plaçant, à cause de la symétrie, sur l'intervalle $I = \left[0, \frac{1}{2}\right]$.

*Premier cas :* $\mu < 1$

La dérivée $f'(t)$ ne s'annule pas puisque $\Delta < 0$, elle reste positive sur *I*. Les fonctions f et g sont croissantes sur *I*. L'allure générale, en tenant compte des informations géométriques connues est donnée ci-dessous pour la valeur $\mu = \frac{3}{4}$. Le point A est un point à tangente horizontale . Il ne peut y avoir de points de croisement de la courbe.

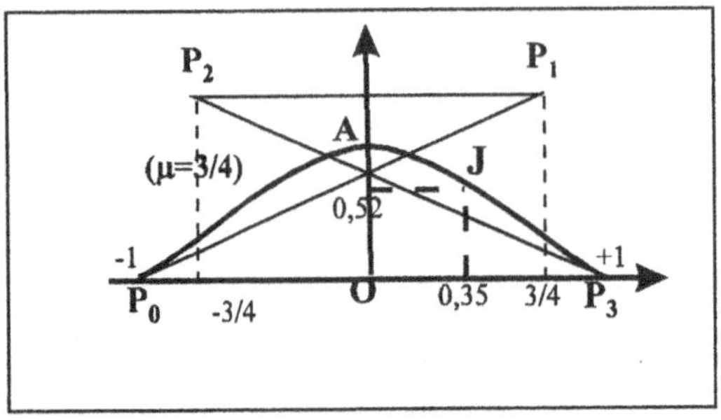


Par contre, d'après ce qui précède, il y a sur I un point d'inflexion J lorsque t est une racine de l'équation précédente. Pour la valeur $\mu = \frac{3}{4}$, on trouve : $t \approx 0{,}36$ ; $x \approx 0{,}35$ ; $y \approx 0{,}52$.

*Deuxième cas* $\mu = 1$

Les trois discriminants précédents sont nuls. Il est facile d'en déduire que, dans ce cas, il n'y a plus de points à tangente horizontale ; celui-ci est remplacé par un point stationnaire qui est un point de rebroussement à tangente verticale.

Il suffit de remarquer, d'une part que $\overrightarrow{V'}\left(\frac{1}{2}\right) = (0,0)$ et $\overrightarrow{V''}\left(\frac{1}{2}\right) = (0,-6)$

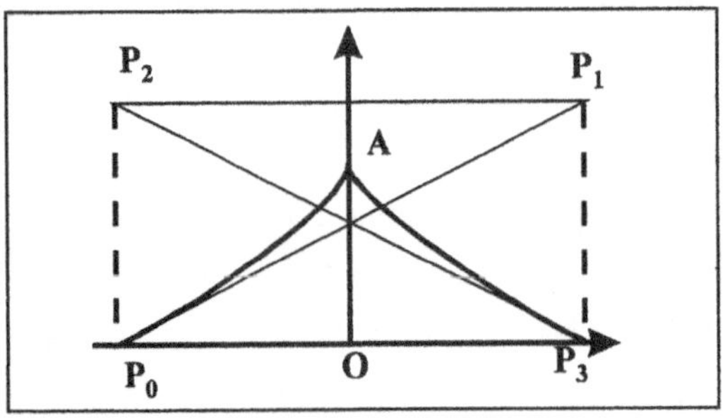


Par ailleurs, il existe un axe de symétrie qui est l'axe des ordonnées. ceci confirme le fait que ce point est un point de rebroussement de première espèce (Cf. annexe 3).

*Troisième cas* $\mu > 1$

Dans ce cas , les discriminants $\delta$ et $\Delta$ sont strictement positifs, ce qui veut dire que $f'(t)$ peut s'annuler sur $I$ et que la fonction $f$ s'annule pour $t_1 \neq 1/2$. On en déduit l'existence d'un point double D et d'un point B à tangente verticale. Le tableau de variations nous donne :

| t | 0 | | t'₁ | | 1/2 |
|---|---|---|---|---|---|
| f'(t) | | + | 0 | - | |
| f (t) | -1 | ↗ | f(t'₁) | ↘ | 0 |
| g(t) | 0 | ↗ | g(t'₁) | ↗ | 3μ/4 |

La figure ci-après est faite dans le cas $\mu = 2$.

On trouve que le point de croisement D est obtenu pour $t_1 \approx 0{,}17$ et $t_2 \approx 0{,}83$.

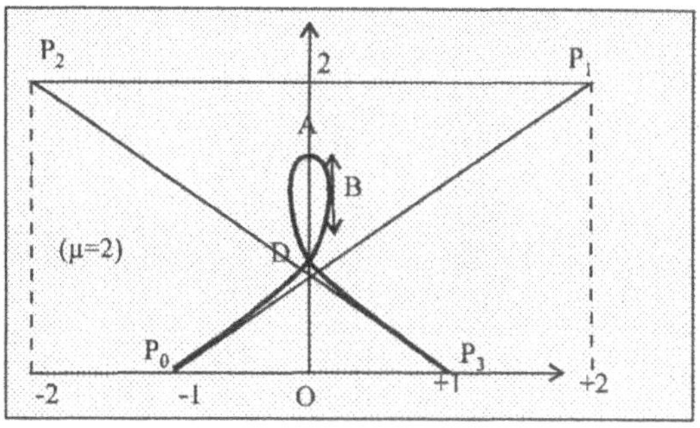


Il est placé sur l'axe des ordonnées au point d'ordonnée $y_D \approx 0{,}847$. Quant au point de paramètre $t'_1$ (on trouve $t'_1 \approx 0{,}24$), il est à tangente verticale, les coordonnées de ce point B sont $x_B \approx 0{,}144$, $y_B \approx 1{,}1$.

# 4. DEUXIEME DEFINITION , VECTEURS ET CONTRAINTES

## 4.1 Définition d'une courbe dans un espace de dimension n

A partir de $n+1$ vecteurs $\overrightarrow{V_0}, \overrightarrow{V_1}, \overrightarrow{V_2}, \ldots, \overrightarrow{V_n}$ du plan affine ou de l'espace affine $\mathcal{E}$ (que l'on peut même supposer de dimension quelconque) et de $n+1$ fonctions polynomiales de degré $n$, $f_n^i$ (où i varie entre 0 et $n$), de la variable réelle $t$ supposée appartenir à $[0,1]$, avec $f_n^0(t)=1$, on définit, dans l'espace vectoriel $\overrightarrow{\mathcal{E}}$ associé à $\mathcal{E}$, le point M de $\mathcal{E}$ fonction de $t$ par l'égalité vectorielle dans l'espace vectoriel $\overrightarrow{\mathcal{E}}$ associé à $\mathcal{E}$ :

$$\boxed{\overrightarrow{OM(t)} = \sum_{i=0}^{i=n} f_n^i(t).\overrightarrow{V_i} = \overrightarrow{V_0} + \sum_{i=1}^{i=n} f_n^i(t).\overrightarrow{V_i}}.$$

Pour les calculs qui suivent, on suppose que $\overrightarrow{\mathcal{E}}$ est de dimension supérieure ou égale à n et que les vecteurs $\overrightarrow{V_1}, \overrightarrow{V_2}, \ldots, \overrightarrow{V_n}$ sont linéairement indépendants dans $\overrightarrow{\mathcal{E}}$.

**On détermine les n fonctions inconnues $f_n^i$, les contraintes qui sont définies dans ce qui suit permettant d'assurer une jonction entre 2 points $M_0$ et $M_1$ de l'espace $\mathcal{E}$ par la courbe ensemble des points $M(t)$.**

◆ Deux contraintes de position : la courbe débute en $M_0$ et elle se termine en $M_1$, autrement dit : $M(0)=M_0$ , $M(1)=M_1$.

◆ Deux contraintes de contact : le vecteur $\overrightarrow{V_1}$ est tangent à la courbe en $M_0$ et le vecteur $\overrightarrow{V_n}$ est tangent à la courbe en $M_1$.

◆ Deux contraintes du second ordre exprimant que le vecteur dérivé d'ordre 2, au point $t=0$ , ne dépend que de $\overrightarrow{V_1}$ et $\overrightarrow{V_2}$ (respectivement, au point $t=1$, ne dépend que de $\overrightarrow{V_n}$ et de $\overrightarrow{V_{n-1}}$ ), à savoir : $\begin{cases} \overrightarrow{OM}''(0) = \left(f_n^1\right)''(0).\overrightarrow{V_1} + \left(f_n^2\right)''(0).\overrightarrow{V_2} \\ \overrightarrow{OM}''(1) = \left(f_n^{n-1}\right)''(1).\overrightarrow{V_{n-1}} + \left(f_n^n\right)''(1).\overrightarrow{V_n} \end{cases}$

◆ Et ainsi de suite, les vecteurs dérivés d'ordre $p$ au point $t=0$ et au point $t=1$ s'écrivant à l'aide seulement des $p$ premiers vecteurs, respectivement, à l'aide des $p$ derniers vecteurs et cela jusqu'à l'indice $n-1$. De façon précise :

$$\overrightarrow{OM}^{(p)}(0)=\sum_{j=1}^{j=p}\left(f_n^j\right)^{(p)}(0).\overrightarrow{V_j}\ ,\ \overrightarrow{OM}^{(p)}(1)=\sum_{j=0}^{j=p-1}\left(f_n^{n-j}\right)^{(p)}(1).\overrightarrow{V_{n-j}}$$

Par exemple, pour $n=3$, on obtient 6 conditions vectorielles qui sont :

$$\begin{cases}\overrightarrow{OM}(0)=\overrightarrow{V_0}\\ \overrightarrow{OM}(1)=\sum_0^3\overrightarrow{V_i}\end{cases},\ \begin{cases}\overrightarrow{OM}'(0)=\left(f_3^1\right)'(0).\overrightarrow{V_1}\\ \overrightarrow{OM}'(1)=\left(f_3^3\right)'(1).\overrightarrow{V_3}\end{cases},\ \begin{cases}\overrightarrow{OM}''(0)=\left(f_3^1\right)''(0).\overrightarrow{V_1}+\left(f_3^2\right)''(0).\overrightarrow{V_2}\\ \overrightarrow{OM}''(1)=\left(f_3^2\right)''(1).\overrightarrow{V_2}+\left(f_3^3\right)''(1).\overrightarrow{V_3}.\end{cases}$$

### *4.2 Détermination des polynômes* $f_n^i$ *pour n=3*

Les contraintes précédentes, se traduisent par les égalités suivantes qui permettent, grâce à l'indépendance des vecteurs $\overrightarrow{V_1},\overrightarrow{V_2},\overrightarrow{V_3}$ de faire des identifications:

$$\begin{cases}f_3^1(0).\overrightarrow{V_1}+f_3^2(0).\overrightarrow{V_2}+f_3^3(0).\overrightarrow{V_3}=\overrightarrow{O}\\ f_3^1(1).\overrightarrow{V_1}+f_3^2(1).\overrightarrow{V_2}+f_3^3(1).\overrightarrow{V_3}=\overrightarrow{V_1}+\overrightarrow{V_2}+\overrightarrow{V_3}\end{cases}$$

$$\begin{cases}\left(f_3^1\right)'(0).\overrightarrow{V_1}+\left(f_3^2\right)'(0).\overrightarrow{V_2}+\left(f_3^3\right)'(0).\overrightarrow{V_3}=\left(f_3^1\right)'(0).\overrightarrow{V_1}\\ \left(f_3^1\right)'(1).\overrightarrow{V_1}+\left(f_3^2\right)'(1).\overrightarrow{V_2}+\left(f_3^3\right)'(1).\overrightarrow{V_3}=\left(f_3^3\right)'(1).\overrightarrow{V_3}\end{cases}$$

$$\begin{cases}\left(f_3^1\right)''(0).\overrightarrow{V_1}+\left(f_3^2\right)''(0).\overrightarrow{V_2}+\left(f_3^3\right)''(0).\overrightarrow{V_3}=\left(f_3^1\right)''(0).\overrightarrow{V_1}+\left(f_3^2\right)''(0).\overrightarrow{V_2}\\ \left(f_3^1\right)''(1).\overrightarrow{V_1}+\left(f_3^2\right)''(1).\overrightarrow{V_2}+\left(f_3^3\right)''(1).\overrightarrow{V_3}=\left(f_3^2\right)''(1).\overrightarrow{V_2}+\left(f_3^3\right)''(1).\overrightarrow{V_3}\end{cases}$$

On en déduit les 12 conditions :

$$\boxed{f_3^i(0)=0\ ,\ f_3^i(1)=1\ ,\ \left(f_3^1\right)'(0)=\left(f_3^2\right)'(0)=0\ ,\ \left(f_3^3\right)'(1)=\left(f_3^2\right)'(1)=0}$$

qui permettent la détermination des 12 coefficients des 3 polynômes ($12=4\times3$).

Cette détermination peut être faite par la méthode des coefficients indéterminés, mais on peut calculer plus élégamment ces polynômes en utilisant la formule de Taylor : Pour $f_3^1$,
$f_3^1(t)=f_3^1(1)+(t-1)\left(f_3^1\right)'(1)+\frac{1}{2}(t-1)^2\left(f_3^1\right)''(1)+K(t-1)^3=1+K(t-1)^3$ et la condition $f_3^1(0)=0$ fournit $K=1$. De même, la formule au point $0$ pour $f_3^3$ donne : $f_3^3(t)=f_3^3(0)+t\left(f_3^3\right)'(0)+\frac{t^2}{2}\left(f_3^3\right)''(0)+Lt^3=Lt^3$ et la condition $f_3^3(1)=1$ fournit

$L=1$. Enfin, puisque $f_3^2(1)=1$ et $\left(f_3^2\right)'(1)=0$, la formule de Taylor au point 1 donne $f_3^2(t)=1+A(t-1)^2+B(t-1)^3$ et les conditions $f_3^2(0)=0$ et $\left(f_3^2\right)'(0)=0$, à leur tour, entrainent $1+A-B=0$ et $-2A+3B=0$, d'où $A=-3$ et $B=-2$. Finalement :

$$\begin{cases} f_3^1(t)=1+(t-1)^3=t^3-3t^2+3t \\ f_3^2(t)=1-3(t-1)^2-2(t-1)^3=3t^2-2t^3 \\ f_3^3(t)=t^3 \end{cases}$$

### 4.3 Détermination dans le cas général

L'identification, justifiée par la linéaire indépendance, donne, dans le cas associé à l'entier $n$, les conditions généralisant celles obtenues dans le cas $n=3$ :

$$\forall i\in[[1,n]],\ f_n^i(0)=0 \text{ et } f_n^i(1)=1 \text{ et}$$
$$\forall j\in[[1,n-1]],\ \forall i<j,\ \left(f_n^i\right)^{(j)}(0)=0 \text{ et } \forall i\le n-j,\ \left(f_n^i\right)^{(j)}(1)=0$$

Enonçons d'abord le résultat :

**Proposition 1.4 :**

Dans le cas général d'un entier $n$ au moins égal à $2$, les $n+1$ polynômes $f_n^i$ de degré n sont définis explicitement par les formules (où figure une dérivée d'ordre $i-1$):

$$f_n^0(t)=1 \quad \text{et} \quad \forall i\in[[1,n]],\ f_n^i(t)=\frac{(-t)^i}{(i-1)!}\left(\frac{(1-t)^n-1}{t}\right)^{(i-1)}$$

**Démonstration**

D'abord, pour $i=1$, le polynôme $1-f_n^1(t)$ est nul en $1$ et ses dérivées jusqu'à l'ordre $n-1$ sont nulles en ce même point , donc $1-f_n^1(t)=K(1-t)^n$ et, en utilisant cette formule au point 0, on en déduit $K=1$. En conclusion : $f_n^1(t)=(-t)\left(\frac{(1-t)^n-1}{t}\right)^{(0)}$.

Pour $i=2$, le polynôme $1-f_n^2(t)$ est nul en 1 et ses dérivées en ce point sont nulles jusqu'à l'ordre $n-2$. Etant de degré $n$, il s'écrit $1-f_n^2(t)=(At+B)(1-t)^{n-1}$. Les constantes A et B se calculent en utilisant les valeurs de la fonction et de sa dérivée au point 0, on trouve $A=n-1$ et $B=1$, d'où $f_n^2(t)=1-nt(1-t)^{n-1}-(1-t)^n$. En factorisant par $t^2$, ceci s'écrit : $f_n^2(t)=t^2\left[\frac{-nt(1-t)^{n-1}-\left((1-t)^n-1\right)}{t^2}\right]$ où on reconnait le crochet comme la dérivée d'un quotient. En conclusion : $f_n^2(t)=t^2\frac{d}{dt}\left[\frac{\left((1-t)^n-1\right)}{t}\right]$.

Pour $i$ supérieur strictement à $1$, le polynôme $f_n^i$ étant, ainsi que ses dérivées d'ordre

inférieur à $i-1$, nulles au point 0, on en déduit $f_n^i(t) = t^i P(t)$ où $P$ est un polynôme de degré $n-i$.
En utilisant maintenant les conditions au point *1* et en posant $h = 1 - t^i P$, on voit que $h$ ainsi que ses dérivées jusqu'à l'ordre $n-i$ sont nulles au point *1*. Il en résulte $h = (1-t)^{n-i+1} u$ où $u$ est un polynôme de degré $i-1$ et il en résulte que : $1 - t^i P = \left(1-(1-t)^{n-i+1}\right)u(t)$.

Soit, à présent, la fonction $Q = \dfrac{(-1)^i}{(i-1)!}\left(\dfrac{(1-t)^n - 1}{t}\right)^{(i-1)}$.

D'une part, c'est une dérivée de polynôme car $(1-t)^n - 1$ possède bien $t$ en facteur. D'autre part, la formule de Leibniz, appliquée à la dérivée d'ordre $i-1$, fournit un premier terme exactement égal à $\dfrac{(1-t)^n - 1}{t^i}$, les autres étant du type $A_k \dfrac{(1-t)^{n-k}}{t^{i-k}}$ où $1 \le k \le i-1$.
En réduisant au dénominateur $t^i$, tous les termes du numérateur contiennent $(1-t)^{n-i+1}$ en facteur à l'exception d'un seul terme qui est la constante $-1$.
On en déduit que Q, qui est de degré $n-i$, vérifie : $1 - t^i Q = (1-t)^{n-i+1} v$ où $v$ est un polynôme de degré inférieur strictement à *i*. En retranchant cette formule de $1 - t^i P = \left(1-(1-t)^{n-i+1}\right)u(t)$, on obtient que $u - v$, qui est un polynôme de degré inférieur strictement à *i*, est divisible par $t^i$. Ceci assure que $v = u$ et donc $P = Q$, ce qui termine la démonstration.

## 4.4 Deuxième définition des courbes de Bézier

### 4.4.1 Proposition 1.5 :

> Etant donnés dans le plan ou dans l'espace à trois dimensions *n+1* vecteurs $\vec{V_0}, \vec{V_1}, \vec{V_2}, \ldots, \vec{V_n}$, la courbe, ensemble des points *M(t)* qui sont définis par :
>
> $$\boxed{\overrightarrow{OM(t)} = \vec{V_0} + \sum_{i=1}^{i=n} f_n^i(t).\vec{V_i}}$$
>
> où les fonctions $f_n^i$ sont les polynômes calculés précédemment est la **courbe de Bézier de degré *n*** dont les points de définition sont les points $P_0, P_1, \ldots, P_n$ vérifiant : $\vec{V_0} = \overrightarrow{OP_0}, \vec{V_1} = \overrightarrow{P_0P_1}, \vec{V_2} = \overrightarrow{P_1P_2}, \ldots, \vec{V_n} = \overrightarrow{P_{n-1}P_n}$.

La démonstration est, en fait, celle de l'équivalence de cette formule nouvelle de définition avec la formule utilisant les polynômes de Bernstein.
On commence par l'exemple $n = 3$ en partant de la deuxième définition :

$$\overrightarrow{OM(t)} = \vec{V_0} + (1-(1-t)^3)\vec{V_1} + (3t^2 - 2t^3)\vec{V_2} + t^3\vec{V_3}$$

$$= \overrightarrow{OP_0} + (1-(1-t)^3)(\overrightarrow{OP_1} - \overrightarrow{OP_0}) + (3t^2 - 2t^3)(\overrightarrow{OP_2} - \overrightarrow{OP_1}) + t^3(\overrightarrow{OP_3} - \overrightarrow{OP_2})$$

ou encore, en réarrangeant les termes :

$$\begin{aligned}\overrightarrow{OM(t)} &= (1-t)^3\,\overrightarrow{OP_0} + \left(1-(1-t)^3-3t^2+2t^3\right)\overrightarrow{OP_1} + \left(3t^2-2t^3-t^3\right)\overrightarrow{OP_2} + t^3\,\overrightarrow{OP_3} \\ &= (1-t)^3\,\overrightarrow{OP_0} + 3t(1-t)^2\,\overrightarrow{OP_1} + 3t^2(1-t)\,\overrightarrow{OP_2} + t^3\,\overrightarrow{OP_3}\end{aligned}$$

Passons maintenant au cas général en partant toujours de la deuxième définition :

$$\overrightarrow{OM(t)} = \overrightarrow{OP_0} + \sum_{1}^{n} f_n^i(t).(\overrightarrow{OP_i} - \overrightarrow{OP_{i-1}}) = \sum_{i=0}^{i=n-1} \left(f_n^i(t) - f_n^{i+1}(t)\right)\overrightarrow{OP_i} + f_n^n(t)\overrightarrow{OP_n}$$

On est ainsi amené à comparer les polynômes $f_n^i(t) - f_n^{i+1}(t)$ aux polynômes de Bernstein pour $1 \le i \le n-1$ en remarquant que, pour l'indice *n*, on a déjà $f_n^n = B_n^n$ et que pour l'indice *0*, on a aussi $f_n^0 - f_n^1 = 1 - \left(-t\dfrac{(1-t)^n - 1}{t}\right) = (1-t)^n = B_n^0(t)$.

Or, on reconnait, après une mise en facteur , le développement de la dérivée d'un produit:

$$f_n^i(t) - f_n^{i+1}(t) = \frac{(-t)^i}{i!}\left[i\left(\frac{(1-t)^n - 1}{t}\right)^{(i-1)} + t\left(\frac{(1-t)^n - 1}{t}\right)^{(i)}\right]$$

En effet dérivons à l'ordre *i* le produit $t \times \left(\dfrac{(1-t)^n - 1}{t}\right)$ avec la formule de Leibniz. Les dérivées du facteur *t* sont nulles à partir de l'ordre 2, il n'y a donc que deux termes qui sont ceux du crochet précédent, le coefficient du binôme $C_i^1$ étant égal à *i*.

On en déduit :

$$\begin{aligned}f_n^i(t) - f_n^{i+1}(t) &= \frac{(-t)^i}{i!}\left((1-t)^n - 1\right)^{(i)} = \frac{n(n-1)(n-2)....(n-i+1)}{i!}\, t^i\,(1-t)^{n-i} \\ &= C_n^i\, t^i\,(1-t)^{n-i} = B_n^i(t)\end{aligned}$$

( le terme $-1$ n'intervient pas puisque l'ordre de dérivation est supérieur ou égal à 1).

Finalement, on a trouvé : $\overrightarrow{OM(t)} = \sum_{i=0}^{i=n} B_n^i(t)\overrightarrow{OP_i}$ , l'équivalence est donc démontrée.

### 4.4.2 Conséquences de cette autre définition

On retrouve certaines des propriétés déjà obtenues à l'aide des polynômes de Bernstein. Par ailleurs, les contraintes incluses dans les définitions précédentes peuvent être interprétées géométriquement. En particulier, les conditions de contact et de courbure apparaissent plus clairement que sur la première définition.

a) Ainsi, en reprenant la deuxième définition, on vérifie que le point de départ de la courbe (pour *t=0*) est $P_0$ avec le vecteur tangent $\overrightarrow{V_1}$ et que le point d'arrivée (pour *t=1* ) est $P_n$ avec le vecteur tangent $\overrightarrow{V_n}$ (s'ils sont non nuls).

b) Plus généralement, les vecteurs dérivés à l'ordre *k* en $M(0)$ et $M(1)$, points correspondants à $t=0$ et $t=1$ ne font intervenir que les *k* premiers ou les *k* derniers vecteurs $\overrightarrow{V_i}$ . Il en résulte, par exemple, que les questions de courbure en ces points peuvent être résolues, en général, à l'aide des 2 premiers vecteurs ou des 2 derniers (Cf. le paragraphe suivant).

c) Conséquences sur la forme de la courbe

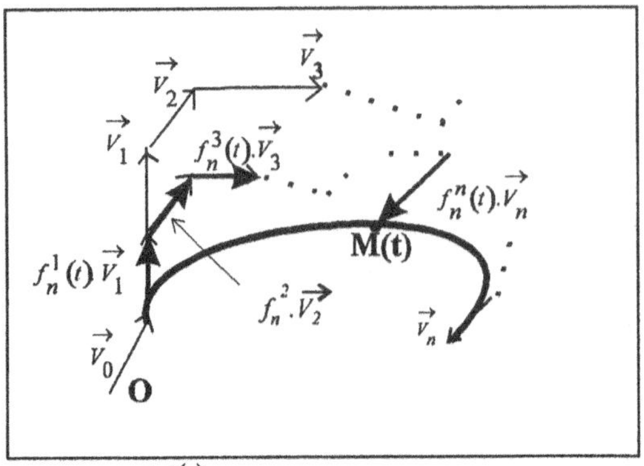


Le pilotage de la forme de la courbe, à l'aide des vecteurs pondérés par les $f_n^i$ , est bien visible car les vecteurs $f_n^i\vec{V}_i$ ajoutés successivement sont colinéaires aux $\vec{V}_i$ . Le caractère *global* du modèle apparait ainsi plus clairement puisque *tous* les vecteurs $\vec{V}_i$ interviennent dans la définition du point courant $M(t)$.

d)Autre conséquence de ce caractère global : si on change un des vecteurs du polygone (ou plusieurs), c'est *toute* la courbe qui se déforme.

### 4.4.3 Questions de courbure aux extrémités de la courbe

a) **Calcul des vecteurs dérivés à l'ordre 1 et 2**

En utilisant les propriétés des dérivées des polynômes $f_n^1$ et $f_n^2$ aux points $t = 0$ et $t = 1$, on obtient : $\frac{d}{dt}\vec{OM}(0) = \left(f_n^1\right)'(0).\vec{V}_1$ et $\frac{d^2}{dt^2}\vec{OM}(0) = \left(f_n^1\right)''(0).\vec{V}_1 + \left(f_n^2\right)''(0).\vec{V}_2$ .

On en déduit, après calculs : $$\begin{cases} \frac{d}{dt}\vec{OM}(0) = n.\vec{V}_1 \\ \frac{d^2}{dt^2}\vec{OM}(0) = -n(n-1).\vec{V}_1 + n(n-1).\vec{V}_2 \end{cases}$$

Des calculs semblables donnent pour *t=1* :

$$\begin{cases} \frac{d}{dt}\vec{OM}(1) = n.\vec{V}_n \\ \frac{d^2}{dt^2}\vec{OM}(1) = -n(n-1).\vec{V}_n + n(n-1).\vec{V}_{n-1} \end{cases}$$

b) ***Plan osculateur, dans le cas d'une courbe gauche***

Si les vecteurs $\vec{V}_1$ et $\vec{V}_2$ ne sont pas colinéaires, ils déterminent un plan qui n'est autre que le plan osculateur au point de départ $M(0) = P_0$ de la courbe puisque ce plan est celui

des vecteurs dérivées première et deuxième de $t \to \overrightarrow{OM}(t)$ en ce point.
Il en résulte, en particulier, que la normale principale à la courbe en ce point est la perpendiculaire issue de $P_0$ au vecteur $\overrightarrow{V_1}$ , dans le plan formé par les 2 premiers vecteurs.

c) ***Détermination du centre de courbure en ces points.***
On sait que le rayon de courbure $R_0$ au point $M(0)$ est donné par la formule classique:

$R_0 = \dfrac{\left\| \overrightarrow{OM'}(0) \right\|^3}{\left\| \overrightarrow{OM'} \wedge \overrightarrow{OM''}(0) \right\|}$. Supposons $\overrightarrow{V_1} \wedge \overrightarrow{V_2}$ non nul, les relations précédentes nous donnent : $\frac{d}{dt}\overrightarrow{OM(0)} \wedge \frac{d^2}{dt^2}\overrightarrow{OM(0)} = n^2(n-1).\overrightarrow{V_1} \wedge \overrightarrow{V_2} = n^2(n-1)\left\|\overrightarrow{V_1}\right\|\left\|\overrightarrow{V_2}\right\| \sin\theta$ où $\theta$ est l'angle des vecteurs $\overrightarrow{V_1}$ et $\overrightarrow{V_2}$.

Or $\left\|\overrightarrow{V_1}\right\|\left\|\overrightarrow{V_2}\right\| \sin\theta = \left\|\overrightarrow{V_1}\right\| \times P_0H$ où H est le projeté de $P_2$ sur la normale à la courbe de Bézier au point $P_0$, donc, la formule précédente nous donne :

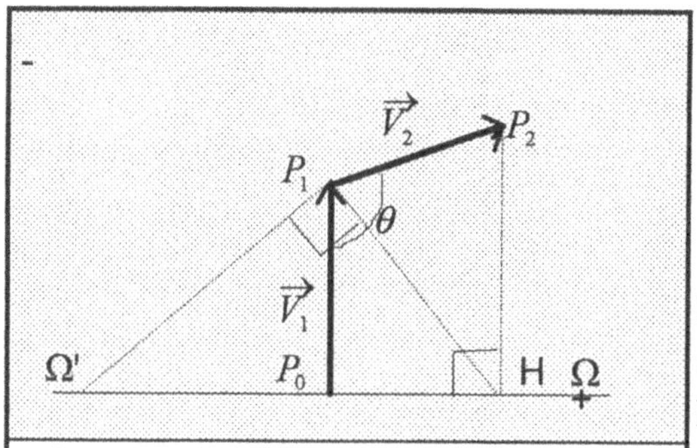


*Le centre de courbure est* $\Omega$ *défini par :*

$$\overline{P_0\Omega} = -\frac{n}{n-1}\overline{P_0\Omega}$$

$$R_0 = \frac{n^3\left\|\overrightarrow{V_1}\right\|^3}{n^2(n-1)\left\|\overrightarrow{V_1} \wedge \overrightarrow{V_2}\right\|} = \frac{n\left\|\overrightarrow{V_1}\right\|^2}{(n-1).P_0H}$$

La perpendiculaire en $P_1$ à la droite $(HP_1)$ coupe la normale en $P_0$ à la courbe en Ω'. Par une relation métrique dans $HP_1\Omega'$, le rayon de courbure est $R_0 = \dfrac{n}{n-1}P_0\Omega'$

On se sert évidemment du fait, dans le cas d'une courbe gauche, que le point $\Omega$ est bien situé sur la normale principale, laquelle est bien dessinée ci-dessus dans le plan de la figure. Evidemment, il est facile de transposer cette construction géométrique à l'extrémité $P_n$ en faisant intervenir les vecteurs $\overrightarrow{V_n}$ et $\overrightarrow{V_{n-1}}$.

**Remarques**

Nous verrons plus loin que le point $M(t_0)$ d'une courbe de Bézier peut être considéré, grâce à la transformation de paramètre $t = t_0 + (1 - t_0)u$, comme l'origine d'un arc de Bézier de cette courbe. La construction des premiers vecteurs côtés du polygone de cet arc ramènera alors les déterminations de la tangente, du plan osculateur et de la courbure aux déterminations précédentes. On peut aussi utiliser les constructions des deux premiers vecteurs dérivés en un point qui seront décrites dans §6.4.

### 4.4.4 Questions de torsion dans le cas d'une courbe gauche

a) **Rappels concernant les formules de Frenet.**

On suppose que la courbe est gauche et aussi que les vecteurs $\frac{d}{dt}\overrightarrow{OM}(0)$ , $\frac{d^2}{dt^2}\overrightarrow{OM}(0)$ et $\frac{d^3}{dt^3}\overrightarrow{OM}(0)$ forment un véritable repère de l'espace. Les vecteurs unitaires orthogonaux $\overrightarrow{T}$ *et* $\overrightarrow{N}$ des vecteurs $\frac{d}{dt}\overrightarrow{OM}(0)$ et $\overrightarrow{P_0\Omega}$ sont connus d'après ce qui précède. On leur adjoint classiquement un troisième vecteur $\overrightarrow{B}$ tel que le trièdre $\left(\overrightarrow{T},\overrightarrow{N},\overrightarrow{B}\right)$ dit « trièdre de Frenet-Serret » de la courbe au point considéré soit orthogonal direct .

Alors, en posant $\frac{ds}{dt}=\left\|\frac{d}{dt}\overrightarrow{OM}(t)\right\|$, d'où l'on déduit $\frac{d}{ds}\overrightarrow{OM}=\overrightarrow{T}$ ( où $s$ est la différentielle de la longueur de l'arc de courbe comptée à partir de l'origine de la courbe), les formules de Frenet s'écrivent :

$$\begin{cases} \frac{d}{ds}\overrightarrow{T}=\frac{1}{R}\overrightarrow{N} \\ \frac{d}{ds}\overrightarrow{N}=-\frac{1}{R}\overrightarrow{T}-\frac{1}{T}\overrightarrow{B} \\ \frac{d}{ds}\overrightarrow{B}=\frac{1}{T}\overrightarrow{N} \end{cases}$$

R étant le rayon de courbure et T le rayon de torsion de la courbe au point $M(t)$ considéré. Calculons alors le produit scalaire $\left(\frac{d^3}{dt^3}\overrightarrow{OM}\right).\overrightarrow{B}$ . D'abord, on a :

$$\frac{d^2}{dt^2}\overrightarrow{OM}=\frac{d}{dt}\left(s'\,\overrightarrow{T}\right)=s''\,\overrightarrow{T}+\frac{(s')^2}{R}\overrightarrow{N} \text{ puis } \frac{d^3}{dt^3}\overrightarrow{OM}=s'\frac{d}{ds}\left(s''\,\overrightarrow{T}+\frac{(s')^2}{R}\overrightarrow{N}\right).$$

Cette dernière dérivée fait intervenir un seul vecteur colinéaire à $\overrightarrow{B}$ qui est $-\frac{(s')^2}{RT}\overrightarrow{B}$ ; on en déduit donc : $\boxed{\left(\frac{d^3}{dt^3}\overrightarrow{OM}\right).\overrightarrow{B}=-\frac{(s')^3}{RT}}$.

b) **Adaptation aux cas des courbes de Bézier**

On se place toujours au point $M(0)$ où l'on connait le trièdre de Frenet. Le vecteur dérivée d'ordre 3 en $t=0$, qui ne fait intervenir que les trois premiers vecteurs-côtés est, par un calcul simple : $\frac{d^3}{dt^3}\overrightarrow{OM}(0)=n(n-1)(n-2)\left(\overrightarrow{V_1}-2\overrightarrow{V_2}+\overrightarrow{V_3}\right)$ ; donc, comme $\overrightarrow{B}$ est orthogonal aux deux premiers vecteurs, il en résulte :

$$\boxed{n(n-1)(n-2)\ \overrightarrow{V_3}.\overrightarrow{B}=-\frac{(s')^3}{RT}}$$

Puisque $\vec{B}$ est unitaire, le produit scalaire précédent est égal à $\overline{P_0H_3}$ ou $H_3$ est la projection orthogonale de l'extrémité $P_3$ du vecteur $\vec{V_3}$ sur $\vec{B}$. en utilisant l'expression du vecteur dérivée première, on obtient finalement :

$$\boxed{\frac{(n-1)(n-2)}{n^2}\overline{P_0H_3} = -\frac{1}{RT}\left\|\vec{V_1}\right\|^3}$$

On pourrait, à partir de là, trouver une construction géométrique de T, laquelle demanderait une transformation pour une interprétation utile.

# 5. CONSTRUCTION DES COURBES DE BEZIER

## *5.1 Rappels concernant les courbes définies paramètriquement.*

Dans un repère donné, les coordonnées du point courant $M(t)$ d'une courbe de Bézier sont des fonctions polynomiales de t, faisant intervenir les coordonnées dans ce repère des points de définition $P_i$ et les polynômes de Bernstein de degré $n$ , degré apparent de la courbe donnée.
Nous pouvons donc nous placer dans cette situation classique où le problème est de construire (ou au moins de déterminer l'allure générale) une courbe définie paramètriquement par deux ou trois fonctions par la représentation :

$$\{x = f(t),\ y = g(t)\} \text{ ou } \{x = f(t),\ y = g(t),\ z = h(t)\}$$

Dans le cas de 3 coordonnées, les 3 courbes obtenues par projections sur les axes du repère permettent, par leur vision conjointe, de se représenter la courbe donnée dans l'espace à 3 dimensions..
La dérivabilité de ces fonctions polynomiales *f, g, h* étant acquises, on dresse donc le tableau des variations de ces fonctions contenant les indications des signes des dérivées.
A l'aide des informations concernant conjointement ces variations, le tracé de la courbe s'obtient en adoptant une démarche analogue à celle d'une table traçante recevant un ordre de déplacement horizontal à droite ou à gauche et un ordre de déplacement vertical vers le haut ou vers le bas.
Pour certains points, notamment les extrémités de la courbe, les renseignements géométriques que l'on possède par ailleurs ( sur les tangentes, par exemple) peuvent préciser le tracé ou simplement servir de contrôle.
En ce qui concerne les points particuliers qui exigent des études locales, les indications utiles ont déjà été données dans un paragraphe précédent.

## *5.2 Etude sur quatre exemples*

On se contente, pour conserver une certaine simplicité dans les calculs, de trois courbes de Bézier de degré 3 dont les points de définition $P_0$, $P_1$, $P_2$ et $P_3$ sont globalement les mêmes (l'ordre simplement va changer).
On espère d'ailleurs à cette occasion montrer comment le dessin du polygone orienté constitué par ces points fournit des indications sur l'allure globale de la courbe. Ces exemples donnent aussi l'occasion de trouver, dans des cubiques de Bézier, des premiers exemples de points d'inflexion ou de rebroussement.

**Exemple 1**

Dans le repère $\left(O, \vec{i}, \vec{j}\right)$, les points de définition $P_0$, $P_1$, $P_2$ et $P_3$ ont pour coordonnées respectives : $(0,0)$, $(0,1)$, $(1,1)$ et $(1,0)$. A l'aide de la définition, on obtient les fonctions *f, g, f' et g'* et le tableau :

$$x = f(t) = 3t^2(1-t) + t^3 = 3t^2 - 2t^3$$

$$y = g(t) = 3t(1-t)^2 + 3t^2(1-t) = 3t - 3t^2$$

$$f'(t) = 6t(1-t)$$

$$g'(t) = 3 - 6t$$

| t | 0 | | ½ | | 1 |
|---|---|---|---|---|---|
| f'(t) | 0 | | + | | 0 |
| f(t) | 0 | ↗ | ½ | ↗ | 1 |
| g(t) | 0 | ↗ | ¾ | ↘ | 0 |
| g'(t) | 3 | + | 0 | - | -3 |

On en déduit la représentation graphique étudiée pour cette courbe de Bézier :

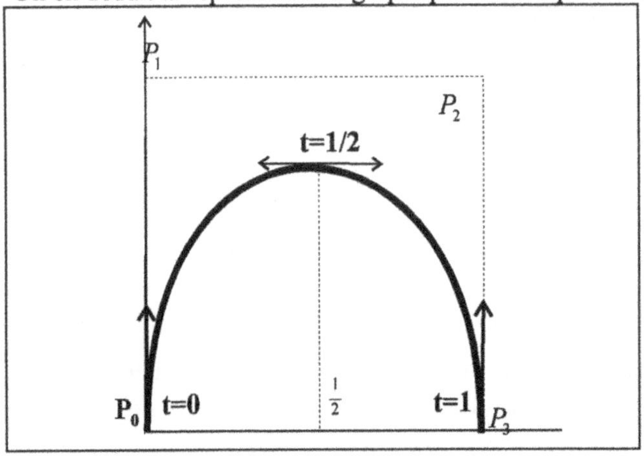


Simplement pour des raisons d'encombrements graphiques, les tangentes sont représentées par des vecteurs qui indiquent seulement leurs directions.

En effet, aux points de paramètres *0* et *1*, les vecteurs dérivés sont égaux en réalité à trois fois les vecteurs $\overrightarrow{P_0 P_1}$ et $\overrightarrow{P_2 P_3}$ respectivement.

**Exemple 2**

On reprend les mêmes points de définition mais dans un autre ordre ; cette fois, les coordonnées des points $P_0$, $P_1$, $P_2$ et $P_3$ sont respectivement $(0,0)$, $(1,0)$, $(0,1)$ et $(1,1)$.

On a : $\begin{cases} x = f(t) = 3t(1-t)^2 + t^3 = 3t - 6t^2 + 4t^3 \\ y = g(t) = 3t^2(1-t) + t^3 = 3t^2 - 2t^3 \end{cases}$ et $\begin{array}{l} f'(t) = 3 - 12t + 12t \\ g'(t) = 6t(1-t) \end{array}$

Le tableau de variations est laissé au lecteur. La courbe est tracée ci-dessous.

La tangente est horizontale en $P_0$ pour $t=0$ et en $P_3$ pour $t=1$ car $g'(0)=0$ et $g'(1)=0$. Par ailleurs, elles sont portées respectivement par les vecteurs $\overrightarrow{P_0 P_1}$ et $\overrightarrow{P_2 P_3}$. Elle est verticale pour $t = \frac{1}{2}$ car $f'\left(\frac{1}{2}\right) = 0$ et il est facile de voir que le point de paramètre $\frac{1}{2}$ est un point d'inflexion.

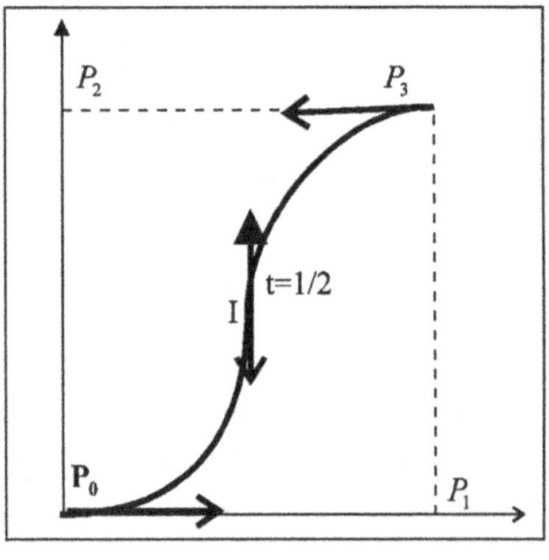

**Exemple 3**

Les points de définition sont maintenant $P_0$, $P_1$, $P_2$ et $P_3$ de coordonnées respectives : $(0,0),(1,1),(0,1),(1,0)$. Les coordonnées et leurs dérivées se calculent aisément :

$x = f(t) = 3t(1-t)^2 + t^3 = 3t - 6t^2 + 4t^3$

$y = g(t) = 3t(1-t)^2 + 3t^2(1-t) = 3t - 3t$

$f'(t) = 3 - 12t + 12t$

$g'(t) = 3 - 6t$

d'où le tableau de variations ci-contre :

| t | 0 | | ½ | | 1 |
|---|---|---|---|---|---|
| $f'(t)$ | 3 | + | 0 | + | 3 |
| $f(t)$ | 0 | ↗ | ½ | ↗ | 1 |
| $g(t)$ | 0 | ↗ | ¾ | ↘ | 0 |
| g'(t) | 3 | + | 0 | - | -3 |

On en déduit ensuite la courbe de Bézier correspondante :

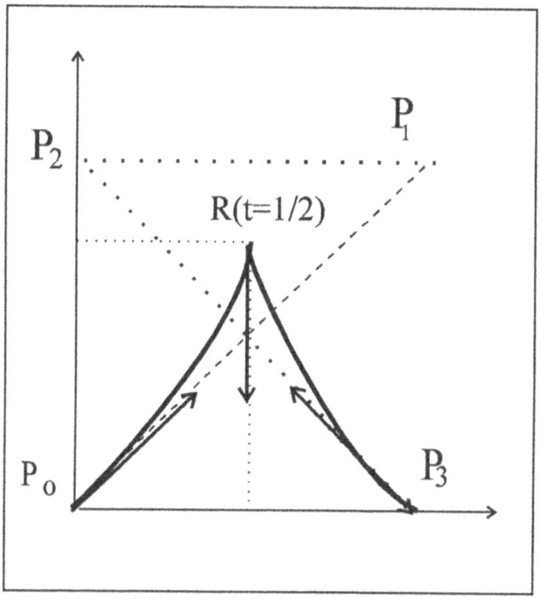


En $P_0$ la tangente portée par $\overrightarrow{P_0P_1}$ a pour coefficient angulaire $\dfrac{g'(0)}{f'(0)} = 1$ et en $P_1$, elle est portée par $\overrightarrow{P_3P_2}$ qui a bien pour coefficient angulaire $\dfrac{g'(1)}{f'(1)} = -1$.

En R, pour $t = \dfrac{1}{2}$, la tangente est verticale et l'arc y présente un point de rebroussement. On vérifie, en effet que $\lim\limits_{t \to 1/2} \dfrac{3(1-2t)}{3(1-2t)^2} = \pm\infty$, $+\infty$ à gauche et $-\infty$ à droite de $t = \dfrac{1}{2}$.

**Exemple 4**

Cet exemple, utilisant les trois exemples précédents, est celui d'une courbe de Bézier gauche . Considérons la courbe de Bézier $\Gamma$ de degré 3 dont les points de définition $P_0$, $P_1$, $P_2$ et $P_3$ dont les coordonnées dans le repère $\left(O, \vec{i}, \vec{j}, \vec{k}\right)$ sont respectivement $(0,0,0),(0,1,1),(1,1,0),(1,0,1)$.

En projetant sur les plans de coordonnées, on obtient des courbes de Bézier dont les points de définition sont les projections sur le plan considéré des points précédents. Ainsi, sur le plan $(xOy)$, la projection $(C_1)$ n'est autre que la courbe de Bézier dont les points de définition sont $P_0, P_2'', P_2$ et $P_3$ où $P_2''$ est la projection de $P_1$ sur ce plan et $P_3'$ la projection de $P_3$.

Cette courbe est donc celle du premier exemple. On voit de même que la courbe $(C_3)$, projection de $\Gamma$ sur le plan $(yOz)$ est la courbe dont les points de définition sont $P_0, P_1, P_2'', P_3''$, c'est la courbe du troisième exemple, à une symétrie près, avec un point de rebroussement R.

Enfin, la courbe $(C_2)$, projection de $\Gamma$ sur le plan $(xOz)$ est la courbe dont les points de définition sont $P_0, P_3'', P_3', P_3$ ; elle présente un point d'inflexion I, c'est la courbe du deuxième exemple.

La figure qui suit tente de donner l'idée de l'allure de la courbe gauche $\Gamma$ dans l'espace. On y a représenté le polygone de sommets $P_0, P_1, P_2, P_3$ en tirets gras. La courbe $\Gamma$ est tracée en trait fort avec ses vecteurs tangents en pointillés fort aux deux extrémités, ces vecteurs étant respectivement portés par les droites $(P_0 P_1)$ et $(P_2 P_3)$. Les courbes projetées sont représentées en trait plus fin. En dehors des extrémités, on a précisé un seul point de $\Gamma$, à savoir $M\left(\frac{1}{2}\right)$ dont les projections sur les plans de coordonnées sont le point H de la courbe $(C_1)$, le point d'inflexion I de $(C_2)$ et celui de rebroussement R de $(C_3)$.

**Représentation dans l'espace de la courbe $\Gamma$**

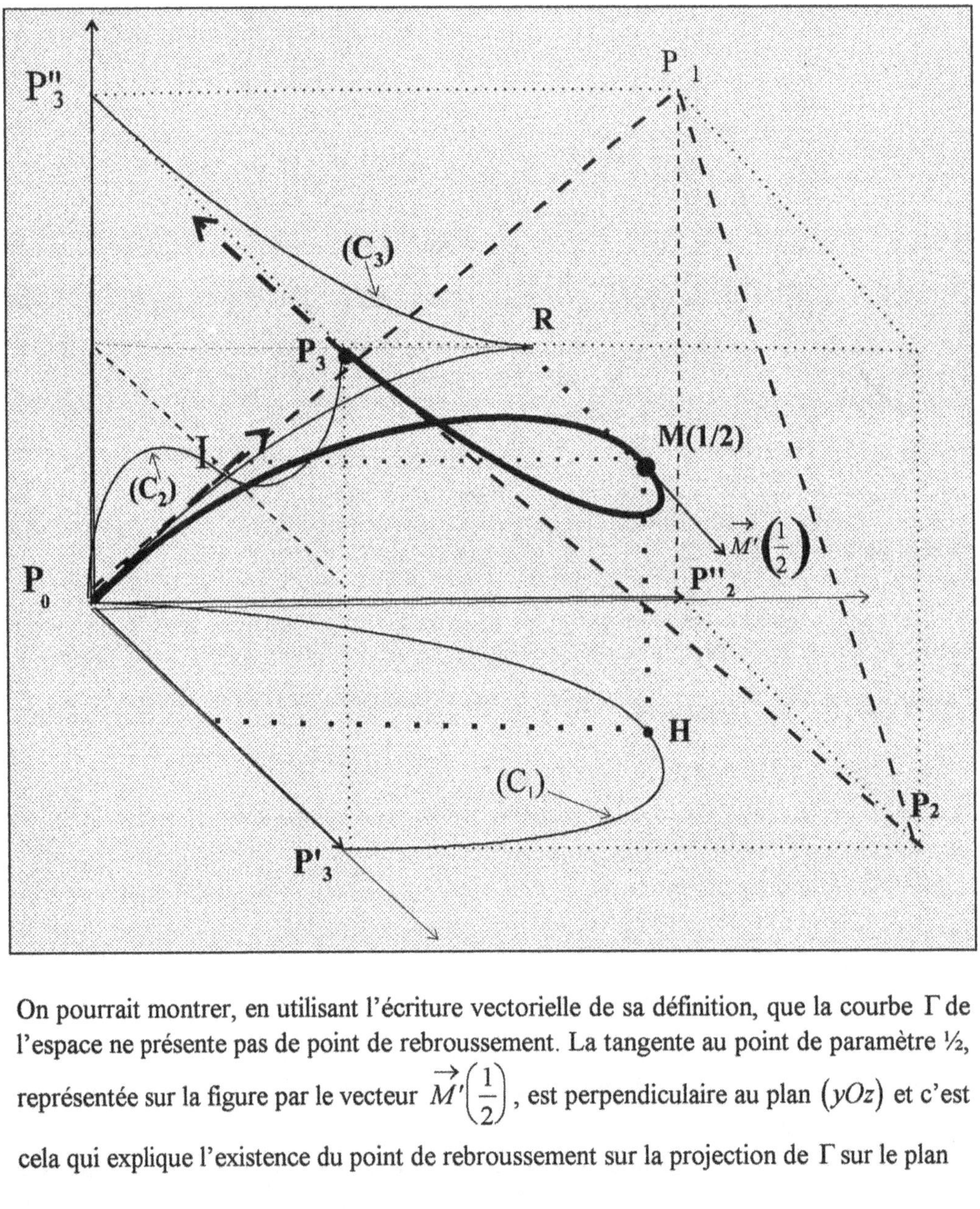


On pourrait montrer, en utilisant l'écriture vectorielle de sa définition, que la courbe $\Gamma$ de l'espace ne présente pas de point de rebroussement. La tangente au point de paramètre ½, représentée sur la figure par le vecteur $\overrightarrow{M'}\left(\frac{1}{2}\right)$, est perpendiculaire au plan $(yOz)$ et c'est cela qui explique l'existence du point de rebroussement sur la projection de $\Gamma$ sur le plan

$(yOz)$. Par ailleurs, le vecteur dérivé d'ordre 2 au point de paramètre ½ est parallèle au vecteur $\vec{j}$ et ceci entraîne que le plan osculateur à la courbe en ce point est horizontal et qu'il se projette sur le plan $yOz$ en la tangente de rebroussement au point R.

# 6. DEFINITION DES COURBES PAR UNE SUITE « BARYCENTRIQUE »

## *6.1 Vue synthétique*

◆ Dans une première étape, nous définissons une suite vectorielle où l'on voit la raison de cette désignation « barycentrique » et, pour n=3, on en déduit une troisième définition d'une courbe de Bézier.

◆ Dans une deuxième étape, *n* étant arbitraire, on explique comment cette suite barycentrique s'introduit à partir des points de définition et des polynômes de Bernstein qui constituent les éléments de la première définition. On montre ensuite l'équivalence, dans le cas où *n* est quelconque, des trois définitions.

◆ Armé de cette autre définition, on donne un moyen remarquable pour construire le point courant d'une courbe de Bézier et de la tangente en ce point. C'est une méthode de barycentrations successives, à laquelle, d'ailleurs, on peut associer des algorithmes de détermination numérique des points de ces courbes.

## *6.2 Préliminaires sur une suite de barycentres*

### 6.2.1 Définition d'une suite vectorielle

Pour $t$ fixé dans $[0,1]$ et pour $n$ entier fixé non nul, on construit la suite de vecteurs $\left(\overrightarrow{OP_j^{(k)}}(t)\right)_{\begin{cases}0\le k\le n\\ 0\le j\le n-k\end{cases}}$ doublement indexée en $j$ et $k$, au moyen de la relation récursive (valable pour $0 \le k \le n-1$ *et* $0 \le j \le n-k-1$) :

$$\boxed{\overrightarrow{OP_j^{(k)}}(t) = (1-t)\,\overrightarrow{OP_j^{(k-1)}}(t) + t\,\overrightarrow{OP_{j+1}^{(k-1)}}(t)}$$

et par l'initialisation associée à la donnée des points $P_j^{(0)}$ qui sont les points de Bézier $P_j$.

Détaillons cette récursivité par exemple pour $n=3$ :

$$k=1\begin{cases} j=0 : \overrightarrow{OP_0^{(1)}}(t) = (1-t)\overrightarrow{OP_0^{(0)}} + t\,\overrightarrow{OP_1^{(0)}} \\ j=1 : \overrightarrow{OP_1^{(1)}}(t) = (1-t)\overrightarrow{OP_1^{(0)}} + t\,\overrightarrow{OP_2^{(0)}} \\ j=2 : \overrightarrow{OP_2^{(1)}}(t) = (1-t)\overrightarrow{OP_2^{(0)}} + t\,\overrightarrow{OP_3^{(0)}} \end{cases}$$

$$k=2\begin{cases} j=0 : \overrightarrow{OP_0^{(2)}}(t) = (1-t)\overrightarrow{OP_0^{(1)}} + t\,\overrightarrow{OP_1^{(1)}} \\ j=1 : \overrightarrow{OP_1^{(2)}}(t) = (1-t)\overrightarrow{OP_1^{(1)}} + t\,\overrightarrow{OP_2^{(1)}} \end{cases}$$

$$k=3,\quad j=0\;:\; \overrightarrow{OP_0^{(3)}(t)} = (1-t)\,\overrightarrow{OP_0^{(2)}} + t\,\overrightarrow{OP_1^{(2)}}$$

### 6.2.2 Schématisation du calcul de $\overrightarrow{OP_0^{(3)}(t)}$

Deux options sont possibles ; soit une option récursive où on utilise la formule jusqu'à l'initialisation de la récursivité, soit une option itérative où l'on part de l'initialisation jusqu'à l'obtention de $\overrightarrow{OP_0^{(3)}(t)}$. Les graphes de ces schémas où, pour simplifier, on laisse l'indice supérieur sans parenthèse, sont indiqués ci-après :

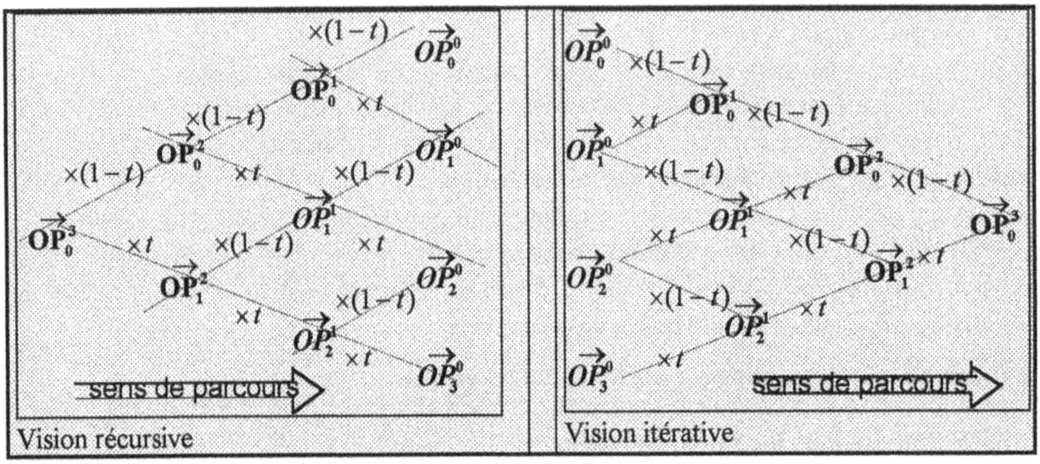


Vision récursive

Vision itérative

### 6.2.3 Passage à la première définition

On suppose *n=3* et, dans ce cas, on montre que le point $P_0^{(3)}(t)$ est exactement le point $M(t)$ de la courbe de Bézier de degré 3 ayant les points de contrôle $P_0^0, P_1^0, P_2^0, P_3^0$.
En utilisant, par exemple le point de vue récursif ; on obtient :

$$\overrightarrow{OP_0^{(3)}}(t) = (1-t)\left\{(1-t)\left[(1-t)\overrightarrow{OP_0^{(0)}} + t\,\overrightarrow{OP_1^{(0)}}\right] + t\left[(1-t)\overrightarrow{OP_1^{0}} + t\,\overrightarrow{OP_2^{(0)}}\right]\right\}$$

$$+t\left\{(1-t)\left[(1-t)\overrightarrow{OP_1^{(0)}} + t\,\overrightarrow{OP_2^{(0)}}\right] + t\left[(1-t)\overrightarrow{OP_2^{(0)}} + t\,\overrightarrow{OP_3^{(0)}}\right]\right\}$$

$$=(1-t)^3\,\overrightarrow{OP_0^{(0)}} + 3t(1-t)^2\,\overrightarrow{OP_1^{(0)}} + 3t^2(1-t)\,\overrightarrow{OP_2^{(0)}} + t^3\,\overrightarrow{OP_3^{(0)}}$$

La dernière ligne redonne bien le développement de la première définition d'une courbe de degré 3 avec les points de Bézier considérés.

### 6.2.4 Aspect barycentrique : construction géométrique de Casteljau d'un point[1]

Pour $t$ fixé, le point $P_j^{(k)}$ est le barycentre des points $P_j^{(k-1)}$ et $P_{j+1}^{(k-1)}$ affectés des coefficients $(1-t)$ et $t$. En construisant les barycentres successifs, guidé par l'arbre associé au point de vue itératif, on obtient une construction géométrique d'un point

[1] Cette construction algorithmique particulièrement simple a été le point de départ en 1959 du travail de De Casteljau , voir la bibliographie **[22]**.

quelconque de la courbe de Bézier de degré 3 ( construction qui deviendra générale plus loin). Pour fixer les idées, construisons d'abord, dans la figure ci-après le point : $M\left(\frac{1}{3}\right) = P_0^{(3)}\left(\frac{1}{3}\right)$ :

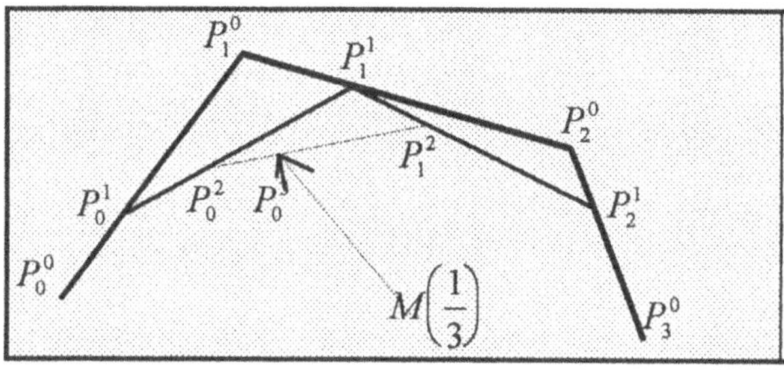


*Construction géométrique du point $M\left(\frac{1}{3}\right)$ sur une courbe de Bézier de degré 3, de points de définition $P_0^0$ , $P_1^0$, $P_2^0$ et $P_3^0$*

Dans la seconde figure, on construit les points intermédiaires qui sont les milieux successifs des divers segments ; on aboutit ainsi à la construction géométrique de $M\left(\frac{1}{2}\right) = P_0^{(3)}\left(\frac{1}{2}\right)$ :

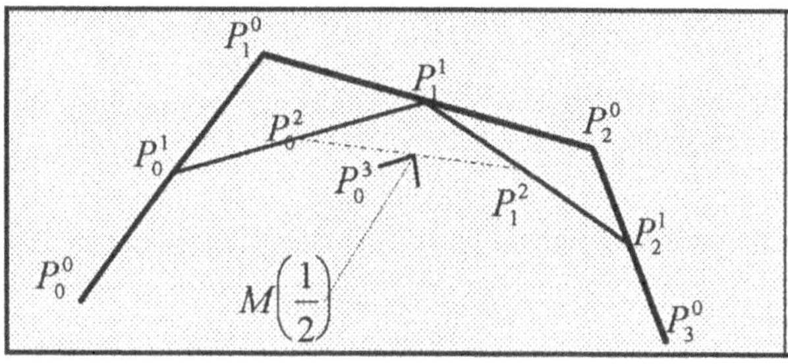


*Construction géométrique du point $M\left(\frac{1}{2}\right)$ sur la courbe de Bézier précédente*

Les deux cas particuliers précédents n'illustrent que très imparfaitement la puissance de l'algorithme décrit. La simplification correspondante à ces deux valeurs très simples du paramètre ne doit pas en effet faire oublier que la construction dans le cas général ne réclame finalement que la construction de barycentres de systèmes de deux points, les coefficients restant les mêmes. Cette construction est bien connue. De plus, l'algorithme de construction précédent reste valable lorsque le paramètre est à l'extérieur de $[0,1]$.

### 6.2.5 Visualisation de la forme

L'adaptation de ce modèle pour le contrôle de la forme apparait de façon claire. La « charpente » des lignes polygonales successives, qui peut se déformer sans que les différents rapports des segments qui les composent soient modifiés, supporte en quelque sorte la courbe. On imagine aisément la déformation de cette charpente articulée si on déplace un point de définition, ce qui, permet de mieux se rendre compte de la globalité du modèle.

### 6.2.6 Algorithmes

On peut proposer soit un algorithme itératif soit un algorithme récursif.

a) ***Algorithme itératif***

Les $P_j^{(k)}(t)$ sont stockés dans un tableau carré à $n+1$ lignes et $n+1$ colonnes dont les contenus sont notés $P(J,K)$.

**Principe de l'algorithme** :
On garnit la première colonne (colonne 0) dans la phase d'initialisation. On garnit ensuite partiellement les colonnes suivantes l'une après l'autre en définissant un indice de ligne terminal à ne pas dépasser dans chacune des colonnes puisque ce tableau est triangulaire . On poursuit jusqu'à la dernière colonne qui se réduit au résultat cherché dans la seule case remplie $P(0,N)$ .

**Mise en oeuvre** :

```
{ pour une valeur T de t supposée contenue dans [0,1] }
{initialisation}
N ← entrée de n

{Boucle d'initialisation de la première colonne}
[Faire pour J ← 0 pas 1 jusqu'à N
|P(J,0) ← entrée de P_J^0
[Fin boucle J

{ Calcul}
{initialisation de l'indice F modifiant la fin de colonne}
F ← N-1

[Faire pour K ← 1 pas 1 jusqu'à N {colonne par colonne}
|             {remplissage d'une colonne partielle}
|         [Faire pour J ← 0 pas 1 jusqu'à F
|         |P(J,K) ← (1-T) × P(J,K-1)+ T × P(J+1, K-1)
|         |Sortie de P(J,K) {si on veut les barycentres
|         |                  successifs}
|         [Fin  boucle J
|         {incrémentation de l'indice terminal F avant
|          de passer à la colonne suivante}
|               F ← F-1
[Fin boucle K
{sortie de P_0^n}
Sortie de P(O, N)     {point de la courbe de Bézier}
```

**Remarque** Si on désire effectuer les calculs de $P_0^{(n)}(t)$ pour des valeurs de $t$ espacées de 0,1, il suffit d'encadrer l'algorithme précédent par la boucle :

```
[Faire pour T ← 0 pas 0,1 jusqu'à 1
|{algorithme   précédent}
[Fin boucle T
```

**Exemple** :

Analyse du fonctionnement d'un algorithme itératif pour une **cubique** de Bézier

Entrée des coordonnées des points de définition : $P_0^0, P_1^0, P_2^0, P_3^0$.
Choix de la précision du tracé : $p \leftarrow 0{,}1?\ 0{,}01?$ ......

```
Faire pour t ← 0 pas p tant que t ≤ 1
    Faire pour K ← 1 pas 1 jusqu'à 3
        Faire pour J ← 0 pas 1 tant que J ≤ 3-K
            OP_J^(K) = (1-t) OP_J^(K-1) + t OP_(J+1)^(K-1)
        Fin boucle J
    Fin boucle K
    Tracé de P_0^(3)
Fin boucle t
```

$$\overrightarrow{OP_J^{(K)}} = (1-t)\overrightarrow{OP_J^{(K-1)}} + t\overrightarrow{OP_{J+1}^{(K-1)}}$$

On laisse au lecteur le soin de rédiger, éventuellement dans un langage de programmation, et de compléter pour obtenir les coordonnées des points M(t) d'une courbe de Bézier de degré 3, associés aux points $p\Delta t$ de $[0,1]$.

### *b) Algorithme récursif*

Pour t fixé dans $[0,1]$, on définit récursivement le contenu $P(0,N)$ au moyen de l'algorithme suivant :

◆

```
P(J,N)
   Entrée des valeurs initiales
        P(0,0);P(1,0);..... ;P(N,0)
   Récursivité
   P(J,N)=(1-t)P(J,N-1)+tP(J+1,N-1)
```

◆Par exemple, analysons le fonctionnement de l'appel récursif pour calculer $P(0,3)$ jusqu'aux valeurs initiales où il n'y a plus appel récursif :

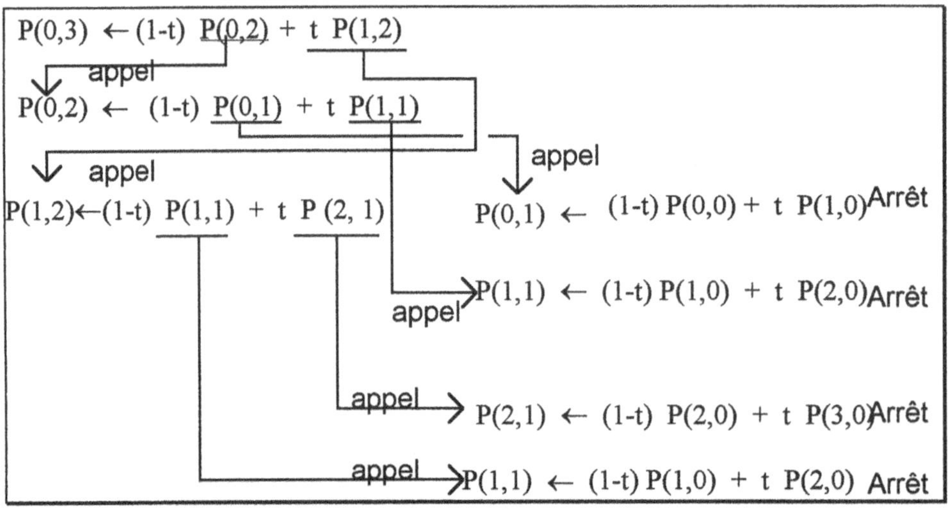


## *6.3 Introduction de la suite vectorielle à l'aide de la première définition*

### 6.3.1 Introduction, par la première définition,des termes de premier rang $P_j^{(1)}$ de la suite barycentrique précédente

Nous allons donner trois points de vue différents partant de la définition d'une courbe de Bézier pour faire apparaître la suite vectorielle précédente et ceci de manière à mettre en place la démonstration de la propriété : $M(t) = P_0^n(t)$ quel que soit $t$ dans $[0,1]$. Les trois méthodes se basent sur la relation de Pascal $C_n^i = C_{n-1}^{i-1} + C_{n-1}^i$, en l'adaptant dans les cas des indices extrêmes.

a) **Méthode basée sur le calcul vectoriel**

Dans la définition $\overrightarrow{OM}(t) = \sum_{i=0}^{i=n} B_n^i(t)\overrightarrow{OP_i}$ , on obtient, en isolant le premier et le dernier termes :

$$\overrightarrow{OM}(t) = (1-t)^n \overrightarrow{OP_0} + \sum_{i=1}^{i=n-1} \left(C_{n-1}^{i-1} + C_{n-1}^i\right)(1-t)^{n-i} t^i \overrightarrow{OP_i} + t^n \overrightarrow{OP_n}$$

$$= (1-t)^n \overrightarrow{OP_0} + \sum_1^{n-1} C_{n-1}^{i-1}(1-t)^{n-i} t^i \overrightarrow{OP_i} + \sum_1^{n-1} C_{n-1}^i (1-t)^{n-i} t^i \overrightarrow{OP_i} + t^n \overrightarrow{OP_n}$$

$$= (1-t)^{n-1}\left((1-t)\overrightarrow{OP_0} + t\,\overrightarrow{OP_1}\right) + \sum_{k=2}^{n-1} C_{n-1}^{k-1}(1-t)^{n-k} t^k \overrightarrow{OP_k} + \sum_1^{n-2} C_{n-1}^i (1-t)^{n-i} t^i \overrightarrow{OP_i}$$

$$+ t^{n-1}\left(t\,\overrightarrow{OP_n} + (1-t)\overrightarrow{OP_{n-1}}\right)$$

Les deux sigmas intermédiaires peuvent être réunis en un seul à la condition de faire le changement d'indice k=j+1 dans le premier et , dans le seul sigma qui subsiste, de mettre en facteur un polynôme de Bernstein d'indice décalé d'une unité. Il en résulte que cette somme de ces deux sigmas peut s'écrire sous la forme :

$$\sum_{j=1}^{j=n-2} C_{n-1}^{j}(1-t)^{n-j-1}t^{j}\left[t\,\overrightarrow{OP_{j+1}}+(1-t)\overrightarrow{OP_j}\right]=\sum_{j=1}^{j=n-2} B_{n-1}^{j}\left[t\,\overrightarrow{OP_{j+1}}+(1-t)\overrightarrow{OP_j}\right]$$

En reportant dans l'égalité précédente et en utilisant la définition des $P_j^{(1)}(t)$ à l'aide des $P_j^0$, considérés ici comme étant les $P_j$, on obtient :

$$\overrightarrow{OM(t)}=(1-t)^{n-1}\,\overrightarrow{OP_0^{(1)}}(t)+\sum_{j=1}^{j=n-2} B_{n-1}^{j}(t)\overrightarrow{OP_j^{(1)}}(t)+t^{n-1}\,\overrightarrow{OP_{n-1}^{(1)}}(t)=\sum_{j=0}^{j=n-1} B_{n-1}^{j}(t)\overrightarrow{OP_j^{(1)}}(t)$$

Ce premier résultat reste une expression du même type que celle donnant la définition d'une courbe de Bézier de degré *n-1*, mais il faut remarquer que les vecteurs $\overrightarrow{OP_j^{(1)}}$ de cette écriture sont des fonctions de $t$ (même si, pour simplifier les écritures, ce n'est pas toujours indiqué dans ce qui suit) et il importe de ne pas interpréter cette nouvelle écriture comme celle qui serait associée à la définition d'une courbe de Bézier de degré *n-1*.

Mais, ce qui est important ici, c'est qu'on vient de mettre en évidence, **à *t* fixé**, cet autre ensemble de *n-1* vecteurs liés très simplement aux vecteurs $\overrightarrow{OP_i}$ des points de Bézier. Liaison simple puisque $P_j^{(1)}(t)$ est le barycentre des points $P_j$ et $P_{j+1}$ affectés des coefficients $(1-t)$ et $t$.

Ce procédé de passage des points $P_j$, notés $P_j^{(0)}$ pour la circonstance, aux points $P_j^{(1)}(t)$ peut se réitérer ; nous avons ainsi introduit, à partir de la première définition des courbes de Bézier, la suite double vectorielle définie précédemment où l'on remarque que l'indice supérieur augmente à chaque étape d'une unité.

b) **Méthode « barycentrique » ou « mécanique »**

On reprend l'interprétation (§2;2;2 b) du point $M(t)$ qui est en équilibre, $t$ étant fixé, sous l'action des forces attractives $\overrightarrow{F_i}$ colinéaires à $\overrightarrow{MP_i}$ où les $P_i$ sont les points de définition

Nous remplaçons ce système de forces par un premier système équivalent. La force $\overrightarrow{F_i}$ est, sauf pour $i=0$ et $i=n$, remplacée par la somme de 2 forces $\overrightarrow{F_i}'$ et $\overrightarrow{F_i}''$ colinéaires à $\overrightarrow{F_i}$ et de même sens, à savoir $\overrightarrow{F_i}'=C_{n-1}^{i-1}t^i(1-t)^{n-i}\,\overrightarrow{MP_i}$ et $\overrightarrow{F_i}''=C_{n-1}^{i}\,t^i\,(1-t)^{n-i}\,\overrightarrow{MP_i}$ (Cf. figure 1 ci-après).

Ensuite, on considère les paires de forces constituées de la façon suivante : la paire $\left\{\overrightarrow{F_0}\,,\overrightarrow{F_1}'\right\}$ où ces forces sont colinéaires à $\overrightarrow{MP_0}$ *et* $\overrightarrow{MP_1}$, la paire $\left\{\overrightarrow{F_1}''\,,\overrightarrow{F_2}'\right\}$ où ces forces sont colinéaires à $\overrightarrow{MP_1}$ *et* $\overrightarrow{MP_2}$ ; de façon plus générale, la paire $\left\{\overrightarrow{F_i}''\,,\overrightarrow{F_{i+1}}'\right\}$ où ces forces sont colinéaires à $\overrightarrow{MP_i}$ *et* $\overrightarrow{MP_{i+1}}$ ( Cf. figure 2, détail), la dernière paire étant $\left\{\overrightarrow{F_{n-1}''}\,,\ \overrightarrow{F_n}\right\}$ où ces forces sont colinéaires à $\overrightarrow{MP_{n-1}}$ *et* $\overrightarrow{MP_n}$.

Chacune des paires de forces précédentes peut être remplacée par leur résultante qui est une force $\overrightarrow{G_i}$ représentée par la somme $C_{n-1}^{i}\, t^{i}\,(1-t)^{n-i}\,\overrightarrow{MP_i}+C_{n-1}^{i}\, t^{i+1}\,(1-t)^{n-i-1}\,\overrightarrow{MP_{i+1}}$,

c'est à dire, après une mise en facteur, $C_{n-1}^{i}\, t^{i}(1-t)^{n-i-1}\left((1-t)\ \overrightarrow{MP_i}+t\,\overrightarrow{MP_{i+1}}\right)$ ou

encore $B_{n-1}^{i}\left((1-t)\,\overrightarrow{MP_i}+t\,\overrightarrow{MP_{i+1}}\right)$.

C'est ici que s'introduisent naturellement les points définis par $\overrightarrow{OP_i^{(1)}}=(1-t)\,\overrightarrow{OP_i}+t\,\overrightarrow{OP_{i+1}}$, barycentres des points $P_i$ et $P_{i+1}$ avec coefficients barycentriques (leur somme étant bien égale à 1) *(1-t)* et *t* (cf,figure 3 ci-après).

L'équivalence de ce nouveau système de forces $\overrightarrow{G_i}$ avec le premier système du départ prouve ainsi que : $\overrightarrow{OM(t)}=\sum_{j=0}^{j=n-1} B_{n-1}^{j}(t)\,\overrightarrow{OP_j^{1}(t)}$.

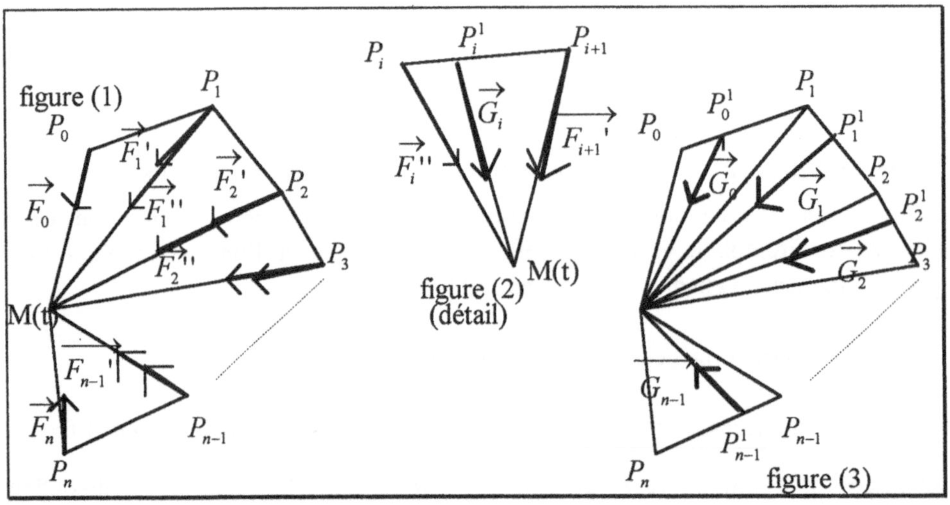


c) **Méthode basée sur le calcul symbolique**

De la formule de définition $\overrightarrow{OP_0^{(1)}(t)}=(1-t)\overrightarrow{OP_0}+t\ \overrightarrow{OP_1}$ , on déduit immédiatement, en utilisant le calcul symbolique décrit dans §2.2.1 :

$$\overrightarrow{OP_i^{(1)}(t)}=(1-t)\overrightarrow{OP_i}+t\,\overrightarrow{OP_{i+1}}=\overrightarrow{OP_0^{(1)}(t)}[*]\overrightarrow{OP_i},$$

formule dans laquelle on remarque que la règle du produit symbolique s'applique en conservant intact l'indice supérieur.

Il en résulte, en passant à l'indice supérieur 2, c'est à dire aux points de la « **génération barycentrique de rang 2** »:

$\overrightarrow{OP_0^{(2)}(t)}=(1-t)\overrightarrow{OP_0^{(1)}}+t\,\overrightarrow{OP_1^{(1)}}=\overrightarrow{OP_0^{(1)}}[*]\left[(1-t)\overrightarrow{OP_0}+t\ \overrightarrow{OP_1}\right]$, d'où, plus simplement

$\overrightarrow{OP_0^{(2)}}=\left((1-t)\overrightarrow{OP_0}+t\ \overrightarrow{OP_1}\right)^{[2]}=\left(\overrightarrow{OP_0^{(1)}}\right)^{[2]}$ ou $\overrightarrow{OP_i^{(2)}}=\overrightarrow{OP_0^{(2)}}[*]\overrightarrow{OP_i}$. Cette dernière formule permet de continuer en fournissant $\overrightarrow{OP_0^{(3)}} = \left(\overrightarrow{OP_0^1}\right)^{[3]}$. Par récurrence, on arrive à la formule fournissant la génération barycentrique de rang $n$, génération constituée d'un seul point :

$$\boxed{\overrightarrow{OP_0^{(n)}} = \left(\overrightarrow{OP_0^1}\right)^{[n]} = \left((1-t)\overrightarrow{OP_0} + t\,\overrightarrow{OP_1}\right)^{[n]} = \overrightarrow{OM}(t)}$$

Ce calcul peut être conduit différemment par l'utilisation de l'associativité des produits symboliques (Cf. Exercice 9).

### 6.3.2 Troisième définition d'une courbe de Bézier

Ayant noté $P_i^{(0)}$ les points de définition $P_i$, ce qui précède fournit, à l'aide des $P_i^{(0)}$, le passage de l'expression de $\overrightarrow{OM}(t)$ à son expression à l'aide des $P_i^{(1)}$. Et, de plus, ces expressions sont du même type lorsque $t$ est fixé, à ceci près que l'exposant $n$ devient l'exposant $n\text{-}1$.

Il en résulte que, dans les deux premières méthodes décrites précédemment, ce passage de $n$ à $n\text{-}1$ peut être réitéré de $n\text{-}1$ à $n\text{-}2$ en faisant intervenir les termes $P_i^{(2)}$de la suite barycentrique définie dans §7.2.1. Ceci permet d'arriver, au bout de $n\text{-}1$ opérations à l'expression : $\overrightarrow{OM(t)} = B_1^0(t)\overrightarrow{OP_0^{(n-1)}} + B_1^1(t)\overrightarrow{OP_1^{(n-1)}}$. Une dernière opération fournit : $\overrightarrow{OM(t)} = B_0^0(t)\overrightarrow{OP_0^{(n)}}(t) = \overrightarrow{OP_0^{(n)}}(t)$, ce qui termine la démonstration de $M(t) = P_0^{(n)}(t)$, propriété obtenue également par la troisième méthode basée sur le calcul symbolique.

**Proposition 1.6 :**

Soit la suite $(P_i)_{0\le i\le n}$ des $n+1$ points de définition de la courbe de Bézier $(C)$. Soit également la suite des générations barycentrique $\left(P_i^{(k)}\right)$, où $k$ (rang de la génération) est un entier allant de $0$ à $n$ et $i$ un entier allant, pour chaque valeur de $k$, de $0$ à $n\text{-}k$, dont les points initiaux $P_i^{(0)}$ sont les points $P_i$ et gouvernée par la relation : $\overrightarrow{OP_i^{(k)}}(t) = (1-t)\,\overrightarrow{OP_i^{(k-1)}} + t\,\overrightarrow{OP_{i+1}^{(k-1)}}$. Alors,le terme unique de la génération de rang $n$ est confondu avec le point courant $M(t)$ ; en bref : $\boxed{\forall t \in [0,1] \quad P_0^{(n)}(t) = M(t)}$.

**Remarque sur la démonstration**

En fait, pour parfaire la démonstration précédente, il conviendrait de rédiger rigoureusement la récurrence évoquée (Cf. Exercice 10). Par ailleurs, dans les égalités précédentes, même si l'indication de la variable $t$ n'est pas toujours faite, il ne faut pas perdre de vue le fait que cette démonstration suppose $t$ fixé, mais qu'elle reste valable pour $t$ quelconque de $[0,1]$. Il est facile de voir qu'elle est encore valable hors de celui-ci.

### *6.4 Algorithme de Casteljau concernant les vecteurs dérivés*

Nous allons montrer que la suite barycentrique précédente, qui permet de déterminer le point courant, fournit en même temps les vecteurs dérivés successifs de $\overrightarrow{OM}$ en ce point. En privilégiant une démonstration basée sur le calcul symbolique, nous sommes amenés à introduire l'opérateur symbolique $\Delta$ de Newton qui, appliqué à une suite $(u_j)$ qui peut être vectorielle, fait correspondre la suite $(\Delta u_j) = u_{j+1} - u_j$.

#### 6.4.1 Opérateur $\Delta$ appliqué aux suites barycentriques

Dans ce qui suit, $\Delta$ et ses puissances successives n'opèrent que sur les indices inférieurs des vecteurs des suites barycentriques. Ainsi $\Delta\overrightarrow{OP_i} = \overrightarrow{OP_{i+1}} - \overrightarrow{OP_i}$ et $\Delta^2\overrightarrow{OP_i} = \Delta\overrightarrow{OP_{i+1}} - \Delta\overrightarrow{OP_i} = \overrightarrow{OP_{i+2}} - 2\overrightarrow{OP_{i+1}} + \overrightarrow{OP_i}$. Ces formules resteront valables si on remplace ces points $P_i$ par les points $P_i^{(k)}$, l'indice supérieur $k$ restant le même dans l'égalité toute entière.

#### 6.4.2 Expression symbolique des vecteurs dérivés

En dérivant la puissance symbolique d'ordre n, on obtient :

$$\frac{d}{dt}\overrightarrow{OM} = n\left((1-t)\overrightarrow{OP_0} + t\overrightarrow{OP_1}\right)^{[n-1]}[*]\left(-\overrightarrow{OP_0} + \overrightarrow{OP_1}\right) = n\left((1-t)\overrightarrow{OP_0} + t\overrightarrow{OP_1}\right)^{[n-1]}[*]\Delta\overrightarrow{OP_0}$$

En utilisant les formules de §6.3.1 c), on a un premier résultat:

$$\frac{1}{n}\frac{d}{dt}\overrightarrow{OM} = \left(OP_0^{(1)}\right)^{[n-1]}[*]\overrightarrow{OP_1} - \left(OP_0^{(1)}\right)^{[n-1]}[*]\overrightarrow{OP_0} = \left(\overrightarrow{OP_1^{(n-1)}} - \overrightarrow{OP_0^{(n-1)}}\right) = \Delta\overrightarrow{OP_0^{(n-1)}}$$

En dérivant une nouvelle fois et en utilisant les résultats de §6.3.1 c), on obtient encore :

$$\frac{d^2}{dt^2}\overrightarrow{OM}(t) = n(n-1)\left((1-t)\overrightarrow{OP_0} + t\overrightarrow{OP_1}\right)^{[n-2]}[*]\left(-\overrightarrow{OP_0} + \overrightarrow{OP_1}\right)^{[2]}$$

$$= n(n-1)\overrightarrow{OP_0^{(n-2)}}[*]\left(\overrightarrow{OP_2} - 2\overrightarrow{OP_1} + \overrightarrow{OP_0}\right) = n(n-1)\left(\overrightarrow{OP_2^{(n-2)}} - 2\overrightarrow{OP_1^{(n-2)}} + \overrightarrow{OP_0^{(n-2)}}\right)$$

Cette formule traduit une commutation de $\Delta$ avec les puissances symboliques. En effet : $\frac{d^2}{dt^2}\overrightarrow{OM}(t) = n(n-1)\overrightarrow{OP_0^{(n-2)}}[*]\Delta^2\overrightarrow{OP_0} = n(n-1)\Delta^2\overrightarrow{OP_0^{(n-2)}}$. Un raisonnement par récurrence (Cf. exercice 11) permettrait d'ailleurs d'aboutir à :

$$\boxed{\frac{d^k}{dt^k}\overrightarrow{OM}(t) = \frac{n!}{(n-k)!}\overrightarrow{OP_0^{(n-k)}}[*]\Delta^k\overrightarrow{OP_0} = \frac{n!}{(n-k)!}\Delta^k\overrightarrow{OP_0^{(n-k)}}}$$

**Remarque**

On verra dans l'étude des surfaces que le paramètre $t$ peut être remplacé par le système

$(u,v)$ des coordonnées barycentriques d'un point relativement à un segment donné (Cf.§1.2 du chapitre 5)

### 6.4.3 Application à la construction de la tangente en un point

La première dérivation fait intervenir $\Delta \overrightarrow{OP_0^{(n-1)}} = \overrightarrow{P_1^{(n-1)} P_0^{(n-1)}}$ ; énonçons ce résultat :

**Proposition 1.7 :**

En considérant, toujours pour $t$ fixé, la suite barycentrique précédente, le vecteur dérivé en $M(t)$ à la courbe de Bézier est $n\overrightarrow{P_0^{(n-1)} P_1^{(n-1)}}$ d'où la tangente en ce point s'il est non nul.

D'autres démonstrations que celle qui précède peuvent être faites, notamment à l'aide de l'équation différentielle **($R_3$)** du paragraphe 2.1.4 (Cf. Exercice 12).
**Remarque** :
On pourrait démontrer que, dans le cas où ce vecteur est nul, les trois points $P_i^{(n-2)}$ ( avec $i=0, 1, 2$) sont sur une même droite qui est alors la tangente en question.

### 6.4.4 Application aux questions de courbure

Il est facile d'interpréter par une construction géométrique la relation précédente donnant le vecteur dérivé d'ordre 2 à l'aide des points de la génération barycentrique de rang $n-2$. On pose $\overrightarrow{OP_2^{(n-2)}}+\overrightarrow{OP_0^{(n-2)}} = 2\overrightarrow{OJ^{n-2}}$ où $J^{n-2}$ est le milieu de $\left[P_0^{(n-2)} P_2^{(n-2)}\right]$,

donc : $\Delta^2 \overrightarrow{OP_0^{(n-2)}} = 2\left(\overrightarrow{OJ^{n-2}} - \overrightarrow{OP_1^{(n-2)}}\right) = 2\overrightarrow{P_1^{(n-2)} J^{n-2}}$ .

**Illustration**

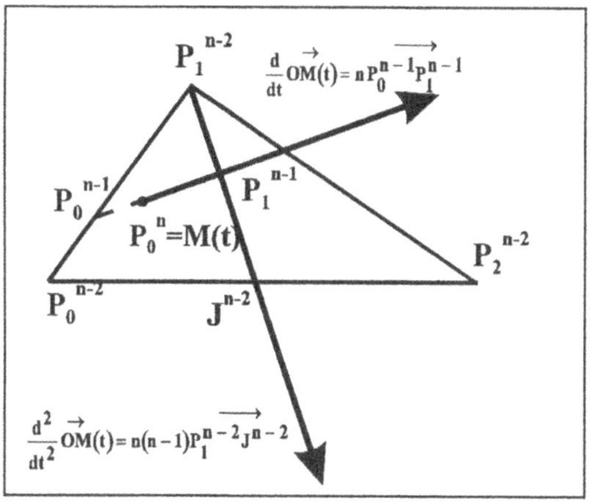


Ce résultat permet d'appliquer, à l'aide des deux vecteurs dérivés au point $M(t)$ ainsi construits, la construction géométrique du centre de courbure au point courant $M(t)$ (Cf. §4.4.3). Dans la figure ci-contre, les vecteurs dessinés en gras donnent seulement les directions des vecteurs dérivés. Cependant, l'indication précise de ces vecteurs est fournie, ce qui permet, connaissant $n$, de faire cette construction à une échelle convenable.

Enonçons le résultat obtenu :

**Proposition 1.8**

Le vecteur dérivé d'ordre 2 au point $M(t)$ de la courbe est obtenu à l'aide des trois points de la génération barycentrique de rang $n-2$ par le vecteur $2n(n-1)\overrightarrow{P_1^{(n-2)}J^{n-2}}$ où $J^{n-2}$ est le milieu de $\left[P_0^{(n-2)}\,P_2^{(n-2)}\right]$.

## *6.5 Applications à des constructions géométriques*

### 6.5.1 Construction géométrique relative à une parabole

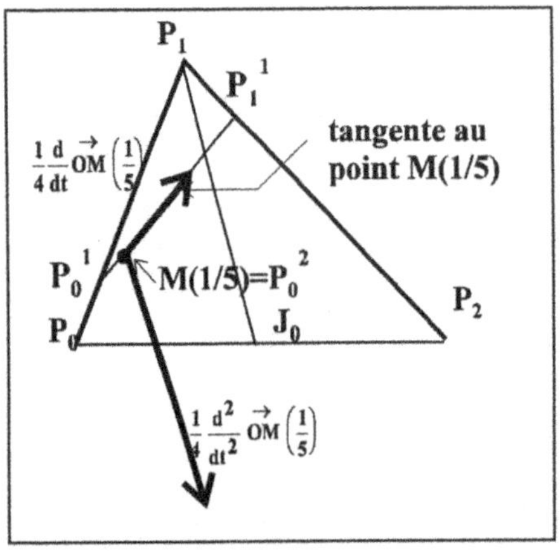


C'est le cas de $n=2$. Dans ce cas, la construction obtenue est bien connue puisque c'est celle du point courant et de la tangente en ce point pour une parabole définie par deux de ses tangentes et les deux points de contact associés. Dans la figure ci-contre, on donne la construction géométrique du point de paramètre 1/5. Les points $P_0^{(1)}$ et $P_1^{(1)}$ sont les barycentres de $P_0$ et $P_1$ d'une part, et $P_1$ et $P_2$ d'autre part, avec les coefficients $\frac{1}{5}$ et $\frac{4}{5}$.

Le point cherché est ensuite le barycentre de ces points $P_0^1$ et $P_1^1$ avec ces mêmes coefficients. La tangente est définie par le segment $\left[P_0^1\;P_1^1\right]$. Le vecteur dérivé d'ordre 2 est défini par $4\,\overrightarrow{P_1J^0}$ où $J^0$ est le milieu de $\left[P_0\,P_1\right]$. La figure représente les deux vecteurs dérivés dans la réduction de $\frac{1}{4}$ ; cela permettrait de retrouver une construction du centre de courbure en un point d'une parabole (même en dehors de l'arc de Bézier considéré).

### 6.5.2 Cas général

A titre d'exemple, nous appliquons ce qui précède à la construction de la suite barycentrique qui aboutit au point courant et à la tangente en ce point courant pour une courbe de degré 5. Pour une plus grande lisibilité, nous avons choisi dans la figure le paramètre 1/2.

Pour une bonne compréhension de la construction, la ligne polygonale de départ, celle qui définit la courbe, est en forte épaisseur, la ligne polygonale d'indice supérieur 1 puis celle d'indice supérieur 2 sont de plus faibles épaisseurs, la ligne numéro 3 est en pointillés. La ligne numéro 4, qui se réduit à un seul segment est à nouveau un trait fort. Ce segment est tangent au milieu de celui-ci $M(t)=P_0^{(5)}$ à la droite $\left(P_0^{(4)},P_1^{(4)}\right)$ si ces deux points ne sont pas confondus.

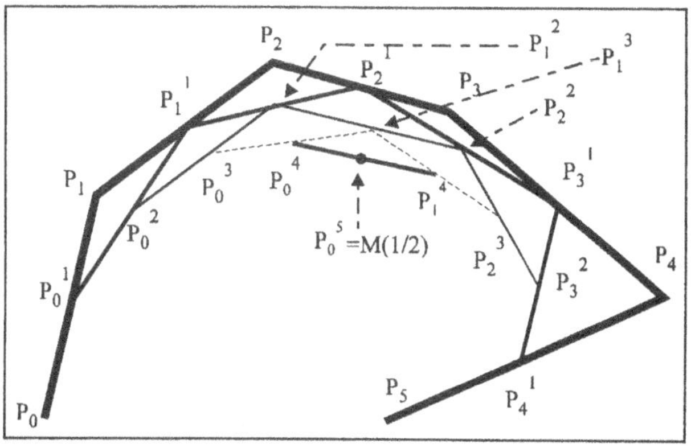


**Remarque (intuitive)**

Dans le cas où un côté du polygone est de petite longueur, les points des générations barycentriques qui sont au voisinage de ce côté ont tendance à rester très près de ce côté. On retrouve ainsi l'attraction de la courbe par un point de Bézier multiple. Dans le cas de côtés de grande longueur, la courbe en reste assez loin.

### 6.5.3 Problèmes de réduction ou d'augmentation du nombre des points de définition

Il est intéressant dans certains cas de pouvoir modifier le degré d'une courbe. Dans le cas d'une diminution, les calculs, s'adressant à des polynômes de degrés plus faibles, sont simplifiés. Dans le second cas, une augmentation, que l'on va pouvoir réaliser artificiellement, apporte une plus grande souplesse dans la déformation de la courbe par la modification ultérieure des points de définition.
Ces problèmes seront résolus plus loin avec les hodographes ou avec le calcul (définition canonique), mais on peut aussi se servir de la construction géométrique précédente.

a) ***Problème relatif à une parabole***

*Enoncé :*

*Soit l'arc de parabole constitué par une courbe de Bézier de degré 2 de points de définition $P_0, P_1, P_2$. Trouver le polygone de Bézier d'une « courbe de degré 3 », donc de* ***degré apparent*** *3 qui soit confondu avec la parabole.*

**Résolution**

Si une telle courbe existe, ses points de définition sont $P_0, Q_1, Q_2, P_2$ où $Q_1$ et $Q_2$ sont nécessairement sur les segments $[P_0P_1]$ et $[P_1P_2]$. Nécessairement aussi, le point $M(\frac{1}{2})$ de la parabole est confondu avec le point $M'(\frac{1}{2})$ de la courbe du troisième degré cherchée. On remarque aussi que la tangente en $M'(\frac{1}{2})$ à cette « cubique » doit être confondue avec la tangente en $M(\frac{1}{2})$, qui est parallèle à $(P_0\,P_2)$ (théorème de Thalès). La construction géométrique du point $M'(\frac{1}{2})$ et de la tangente en ce point montre alors que $\overrightarrow{Q_1\,Q_2}$ est parallèle à $(P_0\,P_2)$. Il suffit d'utiliser ensuite Thalès dans la figure ci-après.

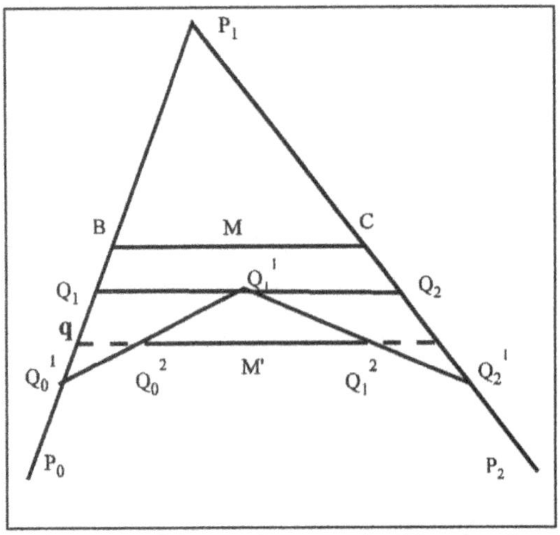


Tout se ramène à une étude sur la droite $(P_0 P_1)$. Si q est le projeté de M' sur cette droite, il est le milieu de $\left[Q_0^{(1)}Q_1\right]$, donc $\overline{P_0 q}=\frac{3}{4}\overline{P_0Q_1}$ et B est le milieu de $[P_0 P_1]$, donc $\overline{P_0B}=\frac{1}{2}\overline{P_0P_1}$ . La condition $\overline{P_0 q}=\overline{P_0B}$ est alors équivalente à $\overline{P_0Q_1}=\frac{2}{3}\overline{P_0P_1}$. Sous cette condition, les deux courbes, qui sont de degrés inférieurs strictement à 3 et qui ont trois éléments de contact en commun, sont confondues.

**Conclusion**

Un polygone à 4 sommets $P_0, P_1\ P_2$ et $P_3$ définit en réalité une courbe de degré réel 2 si, en prolongeant $(P_0 P_1)$ et $(P_2P_3)$ jusqu'à leur point d'intersection T, les points $P_1$ et $P_2$ sont aux 2/3 de $[P_0T]$ et de $[P_3T]$.

b) ***Problème relatif à une cubique de Bézier***

*Enoncé*

*Déterminer un ensemble de points de définition d'une courbe de degré 3 qui admet un point stationnaire, c'est à dire un point où le vecteur dérivée première est nul. Généralement d'ailleurs, ce point est un point de rebroussement.*

**Résolution**

Choisissons en plus la valeur du paramètre de ce point stationnaire, par exemple ½ . Dans la construction du point de paramètre ½ , le vecteur $\overrightarrow{P_0^{(2)}P_1^{(2)}}$ qui représente la tangente en ce point doit être nul. Il en résulte que les points $P_0^{(1)}$ et $P_2^{(1)}$ sont confondus et ceci est une condition nécessaire et suffisante. Cela veut dire que les segments $[P_0 P_1]$ et $[P_2P_3]$ ont mêmes milieux (voir l'exemple traité dans §3.2, deuxième exemple)

En conclusion, une courbe de degré 3 telle que les milieux des segments $[P_0 P_1]$ et $[P_2P_3]$ soient confondus admet un point de rebroussement pour la valeur ½ du paramètre.

On laisse le soin au lecteur de reprendre ce problème pour une autre valeur du paramètre.

## 7. HODOGRAPHES

### 7.1 Définition de l'hodographe

La courbe de Bézier $(C)$ est la trajectoire du point $M(t)$ défini par $\overrightarrow{OM(t)}=\overrightarrow{V(t)}$. On considère le point $H_1$ fonction de $t$ défini par : $\overrightarrow{OH_1}(t) = \frac{d\overrightarrow{OM}}{dt}(t) = \vec{V}'(t)$.

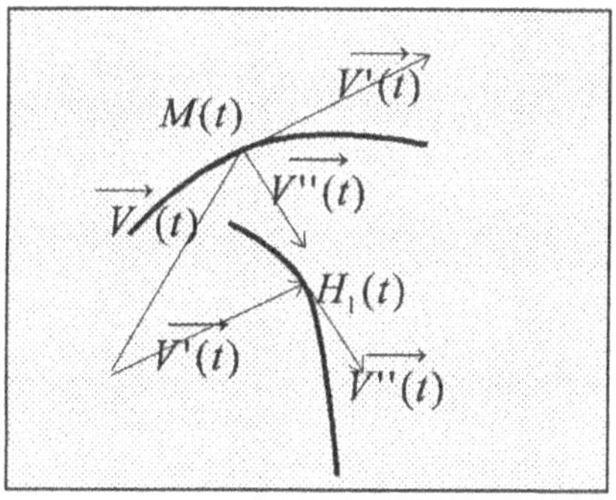


Le point $H_1$ décrit une courbe $(C_1)$ qui est, par définition, l'hodographe de $(C)$. La tangente en $H_1(t)$ à la courbe $(C_1)$ est dirigée par le vecteur $\frac{d^2}{dt^2}\overrightarrow{OM}(t) = \vec{V}''(t)$ si celui-ci n'est pas nul, sinon elle est dirigée par le premier vecteur dérivé non nul.

### *7.2 Génération de l'hodographe*

#### 7.2.1 Cas n=3

Commençons par l'exemple d'une courbe de Bézier de degré 3. Elle est définie par : $\overrightarrow{OM}(t) = (1-t)^3\,\overrightarrow{OP_0} + 3t(1-t)^2\,\overrightarrow{OP_1} + 3t^2(1-t)\overrightarrow{OP_2} + t^3\,\overrightarrow{OP_3}$. L'hodographe est donc défini par la relation vectorielle qui suit où les termes peuvent se regrouper deux à

$$\overrightarrow{OH_1}(t) = -3(1-t)^2\overrightarrow{OP_0} + 3(1-t)^2\overrightarrow{OP_1} - 6t(1-t)\overrightarrow{OP_1} + 6t(1-t)\overrightarrow{OP_2} - 3t^2\overrightarrow{OP_2} + 3t^2\overrightarrow{OP_3}$$

$$= 3\left[(1-t)^2\left(\overrightarrow{OP_1} - \overrightarrow{OP_0}\right) + 2(1-t)\left(\overrightarrow{OP_2} - \overrightarrow{OP_1}\right) + t^2\left(\overrightarrow{OP_3} - \overrightarrow{OP_2}\right)\right]$$

Cette dernière écriture, dans laquelle on pose $\overrightarrow{P_0P_1} = \vec{V_1}$, $\overrightarrow{P_1P_2} = \vec{V_2}$ et $\overrightarrow{P_2P_3} = \vec{V_3}$, est celle de la définition de l'homothétique d'une courbe de Bézier de degré 2, à savoir :

$$\overrightarrow{OH_1(t)} = 3\left[(1-t)^2\vec{V}_1 + 2(1-t)\vec{V_2} + t^2\vec{V_3}\right] = 3\left[(1-t)^2\overrightarrow{OD_0} + 2(1-t)\overrightarrow{OD_1} + t^2\overrightarrow{OD_2}\right]$$

où les points $D_0$, $D_1$, $D_2$, qui sont les points de Bézier de cette courbe de degré 2, sont définis en dessinant des vecteurs de même origine ( pas forcément $O$) équipollents aux vecteurs $\overrightarrow{P_0P_1}$, $\overrightarrow{P_1P_2}$ et $\overrightarrow{P_2P_3}$ qui sont les vecteurs-côtés du polygone de Bézier de la première courbe.

La figure suivante (partie gauche) est l'hodographe à l'échelle 1/3.

#### 7.2.2 Cas général

Dans le cas général, on peut reprendre ces calculs. Il est cependant plus simple d'utiliser la formule symbolique de définition d'une courbe de Bézier de degré $n$ quelconque et les formules établies dans §6.4.

En particulier, pour le vecteur dérivé d'ordre 1, on a :

$$\frac{d}{dt}\overrightarrow{OM}(t) = n\left((1-t)\overrightarrow{OP_0} + t\,\overrightarrow{OP_1}\right)^{[n-1]}[*]\Delta\,\overrightarrow{OP_0}.$$

Or, dans le développement de cette puissance symbolique d'ordre $n-1$, le terme général, au coefficient $n$ près, s'écrit $B^i_{n-1}\overrightarrow{OP_i}[*]\left(\overrightarrow{OP_1}-\overrightarrow{OP_0}\right)$ ou bien $B^i_{n-1}\left(\overrightarrow{OP_{i+1}}-\overrightarrow{OP_i}\right)$ ou encore $B^i_{n-1}\overrightarrow{P_iP_{i+1}}$. Il en résulte que si l'on pose, (pour une origine quelconque $O$) : $\overrightarrow{OD_i}=\overrightarrow{P_iP_{i+1}}$ , la formule précédente devient :

$$\boxed{\overrightarrow{OH_1}(t)=\frac{d}{dt}\overrightarrow{OM}(t)=n\sum_{0}^{n-1}B^i_{n-1}(t)\overrightarrow{OD_i}}.$$

Le point courant de l'hodographe $H_1(t)$ décrit donc l'homothétique dans le rapport $n$ d'une courbe de Bézier de degré $n-1$ dont les points de Bézier sont les points $D_i$ où $i$ varie entre *0* et *n-1*.

Cette propriété est illustrée par les 2 dessins ci-après où sont dessinés non seulement les hodographes, mais aussi les courbes initiales accompagnées des polygones constitués de leurs points de Bézier, polygones dits « caractéristiques ».
Ces dessins sont suivis de l'énoncé de la proposition 1.9 résumant cette propriété importante de la courbe hodographe d'une courbe de Bézier.

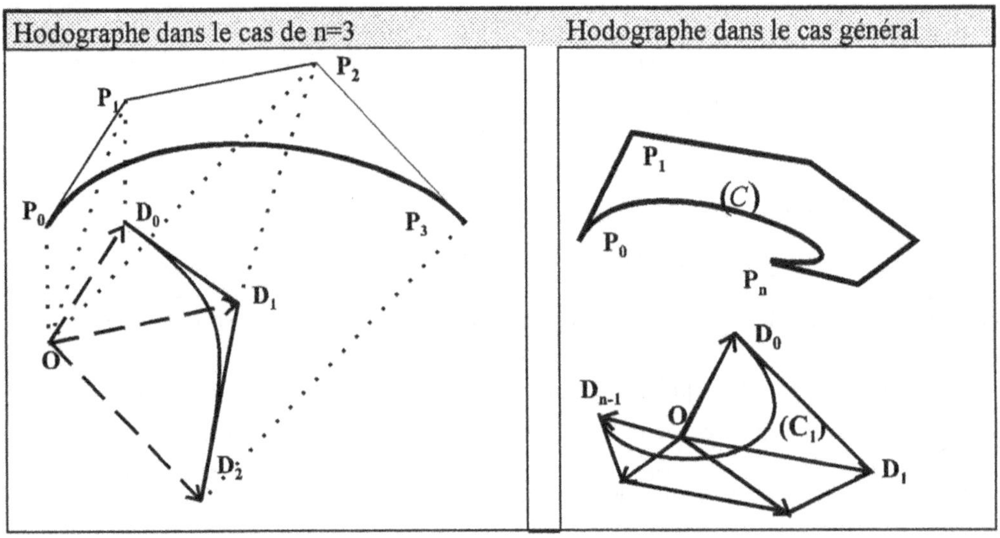


**Proposition1.9**

L'hodographe, de pôle $O$, d'une courbe de Bézier de degré $n$, dont les vecteurs-côtés du polygone sont notés $\overrightarrow{V_i}$ , est l'homothétique dans l'homothètie de centre $O$ et de rapport $n$ de la courbe de Bézier de degré *n-1* dont les points de contrôle, notés $D_j$ , sont définis par $\overrightarrow{OD_j}=\overrightarrow{V_{j+1}}$ , donc obtenus en menant de $O$ les vecteurs équipollents à $\overrightarrow{V_{j+1}}$ .

**Conséquences**

1°) Le procédé du passage de la courbe $(C)$ à l'hodographe $(C_1)$, qui est des plus simples, est susceptible d'être réitéré. On passe ainsi à l'hodographe de rang *2*, qui va donner le point courant $H_2(t)$, décrivant une courbe de Bézier $(C_2)$ de degré *n-2* (à une homothétie près de rapport $n(n-1)$ ), puisque $\overrightarrow{OH_2}(t) = \frac{d^2}{dt^2}\overrightarrow{OM}(t) = \frac{d}{dt}\overrightarrow{OH_1}(t)$.

2°) La connaissance de l'hodographe $(C_1)$ permet d'avoir le vecteur tangent à la courbe $(C)$ au point courant $M(t)$ si celui-ci n'est pas en O et les hodographes de rangs supérieurs permettent l'accès aux vecteurs dérivés successifs. On obtient ainsi *d'autres constructions de ces vecteurs et notamment des centres de courbure* que l'on peut atteindre par l'algorithme du §6.4.

3°) On peut utiliser ces hodographes pour *l'étude géométrique des points singuliers des courbes de Bézier* ou pour résoudre des problèmes concernant notamment les tangentes et les courbures. Des procédés algorithmiques utiles pourraient se greffer sur cette étude géométrique.

# 8. GEOMETRIE DES COURBES DE BEZIER

Tous les aspects géométriques rencontrés au cours des études précédentes, vont permettre de mettre en oeuvre des solutions complètement géométriques de certains problèmes. Cela peut, entre autres , par visualisation, donner des indications utiles et contrôler des solutions obtenues par d'autres voies

**NOTE GENERALE**

*Dans la plupart des problèmes relatifs aux courbes de Bézier que l'on résout géométriquement, il peut y avoir une discussion, notamment sur la réalité des points d'intersection d'une droite donnée avec une telle courbe qui, en fait, n'est qu'une partie de la courbe « entière » obtenue en faisant varier le paramètre t sur la totalité de* $\mathbb{R}$.

*Dans beaucoup de cas, on ne fera pas cette discussion, sachant qu'une visualisation, après résolution, permet de situer les points en question et les valeurs approximatives de leurs paramètres. Rappelons encore, que les propriétés géométriques d'une courbe de Bézier sont, généralement, encore valables sur des arcs correspondants à des valeurs de t qui ne sont pas dans* $[0,1]$.

## 8.1 Applications géométriques aux paraboles

Pour familiariser le lecteur avec les propriétés démontrées précédemment, et bien que les propriétés géométriques de la parabole soient bien connues, nous commençons par le degré 2 où la courbe est définie par deux vecteurs-côtés non colinéaires. De plus, l'hodographe de rang $n-2$ d'une courbe de degré $n$ est généralement une parabole et, par conséquent, ses propriétés peuvent éventuellement être utilisées en les « remontant » dans les hodographes précédents jusqu'à la courbe elle-même

### 8.1.1 Problèmes sur les tangentes

Soit un arc de parabole constitué par la courbe de Bézier de degré 2 . Si on se donne un point M de paramètre $t$ connu, alors dans l'hodographe $(C_1)$ qui se réduit ici à un segment $[D_0 D_1]$, le vecteur $2\overrightarrow{OH_1}$ où $H_1$ est le point de paramètre $t$ sur ce segment fournit le vecteur dérivé au point $M(t)$ de la parabole.

a) ***Problème 1***

*Déterminer la tangente à une parabole parallèle à une direction donnée* $(D_0)$

La construction de la tangente cherchée et du point M de contact se font de la façon suivante : on suivra sur la figure ci-dessous . L'hodographe est constitué du segment $S_0 S_1$. Le dessin ci-après, accompagné de quelques détails de constructions est suivi de commentaires explicatifs.

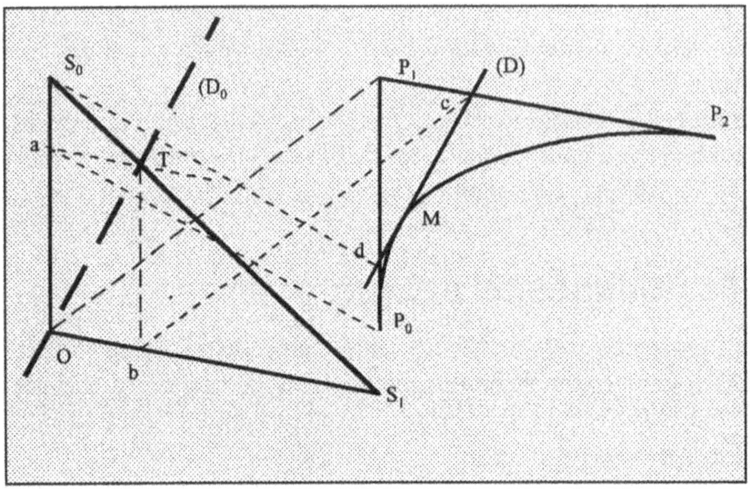


*Détails*

$Ta$ parallèle à $OS_1$,

$S_0a = P_0d$

$Ob = P_1c$

On en déduit :

$$\frac{\overline{dP_1}}{\overline{dP_0}} = \frac{\overline{cP_2}}{\overline{cP_1}} = \frac{\overline{TS_1}}{\overline{TS_0}}$$ et le point M est donc sur la droite$(cd)$, le point qui divise $[cd]$ dans le rapport précédent

La droite de direction $(D_0)$ passant par le point $O$, pôle choisi pour l'hodographe, coupe le segment $S_0 S_1$ en T (voir ce qui est dit plus haut sur la réalité des intersections). On connait donc, en principe, le paramètre $t$ de T sur l'hodographe, il est défini par $\overrightarrow{OT} = (1-t)\overrightarrow{0S_0} + t\,\overrightarrow{OS_1}$, ce qui veut dire qu'il est caractérisé par le rapport $\frac{\overline{TS_1}}{\overline{TS_0}} = 1 - \frac{1}{t}$.

Tout le reste de la construction revient à construire le point $M$ de paramètre $t$ sur l'arc de parabole donné. En utilisant des alignements et des parallélismes, on reporte ce rapport sur les vecteurs-côtés de la parabole pour pouvoir appliquer la construction géométrique du point $M$ de paramètre $t$ (cf , §6.5.1).

Ce problème étant résolu, d'autres s'y ramènent aisément, par exemple :

***Problème 1.1***

*Un point M étant donné sur la parabole, déterminer le point M' de cette parabole où la tangente est perpendiculaire à la tangente en M.*

La direction perpendiculaire à la tangente donnée est donc connue, ce qui ramène au problème traité précédemment. Rien n'empêche d'ailleurs de généraliser en cherchant un point de contact d'une droite faisant un angle donné avec la tangente donnée.

***Problème 1.2***

*Un arc de parabole de Bézier étant donné, construire les caractéristiques de cette parabole, à savoir la tangente au sommet, la directrice et le foyer.*

Pour cela, il suffit de savoir que deux tangentes à la parabole qui sont orthogonales se coupent sur la tangente au sommet. On applique 2 fois le résultat du problème précédent, ce qui donne 2 points de la tangente$(T)$ au sommet.

On cherche ensuite le point de contact (problème 1) d'une tangente parallèle à $(T)$, on en déduit le paramètre, la directrice et le foyer. On peut aussi se servir du fait que l'axe de la parabole est parallèle à la droite joignant $P_1$ au milieu de $[P_0\,P_2]$. Le sommet est alors le point de contact d'une tangente orthogonale à cet axe (attention, il peut ne pas être sur l'arc considéré).

### 8.1.2 Problème sur la courbure

On peut aussi faire en sorte que le point $M$ considéré devienne l'origine (ou la fin) d'une courbe de Bézier de degré 2 et adapter la construction du paragraphe 4.4.3.

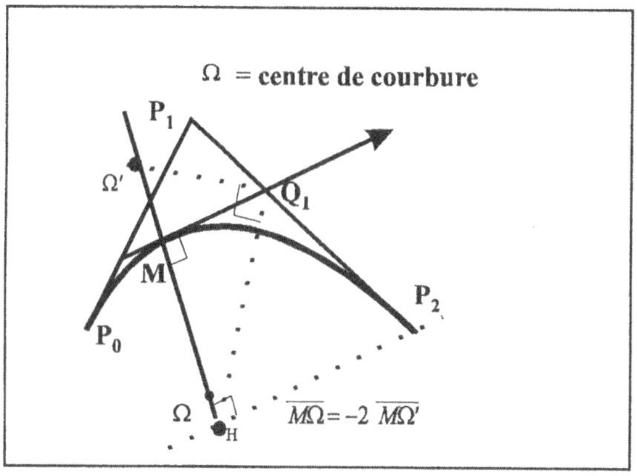


Les points $M, Q_1, P_2$ sont les points de définition d'un arc de parabole qui débute au point $M$ et se termine en $P_2$. Mais on sait que la courbure au point de départ dépend essentiellement des deux premiers vecteurs-côtés du polygone, c'est à dire des vecteurs $\vec{V_1} = \overrightarrow{MQ_1}$ et $\vec{V_2} = \overrightarrow{Q_1P_2}$. On appelle $H$ la projection orthogonale de $P_2$ sur la normale en $M$. Le point $\Omega'$ sur cette normale tel que $HQ_1\Omega'$ soit un triangle rectangle fournit ensuite $\Omega$, centre de courbure cherché par la formule : $\overrightarrow{M\Omega} = -\dfrac{n}{n-1}\overrightarrow{M\Omega'} = -2\,\overrightarrow{M\Omega'}$.

**Remarque :** On pourra comparer cette construction avec celle du §6.5.1.

### 8.1.3 Problème d'intersection avec une droite

Le problème pourrait être résolu analytiquement. On peut essayer de le résoudre vectoriellement, sachant qu'on sera, de toute façon, amené à résoudre une équation du second degré. Les points de définition étant $P_0, P_1, P_2$ avec des vecteurs $\overrightarrow{P_1P_0}$ et $\overrightarrow{P_1P_2}$ qui sont linéairement indépendants, on peut définir vectoriellement la droite donnée D sur la base constituée par ces deux vecteurs.

Un vecteur directeur $(a,b)$ de D étant donné, on peut déterminer $(a',b')$, à l'aide d'un point choisi sur cette droite, de façon que l'équation de cette droite s'écrive : $\overrightarrow{P_1M}(\mu) = \left((a\mu + a')\,\overrightarrow{P_1P_0} + (b\mu + b')\,\overrightarrow{P_1P_2}\right)$. L'équation de l'arc de Bézier, avec l'origine choisie en $P_1$ s'écrit $\overrightarrow{P_1M}(t) = (1-t)^2\,\overrightarrow{P_1P_0} + t^2\,\overrightarrow{P_1P_2}$. En égalant les deux expressions, on obtient la relation suivante entre $t$ et $\mu$ :

$$\left((a\mu + a')\,\overrightarrow{P_1P_0} + (b\mu + b')\,\overrightarrow{P_1P_2}\right) = (1-t)^2\,\overrightarrow{P_1P_0} + t^2\,\overrightarrow{P_1P_2}$$

En identifiant les composantes dans la base choisie, on obtient les 2 relations :

$$(1-t)^2 = a\mu + a' \quad \text{et} \quad t^2 = b\mu + b' \text{ qui vont donner } t \text{ et } \mu.$$

En éliminant $\mu$ entre ces deux équations, on obtient l'équation du second degré dont les racines sont les valeurs cherchées du paramètre $t$ : $b(1-t)^2 - at^2 + ab' - a'b = 0$.

Il reste à voir si les valeurs de ces racines sont dans $[0,1]$ ; les valeurs de $\mu$ associées fournissent le ou les points d'intersection cherchés.

**Cas particulier important**

C'est le cas où la droite D donnée passe par $P_1$. Dans ce cas, les nombres a' et b' sont nuls. Le quotient des 2 relations précédentes fournit alors : $\left(\frac{1-t}{t}\right)^2 = \frac{a}{b}$ qui n'a de solutions que si a et b sont de même signe, c'est à dire si D est dans l'angle de sommet $P_1$ formé par les côtés du polygone. On en déduit alors $\frac{1-t}{t} = \sqrt{\frac{a}{b}}$ (puisque $t$ est dans $[0,1]$) et ce rapport permet justement la construction géométrique du point de paramètre $t$.

## 8.2 Problèmes sur les cubiques de Bézier

On a déjà vu qu'une cubique de Bézier pouvait posséder des points singuliers tels que des points d'inflexion, des points de rebroussements, ....La considération de l'hodographe qui, dans le cas présent, est en général une parabole permet de caractériser de telles cubiques. On se pose le problème de la construction de cubiques qui admettent de tels points.

### 8.2.1 Point de rebroussement d'une cubique de Bézier

***Problème 1***
*Construire les points de définition d'une cubique de Bézier admettant un point de rebroussement de première espèce pour une valeur $t_0$ du paramètre.*

On considère l'hodographe $(H)$ de la courbe $(C)$ cherchée. Le point $M$ de paramètre $t_0$ étant un point de rebroussement, on a : $\frac{d}{dt}\overrightarrow{OM}(t_0) = \overrightarrow{0}$ et les 2 vecteurs dérivées suivants sont non nuls et non colinéaires.
Il en résulte que le point $H(t_0)$ de l'hodographe doit être confondu avec le pôle.
Or, on dispose de ce pôle et, par conséquent, en le plaçant au point $H(t_0)$, on peut reconstruire, « à l'envers », les vecteurs-côtés de la courbe de degré 3 cherchée. Comme, pour une véritable parabole, les vecteurs dérivées première et seconde ne sont jamais colinéaires, la condition précédente est nécessaire et suffisante.
Ce dernier argument implique d'ailleurs que ce point de rebroussement obtenu sur la cubique sera obligatoirement un point de rebroussement de première espèce. Il est vrai qu'on puisse envisager une courbe de Bézier de degré réel 2 dont les points de définition soient alignés. Dans ce cas, les vecteurs dérivée première et seconde sont colinéaires, mais il est facile de voir qu'il en résulte que les points de définition de la cubique sont, eux aussi, alignés ; la cubique obtenue est dégénérée.

La figure ci-après fournit les détails de la construction des points de Bézier d'une cubique solution du problème.

**Illustration**

On a noté A, B, C les points de définition de la parabole. La courbe du troisième degré tracée ci-dessous est à l'échelle ½ . On a choisi, pour une plus grande lisibilité du dessin, la valeur $t_0 = \frac{1}{2}$.

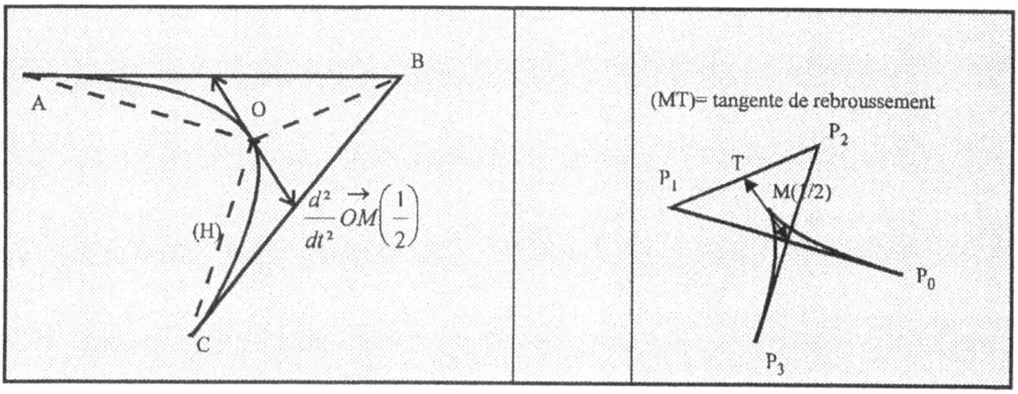


**8.2.2 Point d'inflexion d'une cubique de Bézier**

***Problème 2***

*Construire les points de définition d'une cubique admettant un point d'inflexion*

**Résolution**

Choisissons, pour illustrer cette solution, $t_0 = \frac{1}{3}$ pour valeur du paramètre au point d'inflexion ; la méthode restant tout à fait générale. En ce point, les vecteurs dérivée première et seconde, sont non nuls mais colinéaires. Au point correspondant $H\left(\frac{1}{3}\right)$ de l'hodographe, les vecteurs $\overrightarrow{OH}$ *et* $\frac{d}{dt}\overrightarrow{OH}$ sont donc colinéaires, ce qui revient à dire que la droite $(OH)$, bien déterminée par ces 2 points, est tangente à la parabole au point $H$.

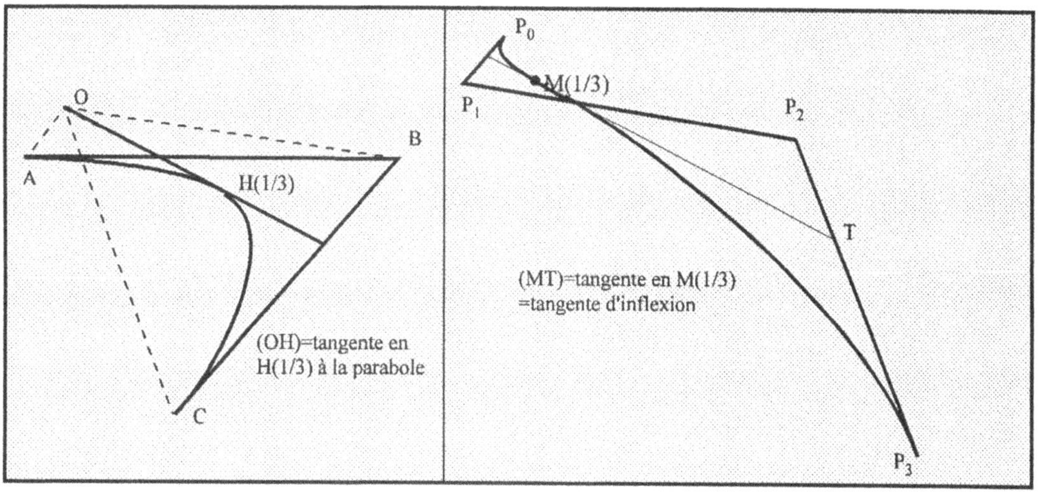

La parabole étant tracée, ainsi que, par la construction géométrique connue, le point H connu, à savoir ici $H\left(\frac{1}{3}\right)$ et la tangente, on peut choisir arbitrairement le pôle O sur cette tangente. Il suffit ensuite de reconstruire « à l'envers » les vecteurs-côtés du polygone caractéristique de la courbe de degré 3 cherchée.

**Remarque**

On a toute latitude pour le choix de $O$ sur la tangente d'où une infinité de solutions correspondantes à la même parabole et au paramètre 1/3. Cela permet d'imposer des conditions supplémentaires à la cubique cherchée, par exemple d'avoir l'un des trois vecteurs-côtés qui ait une direction donnée a priori. Remarquons aussi qu'il existe, en général, lorsque le point $O$ est à l'extérieur, deux tangentes à la parabole. Il en résulte que sur la cubique, il peut exister deux points d'inflexion, c'est l'objet de ce qui suit.

***Problème 3***

*Construire une cubique de Bézier admettant deux points d'inflexion, l'un au point de paramètre 1/3 et l'autre au point de paramètre 3/4.*

**Résolution**

On se donne encore la parabole pour laquelle on dessine, par la construction habituelle, les deux tangentes aux points $H\left(\frac{1}{3}\right)$ et $H\left(\frac{3}{4}\right)$. On choisit pour pôle le point O d'intersection de ces deux tangentes.

On reconstruit encore « à l'envers » les vecteurs-côtés de la cubique cherchée qui présente bien les deux points d'inflexion prévus.

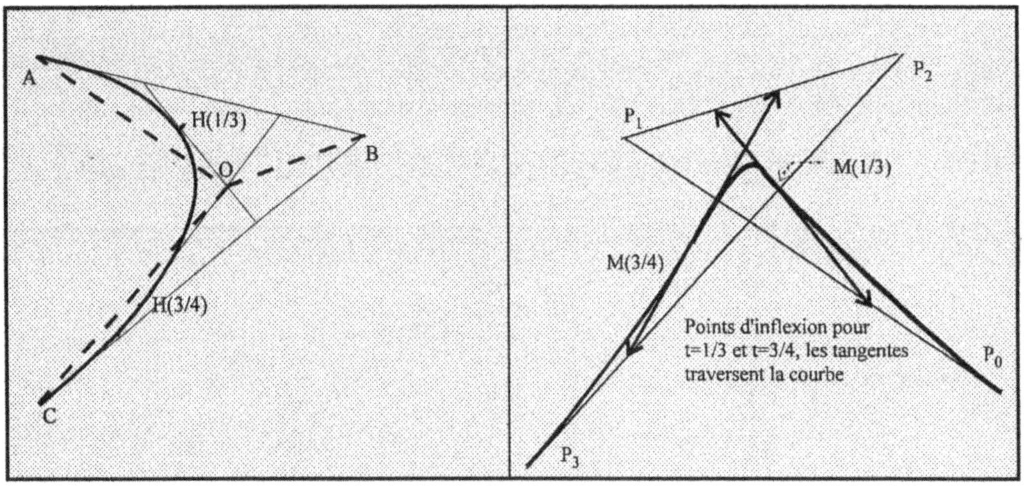


### 8.2.3 Tangentes parallèles à une direction donnée

***Problème 4***

*Trouver toutes les tangentes à une cubique de Bézier donnée qui sont parallèles à une droite donnée $D_0$.*

**Solution**

Le principe de la solution a déjà été expliqué à propos de la parabole. L'hodographe de la cubique donnée est, en général, une parabole. La droite D, passant par le pôle O et dont la direction est celle de $D_0$, rencontre l'arc de parabole en deux points au maximum, d'où deux solutions au maximum. Ces deux solutions ne sont acceptables que si les paramètres associés sont dans $[0,1]$. On pourrait les accepter si l'on consent à sortir de cet intervalle. Tout revient donc à déterminer l'intersection d'une droite avec la parabole, problème dont nous avons donné une méthode de résolution dans §8.1.3.

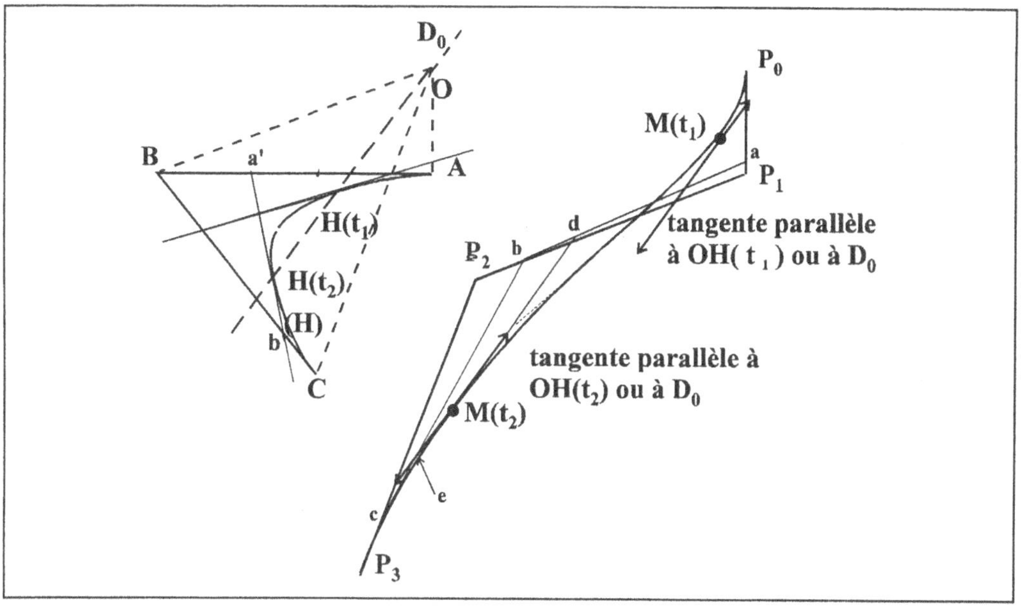


On trace l'hodographe $(H)$ et on détermine rigoureusement, par le calcul ou géométriquement si la parabole est tracée avec beaucoup de précision, le ou les points d'intersection (s'il en existe) de la droite donnée $D_0$ avec cette parabole. Dans le cas de figure, il y a deux points d'intersection dont on a les paramètres $t_1$ et $t_2$. On construit ensuite les points $M(t_1)$ et $M(t_2)$ solutions du problème. Par exemple, $M(t_2)$ résulte des égalités : $\frac{Aa'}{AB} = \frac{P_0a}{P_0P_1} = \frac{P_1b}{P_1P_2} = \frac{P_2c}{P_2P_3} = \frac{ad}{ab} = \frac{be}{bc} = \frac{d\,M(t_2)}{d\,e}$ (Cf. figure ci-dessus).

### 8.2.4 Points de superposition ou de croisement dans une cubique de Bézier

On a déjà vu (étude locale §3.2), en étudiant les variations des coordonnées, une méthode pour découvrir un point double, en profitant d'un élément de symétrie. La méthode générale utilisée ici, dans le cas d'une cubique, est vectorielle, puis analytique ; elle conduit classiquement, dans ce cas de cubique, à résoudre des équations du second degré.

Soit donc une cubique dont les vecteurs-côtés sont $\vec{V_1}, \vec{V_2}, \vec{V_3}$. La supposant plane, on fait l'hypothèse que les vecteurs $\vec{V_1}$ et $\vec{V_2}$ forment une base.

Dans ces conditions, le vecteur $\vec{V_3}$ est défini par $\vec{V_3} = a\vec{V_1} + b\vec{V_2}$ et le point courant par :

$$\overrightarrow{OM}(t) = \left(t^3 - 3t^2 + 3t\right)\overrightarrow{V_1} + \left(3t^2 - 2t^3\right)\overrightarrow{V_2} + t^3\left(a\overrightarrow{V_1} + b\overrightarrow{V_2}\right).$$

Un point de superposition (ou point double) $M$ est défini par deux valeurs distinctes du paramètre $t_1$ et $t_2$ telles que : $M(t_1) = M(t_2)$, ce qui donne, par identification les composantes en $\overrightarrow{V_1}$ et $\overrightarrow{V_2}$ :

$$\begin{cases} (a+1)\left(t_1^{\,3} - t_2^{\,3}\right) - 3\left(t_1^{\,2} - t_2^{\,2}\right) + 3(t_1 - t_2) = 0 \\ (b-2)\left(t_1^{\,3} - t_2^{\,3}\right) + 3\left(t_1^{\,2} - t_2^{\,2}\right) = 0 \end{cases}$$

et, en éliminant la solution $t_1 = t_2$ : $\begin{cases} (a+1)\left(t_1^{\,2} + t_1 t_2 + t_2^{\,2}\right) - 3(t_1 + t_2) + 3 = 0 \\ (b-2)\left(t_1^{\,2} + t_1 t_2 + t_2^{\,2}\right) + 3(t_1 + t_2) = 0 \end{cases}$.

Dans ce système,qui est symétrique, on pose : $t_1 + t_2 = S$ et $\left(t_1^{\,2} + t_1 t_2 + t_2^{\,2}\right) = U$, on est ainsi ramené à résoudre un systéme du premier degré en S et U. En additionnant on obtient U puis S. On supposera, sinon il n'y a pas de solution que $a + b - 1 \neq 0$.

Alors, on a : $U = S^2 - P = \dfrac{3}{1-a-b}$ et $S = -\dfrac{b-2}{1-a-b}$. On obtient ainsi la somme S et le produit P qui nous ramène à la résolution de l'équation du second degré :

$$X^2 - \frac{2-b}{1-a-b}X + \frac{(2-b)^2 - 3(1-a-b)}{(1-a-b)^2} = 0$$

Ce qu'on sait de l'allure générale d'une cubique de Bézier, nous inciterait à supposer, si l'on veut qu 'elle admette un point de croisement, que a et b sont négatifs. On continue cependant l'étude dans un cadre moins restreint, mais non le plus général, en supposant que $b < 2$ et $1 - a - b > 0$, ce qui rend $S > 0$.

Pour continuer la discussion, on pose $(b-2)^2 = \mu(1-a-b)$, où $\mu > 0$.

L'équation précédente: $X^2 - \dfrac{\mu}{2-b}X + \dfrac{\mu(\mu-3)}{(b-2)^2} = 0$ est de discriminant $\Delta = \dfrac{3\mu(4-\mu)}{(b-2)^2}$. Il y aura donc deux racines toutes deux positives si $\Delta$ et $P$ sont positifs, c'est à dire si $3 \leq \mu \leq 4$.

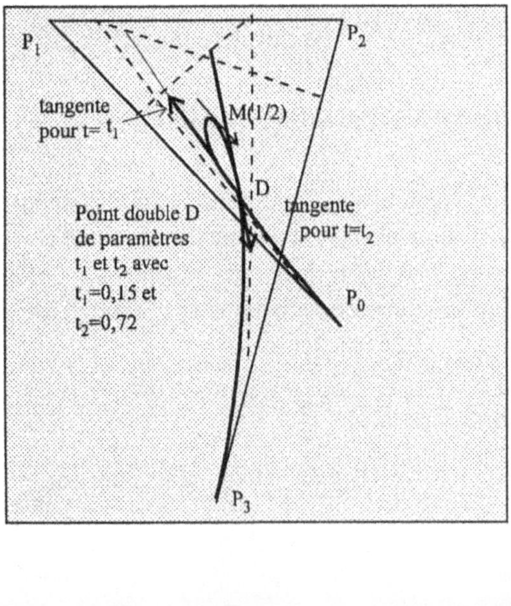


Prenons, pour fixer les idées, l'exemple $\mu = 3{,}5$, $b = -2$ et $a = -\dfrac{11}{7}$ qui vérifient les conditions précédentes. Tous calculs faits, on trouve les valeurs approchées des paramètres du point double, à savoir $t_1 \approx 0{,}15$, $t_2 \approx 0{,}724$. Sur la figure de gauche, les vecteurs $\overrightarrow{V_1}$ et $\overrightarrow{V_2}$ étant placés, on a dessiné le troisième vecteur à l'aide de a et de b. Ensuite on a déterminé par les constructions géométriques connues, les points $M(t_1)$ et $M(t_2)$ (dont on constate qu'ils sont confondus) et les tangentes en ces points qui donnent les tangentes au point double D. On précise davantage la courbe en construisant le point $M(0{,}5)$ et sa tangente.

Dans le cas général, si $3 \le \mu \le 4$, les deux racines sont positives, ce sont $\frac{1}{2(2-b)}\left(\mu \pm \sqrt{3\mu(4-\mu)}\right)$. Donc, si : $\left(\mu + \sqrt{3\mu(4-\mu)}\right) \le 2(2-b)$ et $3 \le \mu \le 4$, les deux racines sont dans $[0,1]$ et, par conséquent, il y a un point double sur l'arc de cubique de Bézier.

### *8.3 Problème sur les courbes de Bézier de degré 4*

Certains problèmes, tels que la construction de tangentes parallèles à une direction donnée, restent résolubles par les mêmes démarches. Il est évident que dans le cas du quatrième degré, cas pour lequel l'hodographe est une cubique, on est ramené à des problèmes quasi-insolubles par la géométrie pure.

#### 8.3.1 Points de rebroussement

***Problème 1***

*Construire une courbe de Bézier du quatrième degré admettant un point de rebroussement de paramètre donné $t_0$, (par exemple ½ dans la figure d'illustration).*

**Solution**

On part de la donnée d'une cubique dont les points de définition sont A,B, C, D et on construit géométriquement le point de paramètre imposé, ici ½ , qui sera le pôle.

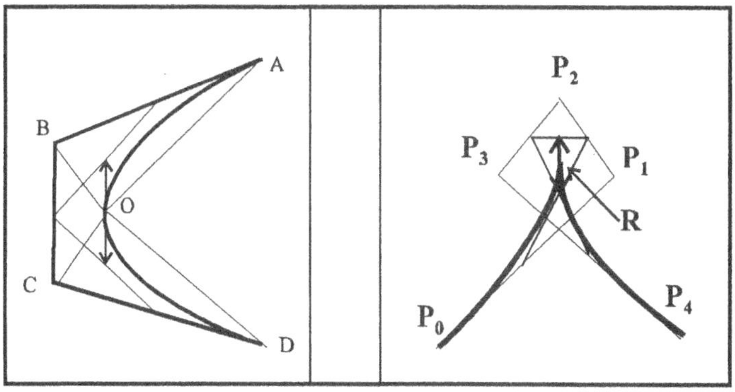


On trace alors les droites joignant le point $O$ aux points respectifs $A$, $B$; $C$, $D$. En reportant « bout à bout » les vecteurs $\overrightarrow{OA}$, $\overrightarrow{OB}$, $\overrightarrow{OC}$ et $\overrightarrow{OD}$ à partir d'un point $P_0$, on obtient le polygone d'une courbe homothétique de la courbe de Bézier cherchée.

**Remarque :**Dans le problème du point de rebroussement d'une cubique, le point O, choisi sur la parabole hodographe, est évidemment non double. Dans le cas d'une courbe de degré 4, l'hodographe est une cubique qui peut présenter un point double. La quartique peut donc posséder 2 points de rebroussements. C'est ce qui est proposé maintenant.

***Problème 2***

*Déterminer une courbe de Bézier du quatrième degré admettant deux points de rebroussement.*

**Solution**

Le problème est pratiquement résolu avec la remarque précédente. On choisit pour cubique hodographe, celle construite dans § 3.2. Le pôle O est choisi au point de croisement de cette cubique. La figure dessinée ci-après fournit donc une quartique (courbe de degré 4) de Bézier admettant deux points de rebroussement de paramètres ceux imposés par le point de croisement de la cubique considérée. Il est certainement plus difficile de construire une telle quartique de Bézier admettant deux points de rebroussement dont les paramètres sont imposés a priori, ce qui revient à construire une cubique de Bézier admettant un point double avec paramètres imposés.

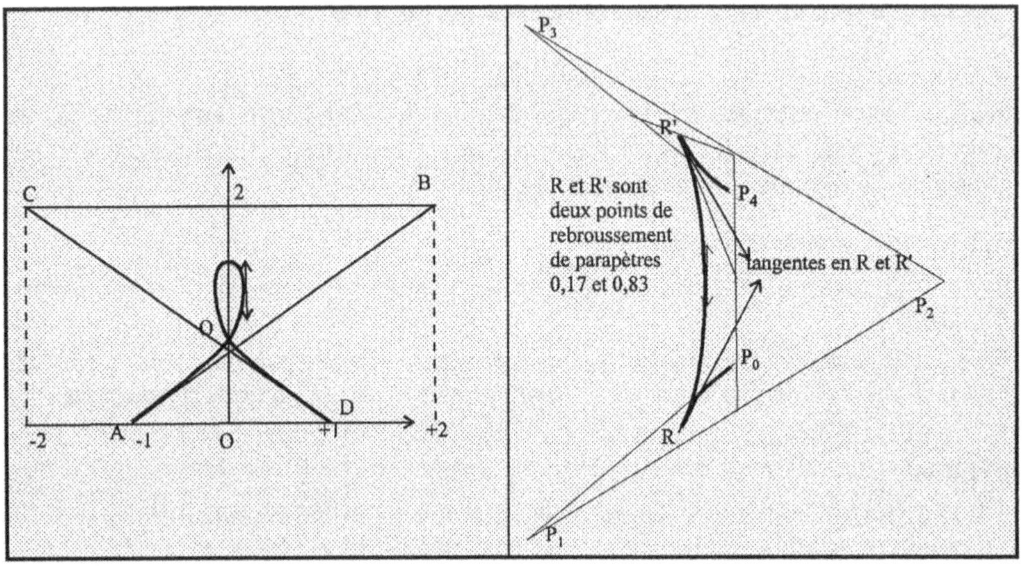


**Remarque**

Dans le cas où le point double est pris en un point de rebroussement de l'hodographe, les vecteurs dérivées d'ordre 1 et 2 sont nuls au point $M$ associé. En général, le vecteur dérivée d'ordre 3 devient la tangente et le point $M$ est un point ordinaire.

**Problème 3**

*Existe-t-il une courbe du quatrième degré admettant un point de rebroussement de deuxième espèce? Si oui, en construire une.*

**Solution**

Analysons d'abord la nature d'un tel point. C'est un point stationnaire donc, en ce point, $\frac{d}{dt}\overrightarrow{OM}(t) = \overrightarrow{0}$ ; $\frac{d^2}{dt^2}\overrightarrow{OM}(t)$, s'il est non nul, indique la tangente et le vecteur dérivé d'ordre 3 est ou nul ou colinéaire à ce dernier.

On suppose enfin que le vecteur dérivé d'ordre 4 forme avec $\frac{d^2}{dt^2}\overrightarrow{OM}(t)$ une base. Le développement limité de $t \to \overrightarrow{OM}(t)$, au voisinage du point considéré, montre que ce point est un rebroussement de deuxième espèce. Cela revient à dire que le point associé sur l'hodographe est un point d'inflexion.

On dessine ci-après un exemple en construisant d'abord (figure de gauche) une cubique de Bézier présentant un point d'inflexion (traité dans §8.2.2). En prenant le point O en ce

point d'inflexion, on obtient effectivement, en effectuant une construction du polygone à l'envers, une quartique de Bézier admettant un point de rebroussement de deuxième espèce (figure de droite).
Dans le cas d'une cubique possédant deux points d'inflexion (cf, §8.2.2, problème 2), il existe deux façons de choisir le paramètre du point de rebroussement, donc deux façons de choisir le pôle de l'hodographe.

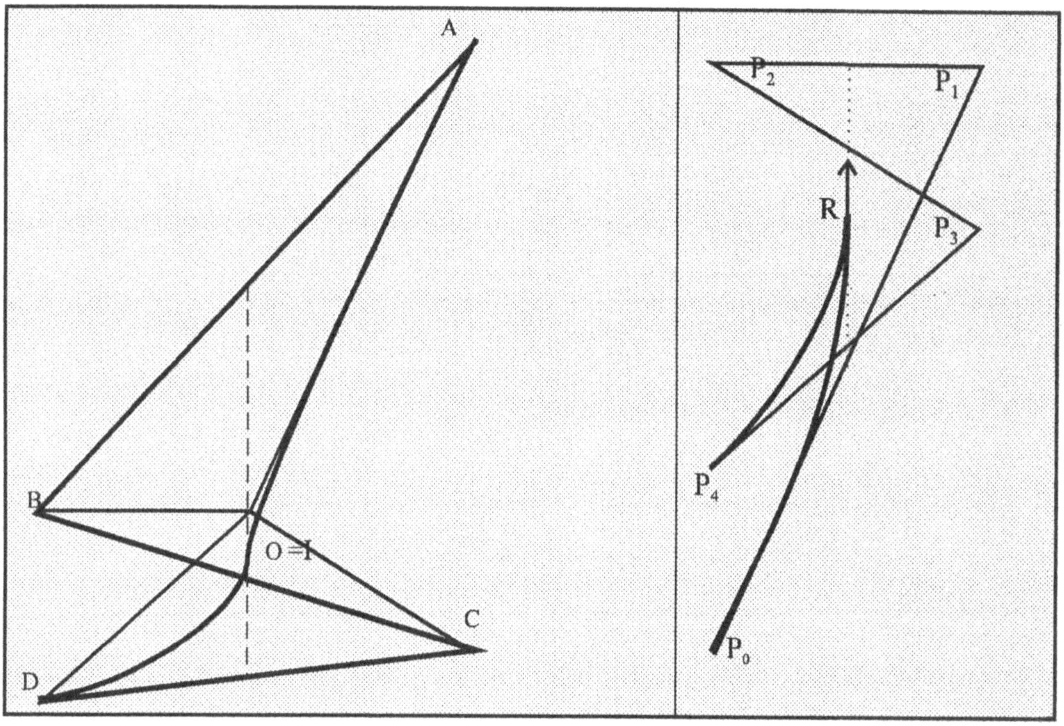


### 8.3.2 Points d'inflexion

Le principe reste le même : il suffit de choisir le point $O$, pôle de l'hodographe, sur une tangente à cet hodographe qui est ici une cubique. Remarquons que, dans le cas d'une cubique, il peut exister jusqu'à trois tangentes issues d'un point donné, cela pouvant être prouvé et discuté par des procédés de géométrie analytique. Il en résulte que, si l'on prend le pôle $O$ de l'hodographe de la quartique en ce point, la quartique en question possédera trois points d'inflexion. Evidemment, il faudra discuter de la position des paramètres des trois points de contact par rapport à $[0,1]$. Le soin de faire des figures est laissé au lecteur.

**Remarque sur les problèmes de courbure**

Pour les problèmes de courbure, on sait que la solution est facilitée en amenant le point considéré au point de paramètre *0*. Ceci revient à identifier un point de la courbe au point de départ d'un « sous-arc » d'une courbe donnée. Le paragraphe suivant donne quelques indications à ce sujet.

## *8.4 Définition de sous-arcs d'une courbe de Bézier*

### 8.4.1 Etude géométrique

Dans le cas d'une parabole, cette question a été résolue de façon très simple (Cf. §8.1.2).

Pour une cubique, on se sert encore de l'hodographe dans lequel on détermine le sous-arc considéré. On remonte ensuite à la cubique en recomposant par parallélisme le polygone caractéristique du sous-arc cherché ou, plus exactement, un homothétique de ce polygone.

**Illustration**

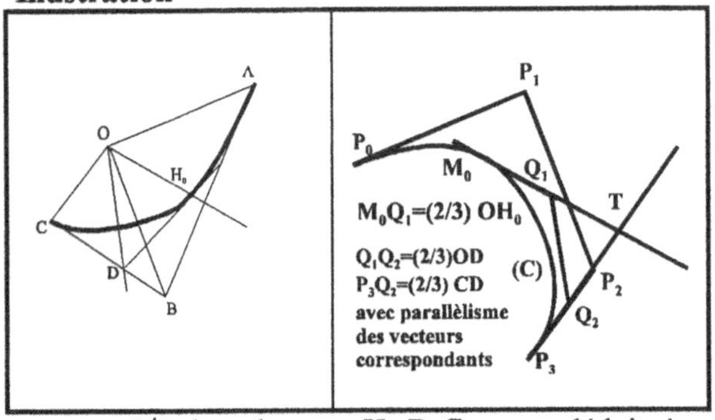


Dans la figure ci-contre, on a utilisé un seul point $M_0$ de paramètre $1/3$, l'autre point étant le point $P_3$ , de paramètre *1*. On a tracé sur l'hodographe le point $H_0$ de paramètre $1/3$. Le polygone de l'hodographe du sous-arc est l'homothétique de rapport 2/3 du polygone $H_0\,D\,C$, on en déduit, à partir des 2 tangentes en $M_0$ et en $P_3$ le nouveau polygone pour le sous-arc noté $[M_0M(1)]_{(C)}$, à savoir $M_0\ Q_1\ Q_2\ P_3$ .

**8.4.2 Résolution matricielle (ou numérique)**

On reprend les formules du § 2.2.2 qui expriment matriciellement le vecteur $\overrightarrow{OM}$ à l'aide des puissances de la variable *t*.
Le changement de paramètre de *t* en *u* défini par la formule $t = t_0 + (t_1 - t_0)u$ transforme le segment $[0,1]$ en le segment $[t_0,t_1]$. Une puissance quelconque $t^k$ s'exprime (par la formule du binôme) par un polynôme en *u* de degré *k* ; il en résulte qu'on peut déterminer une matrice carrée notée $\mathbf{\Phi}_n(t_0,t_1)$ telle que, si l'on désigne par $(U_n)$ la matrice colonne d'ordre $n+1$ des puissances successives de u, on ait:

$$(\mathbf{T_n}) = \mathbf{\Phi_n}(t_0,t_1).(\mathbf{U_n}).$$

La formule du § 2.2.2 devient alors :

$$\overrightarrow{OM}(t = t_0 + (t_1 - t_0)u) = {}^{\mathbf{t}}\left(\overrightarrow{\mathbf{OP}}\right)_{\mathbf{n}} . \mathcal{M}_{\mathbf{n}} . (\mathbf{T_n}) = {}^{\mathbf{t}}\left(\overrightarrow{\mathbf{OP}}\right)_{\mathbf{n}} . \mathcal{M}_{\mathbf{n}} . \mathbf{\Phi_n}(t_0,t_1).(\mathbf{U_n}).$$

On obtient alors par identification la nouvelle matrice colonne des vecteurs $\overrightarrow{OP'_j}$ définissant les points de Bézier du sous-arc considéré . En effet, la relation :

$${}^{\mathbf{t}}\left(\overrightarrow{\mathbf{OP'}}\right)_{\mathbf{n}} . \mathcal{M}_{\mathbf{n}} . (\mathbf{U_n}) = {}^{\mathbf{t}}\left(\overrightarrow{\mathbf{OP}}\right)_{\mathbf{n}} . \mathcal{M}_{\mathbf{n}} . \mathbf{\Phi_n}(t_0,t_1).(\mathbf{U_n})$$

fournit ${}^{\mathbf{t}}\left(\overrightarrow{\mathbf{OP'}}\right)_{\mathbf{n}} . \mathcal{M}_{\mathbf{n}} = {}^{\mathbf{t}}\left(\overrightarrow{\mathbf{OP}}\right)_{\mathbf{n}} . \mathcal{M}_{\mathbf{n}} . \mathbf{\Phi_n}(t_0,t_1)$, soit encore :

$$\boxed{{}^{\mathbf{t}}\left(\overrightarrow{\mathbf{OP'}}\right)_{\mathbf{n}} = {}^{\mathbf{t}}\left(\overrightarrow{\mathbf{OP}}\right)_{\mathbf{n}} . \mathcal{M}_{\mathbf{n}} . \mathbf{\Phi_n}(t_0,t_1).(\mathcal{M}_{\mathbf{n}})^{-1}}$$

Il est conseillé au lecteur d'effectuer ces calculs dans le cas de degrés faibles (Cf. Exercice 17). Les formules précédentes peuvent être aussi écrites sous leurs formes numériques qui font intervenir les points Q et Q' de définitions canoniques.

### 8.4.3 Utilisation de la suite barycentrique

Commençons par le cas d'un sous-arc $C_a$ d'une courbe de Bézier C de degré 2, limité par les points de paramètres $t = 0$ et $t = a$. On sait que le point $M(a)$ est défini par le barycentre $P_0^{(2)}(a)$ de la génération de rang 2 (Cf. §6.2.4). Ce point est donc le dernier sommet $Q_2$ du polygone caractéristique du sous-arc considéré. Il nous reste à trouver le deuxième sommet $Q_1$. Or, on sait que, pour un arc de parabole, le deuxième sommet est à l'intersection des tangentes aux extrémités de cet arc. L'algorithme de la tangente au point $M(a)$ (Cf. §6.4.3) précisant que cette tangente en $M(a)$ admet $\overrightarrow{P_0^1(a)P_1^1(a)}$ pour vecteur directeur, on en déduit que ce deuxième sommet n'est autre que le point $P_0^{(1)}(a)$.
Ce résultat suggère la propriété généralisée suivante pour un sous-arc $C_a$ d'une courbe de Bézier C de degré n :

Les sommets successifs $Q_i$ du polygone caractéristique de $C_a$ sont les points d'indice inférieur nul des générations barycentriques pour la valeur a du paramètre. Autrement dit, on a : $Q_i = P_0^{(i)}(a)$.

Pour le montrer, considérons la courbe de Bézier ayant pour sommets les points ainsi définis en précisant, pour se ramener à l'intervalle $[0,1]$, que le paramètre courant $t$ doit être remplacé par son quotient par $a$. Cette courbe est définie par : $\overrightarrow{OM_a}(t) = \left(\left(1-\frac{t}{a}\right)\overrightarrow{OQ_0} + \frac{t}{a}\overrightarrow{OQ_1}\right)^{(n)}$ où on peut remplacer $Q_0$ par $P_0$ et $\overrightarrow{OQ_1}$ par $(1-a)\overrightarrow{OP_0} + a\overrightarrow{OP_1}$. Cette substitution donne la puissance symbolique $\left((1-t)\overrightarrow{OP_0} + t\overrightarrow{OP_1}\right)^{(n)}$ qui définit la courbe C de départ. La propriété énoncée est donc démontrée. On démontrerait de la même manière :

Si le sous-arc est limité par les points de paramètres $b$ et 1, les sommets successifs du polygone de ce sous-arc sont des points des générations barycentriques associées au paramètre $b$, à savoir : $Q_i = P_i^{n-i}(a)$

Ces propriétés très simples seront utilisées dans les questions de raccord de deux courbes de Bézier (Cf. §4 du chapitre 6 sur l'interpolation spline graphique).

## *8.5 Réduction ou augmentation du degré*

A propos de degré d'une courbe de Bézier, nous précisons que le nombre des côtés nuls ou non du polygone de la courbe n'est pas forcément le degré réel. L'exemple certainement le plus simple est constitué d'un polygone à trois sommets, donc de degré apparent 2. On commence par une étude géométrique.

### 8.5.1 Degré réel d'une courbe de Bézier de degré 2

Si les trois sommets $P_0, P_1, P_2$ ne sont pas alignés, la courbe est un arc de parabole et le degré réel est 2. Supposons, à présent que les trois points soient alignés. Les vecteurs-côtés vérifient alors $\overrightarrow{V_1} = k\overrightarrow{V_0}$ et le point courant $M$, qui décrit dans ce cas un segment est donné par $\overrightarrow{OM} = (2t - t^2)\overrightarrow{V_0} + t^2\overrightarrow{V_1} = (2t - t^2 + kt^2)\overrightarrow{V_0}$.

Il en résulte que le degré réel est *1* si et seulement si $k = 1$, c'est à dire si le point $P_1$ est le milieu du segment $[P_0 P_2]$. On peut d'ailleurs en déduire qu'alors l'hodographe de la courbe est constitué de deux points superposés. C'est une condition nécessaire et suffisante puisque, dans les autres cas, il s'agit bien de deux points, mais non superposés.

**8.5.2 Généralisation**

Commençons par une cubique. Si celle-ci est de degré réel *2*, l'hodographe de rang *1* est de degré réel 1, donc son hodographe de rang 2 est formé de deux points superposés. Si la cubique est de degré réel 1, ce qui implique que les quatre points $P_0, P_1, P_2$ et $P_3$ sont alignés et que $\overrightarrow{P_0P_1} = \overrightarrow{P_1P_2} = \overrightarrow{P_2P_3}$, alors l'hodographe de rang *1* est formé de trois points superposés.

Dans le cas général, si on considère les hodographes de rangs successifs, l'indication est donnée par le rang du premier hodographe qui est constitué de p points superposés. On prouve par récurrence la propriété suivante.

**Proposition 1.10 :**

Si une courbe de Bézier est définie par un polygone à $n$ vecteurs-côtés, donc de degré (apparent $n$), elle est en réalité de degré réel $r$ si et seulement si son hodographe de rang r est constitué de $n+1-r$ points superposés.

Ces précisions données, d'autres problèmes pratiques peuvent se poser, par exemple :

***Problème 1*** : Sachant que le degré réel est strictement plus petit que le degré apparent, déterminer le polygone de la courbe qui soit associé à ce degré réel.

***Problème 2*** : Construire une courbe de Bézier de degré apparent $n$ mais de degré réel $r$.

***Problème 3*** :Une courbe de Bézier étant donnée, augmenter artificiellement son degré apparent en adjoignant des sommets supplémentaires à son polygone, la courbe définie restant évidemment la même.

**8.5.3 Diminution du nombre des sommets (problème 1)**

**a)Cas d'une cubique**

**Cas où les points de définition ne sont pas alignés**

Si une cubique est de degré réel *2* et si ses points de définition ne sont pas alignés, cette courbe est géométriquement une parabole, alors, les 2 tangentes extrèmes suffisent à la définir. On remplace les 2 points $P_1$ et $P_2$ par le seul point $T$ obtenu par l'intersection des droites $(P_0 P_1)$ et $(P_3P_2)$ ; le polygone à trois sommets $P_0, T, P_3$ définit la parabole à laquelle se réduit la cubique.

**Cas où les points de définition de la cubique sont alignés**

On pourrait le considérer comme un cas limite du précédent. Il est cependant aussi simple de raisonner avec l'hodographe qui est de degré 1, donc formé à partir des points alignés

$Q_0, Q_1, Q_2$ où $Q_1$ est le milieu de $[Q_0 Q_2]$.

**b) Cas d'une quartique de Bézier**

L'hodographe est alors une cubique qui est de degré réel *2*. Ce qui précède permet de remplacer 2 points de définition par un autre. Ayant le nouveau polygone de définition de l'hodographe, on reconstruit « à l'envers » celui de la courbe donnée. Les cas particuliers sont faciles à étudier.

### 8.5.4 Augmentation du nombre des sommets ( problèmes 2 et 3)

a) **Exemple de problème 2 pour une cubique et pour une quartique**

Dans la figure ci-après, on part d'une courbe de Bézier de degré apparent *2* mais de degré réel *1*, donc de points de définition *A, B, C* tels que *B* soit le milieu de $[AC]$.

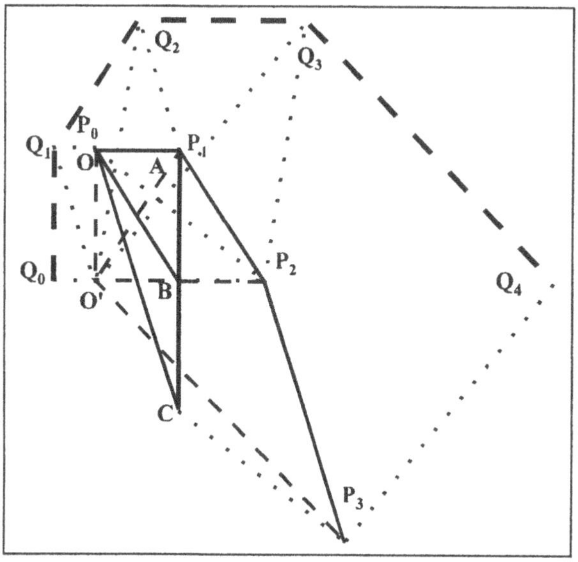


On suppose que c'est l'hodographe d'une cubique, laquelle sera donc de degré réel 2. Pour gagner de la place, on considére que les deux points $P_0$ et $P_1$ sont confondus avec $O$ et $A$ . On trace les vecteurs $\overrightarrow{P_1 P_2}$ et $\overrightarrow{P_2 P_3}$ équipollents respectivement à $\overrightarrow{OB}$ et à $\overrightarrow{OC}$. On obtient ainsi une « cubique » qui est en fait un arc de parabole. En utilisant un nouveau pôle O', pour éviter la surcharge de la figure, on construit les 5 points de définition d'une courbe de degré réel *3*.

b) ***Problème 3 pour une parabole***

Une véritable parabole étant donnée avec ses trois points de définition (non alignés) $P_0, P_1, P_2$, il s'agit d'introduire ( nécessairement sur les segments $[P_0 P_1]$ et $[P_2 P_1]$) un point $Q_1$ et $Q_2$ tels que la cubique dont les points de définition sont $P_0$, $Q_1$, $Q_2$, $P_2$ soit confondue avec la parabole donnée.
On trace d'abord l'hodographe de la parabole donnée. Son polygone a trois sommets dont le deuxième est au milieu du segment des 2 autres.
A l'homothétie de rapport *2* près, cet hodographe est défini par les deux points extrêmes $P_1$ et $P'_3$.

Les points $Q_1$ et $Q_2$ étant arbitraires, l'hodographe de la cubique de points de définition $P_0, Q_1, Q_2, P_2$ est l'homothétique dans le rapport 3 de la parabole de points de contrôle $P_1, Q'_2, Q'_3$.

**Illustration**

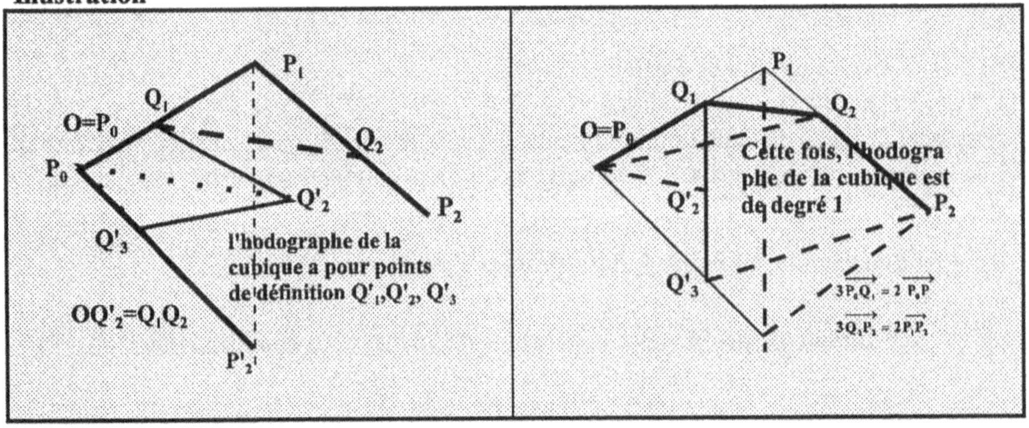


Si l'on veut obtenir pour hodographe l'homothétique dans le rapport 3/2 de l'hodographe précédent, il faut que $\overline{OQ_1}=\frac{2}{3}\overline{OP_1}$ et $\overline{OQ_3'}=\frac{2}{3}\overline{P_1P_2}$ d'où $\overline{P_1Q_2}=\frac{1}{3}\overline{P_1P_2}$.

**Proposition 1.11 :**

Soit un arc de Bézier de degré réel *2* dont les points de définition sont les points, non alignés $P_0, P_1, P_2$. La courbe de degré apparent *3* qui se confond avec cet arc est celle qui a pour points de définition $P_0, Q_1, Q_2, P_2$ où $Q_1$ et $Q_2$ sont les points des segments $[P_0P_1]$ et $[P_1P_2]$ qui vérifient $\overline{P_0Q_1}=\frac{2}{3}\overline{P_0P_1}$ et $\overline{P_1Q_2}=\frac{1}{3}\overline{P_1P_2}$.

c) ***Cas général***

**Exemple**

Dans la figure ci-dessous, on part d'une quartique dont les points de définition sont les 5 points P.Une première application de ce qui précède fournit la courbe de Bézier de degré *5* dont les 6 points de définition sont $P_0, P_4$ et les quatre points Q.

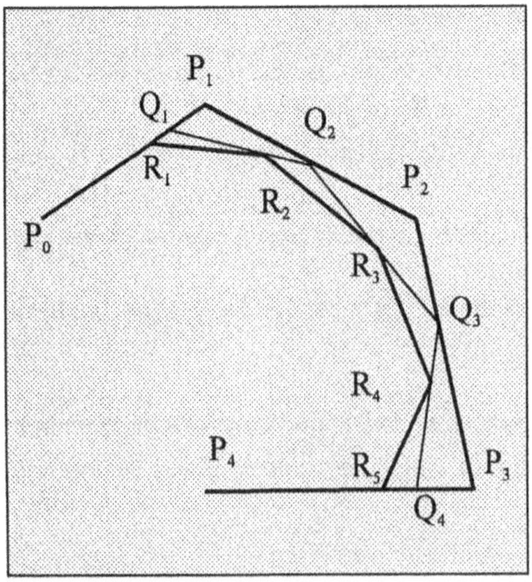


On recommence pour obtenir une courbe de degré 6 dont les 7 points de définition sont les points $P_0, P_4$ et les 5 points R.

Les points $Q_1$ et $Q_2$, par exemple, sont définis par $\overrightarrow{P_0Q_1}=\frac{4}{5}\overrightarrow{P_0P_1}$ et par $\overrightarrow{P_1Q_2}=\frac{4}{5}\overrightarrow{P_1P_2}$.

Les points $R_1$ et $R_2$ sont définis par $\overrightarrow{P_0R_1}=\frac{5}{6}\overrightarrow{P_0Q_1}$ et par $\overrightarrow{Q_1R_2}=\frac{4}{6}\overrightarrow{Q_1Q_2}$.

**Proposition 1.12 :**

Soit une courbe de Bézier dont les points de définition sont $P_0, P_1, P_2, \ldots, P_n$. La courbe de Bézier, de degré $n+1$,qui lui est confondue a pour points de définition $P_0, Q_1, Q_2, \ldots, Q_n, P_n$, au nombre de $n+2$, définis par les égalités, valables de $k=0$ à $k=n-1$ : $\boxed{\overrightarrow{P_k Q_{k+1}} = \frac{n-k}{n+1}\overrightarrow{P_k P_{k+1}}}$

**Démonstration de la proposition précédente**

On utilise la première définition des courbes de Bézier de la courbe de degré *n+1*. Le point courant, noté *M'(t)*, est défini par :

$$\overrightarrow{OM'(t)} = (1-t)^{n+1}\overrightarrow{OP_0} + \sum_{1}^{n} B_{n+1}^{k}(t)\overrightarrow{OQ_k} + t^{n+1}\overrightarrow{OP_n}$$

$$= (1-t)^{n+1}\overrightarrow{OP_0} + \sum_{0}^{n-1} B_{n+1}^{k+1}(t)\overrightarrow{OQ_{k+1}} + t^{n+1}\overrightarrow{OP_n}$$

La décomposition $\overrightarrow{OQ_{k+1}} = \overrightarrow{OP_k} + \frac{n-k}{n+1}\left(\overrightarrow{OP_{k+1}} - \overrightarrow{OP_k}\right) = \frac{k+1}{n+1}\overrightarrow{OP_k} + \frac{n-k}{n+1}\overrightarrow{OP_{k+1}}$ permet de décomposer la somme précédente en deux sommes. En tenant compte des formules faciles à établir $\frac{k+1}{n+1}B_{n+1}^{k+1} = t B_n^k$ et $\frac{n-k}{n+1}B_{n+1}^{k+1} = (1-t)B_n^{k+1}$, on peut écrire la formule donnant $M'(t)$ sous la forme :

$$\overrightarrow{OM'(t)} = t\left[\sum_{0}^{n-1} B_n^k \overrightarrow{OP_k} + t^n \overrightarrow{OP_n}\right] + (1-t)\left[(1-t)^n \overrightarrow{OP_0} + \sum_{1}^{n} B_n^k \overrightarrow{OP_k}\right]$$

$$= t\,\overrightarrow{OM(t)} + (1-t)\overrightarrow{OM(t)} = (t+1-t)\overrightarrow{OM(t)} = \overrightarrow{OM(t)}$$

Le point *M* est donc confondu avec le point *M'*, ce qui établit la proposition.

### 8.5.5 Résolutions analytique et matricielle du problème d'augmentation du degré

On commence par l'augmentation du degré 2 en le degré 3. Les points de Bézier $P_0, P_1, P_2$ étant donnés, on en déduit les points Q de la définition canonique :

$$\overrightarrow{OM(t)} = (1-t)^2\overrightarrow{OP_0} + 2t(1-t)\overrightarrow{OP_1} + t^2\overrightarrow{OP_2} = \overrightarrow{OQ_0} + t\,\overrightarrow{OQ_1} + t^2\,\overrightarrow{OQ_2}.$$

En ajoutant au second membre le vecteur nul sous la forme du produit $t^3\,\overrightarrow{O}$ ,on peut trouver, par identification dans l'égalité qui suit, les points de Bézier P'de la courbe du troisième degré qui est confondue avec la courbe donnée :

$$\overrightarrow{OM(t)} = (1-t)^3\overrightarrow{OP'_0} + 3t(1-t)^2\overrightarrow{OP'_1} + 3t^2(1-t)\overrightarrow{OP'_2} + t^3\overrightarrow{OP'_3} = \overrightarrow{OQ_0} + t\,\overrightarrow{OQ_1} + t^2\,\overrightarrow{OQ_2} + \overrightarrow{O}$$

On laisse au lecteur le soin d'achever les calculs et de retrouver les propriétés des nouveaux points de Bézier par rapport aux anciens.

Remarquons qu'ainsi on peut ainsi élever directement le degré de plusieurs unités. Remarquons aussi que la solution vectorielle ou analytique précédente peut être formulée de façon matricielle. Il est aussi simple, alors, de le faire dans le cas général.

**Cas général : Solution matricielle**

On part de l'égalité du §2.2.2 : $\left(\overrightarrow{\mathbf{OQ}}\right)_n = \mathcal{M}_n \cdot \left(\overrightarrow{\mathbf{OP}}\right)_n$ que l'on peut inverser pour obtenir $\left(\overrightarrow{\mathbf{OP}}\right)_n = \left(\mathcal{M}_n\right)^{-1} \cdot \left(\overrightarrow{\mathbf{OQ}}\right)_n$. Les points Q de définition canonique de la courbe donnée sont supposés déterminés. En ajoutant le vecteur nul à la fin de la colonne du second membre et en remplaçant *n* par *n+1*, la relation précédente permet d'obtenir les points de Bézier P' de la courbe de degré *n+1* confondue avec la courbe donnée :

$$\boxed{\left(\overrightarrow{\mathbf{OP'}}\right)_{n+1} = \left(\mathcal{M}_{n+1}\right)^{-1} \cdot \begin{pmatrix} \overrightarrow{\mathbf{OQ}} \\ \overrightarrow{\mathbf{O}} \end{pmatrix}_{n+1}}$$

En passant aux coordonnées des points dans l'espace rapporté à un repère donné de sommet O, on en déduit les coordonnées des points de Bézier de la courbe donnée dont on a élevé artificiellement le degré à $n+1$. Par exemple, en revenant au cas particulier traité précédemment, on a, pour les abscisses :

$$\begin{pmatrix} x(P'_0) \\ x(P'_1) \\ x(P'_2) \\ x(P'_3) \end{pmatrix} = \left(\mathcal{M}_3\right)^{-1} \begin{pmatrix} x(Q_0) \\ x(Q_1) \\ x(Q_2) \\ 0 \end{pmatrix}$$

Cette méthode, qui se généralise à une élévation de degré arbitraire, est particulièrement bien adaptée au calcul numérique car les matrices $\mathcal{M}_n$ et leurs inverses sont évidemment disponibles quel que soit le degré n ( Cf.exercices 24 et 25).

# 9. CONCEPTION DE FORMES

## 9.1 Possibilités d'action

Nous avons en fait deux possibilités d'action pour concevoir des formes complexes astreintes à des contraintes données :

- soit un travail sur un arc de courbe de degré *n* en modifiant la localisation de ses points de définition, ce qui entraîne, rappelons-le, une modification globale de la courbe ;
- soit un travail sur des arcs de courbe de degré *n* en modifiant le nombre de ses points de définition.

Constatons qu'il est relativement facile de réaliser, dans le cas de degré assez faible, des arcs de forme souhaitée dans un endroit précis du plan. Par contre, même si l'on dispose de moyens géométriques, il est tout de même assez difficile de réaliser des courbes présentant par exemple des points de rebroussement ou d'inflexion.

Ces remarques conduisent à réaliser des formes complexes plutôt par jonction d'arcs de courbes simples de Bézier.

## 9.2 Courbes composites

Ces courbes sont composées de courbes simples de degré 2 ou 3 se joignant entre elles de façon que le point extrémité de l'une se confond avec le point de départ de la suivante. Comme les propriétés de contact et même de courbure en ces points sont parfaitement connues, il y a une grande souplesse d'utilisation.

Les jonctions entre deux courbes composantes qui se suivent permettent les contacts simples, les contacts avec conservation de la courbure , les contacts à « allure d'inflexion », à « allure de rebroussement » des deux espèces. Par ailleurs, on peut réaliser des courbes fermées, réaliser des points doubles, des bicontacts et bien d'autres situations. Donnons quelques exemples :

### 9.2.1 Raccords de jonction entre deux arcs avec contraintes de courbure

Pour simplifier, n'utilisons que des arcs de parabole. La figure de gauche qui suit donne une idée de plusieurs jonctions de type différent. Le raccord peut être fait plus parfaitement si l'on impose pour chacun des arcs la même courbure au point de jonction. En se reportant à la construction du centre de courbure en une extrémité d'un arc, on peut réaliser ou la même courbure ou des courbures opposées. Cependant, *ces raccords sont seulement de type géométrique* : les composantes de ces vecteurs peuvent être non dérivables à l'ordre 1 ou l'ordre 2 *car ils ne conservent pas nécessairement les vecteurs dérivés d'ordre 1 ou d'ordre 2.* Ces conditions (jonctions de type $\mathcal{C}^1$ *où* $\mathcal{C}^2$ ) sont étudiées dans le chapitre 6 (splines d'interpolation).

Dans la figure ci-après (à droite), on réalise la même courbure aux extrémités communes de deux paraboles. On peut supposer que l'une d'entre elles est donnée, de points de définitions A, B, C, et que, pour l'autre, on impose seulement le premier vecteur $\overrightarrow{A'B'}$ colinéaire à $\overrightarrow{AB}$, de sens contraire, $A$ et $A'$ étant confondus.

On fait la construction du centre de courbure de la première parabole en utilisant $\Omega'$ défini par la construction géométrique de §8.1.2. On en déduit, puisque les deux degrés sont identiques, que ce point est aussi le point $\Omega'$ relatif à la deuxième parabole, du moins si les courbures sont identiques (ce serait le symétrique par rapport à $A$ si on imposait des courbures opposées).

La construction inverse permet de trouver le point H', projection sur la normale commune en A du point de définition $C'$ inconnu de la deuxième parabole. On en déduit qu'il faut prendre $C'$ sur la demi-droite $\Delta$ (voir figure).

On adaptera, sans difficulté aux cas des courbures opposées et des deux cas où le point A est de type « rebroussement ».

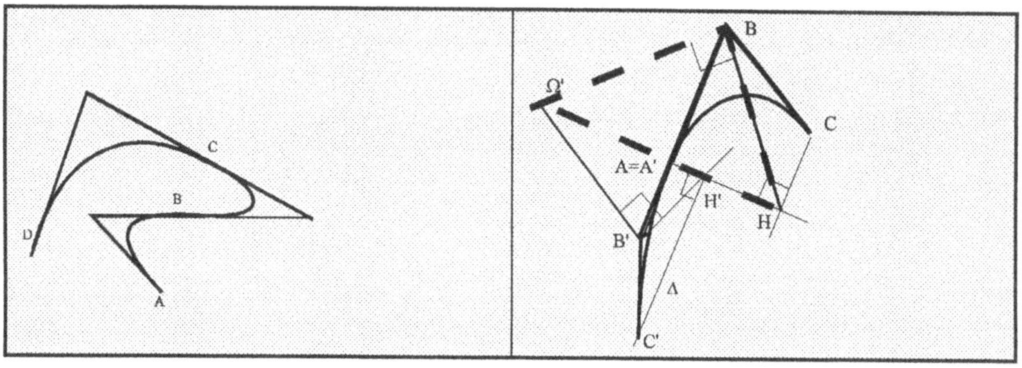


On adaptera également au raccord d'une parabole et d'une cubique en tenant compte des relations : $\overline{A\Omega} = -2\,\overline{A\Omega'}$ pour la parabole et $\overline{A\Omega_1} = -\frac{3}{2}\overline{A\Omega_1'}$ pour la cubique, d'où l'on déduit : $\Omega = \Omega_1 \Leftrightarrow \overline{A\Omega_1}' = \frac{4}{3}\overline{A\Omega'}$ et la construction de $H'$.

### 9.2.2 Motifs comportant des points doubles

On sait qu'il est difficile de maîtriser l'existence et la localisation des points doubles dans une courbe de Bézier. Mais il est facile d'en créer à l'aide de symétries quand une courbe rencontre cet axe de symétrie. Prenons comme point de départ une courbe du troisième degré, de points de Bézier $A,B,C,D$ où les tangentes aux extrémités sont parallèles. Si l'on veut que le futur point double $d$, que l'on impose ici de paramètre ½, soit sur $(AC)$ supposée perpendiculaire à $(AB)$, un calcul préalable montre que $\overrightarrow{CD} = 3\overrightarrow{BA}$.

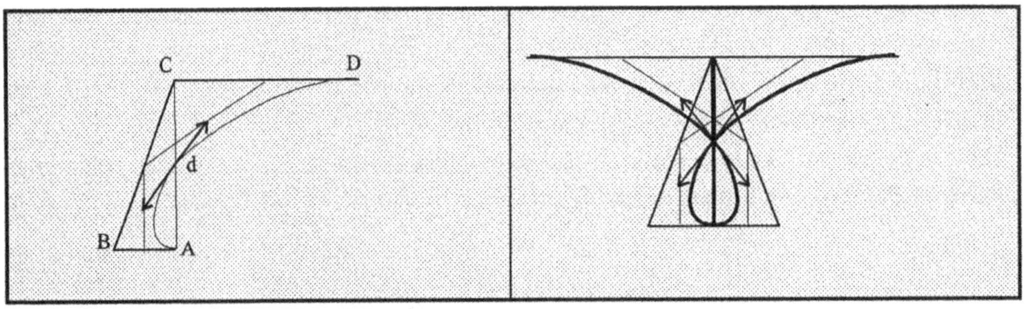


La symétrie orthogonale par rapport à $(AC)$ de cette courbe du troisième degré fournit alors un point double $d$ pour la réunion des deux courbes. Cet ensemble peut alors être utilisé comme motif de base pour réaliser, par des translations, le motif ci-dessous :

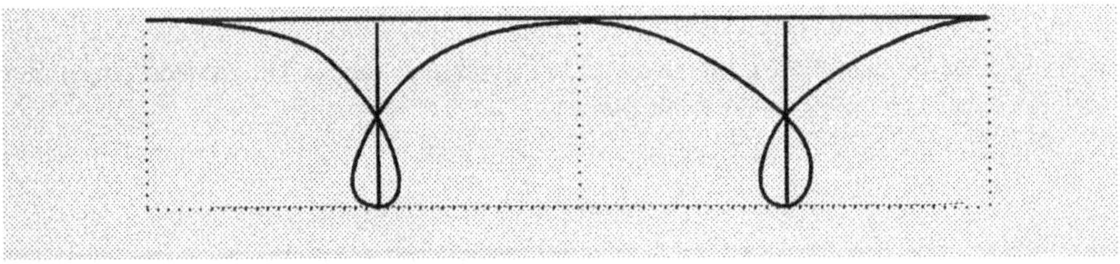

Enfin, il est facile de créer des motifs à points doubles en disposant les polygones de définition de façon que les courbes associées se croisent. Ainsi, dans les figures qui suivent, on croise deux paraboles avec une cubique (Cf. exercice 21).

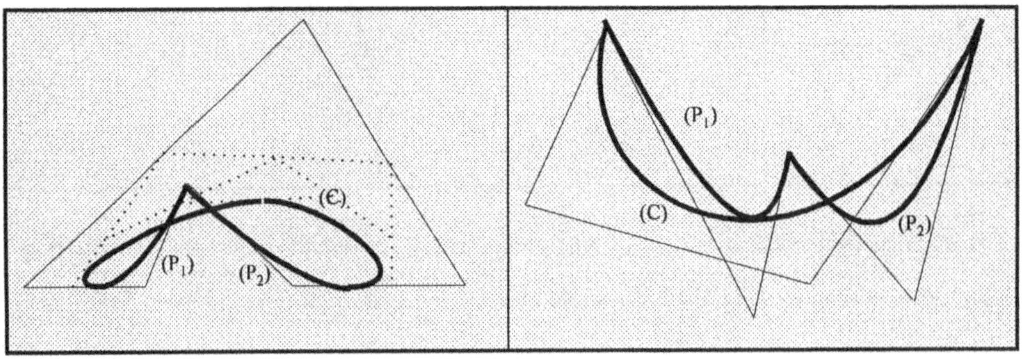

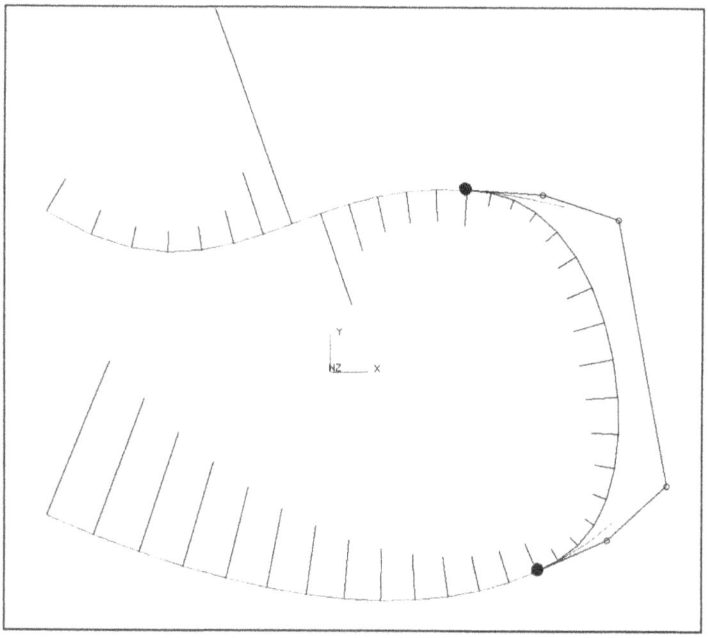


Raccord de 2 courbes par une troisième avec conservation de la courbure aux 2 points de raccord

*STRIM-Matra Datavision*

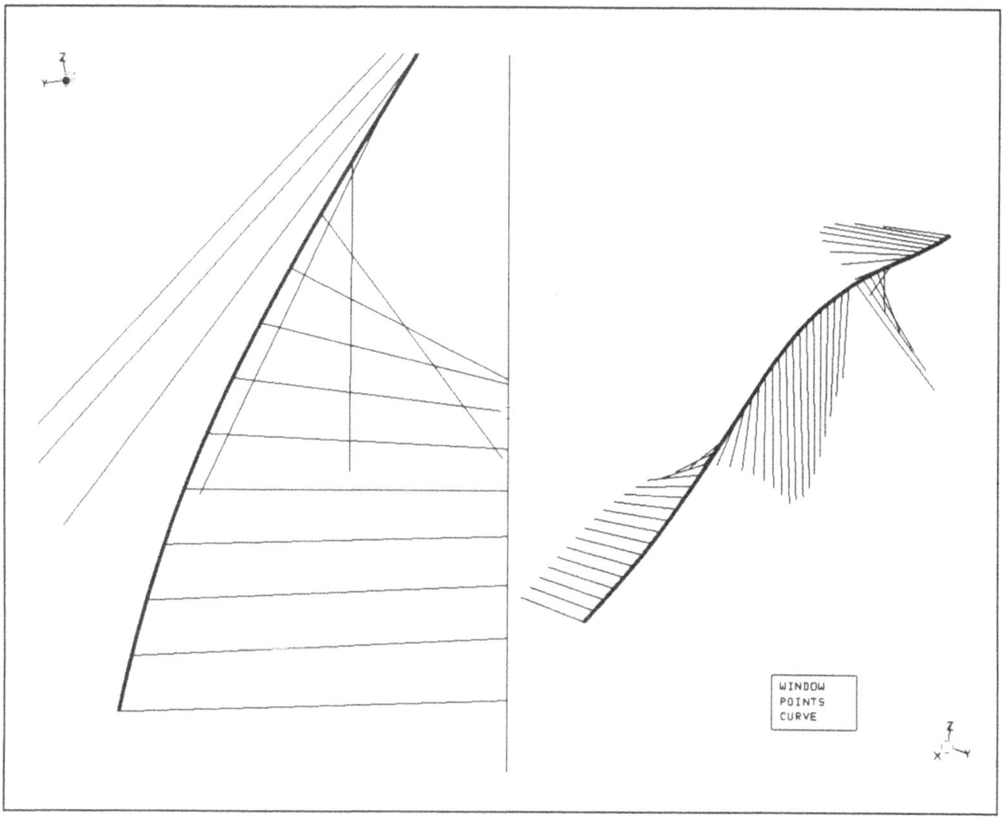


Courbe gauche avec visualisation de courbures

*CATIA-Dassault Systèmes*

# CHAPITRE 2

# MODELE DES COURBES B-SPLINES

## 1. LES FONCTIONS ET LES COURBES B-SPLINES UNIFORMES

### *1.1 Transition d'une courbe de Bézier vers une spline*

Considérons une courbe composite dont les éléments sont $n$ courbes de Bézier de degré 2, donc des arcs de parabole, tels que les vecteurs dérivés en chacun de leurs points de jonction soient des vecteurs identiques (ce qui assure, non seulement un raccord géométrique d'ordre 1, c'est à dire la même tangente, mais aussi (Cf. § 9 du chapitre précédent ou § 4.1 du chapitre 6) une jonction de type $\mathcal{C}^1$.

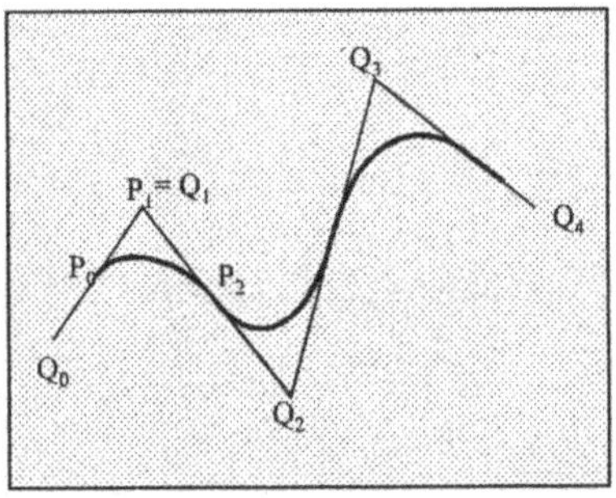


Les points de définition $P_i$ peuvent alors être remplacés par les $n+2$ points $Q_0, Q_1, Q_2, \ldots, Q_{n+1}$ (qualifiés de points de définition de la courbe spline) qui sont les intersections des tangentes à ces arcs, les points extrêmes $Q_0$ et $Q_{n+1}$ étant les symétriques de $Q_1$ et $Q_n$ par rapport respectivement à l'origine et l'extrémité de la courbe.
On peut utiliser ces nouveaux points de définition pour écrire une définition de la courbe par une formule du type : $\overrightarrow{OM_k}(t) = \sum_{i=0}^{i=2} R_i(t)\overrightarrow{OQ_{i+k}}$ où $k$ peut prendre les valeurs entières de 0 à $n$-1, le point $M_k$ décrivant, lorsque $t$ décrit $[0,1]$, le morceau numéro $k$ de la courbe composite.
Le premier arc de courbe est déterminé par les 3 points $Q_0, Q_1, Q_2$ ; c'est un arc de parabole de Bézier dont les points de Bézier sont $P_0$ milieu de $[Q_0, Q_1]$, $P_1$ confondu avec $Q_1$ et $P_2$ milieu de $[Q_1, Q_2]$. Le deuxième arc est déterminé par les points $Q_1, Q_2, Q_3$ à partir desquels on trouve de la même façon les 3 points de Bézier de l'arc de Bézier de degré 2. Et ainsi de suite jusqu'au dernier arc (pour $k = n-1$) qui est déterminé par les points $Q_{n-1}, Q_n, Q_{n+1}$.
Les fonctions $R_0, R_1, R_2$ ne dépendent donc pas de l'indice $k$. Pour les obtenir, on part de la définition classique d'un arc de parabole de Bézier, à savoir: $\overrightarrow{OM}(t) = (1-t)^2\,\overrightarrow{OP_0} + 2t(1-t)\overrightarrow{OP_1} + t^2\,\overrightarrow{OP_2}$. En y substituant ces points, on obtient :

$\overrightarrow{OP_0} = \frac{1}{2}\left(\overrightarrow{OQ_0} + \overrightarrow{OQ_1}\right)$, $\overrightarrow{OP_1} = \overrightarrow{OQ_1}$ et $\overrightarrow{OP_2} = \frac{1}{2}\left(\overrightarrow{OQ_1} + \overrightarrow{OQ_2}\right)$. On obtient ainsi les définitions des polynômes $R_i$ dits « de Riesenfeld » de degré 2, qu'en vue d'une généralisation, on notera plutôt $R_2^i$ , l'indice inférieur indiquant le degré:

$$\begin{cases} R_2^0(t) = \frac{1}{2}B_2^0(t) = \frac{(1-t)^2}{2} \\ R_2^1(t) = \frac{1}{2}B_2^0(t) + B_2^1(t) + \frac{1}{2}B_2^2(t) = -t^2 + t + \frac{1}{2} \\ R_2^2(t) = \frac{1}{2}B_2^2(t) = \frac{t^2}{2} \end{cases}$$

Remarquons, ce qui sera généralisé par la suite, que la somme de ces trois polynômes est :

$$R_2^0 + R_2^1 + R_2^2 = B_2^0 + B_2^1 + B_2^2 = 1,$$

ceci, grâce aux propriétés des polynômes de Bernstein. Rappelons d'ailleurs que cette propriété est très importante puisqu'elle prouve que la courbe, qu'on appelle à présent une « **courbe B-spline uniforme de degré 2** », ne dépend pas du choix de l'origine O.

## *1.2 Généralisation, cas du degré 3.*

### 1.2.1. Généralisation : Polynômes de Riesenfeld de degré m

Si, dans ce qui précède, nous ne tenons compte que de la relation vectorielle de définition, de la nature polynomiale de même degré des fonctions R et des propriétés de raccord aux points de jonction des arcs successifs, on peut généraliser de la façon suivante, généralisation proposée par Riesenfeld.

Soit un ensemble de *n+m* points $Q_0, Q_1, \ldots, Q_{n+m-1}$ du plan ou de l'espace, dits encore « **de définition** ». On considère la courbe composée de *n* morceaux $(C_k)$ (*k* variant entre 0 et $n-1$, chacun d'eux étant l'ensemble des points $M_k(t)$ ( où $t \in [0,1]$) définis par la relation vectorielle : $\boxed{\overrightarrow{OM_k}(t) = \sum_{i=0}^{i=m} R_m^i(t)\ \overrightarrow{OQ_{k+i}}}$,

où les trois conditions suivantes sont réalisées, quels que soient les points de référence :

- Les fonctions $R_m^i$ (où $i \in [[0,m]]$ ) constituent *m+1* polynômes de degré *m,*
- Pour $0 \le k < n$, l'extrémité de l'arc $(C_k)$ coïncide avec l'origine de l'arc $(C_{k+1})$ et, en ce point, les deux arcs présentent un raccord d'ordre *m-1*, ce qui signifie que : $\forall k \in [[0,n-1]], \forall j \in [[0,m-1]], \quad \frac{d^j}{dt^j}\overrightarrow{OM_k}(1) = \frac{d^j}{dt^j}\overrightarrow{OM_{k+1}}(0)$.
- Enfin, pour que la courbe ne dépende pas de l'origine choisie, la condition dite « de normalisation », à savoir $\sum_{i=0}^{i=m} R_m^i(t) = 1$, doit être vérifiée quel que soit $t \in [0,1]$. On le voit par des calculs analogues à ceux faits sur les courbes de Bézier.

La deuxième condition se traduisant par :

$$\sum_{i=0}^{i=m} \frac{d^j}{dt^j}\left(R_m^i\right)(1)\overrightarrow{OQ_{k+i}} = \sum_{i=0}^{i=m} \frac{d^j}{dt^j}\left(R_m^i\right)(0)\overrightarrow{OQ_{k+i+1}}$$

et, devant être vérifiée quel que soit le choix des points de référence, fournit le système, noté $(\mathcal{R})$, des égalités suivantes :

$$\forall i \in [[1,m]],\ \forall j \in [[0,m-1]],\ \frac{d^j}{dt^j}\left(R_m^i\right)(1) = \frac{d^j}{dt^j}\left(R_m^{i-1}\right)(0) \text{ et } \frac{d^j}{dt^j}\left(R_m^0\right)(1) = \frac{d^j}{dt^j}\left(R_m^m\right)(0) = 0$$

Si l'on tient compte (première condition) du fait que chacun des polynômes, étant de degré $m$, exige $m+1$ coefficients , le nombre des inconnues scalaires du problème est $(m+1)^2 = m(m+2)+1$. Le système $(\mathcal{R})$ ne contenant que $m(m+2)$ relations linéaires a , en principe, une infinité de solutions. D'ailleurs, en multipliant une solution de $(\mathcal{R})$ par une constante arbitraire non nulle, on obtient encore une solution.

On en conclut que, pour résoudre le problème, on peut commencer par résoudre le système $(\mathcal{R})$ puis, en supposant que la somme des polynômes obtenus pour solutions n'est pas nulle, ajuster la constante arbitraire dont elles dépendent pour satisfaire à la condition de normalisation. On admet pour la suite que la solution est unique.

Quant aux courbes obtenues, qui ne sont pas, a priori du moins (Cf. le chapitre 6 sur les splines cubiques d'interpolation), des courbes de Bézier, même composites, sauf pour le degré 2, on les appelle des **courbes B-Splines uniformes.** Leur classification à l'intérieur des courbes B-splines générales et la raison de ce qualificatif «uniforme » apparaitront clairement dans la suite.

**Remarque**

On peut prouver, à l'aide d'une relation de récurrence qui apparaît plus loin, que la somme des polynômes qui constituent une solution de $(\mathcal{R})$ est un polynôme réduit à une constante (Cf. exercice 26). La condition de normalisation revient donc à imposer à cette constante d'être égale à 1.

### 1.2.2 Détermination des polynômes de Riesenfeld de degré 3

*a) Liste des conditions, méthode de détermination*

On laisse au lecteur le soin de traduire les conditions précédentes en les équations :

*Pour* $j=0,1,2$ : $\left(R_3^0\right)^{(j)}(1)=0$ , $\left(R_3^1\right)^{(j)}(1)=\left(R_3^0\right)^{(j)}(0)$,

$\left(R_3^2\right)^{(j)}(1)=\left(R_3^1\right)^{(j)}(0)$, $\left(R_3^3\right)^{(j)}(1)=\left(R_3^2\right)^{(j)}(0)$ et $\left(R_3^3\right)^{(j)}(0)=0.$

Ces égalités constituent le système $(\mathcal{R})$ de 15 équations linéaires à 16 inconnues. Comme il est dit ci-dessus, en lui adjoignant la condition de normalisation, on obtiendra la solution unique du problème. Le système précédent $(\mathcal{R})$ peut être résolu en écrivant les polynômes sous forme développée (méthode des coefficients indéterminés), mais on préfère utiliser des méthodes moins calculatoires.

*b) Détermination des polynômes par une première méthode*[1]

On commence par remarquer une certaine symétrie entre ces polynômes, à savoir, ce qui apparaîtra plus loin comme une propriété générale, que, quel que soit $t$, $R_3^3(1-t)=R_3^0(t)$ et $R_3^1(1-t)=R_3^2(t)$. Cela résulte, par exemple, du fait qu'en changeant $t$ en $1-t$ , les courbes sont parcourues en sens inverses d'où la numérotation inverse des points de

[1] L'idée de cette méthode est due à P. Bézier

définition ; on peut aussi poser $U_i(t) = R_3^{3-i}(1-t)$, montrer que les fonctions $U_i$ vérifient les mêmes conditions que les $R_3^i$ et terminer avec l'unicité (Cf. exercice 41).
On en déduit $R_3^1(1) = R_3^2(0)$, d'où, en tenant compte de la condition $R_3^0(0) = R_3^1(1)$, la relation $\boxed{R_3^0(0) = R_3^2(0)}$. On en déduit aussi par dérivation $-\left(R_3^3\right)'(1-t) = \left(R_3^0\right)'(t)$ et $-\left(R_3^1\right)'(1-t) = \left(R_3^2\right)'(t)$, d'où : $-\left(R_3^3\right)'(1) = \left(R_3^0\right)'(0)$ et $-\left(R_3^1\right)'(0) = \left(R_3^2\right)'(1)$. Cette dernière, confrontée à la condition $\left(R_3^2\right)'(1) = \left(R_3^1\right)'(0)$, fournit: $\boxed{\left(R_3^2\right)'(1) = \left(R_3^1\right)'(0) = 0}$.
Au niveau des dérivées secondes, on obtient aussi : $\boxed{\left(R_3^0\right)''(0) = \left(R_3^2\right)''(0)}$.

Le tableau ci-après résume les conditions de départ et ces nouvelles informations en tenant compte en outre de $\sum_{i=0}^{i=3} R_3^i(t) = 1$ et des relations qui s'en déduisent par dérivation .

| | $R_3^0(t)$ | $R_3^1(t)$ | $R_3^2(t)$ | $R_3^3(t)$ |
|---|---|---|---|---|
| Valeur en $t = 0$ | k | 1-2k | k | 0 |
| Valeur en | 0 | k | 1-2k | k |
| Dérivée en $t = 0$ | -h | 0 | h | 0 |
| Dérivée en $t = 1$ | 0 | -h | 0 | h |
| Dér. seconde en 0 | r | 1-2r | r | 0 |
| Dér. seconde en 1 | 0 | r | 1-2r | r |

Par exemple, pour la première ligne, on pose $R_3^0(0) = k$ d'où $R_3^2(0) = k$ et, grâce à la normalisation $R_3^1(0) = 1 - 2k$. Si on pose $\left(R_3^2\right)'(0) = h$, alors, on a $\left(R_3^0\right)'(0) = -h$, puisque la somme des dérivées est nulle

La dernière colonne exprime que 0 est une racine triple de $R_3^3(t)$; on en déduit $R_3^3(t) = Ct^3$ et, en utilisant $t = 1$, $C = k$, d'où $R_3^3(t) = kt^3$. Par la symétrie évoquée ci-dessus, on en déduit $R_3^0(t) = k(1-t)^3$, puis, en dérivant, $h = 3k$ et $r = 6k$. Le développement de Taylor de $R_3^2(t)$ au point $t = 0$ s'écrit : $R_3^2(t) = k + 3kt + 3kt^2 + Kt^3$, donc en utilisant la valeur au point $t = 1$: $K = 1 - 9k$. Enfin, en tenant compte par exemple de la dérivée au point $t = 1$, la relation $3k + 6k + 3K = 0$ fournit $k = \frac{1}{6}$. D'où :

$$\boxed{R_3^3(t) = \frac{t^3}{6}\ , \quad R_3^2(t) = \frac{1}{6} + \frac{t}{2} + \frac{t^2}{2} - \frac{t^3}{2}\ , \quad R_3^1(t) = \frac{2}{3} - t^2 + \frac{t^3}{2}\ , \quad R_3^0(t) = -\frac{1}{6}(t-1)^3}$$

*c) Détermination des polynômes par une deuxième méthode*

On raisonne plus globalement en remarquant que si l'on pose : $S_m^i(t) = R_m^i(1+t)$, les conditions intermédiaires deviennent $\left(S_3^i - R_3^{i-1}\right)^{(j)} = 0$, ce qui exprime que des polynômes admettent 0 pour racine multiple d'ordre 3.

L'avantage de cette méthode est sa généralisation immédiate pour le degré *m* quelconque. En reprenant les conditions de racines multiples d'ordre *m*, on a d'une part $R_3^3(t) = A_4 t^3$ et d'autre part, pour $i = 1,2,3$, $(S_3^i - R_3^{i-1})(t) = A_i t^3$. Utilisant l'ordre $i = 3, i = 2, i = 1$, on obtient : $R_3^2(t) = A_4(t+1)^3 - A_3 t^3$, $R_3^1(t) = A_4(t+2)^3 - A_3(t+1)^3 - A_2 t^3$ et enfin : $R_3^0(t) = A_4(t+3)^3 - A_3(t+2)^3 - A_2(t+1)^3 - A_1 t^3$. On a aussi $R_3^0(t) = A_0(t-1)^3$ puisque la première condition exprime que *1* est racine d'ordre 3 de $R_3^0$. Il ne reste plus qu'à identifier dans les deux dernières formules , ce qui donne les équations suivantes, que l'on résoud immédiatement par éliminations successives :

$$\begin{cases} A_4 - A_3 - A_2 - A_1 = A_0 \\ 3A_4 - 2A_3 - A_2 = -A_0 \\ 9A_4 - 4A_3 - A_2 = A_0 \\ 27A_4 - 8A_3 - A_2 = -A_0 \end{cases} \Leftrightarrow \begin{cases} A_4 - A_3 - A_2 - A_1 = A_0 \\ 3A_4 - 2A_3 - A_2 = -A_0 \\ 3A_4 - A_3 = A_0 \\ 9A_4 - 2A_3 = -A_0 \end{cases} \Leftrightarrow \begin{cases} A_4 = -A_0 \\ A_3 = -4A_0 \\ A_2 = 6A_0 \\ A_1 = -4A_0 \end{cases}$$

La somme des polynômes donne pour terme constant $-6A_0$, la normalisation fournit donc $A_0 = -\frac{1}{6}$, d'où l'expression des 4 polynômes :

$$\boxed{\begin{array}{l} R_3^3(t) = \frac{t^3}{6}, \quad R_3^2(t) = \frac{1}{6}\left((t+1)^3 - 4t^3\right) = \frac{1}{6} + \frac{t}{2} + \frac{t^2}{2} - \frac{t^3}{2}, \\ R_3^1(t) = \frac{1}{6}\left((t+2)^3 - 4(t+1)^3 + 6t^3\right) = \frac{2}{3} - t^2 + \frac{t^3}{2}, \\ R_3^0(t) = \frac{1}{6}\left((t+3)^3 - 4(t+2)^3 + 6(t+1)^3 - 4t^3\right) = -\frac{1}{6}(t-1)^3. \end{array}}$$

Ces polynômes sont donc des combinaisons linéaires de puissances dont les coefficients ressemblent à ceux de Newton. Là, réside l'idée d'une généralisation.

### 1.2.3 Détermination des polynômes de Riesenfeld dans le cas général

a) *Résultat préliminaire*

Il est utile de constater, d'après les formules obtenues pour le cas où *m=3*, que les polynômes $R_m^i$ s'expriment comme des combinaisons linéaires des puissances d'ordre *m=3* de *t+m*, de *t+m-1*,...;, et de *t*. Cela amène à utiliser, dans l'espace vectoriel des polynômes de degré inférieur ou égal à *m*, espace de dimension $m+1$, la base constituée par ces *m+1* polynômes (Cf. annexe 2):

$$(t+m)^m,\ (t+m-1)^m,\ \ldots..,\ (t)^m.$$

En particulier, cherchons les composantes du polynôme $(t-1)^m$ dans cette base ou, ce qui revient au même en remplaçant *t* par $t+1$, déterminons les composantes de $t^m$ dans la base analogue constituée des $(t+k)^m$ où $1 \le k \le m+1$, à savoir les nombres $a_k$ tels que:

$$t^m = \sum_{k=1}^{k=m+1} a_k (t+k)^m.$$

En identifiant, dans cette relation, les coefficients des puissances de *t*, on obtient le système des $m+1$ équations suivantes : $\begin{cases} \sum_{1}^{m+1} a_k = 1 & (E_0) \\ \sum_{1}^{m+1} k^j a_k = 0 & (E_j) \end{cases}$

En remarquant que les produits $k(k-1)(k-2)....(k-j+1)$ sont des sommes de puissances de $k$, on peut remplacer les m équations $(E_j)$ par les équations :

$$\sum_{1}^{m+1} k(k-1)(k-2)....(k-j+1)a_k = 0 \qquad (E_j\ *).$$

Or, en utilisant la formule du binôme, on a la relation (1) : $(1-t)^{m+1} = \sum_{0}^{m+1} C_{m+1}^{k} (-1)^k t^k$ .

En remplaçant $t$ par $1$ et en faisant passer un terme dans le premier membre, on voit que les nombres $b_k = C_{m+1}^{k} (-1)^{k+1}$ satisfont à l'équation $(E_0)$.

Par ailleurs, en dérivant cette identité (1), on obtient successivement: $\sum_{1}^{m+1} k(k-1)(k-2)....(k-j+1)(-1)^{k+1} C_{m+1}^{k} = 0$ pour $j = 1, j = 2, ....., j = m$.

En résumé, les $b_k$ satisfont à toutes les équations $(E_0)$ *et* $(E_j\ *)$. On en conclut, via l'unicité des composantes : $a_k = b_k$. En remplaçant ensuite $t$ par $t-1$, on peut énoncer :

**Proposition 2.1 :**

Les composantes du polynôme $(t-1)^m$ dans la base des $(t+k)^m$ où $k$ varie entre 0 et $m$, sont les nombres $a_k = (-1)^k C_{m+1}^{k+1}$. On a, en effet l'identité :

$$\boxed{(t-1)^m = \sum_{1}^{m+1} (-1)^{k+1} C_{m+1}^{k} (t+k-1)^m = \sum_{0}^{m} (-1)^k C_{m+1}^{k+1} (t+k)^m}$$

b) *Recherche des polynômes, solutions non nulles, de ($\mathcal{R}$)*

On utilise la même méthode que dans le cas du degré 3. Les contraintes de raccord se traduisent par des conditions de racines multiples d'ordre $m$.

D'une part $R_m^m(t) = A_{m+1} t^m$ et, d'autre part, pour $i \geq 1$ , $(S_m^i - R_m^{i-1})(t) = A_i t^m$.

En utilisant ces relations $(S_m^i - R_m^{i-1})(t) = A_i t^m$, on obtient successivement :

$R_m^{m-1}(t) = A_{m+1}(t+1)^m + A_m t^m$, $R_m^{m-2}(t) = A_{m+1}(t+2)^m + A_m(t+1)^m + A_{m-1} t^m$ et ainsi de suite jusqu'à $R_m^0(t) = A_{m+1}(t+m)^m + A_m(t+m-1)^m + ....... + A_1 t^m$.

Il ne reste plus qu'à identifier ce polynôme avec $R_m^0(t) = A_0(t-1)^m$, puisque la première contrainte exprime que 1 est racine d'ordre $m$ de $R_m^0$.

La constante $A_0$ ne peut être nulle sinon, en vertu de l'indépendance des polynômes constituant la base utilisée dans la proposition 2.1, cette identification imposerait à tous les coefficients d'être nuls et les polynômes obtenus seraient tous nuls .

Alors, en divisant tous les coefficients par $A_0$, on voit que cette identification fournit, par l'utilisation de cette proposition, les relations :

$\dfrac{A_{m+1}}{A_0} = (-1)^m$ , $\dfrac{A_m}{A_0} = (-1)^{m-1} C_{m+1}^m$ , … , $\dfrac{A_k}{A_0} = (-1)^{k-1} C_{m+1}^k$… . Par conséquent , à l'aide d'un facteur $K_m$, arbitraire pour l'instant, on peut écrire :

$$R_m^{m-i} = \frac{K_m}{(m+1)!}\sum_{k=0}^{k=i}(-1)^k C_{m+1}^k (t+i-k)^m = K_m \sum_{k=0}^{k=i}(-1)^k \frac{(t+i-k)^m}{k!(m+1-k)!}$$

ou encore (en utilisant plutôt l'indice supérieur *m-i* par l'indice *i*) :

$$\boxed{R_m^i(t) = K_m \sum_{k=0}^{k=m-i} (-1)^k \frac{(t+m-i-k)^m}{k!(m-k+1)!}}$$

*c) Remarque sur la somme de ces polynômes solutions de ($\mathcal{R}$)*

On rappelle que $R_m^m(t) = A_{m+1} t^m$ et que, d'autre part, pour $i \geq 1$ , $(S_m^i - R_m^{i-1})(t) = A_i t^m$. En considérant la somme $s$ de tous les polynômes $R_m^i$ précédents, les contraintes se traduisent par $s(t+1) - s(t) = Ct^m$. Or, le polynôme $s$ est au plus de degré $m$, d'où résulte que $s(t+1) - s(t)$ est de degré au plus égal à $m-1$ ; on en déduit que la constante $C$ est nulle. Le polynôme $s$ est donc périodique (de période 1) ; c'est donc une constante. En effet, l'équation $s(t) = s(0)$ admet une infinité de solutions, à savoir tous les nombres entiers et ceci contredit l'hypothèse selon laquelle $s$ serait de degré non nul.

*d)Calcul de $K_m$ et détermination de la solution*

Comme la somme des $R_m^i$ est une constante, on peut la calculer au point $t = -m$. La somme $S_m$ des sigma précédents est donc $(m+1)!S_m(-1)^m = \sum_{i=0}^{i=m} \sum_{k=0}^{k=m-i} (-1)^k C_{m+1}^k (i+k)^m$.

En échangeant l'ordre des sommations (faire un schéma) et en utilisant ensuite la relation de Pascal, on obtient, en posant $U_k = k^m + (k+1)^m + ... + m^m = \sum_{i=0}^{i=m} (i+k)^m$ :

$$(m+1)!S_m(-1)^m = \sum_{k=0}^{k=m} \sum_{i=0}^{i=m-k} (-1)^k C_{m+1}^k (i+k)^m = \sum_{k=0}^{k=m} (-1)^k C_{m+1}^k \sum_{i=0}^{i=m-k} (i+k)^m$$

$$= (-1)^m U_m + \sum_{k=1}^{k=m} (-1)^k \left(C_m^k + C_m^{k-1}\right) U_k = (-1)^m U_m + \sum_{k=1}^{k=m} (-1)^k C_m^k \, U_k + \sum_{k=1}^{k=m} (-1)^k C_m^{k-1} U_k$$

Une translation d'indice dans le dernier sigma aboutit à la simplification suivante :

$$(m+1)!S_m(-1)^m = (-1)^m U_m + \sum_{k=1}^{k=m} (-1)^k C_m^k \, U_k + \sum_{k=0}^{k=m-1} (-1)^{k+1} C_m^k \, U_{k+1}$$

puis à $(m+1)!S_m(-1)^m = \sum_{k=1}^{k=m} (-1)^k C_m^k \left(U_k - U_{k+1}\right) = \sum_{k=1}^{k=m} (-1)^k C_m^k \, k^m$.

Cette dernière somme, notée $V_m$, est transformée en écrivant $k = (k-m) + m$ et en utilisant le préliminaire §1.2.3 a) qui exprime que la somme $\sum_1^{m-1} (-1)^k C_{m-1}^k k^{m-1}$ est nulle :

$$V_m = \sum_1^m (-1)^k C_m^k k^{m-1} (k-m+m) = (-1)^m m^m + m \sum_1^{m-1} (-1)^k C_m^k k^{m-1} - m \sum_1^{m-1} (-1)^k C_{m-1}^k k^{m-1}.$$

On en déduit $V_m = -m\sum_1^m (-1)^k C_{m-1}^k k^{m-1} = -mV_{m-1}$, puis, par récurrence évidente, $V_m = -mV_{m-1} = m(m-1)V_{m-2} = ... = (-1)^m m!$. Finalement, la relation obtenue $(m+1)S_m = 1$ nous donne $K_m = (m+1)$. Ainsi :

**Proposition 2.2 :**

Les polynômes de Riesenfeld de degré *m* sont définis par les formules

$$R_m^i(t) = (m+1)\sum_{k=0}^{k=m-i}(-1)^k \frac{(t+m-i-k)^m}{k!(m-k+1)!}$$

**Remarque** Ce calcul direct de $K_m$ aurait pu être différé. Les propriétés qui vont être mises en place dans ce qui suit peuvent conduire, en effet, à un calcul plus simple.

**1.2.4. Premières propriétés de ces polynômes et des courbes splines associées.**

a) *Propriété de symétrie* :

$$R_m^i(t) = R_m^{m-i}(1-t)$$

On laisse le soin au lecteur de rédiger la démonstration en s'appuyant, par exemple, sur le raisonnement qui a été fait dans le cas du degré 3 (Cf. §1.2.2,c)) ou encore en se servant de la formule explicite précédente (Cf. exercice 41)

**Conséquence**

La disposition d'un point de départ $M_k(0)$ sur le morceau $(C_k)$ par rapport aux points de référence $Q_k, Q_{k+1}, ..., Q_{k+m}$ et celle du point d'arrivée $M_k(1)$ vis-à-vis de ces mêmes points pris dans l'ordre inverse seront analogues. De plus, si les points de référence $Q_{k+j}$ et $Q_{k+m-j}$ sont symétriques par rapport à une droite, par exemple, la courbe $(C_k)$ possédera aussi cet élément de symétrie.

b) *Invariance de la définition dans une transformation affine*

Soit $\mathcal{A}$ une transformation affine du plan ou de l'espace. On sait qu'il existe un vecteur fixe $\vec{a}$ et une application linéaire $\mathcal{L}$ telle que le transformé de O par $\mathcal{A}$ étant O' et celui de *M* étant *M'*, on a : $\overrightarrow{O'M'} = \vec{a} + \mathcal{L}\left(\overrightarrow{OM}\right)$.

Alors, les points $M_k$ de la courbe$(C_k)$, morceau défini par : $\overrightarrow{OM_k}(t) = \sum_{i=0}^{i=m} R_m^i(t)\ \overrightarrow{OQ_{k+i}}$, sont transformés par $\mathcal{A}$ en les points $M'_k$ et, en utilisant la linéarité, on en déduit :

$$\overrightarrow{O'M'_k} = \vec{a} + \mathcal{L}\left(\sum_{i=0}^{i=m} R_m^i(t)\ \overrightarrow{OQ_{k+i}}\right) = \vec{a} + \sum_{i=0}^{i=m} R_m^i(t)\mathcal{L}\left(\overrightarrow{OQ_{k+i}}\right) = \vec{a} + \sum_{i=0}^{i=m} R_m^i(t)\left(\overrightarrow{O'Q'_{k+i}} - \vec{a}\right)$$

d'où finalement, grace à la propriété de normalisation $\sum_{i=0}^{i=m} R_m^i(t) = 1$, la relation :

$\overrightarrow{O'M'_k} = \sum_{i=0}^{i=m} R_m^i(t)\overrightarrow{O'Q'_{k+i}}$. Finalement :

La courbe transformée conserve la même définition en prenant pour nouveaux points de définition les points transformés des anciens points de définition.

c) *Localisation dans l'espace des points d'une courbe*

Comme dans le cas des courbes de Bézier, on montre que toute la courbe spline reste incluse dans l'enveloppe convexe des points de définition (cf, chapitre 1, §2.2.2).
Cette propriété résulte d'une part de la normalisation des polynômes de Riesenfeld et d'autre part de la positivité de ces polynômes. Cette dernière propriété est facilement vérifiable pour les degrés 2 et 3, elle peut être prouvée par récurrence pour les degrés supérieurs.

Ces 2 propriétés prouvent en effet que le point $M_k$ est un barycentre à coefficients positifs, des points $Q_k, Q_{k+1}, \ldots, Q_{k+m}$, donc situé dans l'enveloppe convexe de ces points et, a fortiori, dans l'enveloppe convexe de tous les points de référence de la courbe.

d) *Influence du déplacement d'un point de définition*

On peut noter l'avantage suivant du modèle des B-splines par rapport à celui de Bézier : si nous déplaçons un point $Q_j$, cela ne modifie pas les morceaux de courbe $(C_k)$ qui ne font pas intervenir ce point, de façon précise ceux pour lesquels $k > j$ ou bien $k < j - m$ ; autrement dit, la modification de la courbe $(C)$ est localisée aux morceaux vérifiant $max(0, j-m) \leq k \leq j$.
En revanche, c'est au niveau des propriétés géométriques de passage par les points de référence extrêmes par exemple et les propriétés d'hodographe, que les courbes de Bézier conservent un avantage certain ; ce sont ces questions qui vont être développées sur les splines uniformes cubiques (de degré $m = 3$).

### 1.2.5 Questions géométriques liées aux splines cubiques

a) *Eléments de contact au départ et à la fin d'une courbe*

On utilise les formules fournissant les polynômes de Riesenfeld de degré 3 et la spline cubique qu'on leur associe. Le point de départ de la courbe est celui du morceau $(C_0)$ dont la définition ne fait intervenir que les points $Q_0, Q_1, Q_2, Q_3$. On précise localement la courbe au départ en calculant les vecteurs $\overrightarrow{OM_0}(0)$, $\frac{d}{dt}\left(\overrightarrow{OM_0}\right)(0)$, $\frac{d^2}{dt^2}\left(\overrightarrow{OM_0}\right)(0)$, ce qui permet d'avoir des renseignements sur la tangente et la courbure. Ce calcul donne :

$$\overrightarrow{OM_0}(0) = \sum_0^3 R_3^i(0)\overrightarrow{OQ_i} = \frac{1}{6}\left(\overrightarrow{OQ_0} + 4\overrightarrow{OQ_1} + \overrightarrow{OQ_2}\right)$$

$$\frac{d}{dt}\left(\overrightarrow{OM_0}\right)(0) = \sum \frac{d}{dt} R_3^i(0)\overrightarrow{OQ_i} = \frac{1}{2}\left(\overrightarrow{OQ_2} - \overrightarrow{OQ_0}\right)$$

$$\frac{d^2}{dt^2}\left(\overrightarrow{OM_0}\right)(0) = \sum \frac{d^2}{dt^2} R_3^i(0)\overrightarrow{OQ_i} = \overrightarrow{OQ_0} - 2\overrightarrow{OQ_1} + \overrightarrow{OQ_2}$$

Une première remarque : ces vecteurs appartiennent tous au plan défini par les trois points $Q_0, Q_1, Q_2$ si, du moins, ces trois points ne sont pas alignés. Il en résulte que, si les vecteurs dérivées ont un produit vectoriel non nul, **ce plan_$[Q_0, Q_1, Q_2]$ est le plan osculateur de la courbe en son point de départ**. On fera les figures dans ce plan.

En premier lieu, le point $M_0(0)$ est le barycentre des 3 points $Q_0, Q_1, Q_2$ avec les coefficients $\frac{1}{6}, \frac{4}{6}, \frac{1}{6}$, le vecteur tangent est $\frac{\overrightarrow{Q_0 Q_2}}{2}$ et, si le milieu de $[Q_0 Q_2]$ est noté $Q'_2$, le vecteur dérivé d'ordre 2 est $2\overrightarrow{Q_1 Q'_2}$.

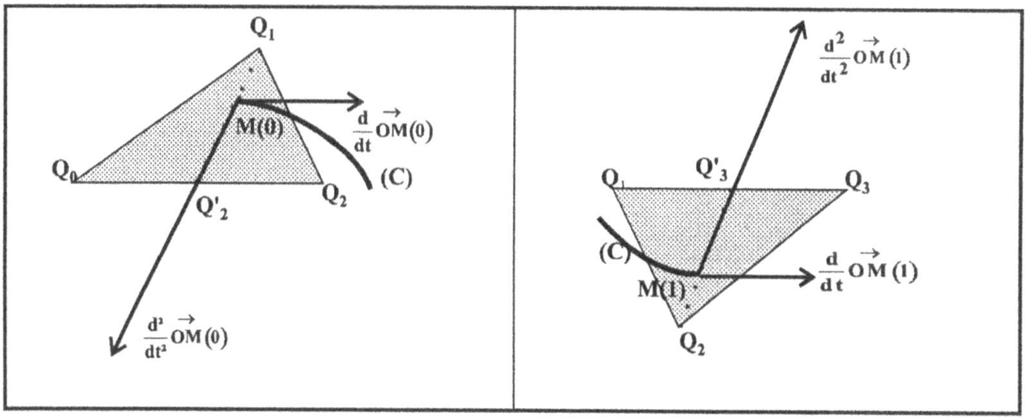


A l'aide de ces vecteurs dérivés, rien n'empêche ensuite de réaliser comme dans le cas des courbes de Bézier une construction du centre de courbure au point $M_0(0)$. Ces propriétés, qui sont, a priori moins simples que pour une courbe de Bézier, peuvent néammoins se traduire assez facilement ; c'est fait dans la figure précédente.

A cause des propriétés de symétrie des polynômes de Riesenfeld (cf, § 1.2.4,a)) , les propriétés précédentes se transportent avec les mêmes dispositions relatives dans le triangle $Q_1, Q_2, Q_3$ à ceci près qu'il faut adopter l'ordre inverse dans les indices.

b) *Cas où les trois premiers points sont alignés*

Dans ces conditions, et en supposant que ces trois points sont distincts deux à deux, les vecteurs dérivés d'ordres 1 et 2 ne sont pas nuls mais sont colinéaires et il en résulte que la courbure est nulle au point $M_0(0)$. On a ainsi le moyen de choisir des points de référence tels que la courbe démarre en un point $M_0(0)$ donné avec une tangente donnée et une courbure nulle, il suffit de prendre les trois points sur la tangente donnée de telle façon que les relations vectorielles précédentes soient vérifiées.

En particulier, cette situation est obtenue si $Q_1$ est confondu avec $Q_0$, ce qui s'exprime en disant que le point $Q_0$ est double et que la suite des points de définition qui contient $m+n$ points s'écrit : $Q_0, Q_0, Q_1, Q_2, \ldots$. Dans ce cas le premier morceau est défini par :

$$\overrightarrow{OM}_0(t) = \left(R_3^0(t) + R_3^1(t)\right)\overrightarrow{OQ_0} + R_3^2(t)\overrightarrow{OQ_1} + R_3^3(t)\overrightarrow{OQ_2}$$

$$= \left(\frac{t^3}{3} - \frac{t^2}{2} - \frac{t}{2} + \frac{5}{6}\right)\overrightarrow{OQ_0} + R_3^2(t)\overrightarrow{OQ_1} + R_3^3(t)\overrightarrow{OQ_2}$$

Les résultats précédents (qui peuvent s'obtenir aussi bien dans les formules précédentes en remplaçant $Q_1$ par $Q_0$ et $Q_2$ par $Q_1$) deviennent :

$$\overrightarrow{OM}_0(0) = \frac{1}{6}\left(5\overrightarrow{OQ_0} + \overrightarrow{OQ_1}\right) \text{ et } \frac{d}{dt}\overrightarrow{OM}(0) = \frac{1}{2}\frac{d^2}{dt^2}\overrightarrow{OM}(0) = \frac{1}{2}\overrightarrow{Q_0Q_1}.$$

c) *Cas où les trois premiers points sont confondus*

Cela revient à considérer que le point $Q_0$ est un point de définition triple. Dans ces conditions, le point de départ de la courbe est $Q_0$ et les vecteurs dérivés calculés précédemment sont nuls. Mais, dans ce cas, le point courant de $(C_0)$ est défini par :

$$\overrightarrow{OM}_0(t) = \left(-\frac{t^3}{6} + 1\right)\overrightarrow{OQ_0} + \frac{t^3}{6}\overrightarrow{OQ_1}$$

Il est facile de voir que le point $M_0$ de ce premier morceau de courbe décrit un **segment** $[Q_0Q'_1]$ porté par $[Q_0Q_1]$ où $Q'_1$ est le point de départ du deuxième morceau possédant le point $Q_0$ comme point double, ce qui nous ramène au cas précédent étudié en b).

d) *Courbe B-spline fermée*

Supposons que , pour une courbe spline cubique, les 3 derniers points de définition, par exemple, $Q_4, Q_5, Q_6$, soient confondus respectivement avec $Q_0, Q_1, Q_2$. Le morceau $(C_0)$ utilise les points de définition $Q_0, Q_1, Q_2, Q_3$. Le morceau de courbe $(C_3)$ utilise les points de définition $Q_3, Q_0, Q_1, Q_2$. On sait, d'après ce qui précède, que le point $M_3(1)$ et les vecteurs dérivés en ce point sont donnés par :

$$\overrightarrow{OM}_3(1) = \frac{1}{6}\left(\overrightarrow{OQ_2} + 4\overrightarrow{OQ_1} + \overrightarrow{OQ_0}\right), \quad \frac{d}{dt}\overrightarrow{OM}_3(1) = \frac{1}{2}\overrightarrow{Q_0Q_2}, \quad \frac{d^2}{dt^2}\overrightarrow{OM}_3(1) = 2\overrightarrow{Q_1Q'_2}$$

Mais ces formules définissent les éléments analogues pour le point de départ $M_0(0)$, ce qui signifie que la courbe est fermée et que, de plus, la courbe toute entière est de classe $C^2$ [1] puisque le raccord associé est lui aussi d'ordre 2. Cette propriété est facilement généralisable.

Toutes ces notions peuvent être mises en oeuvre sur un exemple d'une courbe B-spline plane que l'on construit effectivement.

---

[1] Ce qui signifie que la fonction vectorielle qui définit la courbe est continue, à dérivée première et seconde continues sur l'intervalle de définition.

### 1.2.6. Exemple de courbes B- splines uniformes fermées

Les points de définition considérés dans ces exemples sont répartis aux sommets consécutifs d'un carré de côté de longueur 6. On se propose d'étudier des courbes fermées et leurs hodographes dans ce cas des cubiques B-splines uniformes.

**Premier exemple** (où les points de définition sont tous simples)

Pour étudier la courbe sous sa forme paramétrique, on choisit des axes tels que les points $Q_0, Q_1, Q_2, Q_3$, sommets du carré, soient de coordonnées $(0,0),(0,6),(6,6),(6,0)$, le point $Q_4$ étant confondu avec $Q_0$. Le point courant du premier arc $(C_0)$ est donc défini par :

$$\overrightarrow{OM_0}(t)=\left(\frac{t^3}{6}-t^2+\frac{2}{3}\right)6\,\vec{j}+6\left(-\frac{t^3}{2}+\frac{t^2}{2}+\frac{t}{2}+\frac{1}{6}\right)\left(\vec{i}+\vec{j}\right)+t^3\,\vec{i}$$

On en déduit les coordonnées de ce point et leurs dérivées, ce qui permet l'étude de cet arc de courbe :

$$\begin{cases} x=-2t^3+3t^2+3t+1 \\ y=-3t^2+3t+5 \end{cases} \qquad \begin{cases} x'(t)=-6t^2+6t+3 \\ y'(t)=-6t+3 \end{cases}$$

Le point de départ est le point $(1,5)$ et le vecteur tangent est de composantes $(3,3)$, parallèle au vecteur $\overrightarrow{Q_0Q_2}$ , résultats qui confirment les remarques géométriques précédentes. Le point d'arrivée est de coordonnées $(5,5)$ avec un vecteur tangent $\vec{V_1}=(3,-3)$, ce qui confirme aussi la construction géométrique précédente à l'intérieur du triangle $(Q_1, Q_2, Q_3)$.

Les variations sont simples : l'ordonnée passe par un maximum $\frac{25}{4}$ pour $t=1/2$.

Etant donnée la disposition des points de définition pour le deuxième arc $(C_1)$, on voit que celui-ci se déduit du précédent par une rotation dont le centre est celui du carré et d'angle $\pi/2$. Donc, si on complète les points de définition par $Q_5, Q_6$ confondus avec $Q_1$ et $Q_2$, on obtient (Cf. figure 1) une courbe fermée de classe $C^2$ qui a l'allure d'un cercle.

**Deuxième exemple** ( *où certains points de définition sont doubles*)

On suppose maintenant que la suite des points de définition est $Q_0, Q_0, Q_1, Q_2, Q_2, Q_3, Q_4, Q_4, Q_5$, les points $Q_0, Q_2$ et $Q_4$ étant doubles. Les points distincts se succèdent aux sommets du carré précédent avec $Q_4$ égal à $Q_0$ et $Q_5$ à $Q_1$.

Le premier arc $(C_0)$ a pour point courant :

$$\overrightarrow{OM_0}(t)=\left(-\frac{t^3}{2}+\frac{t^2}{2}+\frac{t}{2}+\frac{1}{6}\right)\overrightarrow{OQ_1}+\frac{t^3}{6}\overrightarrow{OQ_2}=6\left(-\frac{t^3}{2}+\frac{t^2}{2}+\frac{t}{2}+\frac{1}{6}\right)\vec{j}+t^3\left(\vec{i}+\vec{j}\right)$$

dont les coordonnées sont $\begin{cases} x=t^3 \\ y=-2t^3+3t^2+3t+1 \end{cases}$.

Conformément encore aux remarques géométriques pour un point de définition double, le point de départ est situé sur $[Q_0,Q_1]$ (exactement de coordonnées $(0,1)$) avec un vecteur tangent ($\overrightarrow{V_0}=(0,3)$) porté par ce segment. La dérivée de $y$ reste positive sur le segment $[0,1]$ et le point d'arrivée est le point $(5,1)$ avec le vecteur tangent $\overrightarrow{V_1}=(3,3)$.

Les points de définition de l'arc $(C_1)$ sont $Q_0, Q_1, Q_2, Q_2$, c'est à dire les symétriques de ceux de $(C_0)$ par rapport à la diagonale $(Q_1,Q_3)$ du carré ; il en résulte que $(C_1)$ et $(C_0)$ sont homologues dans cette symétrie. Ensuite, l'arc $(C_2)$ a pour points de définition $Q_1, Q_2, Q_2, Q_3$ où, cette fois, c'est le deuxième point qui est double.

Le point courant de $(C_2)$ est donné par :

$$\begin{aligned}\overrightarrow{OM_2}(t) &= R_3^0\,\overrightarrow{OQ_1}+\left(R_3^1+R_3^2\right)\overrightarrow{OQ_2}+R_3^3\,\overrightarrow{OQ_3}\\ &=\left(-\frac{t^3}{6}+\frac{t^2}{2}-\frac{t}{2}+\frac{1}{6}\right)6\,\overrightarrow{j}+6\left(-\frac{t^2}{2}+\frac{t}{2}+\frac{5}{6}\right)\left(\overrightarrow{i}+\overrightarrow{j}\right)+t^3\,\overrightarrow{i}\\ &=\left(t^3-3t^2+3t+5\right)\overrightarrow{i}+\left(-t^3+6\right)\overrightarrow{j}\end{aligned}$$

**Dessins des courbes**

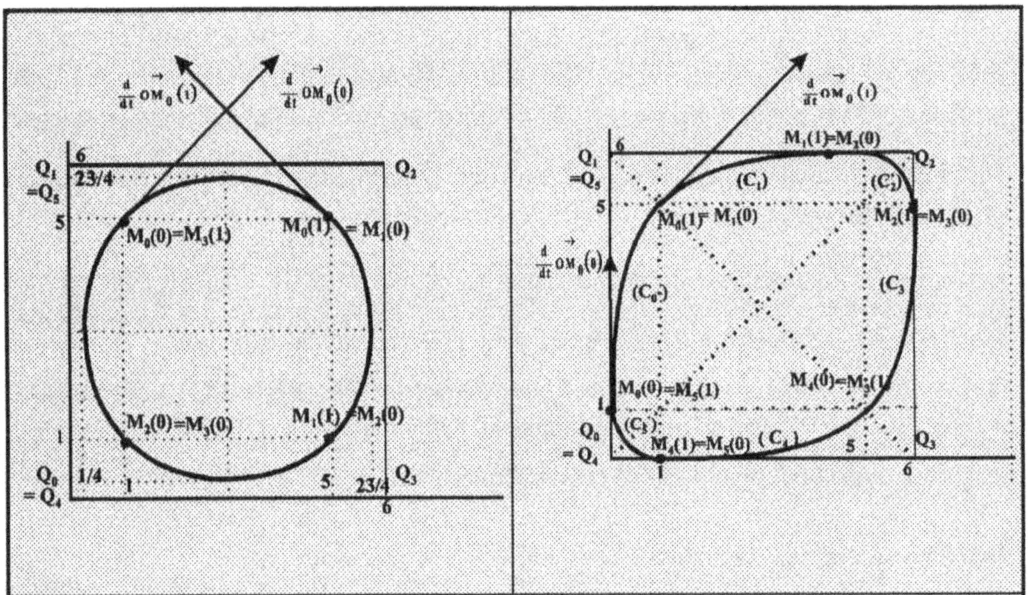


Fig1. Points de référence tous simples | Fig2 . Les points $Q_0, Q_2$ et $Q_4$ sont doubles

Cet arc $(C_2)$ va de $(5,6)$ avec une tangente horizontale et arrive à $(6,5)$ avec une tangente verticale. L'arc $(C_3)$ ayant les points de définition $Q_2, Q_2, Q_3, Q_4$ est du type $(C_0)$, c'est, en fait, le symétrique de cet arc par rapport au centre du carré. L'arc $(C_4)$ a pour points de définition $Q_2, Q_3, Q_4, Q_4$ ; c'est le symétrique de $(C_1)$ par rapport au centre du carré. Enfin l'arc $(C_5)$, dont les points de définition sont $Q_3, Q_4, Q_4, Q_5$, est le symétrique de $(C_2)$ par rapport au centre du carré.

*La courbe est fermée, elle a l'allure grossière d'une ellipse inscrite dans le carré.*

**Troisième exemple** (*où certains points de définition sont alignés*)

Les points de définition sont simples, situés aux sommets du carré et aux milieux des côtés respectifs, dans le sens indirect d'orientation. On suppose que les points sont au nombre de 11, les 3 derniers étant confondus avec les 3 premiers. On a donc: $\overrightarrow{Q_0 Q_2} = 2\overrightarrow{Q_0 Q_1} = 6\vec{j}$ et ainsi de suite. La définition vectorielle du premier arc s'écrit :

$$\overrightarrow{OM_0} = R_3^1\left(3\vec{j}\right) + R_3^2\left(6\vec{j}\right) + R_3^3\left(3\vec{i} + 6\vec{j}\right)$$

d'où la représentation paramètrique : $x = \frac{t^3}{2}$ , $y = -\frac{t^3}{2} + 3t + 3$. L'étude analytique confirme la disposition des éléments de contact au départ et à l'arrivée : la courbe démarre au point $Q_1$ et la tangente est portée par $\overrightarrow{Q_1 Q_2}$, le point d'arrivée est au tiers de $\overrightarrow{Q_2 Q'_3}$ où $Q'_3$ est le milieu de $[Q_1 Q_3]$, la tangente en ce point d'arrivée étant parallèle à $[Q_1 Q_3]$. L'arc suivant est symétrique par rapport à la droite $(Q_2 Q'_3)$. En continuant ainsi jusqu'à l'arc $(C_7)$, on obtient encore une *courbe fermée ressemblant à un cercle*. Cette courbe est dessinée, accompagnée de son hodographe, plus loin (figure 6).

**Hodographes**

On verra dans ce qui suit que la propriété d'hodographe, constatée sur les courbes de Bézier, est encore valable pour les B-splines. On les détermine successivement dans les 3 exemples précédents.

**Premier exemple**

Dans cet exemple, on peut vérifier que cette hodographe est une B-spline uniforme de degré 2, dont le premier arc $(C'_0)$ ( de parabole) est défini par :

$$\frac{d}{dt}\overrightarrow{OM_0}(t) = R_2^0(t)\overrightarrow{OQ'_0} + R_2^1(t)\overrightarrow{OQ'_1} + R_2^2(t)\overrightarrow{OQ'_2}$$

$$= \left(\frac{t^2}{2} - t + \frac{1}{2}\right)\overrightarrow{OQ'_0} + \left(-t^2 + t + \frac{1}{2}\right)\overrightarrow{OQ'_1} + \left(\frac{t^2}{2}\right)\overrightarrow{OQ'_2}.$$

Connaissant les dérivées des coordonnées $x$ et $y$, un calcul d'identification, laissé au lecteur peut aboutir à la détermination de ces points de définition $Q'_0, Q'_1, Q'_2$.

On peut aussi le faire géométriquement. On sait, en effet, que les vecteurs tangents au départ et à l'arrivée de $(C_0)$ sont les vecteurs $\vec{V_0} = (3,3)$ et $\vec{V_1} = (3,-3)$ et ces vecteurs doivent représenter, pour l'hodographe de degré 2, $\overrightarrow{OP'_0}$ et $\overrightarrow{OP'_1}$ où $P'_0$ et $P'_1$ sont les milieux de $[Q'_0 Q'_1]$ et de $[Q'_1 Q'_2]$.

On sait, par ailleurs que ces derniers segments sont tangents à cet arc $(C'_0)$.

Il suffit donc de calculer les vecteurs dérivés d'ordre 2 en $M_0(0)$ et $M_0(1)$, ce sont respectivement $(6,-6)$ et $(-6,-6)$ et ceci permet de construire les points $P'_0$ et $P'_1$, les tangentes en ces points à l'arc $(C'_0)$, d'où le point $Q'_1$ et enfin les points $Q'_2$ et $Q'_0$.

Les transformations faites sur les différents arcs de la courbe fermée considérée permettent de construire ainsi l'hodographe de toute cette courbe :

**Hodographe** de la courbe de l'exemple 1. Il peut être interprété comme une spline de degré 2. Le vecteur tangent au point $M_0$ de paramètre *t*, ramené par équipollence au vecteur $\overrightarrow{OM'_0}$ est tel que $M'_0$ décrive cette hodographe.

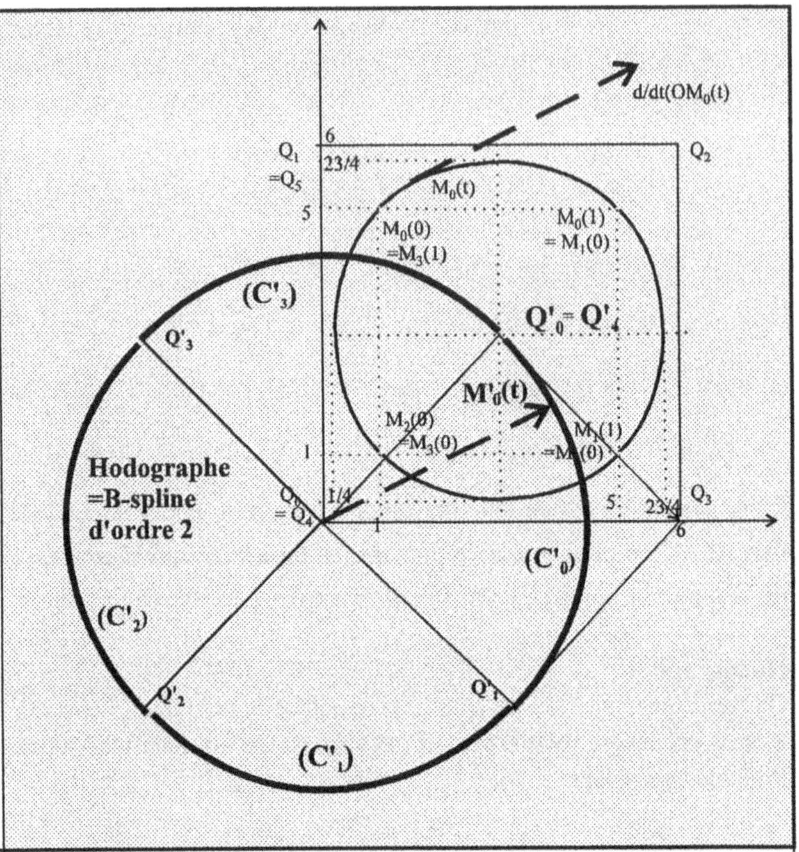


**Figure 3**

Cette hodographe est défini par les points de définition $Q'_0, Q'_1, Q'_2, Q'_3, Q'_0$ qui sont les sommets d'un carré (figure 3).

**Deuxième exemple**

On se contente d'utiliser les propriétés de symétrie sur les arcs de cubique et les remarques géométriques sur les éléments de contact aux extrémités des arcs de parabole, quitte à vérifier pour le premier arc.

Les vecteurs tangents en $M_0(0)$ et $M_0(1)$ sont $\overrightarrow{V_0}=(0,3)$ et $\overrightarrow{V_1}=(3,3)$ et les dérivées secondes $(0,6)$ *et* $(6,-6)$. On en déduit les points $P'_0$ et $P'_1$ extrémités de l'arc $(C'_0)$ et les tangentes en ces points qui se coupent en $Q'_1$.

On a ainsi $\overrightarrow{OQ'_0}=\vec{0}$, $\overrightarrow{OQ'_1}=6\vec{j}$ et $\overrightarrow{OQ'_2}=6\vec{i}$. On peut effectivement vérifier que :

$$R_2^1\,\overrightarrow{OQ'_1}+R_2^2\,\overrightarrow{OQ'_2}=\left(\overrightarrow{OM_0}\right)'(t).$$

On a, en effet, $\left(-t^2+t+\dfrac{1}{2}\right)6\,\vec{j}+\dfrac{t^2}{2}6\,\vec{i}=x'(t)\,\vec{i}+y'(t)\,\vec{j}$.

L'arc suivant $(C'_1)$ est symétrique de $(C'_0)$ par rapport à la première bissectrice, ses points de définition sont $Q'_1, Q'_2, Q'_3$ et ce dernier est confondu avec $O$ ou $Q_0$ ou $Q'_0$.
On voit ensuite que l'arc $(C'_2)$ a pour troisième point de définition le point défini par $\overrightarrow{OQ'_4} = -6\,\vec{j}$. L'arc $(C'_3)$ est symétrique de $(C'_1)$ par rapport à la deuxième bissectrice.
Enfin, on termine en remarquant que les arcs $(C'_4)$ et $(C'_5)$ sont symétriques de $(C'_3)$ et $(C'_2)$ par rapport à la première bissectrice.

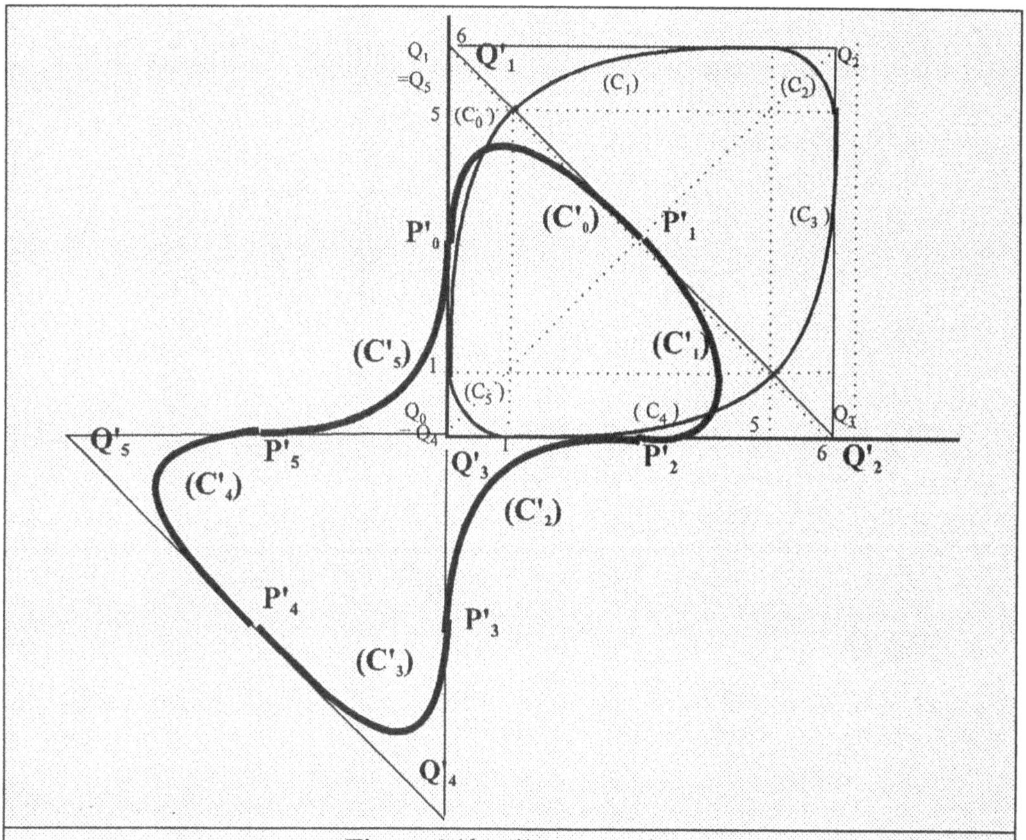


**Figure 4** (deuxième exemple)

*L'hodographe est ainsi une courbe B-spline uniforme fermée de degré 2* (voir figure 4).

**Troisième exemple**

Les vecteurs tangents aux extrémités de $(C_0)$ sont $(0,3)$ et $\left(\frac{3}{2},\frac{3}{2}\right)$. Mais ici, le vecteur dérivée seconde est nul pour $t=0$, on le remplace par le vecteur dérivée d'ordre 3, à savoir $(3,-3)$. Comme le vecteur dérivée en $t=1$ est aussi $(3,-3)$, l'arc de parabole est défini par des points de définition alignés, il dégénére en un segment. D'ailleurs les dérivées des coordonnées $x$ et $y$ qui vérifient $x'(t)=\frac{3}{2}t^2$, $y'(t)=-\frac{3}{2}t^2+3$ conduisent bien à la droite d'équation $y'=-x'+3$.
Sans donner les détails qui sont faciles, tous les arcs de l'hodographe sont des segments

que l'on déduit du premier par les symétries successives qui font passer des arcs $(C_i)$ aux arcs $(C_{i+1})$. L'hodographe complet est alors constitué d'un carré déduit par translation de celui obtenu en joignant les milieux des côtés du carré de départ.

La cubique B-spline uniforme fermée est encore inscrite dans le carré. Elle est dessinée en trait fort et formée de sept arcs qui se déduisent du premier par des symétries ou des rotations. L'hodographe est composée de 8 segments de droite se succédant continûment sur le pourtour du carré dessiné en traits forts pointillés. Sur la figure, il est indiqué , sur l'arc $(C_4)$, pour illustrer la propriété d'hodographe que le vecteur tangent $\frac{d}{dt}\overrightarrow{OM_4}(t)$ est représenté par le vecteur équipollent $\overrightarrow{OM'_4}(t)$ où $M'_4 \in (C'_4)$.

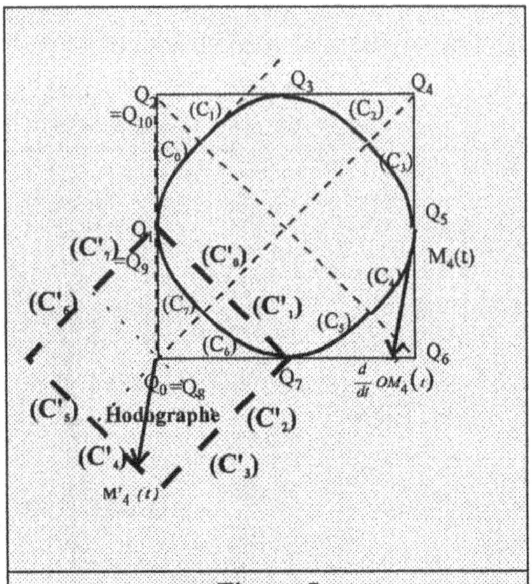


Figure 5

On trouvera d'autres exemples d'étude dans les exercices 31 et 32.

## 2. ETUDE DES FONCTIONS B-SPLINES UNIFORMES

### 2.1. Objectif

La courbe de degré $m$ définie précédemment se compose d'un nombre $n+1$ d'arcs $(C_k)$. Le point M qui décrit cette courbe est, soit $M_0$, soit $M_1$, ..., soit $M_n$. Pour chacun de ces arcs, le paramètre $t$ est local ; plus précisément, les fonctions définissant ces arcs ont $n+1$ expressions différentes où, pour chacune d'elles, $t$ varie sur $[0,1]$. Une première simplification de l'écriture consiste à remplacer $t$ par un paramètre global $u$ qui varie dans un intervalle $[0,1]$ pour l'arc $(C_0)$, dans $[1,2]$ pour l'arc $(C_1)$, et ainsi de suite jusqu'à $[n, n+1]$ pour l'arc $(C_n)$. En fait, comme il y a raccord de chacun de ces arcs avec le suivant, il n'y a aucun inconvénient à remplacer ces intervalles fermés par les intervalles semi-ouverts associés $[0,1[,[1,2[,...$ sauf le dernier $[n, n+1]$ que nous conservons. L'avantage tient à ce que ces intervalles sont disjoints. Le paramètre u sera donc élément de leur réunion $[0,n+1]$, intervalle dit **intervalle utile** pour la courbe donnée.

Une deuxième globalisation permet, par l'utilisation de fonctions du type $u \mapsto (u-i)_+^m$ qui sont définies par : $(u-i)_+^m = \begin{cases} (u-i)^m & \text{si } u \geq i \\ 0 & \text{si } u < i \end{cases}$

et de fonctions translatées de celles-ci, de définir la courbe B-spline, de degré $m$ donné, par une formule unique où les coefficients sont des fonctions dont la définition est connue sur la totalité de $\mathbb{R}$.

Dans une généralisation ultérieure, on considérera que $u$ varie dans la réunion des intervalles $[t_i, t_{i+1}[$ où les $t_i$ numérotés de $i=0$ à $i=n$ seront des réels, dont certains pourront être confondus (Cf. §5.2 et § 5.4.2 : les noeuds multiples), c'est ainsi qu'on obtiendra les fonctions splines générales. Les fonctions que nous allons introduire ci-dessous , notées $S_m^i$ , sont ainsi des B-splines particulières que l'on appelle **B-splines uniformes** de degré *m*. Il est bon toutefois de commencer à détailler le cas simple du degré $m=2$ pour mettre en place cette première globalisation et présenter de nouvelles conventions d'écriture.

### *2.2 Première globalisation de l'écriture dans le cas m=2*

On utilise l'écriture $\overrightarrow{OM(u)} = \sum_0^{n+2} S_2^k \overrightarrow{OQ_k}$ qui va remplacer l'ensemble des écritures précédentes $\overrightarrow{OM_k}(t) = \sum_0^2 R_m^i(t)\overrightarrow{OQ_{k+i}}$ où k prend les valeurs entières de *0* à $n$. Détaillons cette écriture, à l'aide des polynômes de Riesenfeld, lorsque $u$ parcourt les 4 premiers intervalles $[0,1[,[1,2[,[2,3[$ et $[3,4]$ :

$$\forall u \in [0,1[,\ M = M_0 \text{ d'où } \overrightarrow{OM(u)} = R_2^0(u)\overrightarrow{OQ_0} + R_2^1(u)\overrightarrow{OQ_1} + R_2^2(u)\overrightarrow{OQ_2} + \vec{O}$$

$$\forall u \in [1,2[,\ M = M_1 \text{ d'où } \overrightarrow{OM(u)} = R_2^0(u-1)\overrightarrow{OQ_1} + R_2^1(u-1)\overrightarrow{OQ_2} + R_2^2(u-1)\overrightarrow{OQ_3} + \vec{O}$$

$$\forall u \in [2,3[,\ M = M_2 \text{ d'où } \overrightarrow{OM(u)} = R_2^0(u-2)\overrightarrow{OQ_2} + R_2^1(u-2)\overrightarrow{OQ_3} + R_2^2(u-2)\overrightarrow{OQ_4} + \vec{O}$$

$$\forall u \in [3,4],\ M = M_3 \text{ d'où } \overrightarrow{OM(u)} = R_2^0(u-3)\overrightarrow{OQ_3} + R_2^1(u-3)\overrightarrow{OQ_4} + R_2^2(u-3)\overrightarrow{OQ_5} + \vec{O}$$

Les trois premières fonctions S, coefficients des 3 premiers vecteurs, sont donc définies sur $\mathbb{R}$ par :

| | | |
|---|---|---|
| $S_2^0(u) = \begin{cases} R_2^0(u) & \forall u \in [0,1] \\ 0 & \text{sinon} \end{cases}$ | $S_2^1(u) = \begin{cases} R_2^1(u) & \forall u \in [0,1[ \\ R_2^0(u-1) & \forall u \in [1,2] \\ 0 & \text{sinon} \end{cases}$ | $S_2^2(u) = \begin{cases} R_2^2(u) & \forall u \in [0,1[ \\ R_2^1(u-1) & \forall u \in [1,2[ \\ R_2^0(u-2) & \forall u \in [2,3] \\ 0 & \forall u \notin [0,3] \end{cases}$ |

Les suivantes, jusqu'à l'ordre $k = n-2$, sont les translatées de $S_2^2$ dans les translations $u \mapsto u-1$, $u \mapsto u-2$, ...., les deux dernières étant les translatées correspondantes mais, en principe, tronquées par 0 au delà de $n+1$. On les représente pour $n=4$ :

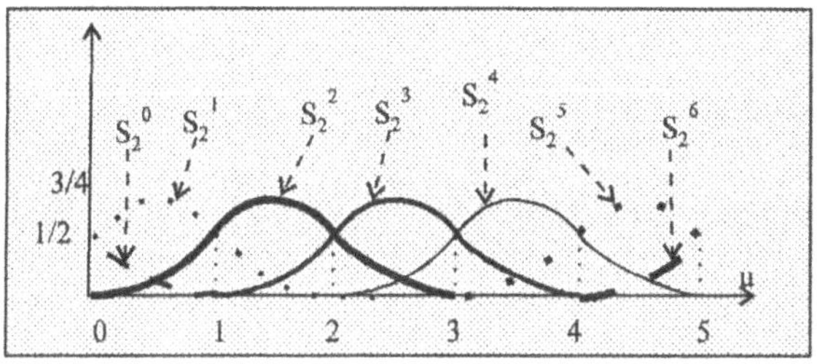


La fonction $S_2^2$ est nulle en dehors de $[0,3]$ et, pour les autres $S_2^i$, en dehors de $[i-2, i+1]$, intervalle fermé, qui est le plus petit intervalle fermé possédant cette propriété.

Sur cette figure, on n'a conservé les graphes que sur l'intervalle utile $[0,n+1]=[0,5]$.

On préfére **adopter une autre convention d'indices** de telle façon que l'indice supérieur indique de façon claire le « **support**[1] » de la fonction : en translatant les indices supérieurs actuels de deux unités, la fonction $S_2^2$ deviendra la fonction $S_2^0$ dont le support sera $[0,3]$, les autres $S_2^i$ ayant le support $[i,i+3]$. On est ainsi amené à changer aussi la numérotation des points de définition Q. C'est cette convention d'indices que nous utiliserons dans cet ouvrage en ce qui concerne les fonctions B-splines uniformes, étant bien entendu que le **paramètre u reste dans l'intervalle utile** $[0,n+1]$.

En résumé, pour $m=2$, la fonction $S_2^0$ sera désormais définie sur $\mathbb{R}$ par les formules :

$$S_2^0(u)=\begin{cases} R_2^2(u) & \forall u\in[0,1[ \\ R_2^1(u-1) & \forall u\in[1,2[ \\ R_2^0(u-2) & \forall u\in[2,3] \\ 0 & \forall u\notin[0,3] \end{cases}$$

et le point courant est défini, en utilisant les points $P_k$ vérifiant $P_k=Q_{k+2}$, par :

$$\boxed{\forall u\in[0,n+1],\quad \overrightarrow{OM}(u)=\sum_{-2}^{n} S_2^k(u)\overrightarrow{OP_k}=\sum_{-2}^{n} S_2^0(u-k)\overrightarrow{OP_k}}$$

**Remarques** :

1) On constate que dans la définition par morceaux précédente de $S_2^0$, il y a une inversion de l'ordre d'apparition des polynômes R par rapport à leurs indices supérieurs : c'est le polynôme $R_2^2$ qui est utilisé sur le segment $[0,1[$, puis le polynôme $R_2^1$ sur $[1,2[$ et enfin $R_2^0$ sur $[2,3[$.

2) Pour tout *k*, la fonction $S_2^k$ est finalement définie sur $\mathbb{R}$ elle a pour support $[k,k+m+1]$ où $m$ est le degré. On insiste encore sur le fait essentiel, à savoir que le paramètre u parcourt seulement l'intervalle utile $[0,n+1]$ ; il faut remarquer, en effet, que c'est dans cet intervalle que l'on a, en répercussion de la normalisation des polynômes $R_2^k$, la propriété, **valable seulement dans** $[0,n+1]$ :

$$\boxed{\sum_{k=0}^{k=n} S_2^k(u)=\sum_{k=0}^{k=n} S_2^0(u-k)=1}.$$

3) Ajoutons que, dans la formule définissant le point courant et les conventions d'indices précédentes, on peut, sans modifier la courbe (*u restant dans l'intervalle utile*), ajouter des *points de définition fictifs* avant $P_{-2}$, à savoir $P_{-3}$ et $P_{-4}$, ainsi qu'après $P_n$, à savoir $P_{n+1}$ et $P_{n+2}$. En effet, la fonction $S_2^{-3}$, étant définie par $S_2^{-3}(u)=S_2^0(u+3)$ est nulle pour $u+3\geq 3$, c'est à dire pour $u\geq 0$ et de même pour $S_2^{-4}$. Par ailleurs, la fonction $S_2^{n+1}$, étant définie par $S_2^{n+1}(u)=S_2^0(u-n-1)$ est nulle pour $u-n-1\leq 0$, c'est à dire pour $u\leq n+1$ et de même pour $S_2^{n+2}$.

La formule précédente peut alors s'écrire, avec ces 4 points fictifs, sous la forme suivante:

[1] Le support d'une fonction définie sur les réels est l'adhérence de l'ensemble des réels sur lesquels la fonction ne s'annule pas. Dans cet ouvrage, il se réduira dans la généralité des cas au plus petit intervalle fermé en dehors duquel cette fonction est identiquement nulle.

$$\boxed{\overrightarrow{OM}(u)=\sum_{-4}^{n+2}S_2^k(u)\overrightarrow{OP_k}=\sum_{-4}^{n+2}S_2^0(u-k)\overrightarrow{OP_k}\quad \text{avec } u\in[0,n+1]}$$

### *2.3. Première globalisation de l'écriture dans le cas m=3*

On ne reprend pas les détails. L'écriture vectorielle générale étant $\overrightarrow{OM}(u)=\sum_{k=-m}^{k=n}S_m^k(u)\overrightarrow{OP_k}$, elle est, dans le cas présent : $\overrightarrow{OM}(u)=\sum_{k=-3}^{n}S_3^k(u)\overrightarrow{OP_k}$. Les fonctions $S_3^k$ étant la translatée d'indice k de la fonction $S_3^0$, elle même définie par morceaux de la façon suivante :

$$S_3^0(u)=\begin{cases}R_3^3(u) & \forall u\in[0,1[\\ R_3^2(u-1) & \forall u\in[1,2[\\ R_3^1(u-2) & \forall u\in[2,3[\\ R_3^0(u-3) & \forall u\in[3,4]\\ 0 & \forall u\notin[0,4]\end{cases}$$

Comme les autres sont des translatées d'indice égal à l'indice supérieur, le support de $S_3^j$ est le segment $[j,j+1]$ et on a : $S_3^j(u)=S_3^0(u-j)$. Pour ne pas avoir à considérer en particulier les premières et les dernières fonctions, rien n'empêche, comme pour le degré 2, d'adjoindre 3 points de contrôle fictifs avant le premier et 3 points de contrôle fictifs près le dernier, ceci à la condition d'imposer $u$ dans l'intervalle utile :

$$\boxed{\overrightarrow{OM}(u)=\sum_{-6}^{n+3}S_3^k(u)\overrightarrow{OP_k}=\sum_{-6}^{n+3}S_3^0(u-k)\overrightarrow{OP_k}\quad \text{avec } u\in[0,n+1]}$$

### *2.4. Deuxième globalisation de l'écriture dans les cas m=2 et m=3*

Les formules précédentes explicitent les fonctions S « par morceaux », elles demandent en effet que soient précisés les intervalles de validité de chacune des expressions.
En tenant compte de la formule générale des polynômes de Riesenfeld (Cf. §1.2.3,d,Proposition 2.2) et des expressions précédentes qui utilisent sur ces polynômes diverses translations du type $u\mapsto u-i$, on remarque que les fonctions $S$ peuvent être considérées sur chacun des intervalles comme des combinaisons linéaires de puissances $(u-i)^m$, $(m=2$ ou $m=3)$.
Comme un noeud $i$ ne peut intervenir dans l'écriture de la fonction S que sur les intervalles qui laissent ce point à leur gauche, c'est à dire dans $[j,j+1[$ avec $j\geq i$, on en déduit que l'on peut exprimer ces fonctions sur $\mathbb{R}$ en faisant intervenir les fonctions **puissances «unilatérales »** notées $(u-i)_+^m$ définies par :

$$(u-i)_+^m=\begin{cases}(u-i)^m & \text{si } u\geq i\\ 0 & \text{si } u<i\end{cases}.$$

Reprenons par exemple les formules précédentes qui s'écrivent pour $m=2$ et $m=3$ :

$$S_2^0(u)=\begin{cases}\dfrac{u^2}{2} & \text{sur } [0,1]\\ \dfrac{1}{2}(-2u^2+6u-3) & \text{sur } [1,2]\\ \dfrac{1}{2}(u^2-6u+9) & \text{sur } [2,3]\end{cases}\qquad S_3^0(u)=\begin{cases}\dfrac{u^3}{6} & \text{sur } [0,1]\\ \dfrac{1}{6}(-3u^3+12u^2-12u+4) & \text{sur } [1,2]\\ \dfrac{1}{6}(3u^3-24u^2+60u-44) & \text{sur } [2,3]\\ \dfrac{1}{6}(-u^3+12u^2-48u+64) & \text{sur } [3,4]\end{cases}$$

***Cas m=2*** :
Ici, les calculs sont immédiats.

$$\text{Sur}\ ]-\infty,1[\,,\ S_2^0(u)=\frac{1}{2}(u-0)_+^2.$$

- Sur $[1,2[$, on a : $S_2^0(u)=\dfrac{u^2}{2}-3\dfrac{u^2}{2}+3u-\dfrac{3}{2}=\dfrac{u^2}{2}-\dfrac{3}{2}(u-1)^2$, donc puisque $(u-1)_+^2$ est nul au dessous de 1, $S_2^0(u)=\dfrac{1}{2}(u-0)_+^2-\dfrac{3}{2}(u-1)_+^2$ est valable sur $]-\infty,2[$.

- Sur $[2,3[$, en faisant la différence avec l'expression précédente obtenue sur $[1,2[$, on a : $S_2^0(u)=\dfrac{u^2}{2}-\dfrac{3}{2}(u-1)^2+\dfrac{3}{2}(u-2)^2$, ce qui fournit sur $]-\infty,3[$ l'expression : $S_2^0(u)=\dfrac{1}{2}(u-0)_+^2-\dfrac{3}{2}(u-1)_+^2+\dfrac{3}{2}(u-2)_+^2$.

- Enfin, en remarquant que sur $[2,3[$, $S_2^0(u)=\dfrac{1}{2}(u-3)^2$, on voit que la fonction nulle sur $[3,+\infty[$ est obtenue en retranchant ce carré. Il en résulte :

La fonction B-spline $S_2^0$ est définie par la formule, **valable sur $\mathbb{R}$ en entier** :

$$\boxed{S_2^0(u)=\frac{1}{2}\left[(u-0)_+^2-3(u-1)_+^2+3(u-2)_+^2-(u-3)_+^2\right]}$$

***Cas m=3***
On peut encore utiliser la méthode précédente qui consiste à opérer de proche en proche en retranchant l'expression obtenue dans l'intervalle précédent. On trouve ainsi :

La fonction B-spline $S_3^0$ est définie par la formule, **valable sur $\mathbb{R}$ en entier** :

$$\boxed{S_3^0(u)=\frac{1}{6}\left[(u-0)_+^3-4(u-1)_+^3+6(u-2)_+^3-4(u-3)_+^3+(u-4)_+^3\right]}$$

**Remarque** : Dans les deux formules précédentes, on voit apparaître des coefficients qui rappellent ceux du binôme.
Pour m=2, ce sont les coefficients alternés du cube (2+1), divisé par 2!, à savoir $\dfrac{1}{2!}(1,-3,+3,-1)$. Pour m=3, les coefficients alternés de la puissance 3+1=4 interviennent, à savoir : $\dfrac{1}{3!}(1,-4,6,-4,1)$.

En utilisant la formule générale donnant les polynômes de Riesenfeld, on peut montrer que ces propriétés sont généralisables au cas du degré $m$ quelconque. Cette généralisation est simple mais longue à rédiger puisqu'il faut la vérifier sur tous les segments intermédiaires. On obtient :

**Proposition 2.3**

La fonction B-spline uniforme $S_m^0$ de degré $m$ quelconque est définie par :

$$S_m^0(u) = \frac{1}{m!} \sum_{j=0}^{j=m+1} (-1)^j C_{m+1}^j (u-j)_+^m$$

Les formules ainsi obtenues pour la fonction $S_m^0$ peuvent s'interpréter en disant que cette fonction est un élément de l'espace vectoriel engendré par les $m+2$ fonctions puissances unilatérales $u \mapsto (u-t_i)_+^m$ et que c'est la seule de cet espace qui s'annule au delà de $t_{m+1}$. Voir, à ce sujet, l'exercice 33.

## *2.5 Fonctions B-splines uniformes pour m=0 et m=1*

Une fois n'est pas coutume, on applique cette formule générale aux cas des premières valeurs de $m$.

**Cas m=0**

La fonction $S_0^0$ admet pour support le seul segment $[0,1]$ et, puisque la suite des coefficients associée à m=0 (voir formule précédente) est $\frac{1}{0!}(1,-1)$, elle a pour expression sur $\mathbb{R}$ : $S_0^0(u) = (u-0)_+^0 - (u-1)_+^0$.

Cette fonction est donc la **fonction caractéristique** de l'intervalle $[0,1[$, c'est-à-dire la fonction qui vaut $1$ sur cet intervalle et 0 en dehors. En effectuant les translations, on définit donc la fonction $S_0^i$ (où i prend les valeurs de $1$ à $n$) comme étant la fonction résultant de la translation $u \mapsto u-i$, c'est donc la **fonction caractéristique de l'intervalle** $[i,i+1[$.

**Cas m=1**

La fonction $S_1^0$ admet pour support le segment $[0,2]$ et, puisque la suite des coefficients associée à m=1 est $\frac{1}{1!}(1,-2,1)$, elle admet donc, pour expression sur $\mathbb{R}$ :

$$S_1^0(u) = (u-0)_+^1 - 2(u-1)_+^1 + (u-2)_+^1.$$

On en déduit, par translation de l'entier $i$, $S_1^i(u) = (u-i)_+^1 - 2(u-i-1)_+^1 + (u-i-2)_+^1$.

Nous représentons ci-après, pour $n=3$, ces fonctions splines uniformes de degré 1.

Ces graphiques ne font apparaître que les parties des graphes qui sont *effectivement utilisées*, c'est à dire celles correspondant à l'intervalle utile qui est ici $[0,4]$.

Pour $m=1$, les fonctions splines uniformes sont affines par morceaux et continues sur le segment $[0,n+1]$. Le support de $S_1^i$ est $[i,i+2]$. Mais $S_1^{-1}$ et $S_1^n$ sont représentées seulement sur $[0,1]$ et $[n,n+1]$.

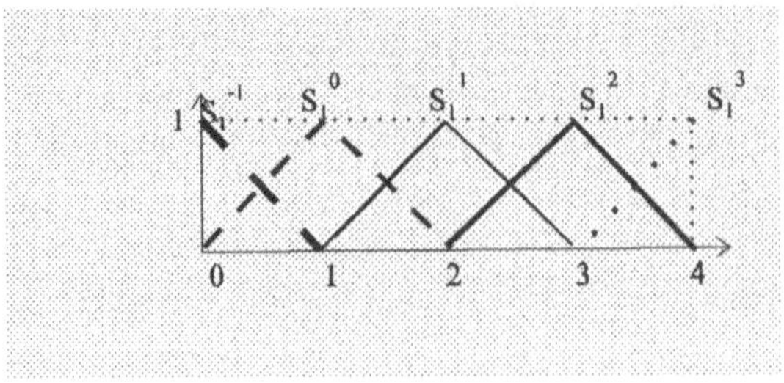

## 2.6. *Propriétés de ces fonctions*

### 2.6.1 Formulation symbolique de la définition de ces fonctions.

La présence, dans la formule donnant la fonction spline générale, de coefficients du binôme d'indices inférieurs $m+1$, fait songer au développement d'une puissance d'exposant $m+1$ dont les différents termes seraient des translatées de la fonction que l'on va désigner par $U_m$ et qui est définie par $U_m(u)=(u)_+^m$.

Désignons par $T$ l'opérateur de translation d'indice 1, c'est à dire l'application qui, à toute fonction $f$ définie sur ℝ, fait correspondre la fonction $Tf : u \mapsto f(u-1)$. On peut itérer cette opération et ainsi, la puissance d'exposant $j$ de $T$ est définie par $T^j f(u) = f(u-j)$, c'est donc la translation d'indice $j$. Considérons alors l'opérateur $(I-T)^{m+1}$ où I est l'opérateur identité. En développant cette puissance d'opérateur à l'ordre 2 d'abord, on obtient $(I-T)\circ(I-T) = I^2 - I\circ T - I\circ T + T^2 = I - 2T + T^2$ et de façon générale :

$$(I-T)^{m+1} = \sum_{j=0}^{j=m+1} (-1)^j C_{m+1}^j T^j .$$

En particulier, en appliquant cet opérateur sur la fonction $U_m$, on obtient, à une factorielle près, le développement précédent de $S_m^0$ :

$$\boxed{S_m^0 = \frac{1}{m!}(I-T)^{m+1}(U_m)}$$

Lorsqu'ensuite, on translate cette fonction de j unités, cela revient à appliquer aux 2 fonctions de cette égalité l'opérateur $T^j$, d'où l'on déduit :

**Proposition 2.4**

Pour $m$ et $j$ entiers quelconques, la B-spline uniforme de degré $m$ et de numéro $j$ est, à la factorielle près $m!$, le résultat d'une composition d'opérateurs appliquée à la fonction puissance unilatérale $U_m$ de degré $m$. De façon précise :

$$\boxed{S_m^j = \frac{1}{m!}T^j(I-T)^{m+1}(U_m) = \frac{1}{m!}(I-T)^{m+1}T^j(U_m)}$$

car, en outre, les puissances commutent entre elles.

Cette formule, tout à fait générale, peut permettre d'éviter certains calculs fastidieux et de mieux prévoir certaines propriétés de ces splines uniformes. On le voit immédiatement à l'occasion de la dérivation.

### 2.6.2 Dérivée d'une B-spline uniforme.

On remarque d'abord que la dérivée de $U_m$ est $mU_{m-1}$. Il en résulte que, par utilisation de la formule précédente et des propriétés de composition des opérateurs, on obtient :

$$\frac{d}{du}\left(S_m^i\right) = \frac{1}{m!}(I-T)^{m+1}\,T^i\left(mU_{m-1}\right) = (I-T)\circ\left[\frac{1}{(m-1)!}(I-T)^m\,T^i\left(U_{m-1}\right)\right]$$

$$= (I-T)\left(S_{m-1}^i\right) = S_{m-1}^i - T\left(S_{m-1}^i\right) = S_{m-1}^i - S_{m-1}^{i+1}$$

**Proposition 2.5**

La dérivée d'une fonction B-spline uniforme est la différence de deux B-splines de degrés inférieurs d'une unité, et cela quels que soient les indices $i$ et $m$ (avec $m \geq 1$) :

$$\boxed{\frac{d}{du}\left(S_m^i\right) = S_{m-1}^i - S_{m-1}^{i+1}}$$

Cette proposition nous servira pour les propriétés de l'hodographe.
Bien entendu, une démonstration par le calcul aurait pu être faite, ou plutôt une vérification si on commence par le calcul du second membre.
Par exemple pour $m = 3$,

$$S_2^i(u) - S_2^{i+1}(u) = \frac{1}{2}\begin{pmatrix}(u-i)_+^2 - 3(u-i-1)_+^2 + 3(u-i-2)_+^2 - (u-i-3)_+^2 - (u-i-1)_+^2 \\ +3(u-i-2)_+^2 - 3(u-i-3)_+^2 + (u-i-4)_+^2\end{pmatrix}$$

$$= \frac{1}{3!}\left(3(u-i)_+^2 - 3\times 4(u-i-1)_+^2 + 3\times 6(u-i-2)_+^2 - 3\times 4(u-i-3)_+^2 + 3(u-i-4)_+^2\right)$$

On en déduit bien : $S_2^i(u) - S_2^{i+1}(u) = \left(S_3^i\right)'(u)$.

On conseille au lecteur de faire cette vérification dans le cas général. On pourra voir que ces calculs utilisent la formule de Pascal pour les coefficients du binôme (annexe 1).

### 2.6.3 Formules de récurrence gouvernant ces fonctions.

Il est facile de voir comment on passe des fonctions de degré 0 aux fonctions de degré 1. Raisonnons sur $S_1^0$ qui fait intervenir 3 puissances unilatérales de zéros 0, 1, 2. On peut l'écrire sous la forme :

$$S_1^0(u) = u\times u_+^0 - (2u-2)\times(u-1)_+^0 + (u-2)\times(u-2)_+^0$$

$$= u\times\left[u_+^0 - (u-1)_+^0\right] + (2-u)\times\left[(u-1)_+^0 - (u-2)_+^0\right]$$

$$= u\,S_0^0(u) + (2-u)S_0^1(u).$$

En tenant compte des translations : $S_1^i(u) = (u-i)S_0^i(u) + (i+1+1-u)S_0^{i+1}(u)$.

Il est possible de continuer en utilisant des décompositions et des regroupements du même genre. On préfère cependant, dans le cas général, utiliser encore la formule symbolique précédente, en commençant toujours par $S_m^0$.

On peut écrire le terme relatif à $T^k$ avec $1 \leq k \leq m$ figurant dans le développement de la puissance définissant $S_m^0$ sous la forme : $\frac{1}{m!}C_{m+1}^k T^k U_m(u) = \frac{(u-k)(m+1)}{k!(m+1-k)!}(u-k)_+^{m-1}$.

En décomposant $(m+1)(u-k)$ sous la forme $(m+1-k)u+k(u-m-1)$, ce qui permet de simplifier des factorielles, ce terme devient, pour $1 \leq k \leq m$, la somme suivante :

$$\frac{1}{m!}C_{m+1}^k T^k U_m(u) = \frac{u}{k!(m-k)!}(u-k)_+^{m-1} + \frac{(u-m-1)}{(k-1)!(m+1-k)!}(u-k)_+^{m-1}$$

$$= \frac{1}{(m)!}\left[C_m^k u(u-k)_+^{m-1} + (u-m-1)C_m^{k-1}(u-k)_+^{m-1}\right]$$

Elle est encore valable pour $k=0$ et $k=m+1$ si on fait la convention que les coefficients $C_m^{m+1}$ et $C_m^{-1}$ sont nuls.

Par conséquent, en tenant compte de cette décomposition, on arrive à la conclusion :

$$S_m^0(u) = \frac{1}{(m-1)!}\left[\frac{u}{m}\sum_{k=0}^{k=m}(-1)^k\, T^k(U_{m-1}) + \frac{u-m-1}{m}\sum_{1}^{m+1}(-1)^k\, C_m^{k-1}T^k\, U_{m-1}\right]$$

$$= \frac{u}{m}S_{m-1}^0 - \frac{u-m-1}{m}\left[\frac{1}{(m-1)!}T\left(\sum_{k=0}^{k=m}(-1)^{h+1}\, T^h(U_{m-1})\right)\right]$$

$$= \frac{u}{m}S_{m-1}^0(u) + \frac{m+1-u}{m}S_{m-1}^1(u)$$

**Proposition 2.6**

Quel que soit le degré $m \geq 1$ et quel que soit l'indice $i$, on a la formule de récurrence :

$$\boxed{S_m^i(u) = \frac{(u-i)}{m}S_{m-1}^i(u) + \frac{(m+1+i-u)}{m}S_{m-1}^{i+1}(u)}$$

Il suffit, en effet, de translater la variable $u$ de $i$ unités pour obtenir $S_m^i$. Il est facile de constater, par ailleurs, que les premières valeurs de $m$ vérifient bien cette formule.

### 2.6.4 Relation de récurrence entre les dérivées des splines uniformes.

En dérivant les produits qui sont dans la relation précédente, on arrive à :

$$\frac{d}{du}S_m^i(u) = \frac{d}{du}\left[\frac{(u-i)}{m}S_{m-1}^i(u) + \frac{(m+1+i-u)}{m}S_{m-1}^{i+1}(u)\right]$$

$$= \frac{1}{m}\left(S_{m-1}^i(u) - S_{m-1}^{i+1}(u)\right) + \frac{(u-i)}{m}\frac{d}{du}S_{m-1}^i(u) + \frac{(m+1+i-u)}{m}\frac{d}{du}S_{m-1}^{i+1}(u)$$

Donc, en utilisant encore la formule précédente pour le premier terme, on obtient pour les dérivées des fonctions splines uniformes une formule de récurrence du même type que pour ces fonctions elles-mêmes :

**Proposition 2.7**

La dérivée d'une fonction B-spline uniforme est régie par la formule de récurrence:

$$\boxed{\frac{m-1}{m}\frac{d}{du}S_m^i(u) = \frac{(u-i)}{m}\frac{d}{du}S_{m-1}^i(u) + \frac{(m+1+i-u)}{m}\frac{d}{du}S_{m-1}^{i+1}(u)}$$

# 3. ETUDE DES COURBES B-SPLINES UNIFORMES

## 3.1 Hodographes d'une courbe B-spline uniforme

On se propose de montrer que le point $M_1(u)$ tel que $\overrightarrow{OM_1} = \frac{d}{du}\left(\overrightarrow{OM}\right)$, où $M(u)$ décrit une courbe B-spline uniforme de points de définition $P_{-m}, P_{-m+1}, \ldots, P_n$, décrit aussi une courbe B-spline uniforme de degré $m-1$, les points de définition de cette dernière se déduisant des précédents par un procédé analogue à celui décrit pour les courbes de Bézier.

### 3.1.1 Cas du degré 3

Soit une B-spline cubique uniforme de points de contrôle $P_{-3}, P_{-2}, \ldots, P_n$ . Pour simplifier ce premier exemple, on suppose $n = 0$ ; il en résulte que l'intervalle utile est $[0,1]$ .

Le point $M_1$ est défini par : $\overrightarrow{OM_1} = \sum_{-3}^{0} \left(S_3^i\right)'(u)\ \overrightarrow{OP_i}$ , donc en appliquant la proposition 2.5, cette formule s'écrit : $\overrightarrow{OM_1} = \sum_{-3}^{0} \left(S_2^i(u) - S_2^{i+1}(u)\right) \overrightarrow{OP_i}$ . En décomposant cette somme en deux parties, la deuxième étant transformée par translation de l'indice, on a :

$$\overrightarrow{OM_1} = \sum_{-3}^{0} S_2^i(u)\ \overrightarrow{OP_i} - \sum_{-2}^{1} S_2^i(u)\ \overrightarrow{OP_{i-1}} = S_2^{-3}(u)\ \overrightarrow{OP_{-3}} + \sum_{-2}^{0} S_2^i(u)\ \overrightarrow{P_{i-1}P_i} - S_2^1(u)\ \overrightarrow{OP_0}\ .$$

Dans l'intervalle utile, $S_2^{-3}$ et $S_2^1$, ayant pour supports $[-3,0]$ *et* $[1,4]$ sont nulles ; donc, le point $M_1$ décrit la courbe B-spline de degré 2 définie par : $\overrightarrow{OM_1} = \sum_{-2}^{0} S_2^i(u)\ \overrightarrow{OP'_i}$ ,où les points de définition $P_i'$ sont définis par $\overrightarrow{OP_i'} = \overrightarrow{P_{i-1}P_i}$ .

Dans la figure ci-dessous, on retrouve, en raison du fait que $M_1(0)$ est le milieu de $[P'_{-2}\ P'_{-1}]$, que la tangente, pour $u = 0$, est parallèle au $[P_{-3}, P_{-1}]$ (cf § 1.2.5). L'hodographe étant composé d'arcs de parabole, les propriétés géométriques des paraboles sont utilisables dans les problèmes relatifs aux cubiques B-splines uniformes.

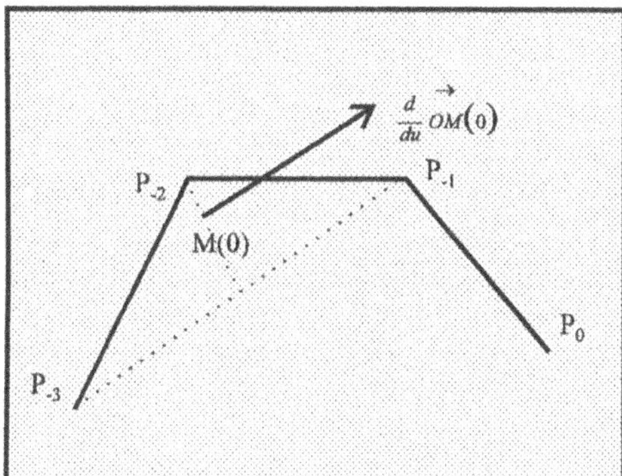


**Cubique B-spline uniforme**

Les points de définition de l'hodographe vérifient :

$\overrightarrow{OP'_{-2}} = \overrightarrow{P_{-3}P_{-2}}$ ,

$\overrightarrow{OP'_{-1}} = \overrightarrow{P_{-2}P_{-1}}$ ,

$\overrightarrow{OP'_0} = \overrightarrow{P_{-1}P_0}$

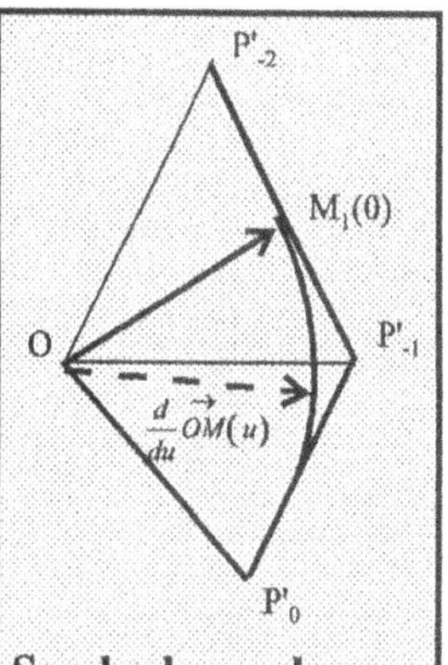


**Son hodographe**

### 3.1.2 Cas général

Comme dans le cas particulier précédent, nous appliquons la propriété des dérivées des B-splines (Cf. proposition 2.5) et nous nous plaçons encore sur l'intervalle utile qui est ici $[0, n+1]$. Les transformations sont tout à fait analogues à celles qui précèdent (décomposition en deux sigmas et changement d'indice dans le deuxième):

$$\frac{d}{du}\overrightarrow{OM}(u) = \sum_{i=-m}^{i=n}\left(S_m^i\right)'(u)\overrightarrow{OP_i} = \sum_{-m}^{n}(S_{m-1}^i(u) - S_{m-1}^{i+1}(u))\overrightarrow{OP_i}$$

$$= \sum_{-m}^{n} S_{m-1}^i(u)\overrightarrow{OP_i} - \sum_{-m}^{n} S_{m-1}^{i+1}(u))\overrightarrow{OP_i}$$

$$= \sum_{-m}^{n} S_{m-1}^i(u)\overrightarrow{OP_i} - \sum_{-m+1}^{n+1} S_{m-1}^i(u)\overrightarrow{OP_{i-1}}$$

On en déduit : $\overrightarrow{OM_1}(u) = \sum_{-m+1}^{n} S_{m-1}^i(u)\overrightarrow{P_{j-1}P_j} + S_{m-1}^{-m}(u)\overrightarrow{OP_{-m}} - S_{m-1}^{n+1}(u)\overrightarrow{OP_n}$

En tenant compte finalement de la nullité sur l'intervalle utile des deux dernières fonctions puisque leurs supports sont respectivement $[-m, 0[$ *et* $[n+1, n+m+1[$, on obtient :

**Proposition 2.8**

Le lieu géométrique du point $M_1$ tel que $\overrightarrow{OM_1} = \frac{d}{du}\left(\overrightarrow{OM}\right)$, autrement dit « l'hodographe » de la courbe B-spline uniforme de degré *m* décrite par *M*, est la courbe B-spline uniforme de degré *m-1* dont les points de définition sont les points $P'_j$ définis par $\overrightarrow{OP'_j} = \overrightarrow{P_{j-1}P_j}$. Pour résumer :

$$\boxed{\overrightarrow{OM_1}(u) = \sum_{-m+1}^{n} S_{m-1}^j(u)\overrightarrow{OP'_j}}$$

On avait déjà vérifié cette propriété d'hodographe dans les cas particuliers des exemples traités dans § 1.2.6.

## *3.2. Algorithme géométrique de construction d'un point courant.*

En se servant de la relation de récurrence vérifiée par les fonctions B-splines uniformes, on trouve un procédé de construction du point *M* analogue à celui des courbes de Bézier.

### 3.2.1. Principe de récursivité géométrique

En posant $u_m^i = \frac{u-i}{m}$ et $v_m^i = 1 - u_m^i$, on a : $\frac{m+i+1-u}{m} = 1 - \frac{u-(i+1)}{m} = v_m^{i+1}$ de sorte que la relation de récurrence devient :

$$S_m^i(u) = u_m^i\, S_{m-1}^i + v_m^{i+1}\, S_{m-1}^{i+1},$$

la définition du point *M* de la courbe s'écrit :

$$\overrightarrow{OM}(u) = \sum_{-m}^{n} S_m^i(u)\overrightarrow{OP_i} = \sum_{-m}^{n} u_m^i\, S_{m-1}^i(u)\overrightarrow{OP_i} + \sum_{-m}^{n} v_m^{i+1} S_{m-1}^{i+1}(u)\overrightarrow{OP_i}$$

On se place sur l'intervalle utile $[0, n+1]$. Comme le support de $S_{m-1}^{-m}$ est $[-m, 0]$ et que celui de $S_{m-1}^{n+1}$ est $[n+1, n+m+1]$, ces deux fonctions sont nulles sur cet intervalle utile. Par ailleurs, on peut faire une translation d'indice dans la deuxième somme. Il en résulte :

$$\overrightarrow{OM}(u)=\sum_{-m+1}^{n}u_m^i(u)S_{m-1}^i(u)\overrightarrow{OP_i}+\sum_{-m+1}^{n}v_m^jS_{m-1}^j(u)\overrightarrow{OP_{i-1}}$$
$$=\sum_{-m+1}^{n}S_{m-1}^i(u)\left(u_m^i\,\overrightarrow{OP_i}+v_m^j\,\overrightarrow{OP_{i-1}}\right)$$

Donc, si l'on fait intervenir le barycentre $P_i^{(1)}$ des points $P_i$ *et* $P_{i-1}$ affectés des coefficients $u_m^i$ et $v_m^i$ (car on a bien $u_m^i+v_m^i=1$) *éventuellement négatifs*, la formule précédente devient :

$$\boxed{\overrightarrow{OM}(u)=\sum_{-m+1}^{n}S_{m-1}^i(u)\left(\overrightarrow{OP_i^{(1)}}\right)}$$

On reconnait formellement, dans cette relation, la définition du point d'une courbe B-spline uniforme de degré m-1 mais **dont les points de contrôle dépendent de u**. Il ne faut donc pas en déduire que le point $M(u)$ décrit une courbe B-spline de degré $m-1$. Simplement, cette formule est une égalité vectorielle vérifiée pour $u$ dans l'intervalle utile.

### 3.2.2 Suites barycentriques (algorithme de Casteljau).

Quoi qu'il en soit, pour toute valeur de $u$ fixée, le procédé peut être réitéré. On peut associer ainsi, à la courbe et à la valeur de $u$ considérée, de façon analogue au cas des courbes de Bézier, une suite « barycentrique ». Les formules sont les suivantes :

$$\boxed{\begin{aligned}\overrightarrow{OM}(u)&=\sum_{-m+1}^{n}S_{m-1}^i(u)\left(\overrightarrow{OP_i^{(1)}}\right)=\sum_{-m+2}^{n}S_{m-2}^i(u)\left(\overrightarrow{OP_i^{(2)}}\right)\\&=\sum_{-m+3}^{n}S_{m-3}^i(u)\left(\overrightarrow{OP_i^{(3)}}\right)=\ldots\ldots=\sum_{-1}^{n}S_1^i(u)\left(\overrightarrow{OP_i^{(m-1)}}\right)=\sum_{0}^{n}S_0^i(u)\left(\overrightarrow{OP_i^{(m)}}\right)\end{aligned}}$$

Les points des différentes générations barycentriques sont définis par les relations :

$$\overrightarrow{OP_i^{(1)}}=u_m^i\,\overrightarrow{OP_i}+v_m^i\,\overrightarrow{OP_{i-1}},$$
$$\overrightarrow{OP_i^{(2)}}=u_{m-1}^i\,\overrightarrow{OP_i^{(1)}}+v_{m-1}^i\,\overrightarrow{OP_{i-1}^{(1)}}$$
$$\ldots\ldots\ldots\ldots\ldots\ldots\ldots\ldots\ldots\ldots\ldots$$
$$\overrightarrow{OP_i^{(m)}}=u_1^i\,\overrightarrow{OP_i^{(m-1)}}+v_1^i\,\overrightarrow{OP_{i-1}^{(m-1)}}$$

Autrement dit, à chacune des étapes, le degré diminue d'une unité ainsi que le nombre des points $P_i^{(j)}$ que l'on peut qualifier de « **barycentres de la j-ième génération** » ( et non de points de contrôle ou de points de définition puisque ces points dépendent de $u$). Finalement, ces formules s'arrêtent lorsque le degré est nul et, dans ce cas, le point *$M(u)$ est confondu avec l'un des points $P_i^{(m)}$ suivant l'intervalle dans lequel se trouve u.*

Cette conclusion va être précisée en appliquant ce qui précède à la construction géométrique d'un point de la courbe ; on commence par le cas où $m=2$.

### 3.2.3 Construction d'un point courant pour $m=2$.

La courbe est définie par les points de contrôle $P_i$ où $i$ prend les valeurs de *-2* à $n$. Pour obtenir le point $M(u)$, on cherche d'abord dans quel intervalle, de type $[j,j+1[$, se trouve situé le nombre $u$.
Si, par exemple, $u\in[0,1[$, on sait que $M(u)$ appartient à l'arc de courbe défini par les points de définition $P_{-2},P_{-1},P_0$. Il suffit, dans les autres cas, d'opérer des translations sur les indices : si $u\in[i,i+1[$, on se servira de l'arc défini par les points de contrôle $P_{i-2},P_{i-1},P_i$. On peut donc se contenter de la construction dans le cas où $u\in[0,1[$.
Les barycentres de la première génération, qui sont alors *de coefficients positifs*, sont :

$$\overrightarrow{OP_{-1}^{(1)}}=\frac{u+1}{2}\overrightarrow{OP_{-1}}+\frac{1-u}{2}\overrightarrow{OP_{-2}}$$

$$\overrightarrow{OP_0^{(1)}}=\frac{u}{2}\overrightarrow{OP_0}+\frac{2-u}{2}\overrightarrow{OP_{-1}}$$

Celui de la deuxième est $\overrightarrow{OP_0^{(2)}}=u\overrightarrow{OP_0^{(1)}}+(1-u)\overrightarrow{OP_{-1}^{(1)}}$, de coefficients positifs également. La formule de définition de $M(u)$ devient donc : $\overrightarrow{OM(u)}=S_0^0(u)\overrightarrow{OP_0^{(2)}}$.
En tenant compte de la définition de la fonction caractéristique d'intervalle $S_0^0$, cette relation, puisque $u$ est dans $[0,1[$, signifie que $M(u)$ **est confondu avec ce point** $P_0^{(2)}$**.**
La construction se résume donc à la recherche de trois barycentres.
La figure qui suit illustre le cas de $u=\frac{1}{3}$.
Il est évident qu'on retrouve ainsi la construction géométrique d'un point d'un arc de Bézier de degré 2, c'est à dire d'un arc de parabole.

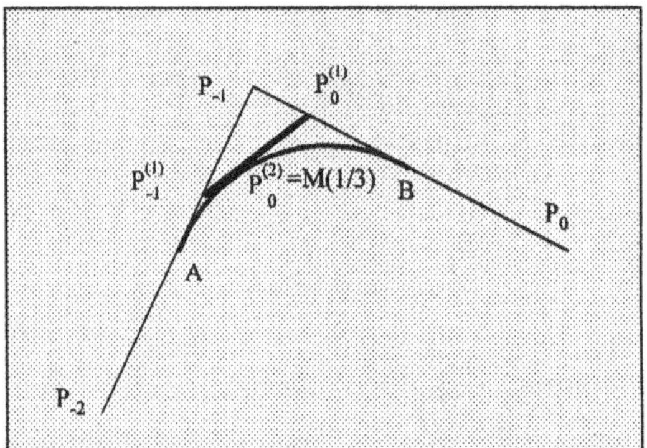


En effet, si l'on se rapporte aux points A et B de contact avec les 2 tangentes que sont les segments $[P_{-2},P_{-1}]$ et $[P_{-1},P_0]$, on a, dans cet exemple où u=1/3 (par l'algorithme de Casteljau) les relations :

$$\overrightarrow{AP_{-1}^{(1)}}=u\,\overrightarrow{AP_{-1}}\ ,\ \overrightarrow{P_{-1}P_0^{(1)}}=u\,\overrightarrow{P_{-1}B}$$

$$\text{et }\overrightarrow{P_{-1}^{(1)}P_0^{(2)}}=u\,\overrightarrow{P_{-1}^{(1)}P_0^{(1)}}$$

### 3.2.4 Algorithme de construction dans le cas général

*Nota* Cet algorithme se généralisera aux cas des B-splines quelconques.
On suppose maintenant que $u$ appartient à l'intervalle $[j,j+1[$. L'arc de courbe à considérer est alors engendré par les points de définition $P_{-m+j},P_{-m+j+1},\ldots,P_j$ (autrement dit, ils sont toujours au nombre de $m+1$ et le dernier indice est $j$ lui-même). Il suffit de

construire, à partir de ces points que l'on peut noter $P_i^{(0)}$, les barycentres des générations successives, en utilisant leurs définitions données précédemment et en remarquant que tous ces barycentres sont, à présent, à coefficients positifs.
Sans donner les détails, que le lecteur pourra illustrer par un schéma de récursivité, on parvient aux dernières formules utilisant les 2 dernières générations de barycentres :

$$\boxed{\overrightarrow{OM}(u) = S_1^{j-1}(u)\overrightarrow{OP_{j-1}^{(m-1)}} + S_1^j(u)\overrightarrow{OP_j^{(m-1)}} = S_0^j(u)\overrightarrow{OP_j^{(m)}}}$$

Le nombre $u$ est dans l'intervalle $[j, j+1[$ ; on en déduit $S_0^j(u) = 1$, ce qui signifie que le point est confondu avec le dernier barycentre $P_j^{(m)}$.
Dans le but d'illustrer cette propriété par des notations à la fois moins lourdes et plus explicites, nous utilisons dans la suite la notation suivante :
Soit le barycentre G de deux points $A_1$ et $A_2$ affectés des coefficients $a$ et $1-a$.
Exprimons le rapport $\dfrac{A_1\,G}{A_1\,A_2}$ à l'aide de $a$. On a :

$$\overrightarrow{A_1\,G} = \overrightarrow{OG} - \overrightarrow{OA_1} = a\,\overrightarrow{OA_1} + (1-a)\overrightarrow{OA_2} - \overrightarrow{OA_1} = (1-a)\left(\overrightarrow{OA_2} - \overrightarrow{OA_1}\right) = (1-a)\overrightarrow{A_1\,A_2}$$

On convient de représenter le point G sur le segment $[A_1\,A_2]$ par un nombre, placé entre crochet, qui est son abscisse sur l'axe $(A_1\,A_2)$ dirigé de $A_1$ vers $A_2$ lorsqu'on prend la longueur de $[A_1\,A_2]$ pour unité. Ainsi le barycentre associé aux coefficients $\frac{1}{3}$ et $\frac{2}{3}$ est noté $\left[\frac{2}{3}\right]$, ce qui signifie que ce point est aux $\frac{2}{3}$ du segment à partir de $A_1$, point du plus petit indice. *La notation $P_i^{(1)}$ peut donc être remplacée, dans le cas du degré m, par le crochet $\left[\frac{u-i}{m}\right]$ placé sur le segment $[P_{i-1}\,P_i]$.*
Les dessins qui suivent, présentent une situation de barycentres de 3 générations, le schéma de gauche utilisant les notations $P_i^{(k)}$, celui de droite utilisant les crochets.

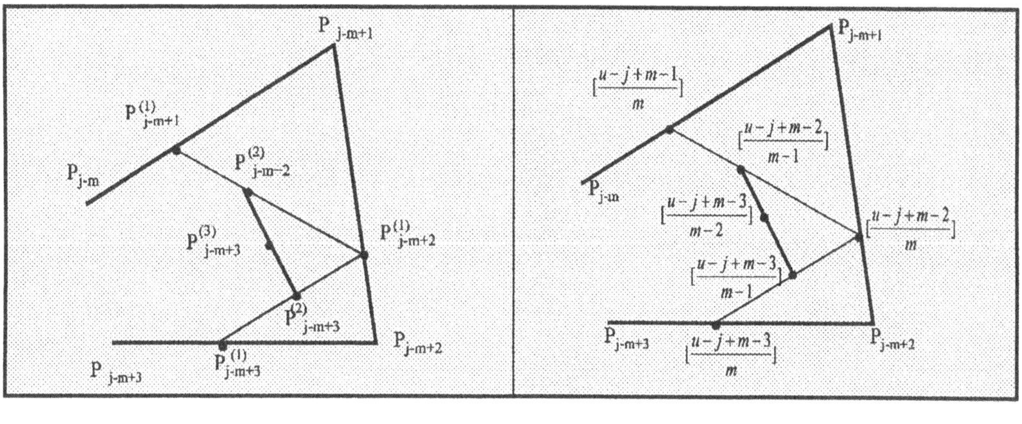


Finalement, on dessine aussi les éléments d'une construction géométrique du point courant dans le cas $m=3$ (Pour fixer les idées, on a pris $u=1/3$). On a dessiné aussi la construction du point de même paramètre situé sur l'hodographe, point courant qui fournit, en général; la direction de la tangente au point $M(u)$ considéré (paragraphe suivant).

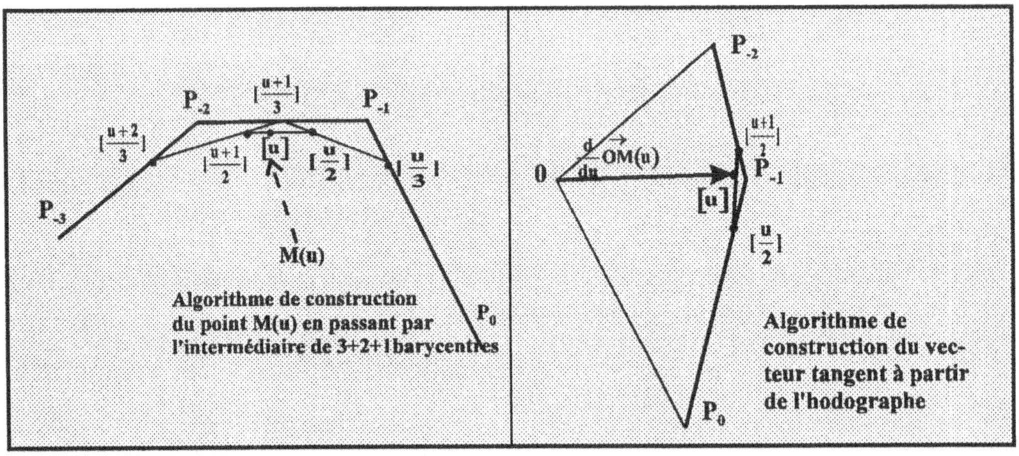


### 3.2.5 Algorithme de la tangente.

Nous allons maintenant prouver , à l'instar des courbes de Bézier, que l'avant-dernière génération de barycentres fournit un segment qui, s'il n'est pas nul, indique la tangente en $M(u)$ à la courbe.

La démonstration est faite par récurrence en se contentant du cas où $u \in [0,1[$. La propriété est évidente dans le cas $m=2$ ; le rapport de proportionnalité entre le vecteur tangent et le vecteur joignant les 2 barycentres de la première génération va initialiser cette récurrence.

**Cas** $m=2$

On a déjà vu (voir §3.2.3 précédent) que, dans le cas d'un arc de parabole de points de contrôle $P_{-2}, P_{-1}, P_0$, le segment $\left[P_{-1}^{(1)}\,P_0^{(1)}\right]$ est identique à celui que l'on obtient par l'algorithme de construction du point $M(u)$de cette parabole considérée comme une courbe de Bézier.

Ce segment est donc tangent à la courbe au point $M(u)$(cf, § 3;1;2 , chapitre 1).

On peut préciser numériquement. D'après les définitions de ces barycentres, ou en s'aidant des crochets associés, on a : $\overrightarrow{P_{-1}\,P_{-1}^{(1)}} = \left(\dfrac{1-u}{2}\right)\overrightarrow{P_{-2}P_{-1}}$ et $\overrightarrow{P_{-1}P_0^{(1)}} = \dfrac{u}{2}\overrightarrow{P_{-1}P_0}$. On en déduit : $\overrightarrow{P_{-1}^{(1)}\,P_0^{(1)}} = \dfrac{u}{2}\overrightarrow{P_{-1}P_0} - \left(\dfrac{1-u}{2}\right)\overrightarrow{P_{-2}P_{-1}}$, formule que l'on compare avec celle fournie par la propriété d'hodographe sur $[0,1[$, à savoir :

$$\overrightarrow{OM'}(u) = S_1^{-1}\,\overrightarrow{P_{-2}P_{-1}} + S_1^0\,\overrightarrow{P_{-1}P_0} = (1-u)\overrightarrow{P_{-2}P_{-1}} + u\,\overrightarrow{P_{-1}P_0}\,.$$

En conclusion, on a la relation $\boxed{\overrightarrow{P_{-1}^{(1)}P_0^{(1)}} = \frac{1}{2}\frac{d}{du}\overrightarrow{OM}(u)}$ dont on suggère la généralisation dans la formule $\overrightarrow{P_{-1}^{(m-1)}P_0^{(m-1)}} = \frac{1}{m}\frac{d}{du}\overrightarrow{OM}(u)$ qui sera notre hypothèse de récurrence.

**Démonstration de la propriété pour le degré m quelconque**

On suppose $u$ dans $[0,1[$, $M(u)$ appartient donc au premier arc et les indices vont ainsi de *-m* à *0*.

En utilisant la proposition 2.5, on peut exprimer la dérivée vectorielle de $\overrightarrow{OM}$ sous la forme $\frac{d}{du}\overrightarrow{OM}(u) = \frac{m}{m-1}\sum_{-m}^{0}\left[u_m^i\left(S_{m-1}^i\right)' + \left(1-u_m^{i+1}\right)\left(S_{m-1}^{i+1}\right)'\right]\overrightarrow{OP_i}$. Appliquons alors le même procédé de transformation de cette somme que dans § 3.2.4. On obtient d'abord, en utilisant les barycentres $P_i^{(1)}$ : $\frac{d}{du}\overrightarrow{OM}(u) = \frac{m}{m-1}\sum_{-m+1}^{0}\left(S_{m-1}^i\right)'(u).OP_i^{(1)}$. En utilisant à nouveau la proposition 2.5 pour le degré $m-1$, on obtient :

$$\frac{d}{du}\overrightarrow{OM}(u) = \frac{m}{m-1}\times\frac{m-1}{m-2}\sum_{-m+1}^{0}\left[u_{m-1}^i\left(S_{m-2}^i\right)'(u) + \left(1-u_{m-1}^{i+1}\right)\right]\overrightarrow{OP_i^{(1)}}$$

Le procédé peut être poursuivi en utilisant la relation de récurrence des dérivées et d'autre part les générations barycentriques successives. Au bout de $m-1$ itérations, on aboutit à :

$$\frac{d}{du}\overrightarrow{OM}(u) = \frac{m}{1}\sum_{-m+m-1}^{0}\left(S_1^i\right)'(u).\overrightarrow{OP_i^{(m-1)}} = m\left[\left(S_1^{-1}\right)'(u).OP_{-1}^{(m-1)} + \left(S_1^0\right)'(u).OP_0^{(m-1)}\right]$$

Or, à l'aide, par exemple, des formules donnant les splines uniformes au moyen des puissances unilatérales, on calcule ces dérivées lorsque $u$ est dans le segment $[0,1[$, d'où :

$$\begin{cases}\left(S_1^{-1}\right)'(u) = \left[(u+1)_+^1 - 2(u)_+^1 + (u-1)_+^1\right]' = -1 \\ \left(S_1^0\right)'(u) = \left[(u)_+^1 - 2(u-1)_+^1 + (u-2)_+^1\right]' = +1\end{cases}$$

Finalement, on obtient la formule : $\frac{d}{du}\overrightarrow{OM}(u) = m.\overrightarrow{P_{-1}^{(m-1)}P_0^{(m-1)}}$ et, comme il suffit de translater les indices lorsque $u$ appartient à $[j,j+1[$, on peut conclure :

**Proposition 2.9**

Soit une courbe B-spline uniforme $(C)$ de degré $m$. Soit un réel $u$ de l'intervalle $[j,j+1[$. Si l'on construit le point $M(u)$ de cette courbe par la mise en place des $m$ générations successives de barycentres, alors les deux points de la $m-1$-ième génération fournissent, s'ils ne sont pas confondus, la tangente à $(C)$ en $M(u)$ selon la formule :

$$\boxed{\overrightarrow{P_{j-1}^{(m-1)}P_j^{(m-1)}} = \frac{1}{m}\frac{d}{du}\overrightarrow{OM}(u)}$$

**Remarque** Il est possible de généraliser l'algorithme de De Casteljau pour le vecteur dérivé d'ordre 2 (Cf. exercice 35).

# 4. GEOMETRIE DES COURBES B-SPLINES UNIFORMES

En raison des propriétés des B-splines uniformes qui sont analogues à celles des courbes de Bézier, certains problèmes peuvent être résolus en utilisant des arguments géométriques.On fera le parallèle entre cette section et le paragraphe 8 du chapitre 1.

## *4.1 Cas des B-splines de degré 2*

Les problèmes traités dans § 8.1 peuvent être également résolus par les mêmes démarches pour les courbes B-splines de degré 2, à la condition de ne considérer qu'un seul des arcs de parabole dont une telle courbe est composée.

## *4.2 Cas des B-splines cubiques uniformes*

### 4.2.1 Points de rebroussements d'une B-spline cubique uniforme

On reprend les problèmes posés à propos des courbes de Bézier.

***Problème 1***

*Construire les points de définition d'une B-spline cubique uniforme admettant un point de rebroussement de première espèce pour une valeur $u_0$ imposée a priori du paramètre.*

On se limite dans ce qui suit au cas où $u_0 \in ]0,1[$ ($u_0 = \frac{1}{2}$ pour la figure). La résolution s'appuyant sur la donnée de l'arc de parabole hodographe sur lequel, au point de paramètre $u_0 = \frac{1}{2}$ ( donc noté $H\left(\frac{1}{2}\right)$), on choisit le pôle O de cet hodographe. On construit ensuite, « à l'envers », les vecteurs qui joignent 2 à 2 les points de définition de la cubique cherchée.

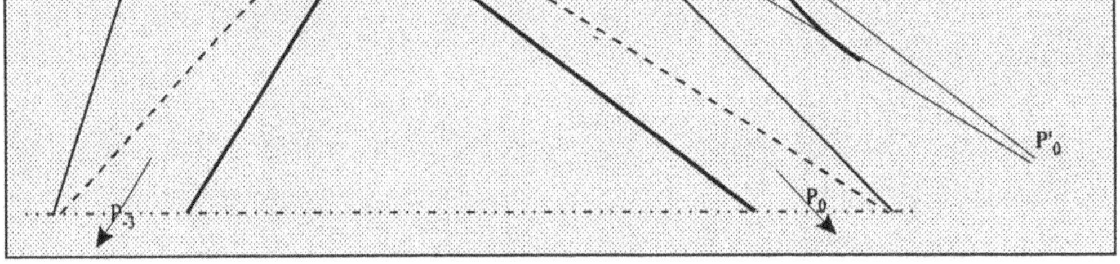

La solution est représentée à une échelle qui permette une meilleure lisibilité du dessin mais, pour réduire l'encombrement de ce dessin, les points $P_{-3}$ et $P_0$ ne sont indiqués que comme intersections de droites effectivement tracées et suffisamment visibles. Sur cette figure, sont indiqués aussi les points $M(0)$ et $M(1)$ et les tangentes en ces points, dont on connaît les constructions géométriques.

**Remarque** La solution proposée ici utilise la notion d'hodographe. On peut aussi utiliser la construction d'un point courant de la B-spline et de la propriété de la tangente en ce point. En imposant aux deux points de l'avant-dernière génération barycentrique d'être confondus, on peut prouver qu'une solution est obtenue si les segments $[P_{-3}, P_{-2}]$ et $[P_{-1}, P_0]$ ont un point commun I qui soit à la fois le barycentre de $P_{-3}$ et $P_{-2}$ affectés des coefficients $\frac{1-u_0}{3}$ *et* $\frac{2+u_0}{3}$ et le barycentre de $P_{-1}$ et $P_0$ affectés des autres coefficients

$\frac{3-u_0}{3}$ et $\frac{u_0}{3}$, conditions qui se résument en : $\frac{\overline{P_{-3}I}}{\overline{P_{-3}P_{-2}}} = \frac{u_0+2}{3}$ *et* $\frac{\overline{P_{-1}I}}{\overline{P_{-1}P_0}} = \frac{u_0}{3}$.

Cette condition peut être utilisée, même lorsque les 3 premiers points de définition sont alignés : le point I étant construit sur le segment $[P_{-3}\,P_{-2}]$, vérifiant la première relation ci-dessus, on peut en déduire le point $P_0$ sur la droite $(P_{-1}\,I)$ tel que la deuxième relation ci-dessus soit vérifiée.

On peut poser d'autres problèmes spécifiques aux courbes B-splines, par exemple :

***Problème 2***

*Construire une cubique B-spline uniforme admettant n points de rebroussements, chacun d'eux étant situé sur un des morceaux de la B-spline.*

Il suffit de savoir le résoudre pour $n = 2$ en imposant les paramètres $u_0$ et $u_1$ des points de rebroussements avec $u_0 \in ]0,1[$ et $u_1 \in ]1,2[$.

La méthode que nous qualifierons de « directe » utilise la remarque précédente. Ayant construit les 4 premiers points de contrôle, ce qui donne un point de rebroussement sur le premier arc, on peut se servir des points $P_{-2}, P_{-1}, P_0$ qui sont maintenant donnés, pour en déduire, comme il a été précisé ci-dessus, le point de contrôle $P_1$ tel que le deuxième arc de la B-spline admette un point de rebroussement pour la valeur $u_1$. On peut ensuite continuer si $n > 2$. Cette construction peut se faire aussi par la notion d'hodographe :

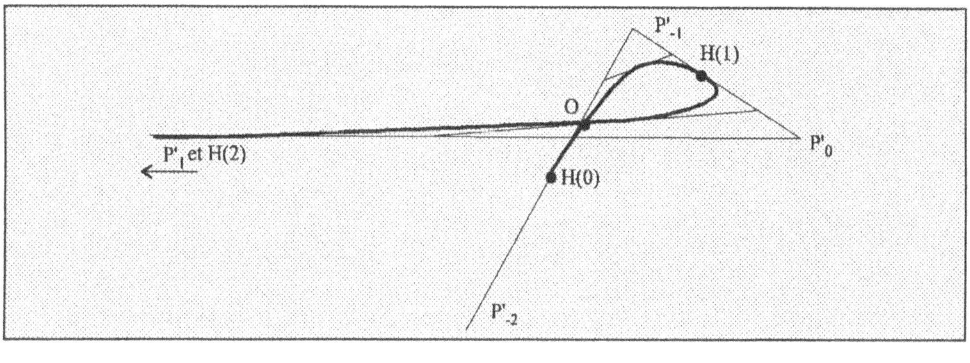

Cette construction revient alors à déterminer une B-spline de degré 2 composée de deux arcs tels que le pôle O soit à l'intersection des deux arcs, pour les valeurs indiquées des deux paramètres. Dans la figure qui preécède, on a simplement construit les deux arcs de telle façon qu'il y ait un point d'intersection, donc sans choisir a priori les valeurs des paramètres ( ils sont aux environs de $u_0 = \frac{1}{3}$ et $u_1 = \frac{3}{2}$ ). La reconstruction « à l'envers » de la cubique est laissée au lecteur.

### 4.2.2 Points d'inflexion d'une cubique B-spline uniforme

***Problème 3***
*Construire les points de définition d'une cubique B-spline qui admette un point d'inflexion.*

Dans la figure qui suit, on donne la solution d'un tel problème en se limitant au cas où la courbe est composée d'un seul arc, le paramètre du point d'inflexion, imposé a priori, étant, pour simplifier $u_0 = \frac{1}{2}$. Cette solution utilise l'hodographe. On choisit le pôle O de cet hodographe sur la tangente au point de paramètre $u_0 = \frac{1}{2}$ à la parabole hodographe. Là encore, une reconstruction « à l'envers » fournit les points de définition cherchés.

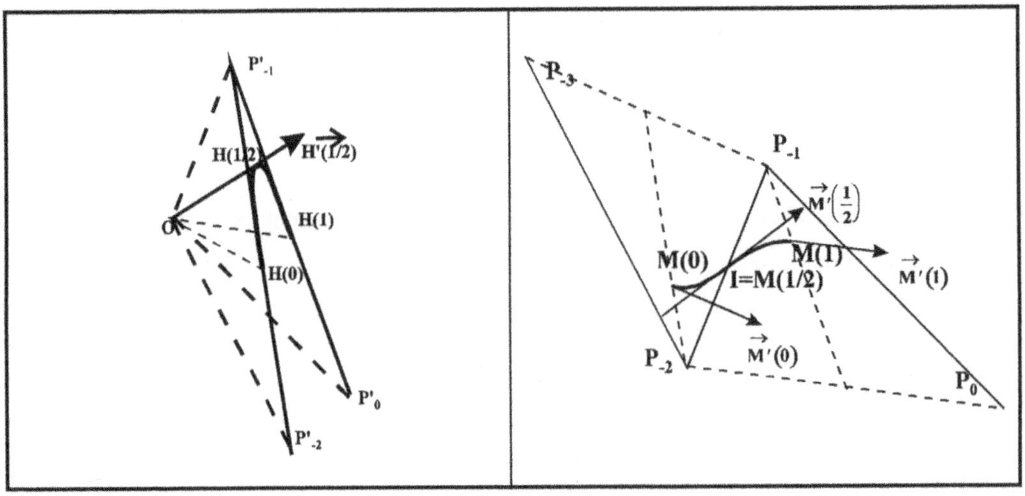


**Remarque.**
On peut également, comme dans le cas des points de rebroussement, donner une solution directe du problème 3.
On peut aussi, en prenant le point O à l'intersection de deux tangentes à l'arc de parabole, construire des cubiques avec deux points d'inflexion sur le même arc.
On peut enfin déterminer des cubiques composées de plusieurs arcs tels que sur chacun d'eux il y ait un ou deux points d'inflexion. Le problème présent est consacré au cas de $n = 2$.

D'autres problèmes sur les cubiques B-splines uniformes peuvent se traiter géométriquement, soit de façon directe, soit avec les hodographes (Cf. exercices 36, 37,

38). Par contre les problèmes d'intersection avec des droites données ou les problèmes liés à la recherche de points doubles ne peuvent plus, en général, être traités de façon simple par ces méthodes géométriques. On trouvera, dans l'exercice 39, un exemple de construction, utilisant une méthode vectorielle, de cubiques B-splines uniformes admettant un point de croisement. Terminons ici par un autre problème de construction.

***Problème 4***

*Construire une cubique B-spline uniforme formée de deux arcs dont chacun admet un point d'inflexion.*

Par la méthode des hodographes, il suffit de construire d'abord une B-spline de degré 2 composée de deux arcs et de choisir le pôle O à l'intersection de deux tangentes respectives à ces deux arcs. Dans le dessin ci-après, on a choisi deux tangentes perpendiculaires, fournissant pour la cubique deux tangentes d'inflexion perpendiculaires.

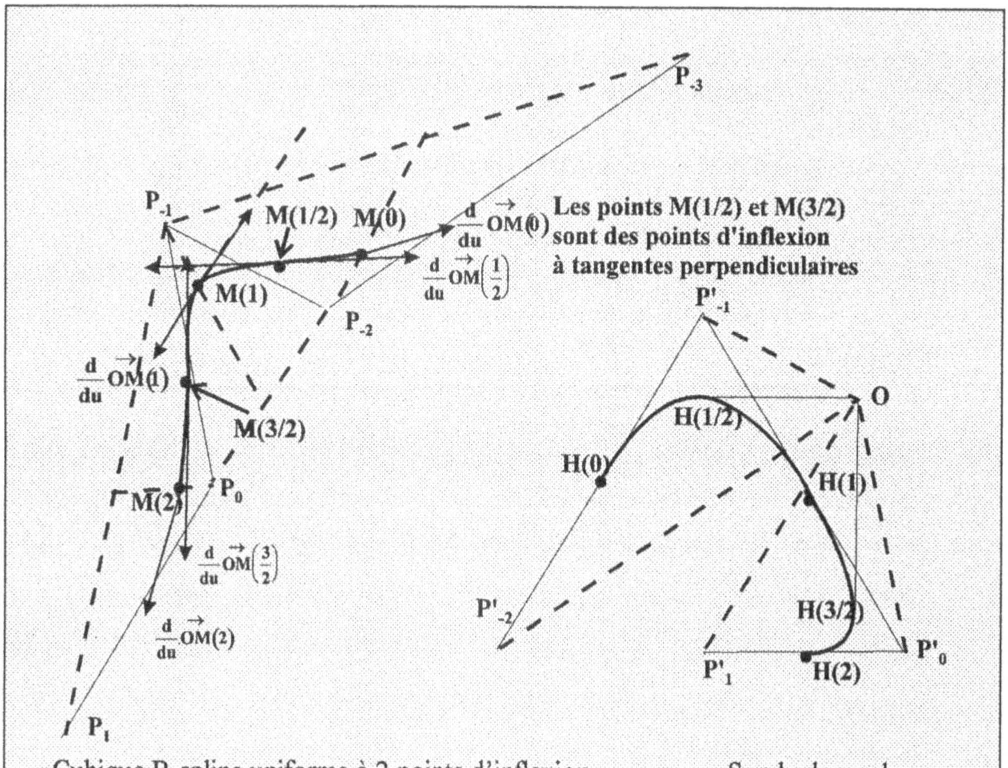

Cubique B-spline uniforme à 2 points d'inflexion Son hodographe

## 4.3. Problèmes sur les courbes du quatrième degré

La considération de l'hodographe qui est du troisième degré permet parfois la résolution de tels problèmes. Par exemple, le problème de construction d'une B-spline de degré 4 qui a des points de rebroussement est résolu en prenant le pôle O de l'hodographe sur la cubique au point de paramètre imposé ( puisque l'on sait construire géométriquement un tel point). Si on choisit un hodographe qui admet un point double (ou plutôt point de croisement), le choix de O en ce point double permet d'obtenir une courbe B-spline uniforme possédant deux points de rebroussement. En jouant sur le nombre des arcs composant l'hodographe, on peut obtenir un nombre de points de rebroussements supérieur à 2.

Puisque l'on sait construire la tangente en un point d'une courbe B-spline cubique, on peut également, en prenant le pôle O sur une telle tangente, construire des courbes de degré 4 admettant des points d'inflexion.

## 5. FONCTIONS POLYNOMIALES B-SPLINES GENERALES

### *5.1. Introduction*

◆Les fonctions B-splines sont définies classiquement par les formules récursives proposées par Cox et De Boor (Cf. **[18]**, **[19]**, **[20]**).

◆ On va bâtir une famille de fonctions dépendant de nombreux paramètres. Ce grand nombre de paramètres permet de choisir parmi les nombreux cas de B-splines obtenues celles qui conviennent le mieux à l'utilisateur. Dans le cas des courbes B-splines uniformes, on disposait déjà du choix du nombre et de la disposition relative des points de définition, mais les extrémités des intervalles partiels étaient imposés comme étant des entiers consécutifs. Une disposition plus générale est obtenue en remplaçant ces entiers par des réels quelconques. Cette généralisation revient, en fait, à considérer des combinaisons linéaires de fonctions puissances unilatérales où les zéros de ces fonctions puissances, appelés des noeuds, ne sont plus forcément des entiers consécutifs

◆ Cette famille contient des fonctions à **influence localisée** , c'est à dire des fonctions nulles partout sauf sur des intervalles précis de « petites » longueurs.

◆ L'expression de la récursivité s'exprime par une relation généralisant celle constatée pour les fonctions B-splines uniformes. On remarque que cette dernière relation peut s'écrire (Cf.§3.2.1) sous la forme :

$$S_m^i(u) = u_m^i . S_{m-1}^i + \left(1 - u_m^{i+1}\right) . S_{m-1}^{i+1} \text{ avec } u_m^i = \frac{u-i}{m}$$

L'intervention de ces coefficients $u_m^i$, en particulier pour ce qui concerne les aspects barycentriques, est essentielle pour les propriétés des fonctions et des courbes B-splines uniformes. Si l'on effectue une transformation affine qui transforme le segment $[i,i+1]$ en le segment $[t_i,t_{i+1}]$, le coefficient $u_m^i$ devient $\mu_m^i = \dfrac{u-t_i}{t_{i+m}-t_i}$ et le coefficient $1-u_m^{i+1}$ devient $1-\dfrac{u-t_{i+1}}{t_{i+m+1}-t_{i+1}} = \dfrac{t_{i+m+1}-u}{t_{i+m+1}-t_{i+1}}$, ces coefficients restant dans l'intervalle $[0,1]$ lorsque $u$ appartient respectivement à $[t_i,t_{i+1}]$ et $[t_{i+1},t_{i+2}]$. On généralise ainsi, de façon logique, les fonctions S en gardant toutes les chances d'obtenir des propriétés analogues.

◆Ces définitions et les premières propriétés de ces fonctions étant données, on donnera une définition explicite à l'aide des opérateurs de différences divisées dont on donne à cette occasion quelques propriétés, opérateurs qui permettent des calculs numériques plus systèmatiques.

### *5.2 Vecteur noeud*

Un vecteur-noeud ou vecteur nodal est une suite non décroissante de nombres réels appelés **valeurs nodales** ou **noeud** .

Exemple 1 : $0,1,2,3,4,5$ , suite d'entiers consécutifs.

Exemple 2 : $0,0,1,2,3,3$ , suite d'entiers croissante au sens large avec des valeurs nodales multiples.

Exemple 3 : $0,2\,;\,0,3\,;0,4\,;0,52\,;0,6$, suite strictement croissante de réels.

Le noeud $t_i$ est *simple* si $t_{i-1} < t_i < t_{i+1}$, il est dit multiple *d'ordre* $p$ si : $t_{i-1} < t_i = t_{i+1} = t_{i+2} = \ldots = t_{i+p-1} < t_{i+p}$.

Le vecteur-noeud $(t_0, t_1, \ldots\ldots, t_k)$ est dit « *non périodique* » si la première valeur nodale et la dernière valeur nodale sont répétées $p+1$ fois, par exemple $(0,0,0,1,2,3,4,4,4)$.

Lorsque les valeurs nodales non répétées sont également espacées, le vecteur-noeud est dit « <u>uniforme</u> ». Par exemple, $(0,1,2,3,4)$, mais aussi $(0,0,1,2,3,3)$ qui est un vecteur-noeud non périodique.

Le vecteur-noeud est dit « *non uniforme* » si les valeurs non répétées ne sont pas régulièrement espacées.

### *5.3 Définition récursive (Cox et De Boor).*

Il suffit de remplacer dans la définition des splines uniformes les nombres entiers successifs qui bornent les intervalles partiels intervenant dans leur définition par la suite des valeurs nodales. La donnée d'un vecteur-noeud $(t_0, t_1, \ldots\ldots, t_k)$ va ainsi fournir la détermination de toute une famille de fonctions B-splines de la même façon que la donnée de la suite d'entiers $(-m, -m+1, \ldots, n)$ engendre les fonctions B-splines uniformes à partir de l'initialisation par les fonctions caractéristiques (de degré 0) et des formules de récursivité trouvées dans § 2.6.3.

Les fonctions B-splines générales seront notées $N_m^i$.

#### 5.3.1 Initialisation : fonctions de degré 0 et de degré 1

On remplace les intervalles d'entiers consécutifs par les intervalles $[t_i, t_{i+1}[$.

**Fonctions de degré 0**

Les $k$ fonctions $N_0^i$, où $0 \le i \le k-1$, sont les fonctions caractéristiques des intervalles $[t_i, t_{i+1}[$. On a donc : $\begin{cases} N_0^i(t) = 1 & \text{si } t \in [t_i, t_{i+1}[ \\ \quad\;\; = 0 & \text{sinon} \end{cases}$

Cet intervalle est vide (et *cela est nouveau par rapport au cas des B-splines uniformes*) lorsque le noeud d'indice *i* est multiple et, dans ce cas, la fonction $N_0^i$ est la fonction nulle sur $\mathbb{R}$.

**Fonctions de degré m=1**

On généralise les splines uniformes, fonctions affines par morceaux, définies dans §2.5. La fonction $N_1^i$ est donc logiquement, si la valeur nodale $t_{i+1}$ est simple, la fonction dont le support est $[t_i, t_{i+2}]$, dont le graphe est « triangulaire » et qui s'exprime par les formules :

$$\begin{cases} \forall t \in [t_i, t_{i+1}] \;,\; N_1^i(u) = \dfrac{u - t_i}{t_{i+1} - t_i} \\ \\ \forall t \in [t_{i+1}, t_{i+2}],\; N_1^i(u) = \dfrac{t_{i+2} - u}{t_{i+2} - t_{i+1}} \end{cases}$$

Cependant, et c'est nouveau vis-à-vis des splines uniformes, si $t_{i+1}$ est double, la fonction $N_1^i$ se réduit à la première expression et $N_1^{i+1}$ se réduit à la seconde expression sur l'intervalle $[t_{i+1}, t_{i+3}[$. Si une valeur est triple, la fonction associée est nulle. En comptant éventuellement les fonctions nulles, les fonctions affines et les fonctions triangulaires, il y a $k-1$ fonctions $N_1^i$ $(0 \le i \le k-2)$. Les graphes sont les suivants :

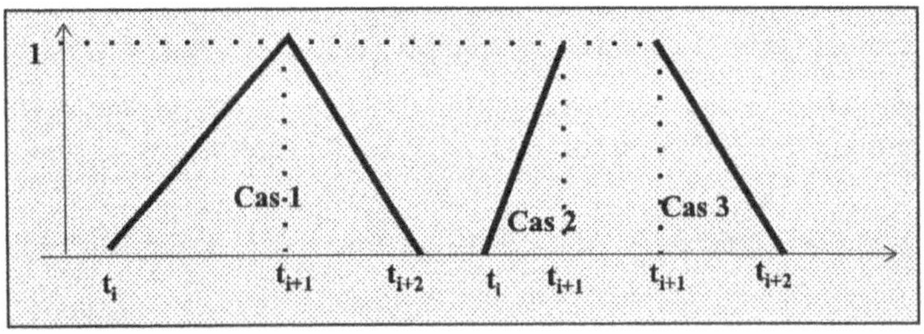


Cas 1 : $t_{i+1}$ est simple, la fonction est triangulaire. Cas 2 et cas 3 : les fonctions $N_1^i$ et $N_1^{i+1}$ sont représentées par des segments .

**Relations entre ces fonctions**

La fonction $N_1^i$ est composée de morceaux affines. On vérifie d'ailleurs que la relation qui permet de passer des fonctions de degré 0 aux fonctions de degré 1 est bien celle du type préconisé dans l'introduction 5.1, à savoir :

$$N_1^i(u) = \mu_1^0 N_0^i(u) + (1 - \mu_1^1) N_0^{i+1}(u) \text{ où } \mu_1^i = \frac{u - t_i}{t_{i+1} - t_i}$$ , d'où, plus précisément,

$$N_1^i(u) = \frac{u - t_i}{t_{i+1} - t_i} N_0^i(u) + \frac{t_{i+2} - u}{t_{i+2} - t_{i+1}} N_0^{i+1}(u),$$

où l'on convient, si **l'un des dénominateurs s'annule (cas des noeuds multiples) d'annuler le terme correspondant.**

### 5.3.2 Définition des fonctions B-splines dans le cas général

Un vecteur nodal étant donné, on utilise la définition récursive de Cox et De Boor :

*Initialisation* $(I)$ : La donnée des $N_0^i$.

*Formule récursive* $(R)$

En généralisant ainsi qu'il a été dit dans l'introduction et conformément à la relation qui permet de passer du degré 0 au degré 1, on impose la récursivité (l'indice i vérifiant $0 \le i \le k-m-1$), ce qui impose $m \le k-1$ :

$$(R) : \boxed{N_m^i(t) = \frac{t - t_i}{t_{i+m} - t_i} N_{m-1}^i(t) + \frac{t_{i+m+1} - t}{t_{i+m+1} - t_{i+1}} N_{m-1}^{i+1}(t)}.$$

avec la **convention** précédente lorsqu'un dénominateurs est nul (noeud multiple).

**Remarque :** Dans le cas où le vecteur noeud est constitué d'entiers consécutifs, on a : $t_{i+m} - t_i = i + m - i = m = t_{i+m+1} - t_{i+1}$ et on retrouve le cas des splines uniformes à ceci près que l'on n'était pas contraint alors de restreindre les valeurs de l'indice *i* puisque l'on pouvait prolonger les valeurs nodales par des entiers successifs en nombre quelconque.

## 5.4 Exemples

### 5.4.1 Cas de valeurs nodales simples

Exemple 1

On détaille la construction de $N_2^0$ dans le cas du vecteur-noeud $(t_0, t_1, t_2, t_3)$. Ici $k = 3$,

la valeur maximum du degré est donc 2 et il n'y a qu'une seule spline de degré 2.
Le schéma de récursivité est le suivant :

$$N_0^0(t),\ N_0^1(t) \longrightarrow N_1^0(t) = \frac{t-t_0}{t_1-t_0} N_0^0(t) + \frac{t_2-t}{t_2-t_1} N_0^1(t)$$

$$N_0^1(t),\ N_0^2(t) \longrightarrow N_1^1(t) = \frac{t-t_1}{t_2-t_1} N_1^0(t) + \frac{t_3-t}{t_3-t_1} N_0^2(t)$$

$$N_1^0(t),\ N_1^1(t) \longrightarrow N_2^0(t)$$

avec : $N_2^0(t) = \dfrac{t-t_0}{t_2-t_0} N_1^0(t) + \dfrac{t_3-t}{t_3-t_1} N_1^1(t)$.

Il est pratique de consigner les diverses expressions de cette fonction sur les différents intervalles dans le tableau I. Dans le tableau II, on a précisé avec l'exemple 2 associé au vecteur-noeud $(0,1,2,3)$.

Tableau I

| | | $t_0$ | $t_1$ | $t_2$ | $t_3$ |
|---|---|---|---|---|---|
| $N_0^0(t)$ | 0 | 1 | 0 | 0 | 0 |
| $N_0^1(t)$ | 0 | 0 | 1 | 0 | 0 |
| $N_0^2(t)$ | 0 | 0 | 0 | 1 | 0 |
| $N_1^0(t)$ | 0 | $\frac{t-t_0}{t_1-t_0}$ | $\frac{t_2-t}{t_2-t_1}$ | 0 | 0 |
| $N_1^1(t)$ | 0 | 0 | $\frac{t-t_1}{t_2-t_1}$ | $\frac{t_3-t}{t_3-t_2}$ | 0 |
| $N_2^0(t)$ | 0 | $\frac{t-t_0}{t_2-t_0} \times \frac{t-t_0}{t_1-t_0}$ | $\frac{t-t_0}{t_2-t_0} \times \frac{t_2-t}{t_2-t_1} + \frac{t_3-t}{t_3-t_1} \times \frac{t-t_1}{t_2-t_1}$ | $\frac{t_3-t}{t_3-t_2} \times \frac{t_3-t}{t_3-t_1}$ | |

Tableau II

| t | | 0 | 1 | 2 | 3 |
|---|---|---|---|---|---|
| $N_0^0(t)$ | 0 | 1 | 0 | 0 | 0 |
| $N_0^1(t)$ | 0 | 0 | 1 | 0 | 0 |
| $N_0^2(t)$ | 0 | 0 | 0 | 1 | 0 |
| $N_1^0(t)$ | 0 | t | 2-t | 0 | 0 |
| $N_1^1(t)$ | 0 | 0 | t-1 | 3-t | 0 |
| $N_2^0(t)$ | 0 | $\frac{t^2}{2}$ | $\frac{-2t^2+6t-3}{2}$ | $\frac{(t-3)^2}{2}$ | |

**Graphiques de ces fonctions**

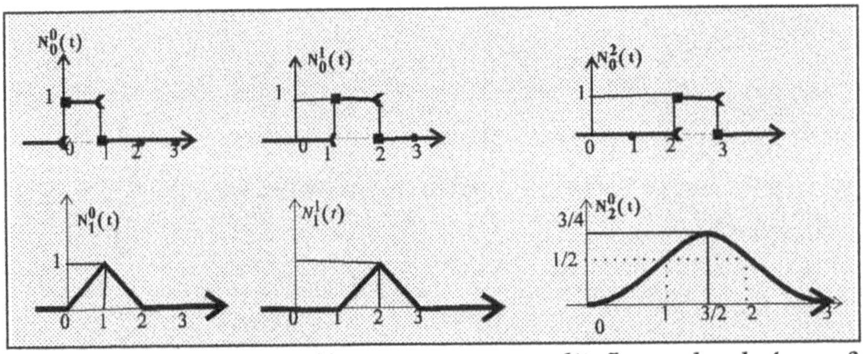

Dans ces tableaux et sur ces graphiques, on peut noter *l'influence locale* de ces fonctions qui croît avec le degré de la fonction :
Ainsi, au degré 0, $N_0^0(t)$ $N_0^1(t)$ $N_0^2(t)$ ne sont non nulles que sur un intervalle.

- au degré 1, $N_1^1(t)$ $N_1^0(t)$ sont non nulles sur 2 intervalles contigus.
- au degré 2, $N_2^0(t)$ est non nulle sur trois intervalles contigus.

On peut aussi noter que la régularité (continuité, dérivabilité,..) augmente en même temps que le degré :
Ainsi, au degré 0, $N_0^0$ $N_0^1$ $N_0^2$ ne sont pas continues.

-au degré 1, $N_1^1$ et $N_1^0$ sont continues et même de classe $\mathcal{C}^1$ par morceaux.

- au degré 2, $N_2^0$ est continûment dérivable à l'ordre 1, donc de classe $\mathcal{C}^1$, mais la dérivée seconde n'est pas partout continue ; en fait, elle est de classe $\mathcal{C}^2$ par morceaux.

**Exemple 3**
A partir du vecteur-noeud $(0,1,2,3)$, on peut, $t_0$ étant un réel arbitraire, considérer les fonctions B-splines associées au vecteur-noeud $(t_0, t_0+1, t_0+2, t_0+3)$ déduit par translation du vecteur-noeud précédent. Alors, ces fonctions sont les translatées respectives d'indice $t_0$ des fonctions de l'exemple précédent.

### 5.4.2 Cas de valeurs nodales multiples

**Exemple 4** *(où l'on retrouve les polynômes de Bernstein de degré 2)*
Soit le vecteur- noeud $(0,0,1,1)$. On a facilement avec les conventions faites pour les dénominateurs nuls :

Au degré 0, une seule fonction est non nulle, c'est $N_0^1$ caractéristique de $[0,1[$.

Au degré 1, $N_1^0(t) = 1-t$ sur $[0,1[$, nulle ailleurs

et $N_1^1(t) = t$ sur $[0,1[$, nulle ailleurs.

On reconnaît, dans ces fonctions, les polynômes de Bernstein :

$N_1^0 = B_1^0$, $N_1^1 = B_1^1$ sur le même segment $[0,1[$ .

Remarquons, ce qui sera repris plus tard au niveau des courbes B-splines, que cet exemple se généralise. Si le vecteur noeud est $(0,0,0,1,1,1)$, on trouve en effet, au degré 2 : $N_2^0 = B_2^0, N_2^1 = B_2^1$ *et* $N_2^2 = B_2^2$, et, de façon plus générale, $N_m^i = B_m^i$ sur $[0,1]$ dans le cas du vecteur-noeud constitué des m+1 valeurs nodales 0 suivies des m+1 valeurs nodales 1. On ajoute que dans ces conditions, la somme des splines de ce degré m, sur le seul segment nodal non vide, est égale à 1, cette propriété importante, repérée dans ce cas particulier devra être généralisée.

**Exemple 5**

Soit le vecteur-noeud $(0,1,2,2,3,4)$ où 2 est une valeur nodale double.

Au degré 0, la fonction $N_0^2$ est nulle, les autres sont les fonctions carctéristiques de $[0,1[$, de $[1,2[$, de $[2,3[$ et de $[3,4[$.

Au degré 1, les calculs donnent les résultats consignés dans le tableau suivant. On y remarque que les fonctions $N_1^1$ et $N_1^2$ ne sont plus continues, les autres $N_1^0$ et $N_1^3$ ont conservé leur continuité. La somme de ces fonctions de même degré 1 est égale à 1 sur le seul intervalle $[1,3[$.

| $t$ | 0 — 1 | 1 — 2 | 2 — 3 | 3 — 4 |
|---|---|---|---|---|
| $N_1^0(t)$ | $t$ | 2-$t$ | 0 | 0 |
| $N_1^1(t)$ | 0 | $t$-1 | 0 | 0 |
| $N_1^2(t)$ | 0 | 0 | 3-$t$ | 0 |
| $N_1^3(t)$ | 0 | 0 | $t$-2 | 4-$t$ |

dont les graphiques sont reproduits ci-dessous :

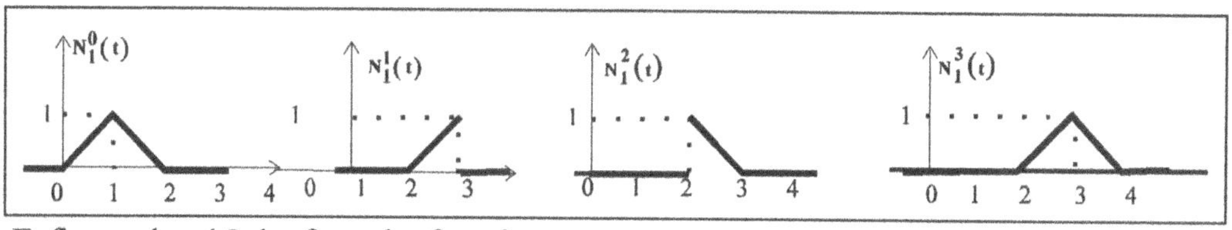


Enfin, au degré 2, les formules fournissent :

$$N_2^0(t)=\frac{t-t_0}{t_2-t_0}.N_1^0(t)+\frac{t_3-t}{t_3-t_1}.N_1^1(t)=\frac{t}{2}.N_1^0(t)+(2-t).N_1^1(t),$$

$$N_2^1(t)=\frac{t-t_1}{t_3-t_1}.N_1^1(t)+\frac{t_4-t}{t_4-t_2}.N_1^2(t)=(t-1).N_1^1(t)+(3-t).N_1^2(t)$$

$$N_2^2(t)=\frac{t-t_2}{t_4-t_2}.N_1^2(t)+\frac{t_5-t}{t_5-t_3}.N_1^3(t)=(t-2).N_1^2(t)+\frac{4-t}{2}.N_1^2(t).$$

d'où le tableau des expressions, puis les graphiques :

| $t$ | 0 — 1 | 1 — 2 | 2 — 3 | 3 — 4 |
|---|---|---|---|---|
| $N_2^0(t)$ | $\frac{t^2}{2}$ | $\frac{1}{2}(2-t)(3t-2)$ | 0 | 0 |
| $N_2^1(t)$ | 0 | $(t-1)^2$ | $(3-t)^2$ | 0 |
| $N_2^2(t)$ | 0 | 0 | $\frac{1}{2}(t-2)(10-3t)$ | $\frac{1}{2}(4-t)^2$ |

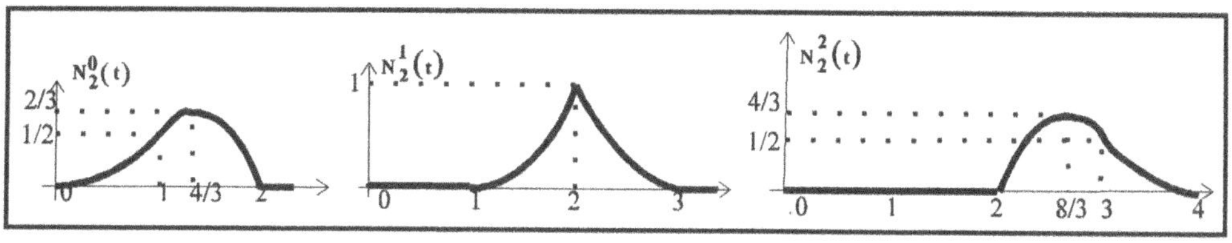

La fonction $N_2^0$ est continûment dérivable sauf au point $t=2$ pour lequel les dérivées à droite et à gauche sont distinctes. De même pour les autres fonctions qui ne sont pas dérivables non plus en ce point. Remarquons aussi que la somme de ces fonctions n'est égale à 1 sur aucun intervalle.
Bien entendu, en utilisant les fonctions translatées de $t_0$ de ces fonctions, on obtient les B-splines associées au vecteur-noeud $(t_0, t_0+1, t_0+2, t_0+2, t_0+3, t_0+4)$.

**Exemple 6**

Soit le vecteur-noeud $(0,0,0,0,1,2,3,3,3,3)$ non périodique, avec des valeurs nodales d'ordre 4 aux extrémités.
Au degré 0, les fonctions $N_0^0, N_0^1, N_0^2, N_0^6, N_0^7, N_0^8$ sont les fonctions nulles, les autres sont les fonctions caractéristiques de $[0,1[$, de $[1,2[$ et de $[2,3[$.
Pour les fonctions non nulles de degré 1, on obtient :

$$N_1^2(t)=(1-t).N_0^3(t)\ ,\ N_1^3(t)=t.N_0^3(t)+(2-t).N_0^4(t),$$
$$N_1^4(t)=(t-1).N_0^4(t)+(3-t)N_0^5(t) \text{ et } N_1^5(t)=(t-2).N_0^5(t).$$

D'où le tableau des expressions de ces fonctions ( $N_1^0, N_1^1, N_1^6, N_1^7$ sont nulles) :

| $t$ | 0(valeur d'ordre 4) | 1 | 2 (valeur d'ordre 4) 3 |
|---|---|---|---|
| $N_1^2(t)$ | $1-t$ | 0 | 0 |
| $N_1^3(t)$ | $t$ | $2-t$ | 0 |
| $N_1^4(t)$ | 0 | $t-1$ | $3-t$ |
| $N_1^5(t)$ | 0 | 0 | $t-2$ |

On en déduit les graphes de ces fonctions en remarquant, en ce qui concerne l'influence localisée de ces fonctions, que deux d'entre elles agissent sur un intervalle de longueur 1 et les deux autres sur des intervalles de longueur 2 : On remarque aussi que la somme de ces fonctions est égale à 1 pour toutes les valeurs de $[0,3[$, propriété qui tient à la présence des valeurs nodales initiales et finales qui sont multiples

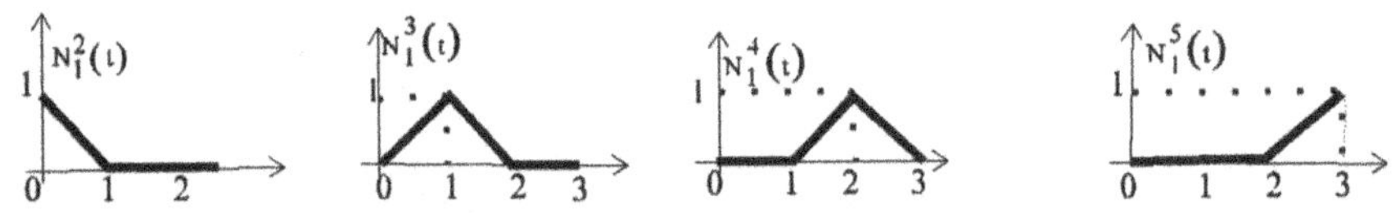


Pour les fonctions non nulles de degré 2, on obtient les résultats suivants :
Les fonctions $N_2^0$ *et* $N_2^6$ sont nulles et les autres vérifient :

$$N_2^1(t)=(1-t).N_1^2(t)\ ,\ N_2^2(t)=t.N_1^2(t)+\frac{(2-t)}{2}.N_1^3(t),\ \ N_2^3(t)=\frac{t}{2}.N_1^3(t)+\frac{(3-t)}{2}.N_1^3(t)$$
$$N_2^4(t)=\frac{t-1}{2}.N_1^4(t)+(3-t).N_1^5(t)\ \ ,\ N_2^5(t)=(t-2).N_1^5(t)$$

Les expressions sont résumées dans le tableau ci-après :

| t | 0 | 1 | 2 3 |
|---|---|---|---|
| $N_2^1(t)$ | $(1-t)^2$ | 0 | 0 |
| $N_2^2(t)$ | $\frac{t}{2}(4-3t)$ | $\frac{(2-t)^2}{2}$ | 0 |
| $N_2^3(t)$ | $\frac{t^2}{2}$ | $\frac{1}{2}\left(-2t^2+6t-3\right)$ | $\frac{(3-t)^2}{2}$ |
| $N_2^4(t)$ | 0 | $\frac{(t-1)^2}{2}$ | $\frac{1}{2}(3-t)(3t-5)$ |
| $N_2^5(t)$ | 0 | 0 | $(t-2)^2$ |

Au sujet de l'influence localisée de ces fonctions, remarquons encore sur cet exemple de splines de degré 2, que deux d'entre elles agissent sur des intervalles de longueur 1, deux autres sur des intervalles de longueur 2 et une autre sur un intervalle de longueur 3.
Les allures des graphiques de ces fonctions sont indiquées ci-dessous et on remarque encore que la somme de toutes ces fonctions est égale à 1 sur $[0,3[$ :

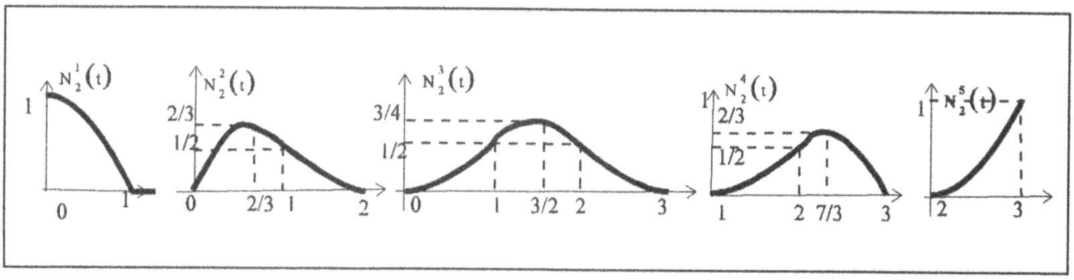


Enfin les 6 fonctions de degré 3 sont définies par :

$$N_3^0(t)=(1-t).N_2^1,\quad N_3^1(t)=t.N_2^1+\frac{2-t}{2}.N_2^2,\quad N_3^2(t)=\frac{t}{2}.N_2^2+\frac{3-t}{2}.N_2^3,$$

$$N_3^3(t)=\frac{t}{3}.N_2^3+\frac{3-t}{2}.N_2^4,\quad N_3^4(t)=\frac{t-1}{2}.N_2^4+(3-t).N_2^5,\quad N_3^5(t)=(t-2).N_2^5$$

Le tableau des expressions s'en déduit :

| $t$ | 0 | 1 | 2 3 |
|---|---|---|---|
| $N_3^0$ | $(1-t)^3$ | 0 | 0 |
| $N_3^1$ | $\frac{t}{4}\left(7t^2-18t+12\right)$ | $\frac{(2-t)^3}{4}$ | 0 |
| $N_3^2(t)$ | $\frac{t^2}{12}(-11t+18)$ | $\frac{1}{12}\left(7t^3-36t^2+54t-18\right)$ | $\frac{(3-t)^3}{6}$ |
| $N_3^3(t)$ | $\frac{t^3}{6}$ | $\frac{1}{12}\left(7t^3+27t^2-27t+9\right)$ | $\frac{1}{12}(3-t)^2(11t-15)$ |
| $N_3^4(t)$ | 0 | $\frac{(t-1)^3}{4}$ | $\frac{(3-t)}{4}\left(7t^2-24t+21\right)$ |
| $N_3^5(t)$ | 0 | 0 | $(t-2)^3$ |

Les graphiques des trois premières fonctions sont décrits ci-dessous, le soin est laissé au lecteur de construire les trois autres. Encore une fois, on constate la propriété de la somme des fonctions de même degré d'être égale à 1 sur $[0,3[$.

Il est bon aussi de continuer les remarques sur les longueurs des intervalles sur lesquels agissent ces fonctions.

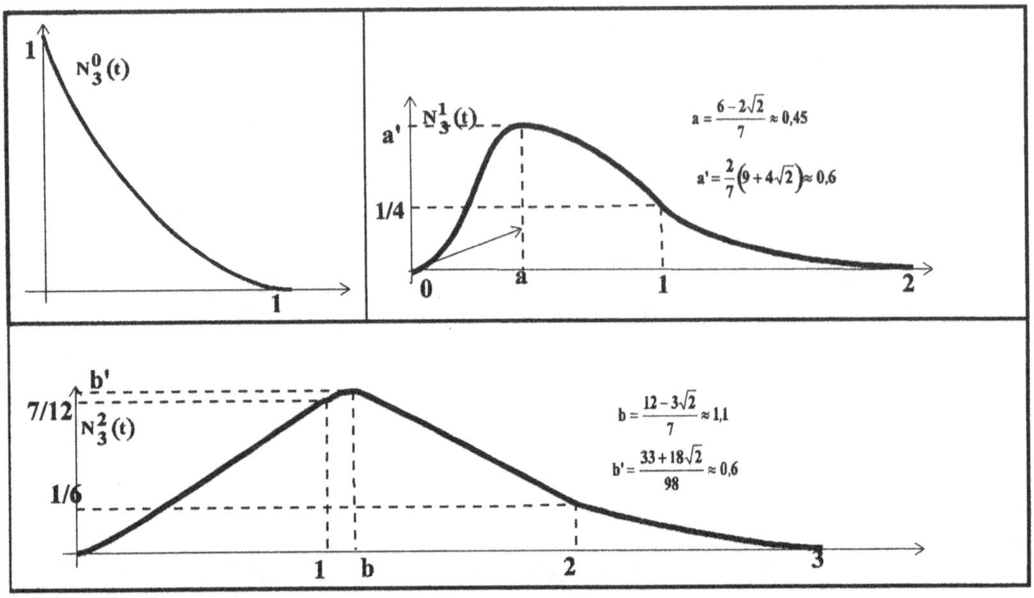


### *5.5. Notion de différences divisées*

Dans ce qui suit, on introduit les **notations** suivantes : Une suite ordonnée et croissante de $n+1$ nombres $(a)=(a_0,a_1,a_2,\ldots,a_n)$ étant donnée, on désigne par $(a)_n^\wedge$ la suite de $n$ nombres obtenue en enlevant le dernier terme, à savoir $(a)_n^\wedge = (a_0,a_1,a_2,\ldots,a_{n-1})$ et par $(a)_0^\wedge$ la suite obtenue en enlevant le premier terme, autrement dit : $(a)_0^\wedge = (a_1, a_2,\ldots,a_n)$.

#### 5.5.1. Définitions

Une suite $(a)=(a_0,a_1)$ de deux nombres et une fonction $f$, que l'on suppose au moins dérivable à droite au point $a_0$ [1] si $a_1=a_0$, étant données, on définit la différence divisée d'ordre 1 de $f$ relativement à cette suite ; il s'agit de :

$$D_1[(a_0, a_1);f] = \frac{f(a_1)-f(a_0)}{a_1-a_0} \quad \text{si } a_0 \neq a_1$$

$$= f'(a_{0+}) \qquad \textit{sinon}$$

Une fonction $f$ et la suite $(a)=(a_0,a_1,a_2)$ de nombres étant donnés, on définit la différence divisée d'ordre 2 relativement à la suite $(a)$ ; il s'agit de :

---

[1] La dérivée à droite, au point a, de la fonction f, définie par : $\lim_{x\to a+} \frac{f(x)-f(a)}{x-a}$ est notée $f'(a_+)$.

$$D_2[(a);f]=\frac{D_1[(a_1,a_2);f]-D_1[(a_0,a_1);f]}{a_2-a_0}$$
$$=\frac{1}{2}f''(a_{0+})\quad si\ a_1=a_2=a_0$$

Remarquons que la première formule s'applique dans les deux cas qui pourraient paraître singuliers, à savoir : $a_0=a_1<a_2$ et $a_0<a_1=a_2$.

De proche en proche, on définit finalement la différence divisée d'ordre $n$ de $f$ par récurrence. La suite non décroissante $(a)$ de $n+1$ nombres $a_0, a_1, a_2, \dots, a_n$, pris dans cet ordre, étant donnée, la différence divisée d'ordre $n$ relativement à la suite $(a)$ est :

$$D_n[(a);f]=\frac{D_{n-1}[(a)_0^\wedge;f]-D_{n-1}[(a)_n^\wedge;f]}{a_n-a_0}=\frac{D_{n-1}[a_1,a_2,,a_n;f]-D_{n-1}[a_0,a_1,..a_{n-1};f]}{a_n-a_0}$$
$$=\frac{1}{n!}f^{(n)}(a_{0+})\quad si\ a_0=a_1=a_2=\dots\dots=a_n$$

Dans ce qui suit, nous appliquons ces définitions aux fonctions $f$ du type $f(t)=(u-t)_+^k$ qui sont bien dérivables à droite en tous les points $t$, **u étant fixé**.

### 5.5.2 Exemples

Soient $f(t)=(u-t)_+^1$ et la suite définie par $(a)=(0,1,2,2,3,4)$ de l'exemple 5 précédent. On calcule $D_2[1,2,2;f]$ et on le compare à des fonctions $N$ de cet exemple :

$$D_2[1,2,2;f]=\frac{1}{2-1}(D_1[2,2;f]-D_1[1,2;f])=f'(2+0)-f(2)+f(1)$$
$$=-(u-2)_+^0-(u-2)_+^1+(u-1)_+^0=\begin{cases}0 & \text{si } u<1\\ u-1 & \text{si } 1\le u<2\\ -1-(u-2)+(u-1)=0 & \text{si } u\ge 2\end{cases}$$

On constate que l'on trouve $N_1^1(u)$ de cet exemple 5.

En utilisant la suite $(0,0,0,0,1,2,3,3,3,3)$ de l'exemple 6 et la fonction $t\mapsto(u-t)_+^3$, on a :

$$D_4[0,0,0,0,1;f]=D_3[0,0,0,1;f]-D_3[0,0,0,0;f]=D_2[0,0,1;f]-D_2[0,0,0;f]-\frac{f'''(+0)}{6}$$
$$=D_1[0,1;f]-D_1[0,0;f]-\frac{f''(+0)}{2}-\frac{f'''(+0)}{6}$$
$$=(u-1)_+^3-(u)_+^3+3(u)_+^2-3(u)_+^1+(u)_+^0=\begin{cases}0 & \text{si } u<0\\ -(u-1)^3 & \text{si } 0\le u<1\\ 0 & \text{si } u\ge 1\end{cases}$$

On constate que l'on obtient $N_3^0(u)$ de cet exemple 6, au signe prés.

Pour ce qui va suivre, on remarque que ces fonctions puissances unilatérales peuvent s'écrire, si $k\ge 1$, $f(t)=(u-t)_+^k=(u-t)(u-t)_+^{k-1}$, c'est pourquoi, pour des preuves de démonstrations ultérieures, nous avons besoin de chercher les différences divisées de tels produits[1].

**5.5.3. Différences divisées de (u-t)h(t).**

La fonction $f$ considérée est ici, **u étant un réel fixé pour l'instant,** $t \mapsto (u-t)h(t)$. Etablissons, par récurrence, une formule donnant les différences divisées de $f$ à l'aide de celles de $h$. On se donne la suite $t_0, t_1, \dots, t_n$ que l'on note également $(s)$.

**Différence d'ordre 1**

On prouve les formules suivantes (analogues à la dérivée d'un produit, puisque la dérivée de $t \to u-t$ est -1) :

$$\boxed{D_1[t_0,t_1;(u-t)h] = (u-t_1)D_1[t_0,t_1;h] - h(t_0) = (u-t_0)D_1[t_0,t_1;h] - h(t_1)}$$

En effet :

$$D_1[t_0,t_1;(u-t)h] = \frac{(u-t_1)h(t_1)-(u-t_0)h(t_0)}{t_1-t_0} = (u-t_1)\frac{h(t_1)-h(t_0)}{t_1-t_0} - h(t_0)\frac{u-t_0-u+t_1}{t_1-t_0}$$
$$= (u-t_0)\frac{h(t_1)-h(t_0)}{t_1-t_0} - h(t_1)\frac{u-t_0-u+t_1}{t_1-t_0}$$

On vérifie que cette formule est également vraie pour $t_0 = t_1$, les 2 membres sont en effet égaux à : $(u-t_0)h'(t_0+0) - h(t_0+0)$.

**Différence divisée d'ordre 2.**

On montre, par application de ce premier résultat, que :

$$\boxed{\begin{aligned} D_2[t_0,t_1,t_2;(u-t)h(t)] &= (u-t_2)D_2[t_0,t_1,t_2;h] - D_1[t_0,t_1\ ;h] \\ &= (u-t_0)D_2[t_0,t_1,t_2;h] - D_1[t_1,t_2\ ;h] \end{aligned}}$$

En effet, en utilisant judicieusement l'une ou l'autre des formules du résultat précédent,

$$(t_2-t_0)D_2[t_0,t_1,t_2;(u-t)h(t)] = D_1[t_1,t_2\ ;(u-t)h] - D_1[t_0,t_1\ ;(u-t)h]$$
$$= (u-t_2)D_1[t_1,t_2;h] - h(t_1) - (u-t_0)D_1[t_0,t_1\ ;h] + h(t_1)$$
$$= (u-t_2)(D_1[t_1,t_2;h] - D_1[t_0,t_1\ ;h]) + (u-t_2-u+t_0)D_1[t_0,t_1\ ;h]$$
$$= (u-t_0)(D_1[t_1,t_2;h] - D_1[t_0,t_1\ ;h]) + (u-t_2-u+t_0)D_1[t_1,t_2\ ;h]$$

En divisant par $t_2 - t_0$ supposé non nul, on a la formule double annoncée.

Dans le cas de $t_2 - t_0 = 0$, le premier membre est $\frac{1}{2}[(u-t)h]''(t_0+0)$ qui donne bien $(u-t_0)\frac{h''(t_0+0)}{2} - h'(t_0+0)$. La formule est donc générale.

---

[1] Les différences divisées d'un produit conduisent, dans le cas général à une formule de type Leibniz concernant la dérivée d'ordre $n$ d'un produit (Cf. **[3]** ).

**Différence divisée à l'ordre n**

Montrons, par récurrence, que cette formule donne pour la suite $s=(t_0,t_1,\ldots,t_n)$ et la différence divisée d'ordre $n$ :

$$\boxed{\begin{aligned} D_n\left[s;(u-t)h\right] &= (u-t_n)D_n\left[s;h\right]-D_{n-1}\left[(s)_n^\wedge\;;h\right] \\ &= (u-t_0)D_n\left[s;h\right]-D_{n-1}\left[(s)_0^\wedge\;;h\right] \end{aligned}}$$

On suppose donc que cette formule est vraie pour les différences divisées d'ordre *n-1* , la suite $s$ étant alors remplacée par $(s)_0^\wedge$ ou bien par $(s)_n^\wedge$. On a alors :

$$(t_n-t_0)D_n\left[s;(u-t)h\right]=D_{n-1}\left[(s)_0^\wedge;(u-t)h\right]-D_{n-1}\left[(s)_n^\wedge\;;(u-t)h\right]$$
$$=(u-t_n)D_{n-1}\left[(s)_0^\wedge;h\right]-D_{n-2}\left[t_1,t_2,\ldots,t_{n-1};h\right]-(u-t_0)D_{n-1}\left[(s)_n^\wedge\;;h\right]+D_{n-2}\left[t_1,\ldots t_{n-1};h\right]$$
$$=(u-t_n)\left(D_{n-1}\left[(s)_0^\wedge;h\right]-D_{n-1}\left[(s)_n^\wedge\;;h\right]\right)-(t_{n+1}-t_0)D_{n-1}\left[(s)_{n+1}^\wedge\;;h\right]$$

D'où une des formules voulues en divisant par $(t_n-t_0)$ si cette différence est non nulle, l'autre version s'obtient en remplaçant le facteur $u-t_n$ par $u-t_0$. Reste le cas où $t_n=t_0$, cas pour lequel la différence divisée est $\frac{1}{n!}\left[(u-t)h\right]^{(n)}(t_0+0)$, ce qui, en utilisant la formule de Leibniz, fournit $\frac{(u-t_0)}{n!}h^{(n)}(t_0+0)-\frac{1}{(n-1)!}h^{(n-1)}(t_0+0)$ établissant ainsi la formule dans ce cas.

Finalement, la formule de différences divisées de ce produit par $(u-t)$ est démontrée.

## *5.6. Définition explicite des B-splines par les différences divisées*

Etant donné le vecteur noeud $t_0,t_1,\ldots,t_k$, on lui associe la famille des fonctions splines définie précédemment par une relation de récurrence. L'objectif est de montrer, comme il est vu dans les exemples 5.5.2, que toutes ces fonctions de $u$ sont des différences divisées.

### 5.6.1 Cas du degré m=0 (on suppose donc k>1)

Calculons $D_1\left[t_0,t_1\;;(u-t)_+^0\right]$, d'abord si $t_0\neq t_1$ :

$$D_1\left[t_0,t_1\;;(u-t)_+^0\right]=\frac{(u-t_1)_+^0-(u-t_0)_+^0}{t_1-t_0}=\begin{cases}\dfrac{-1}{t_1-t_0} & \text{si } t\in[t_0,t_1[\\ 0 & \text{sinon}\end{cases}$$

et comme la dérivée à droite en t de $(u-t)_+^0$ est nulle, on obtient la fonction nulle dans le cas où $t_0=t_1$. De plus, le résultat analogue est vrai sur l'intervalle $[t_i,t_{i+1}[$. En conclusion : $\boxed{N_0^i(u)=(-1)(t_{i+1}-t_i)D_1\left[t_i,t_{i+1};(u-t)_+^0\right]}$.

**5.6.2 Cas du degré m=2 (on suppose k>2)**

On remarque d'abord que $(u-t)_+^1=(u-t)(u-t)_+^0$, ce qui donne l'occasion d'utiliser la différence divisée d'un produit du type $(u-t)h(t)$.

Calculons $(t_2-t_0)D_2\left[t_0,t_1,t_2;(u-t)_+^1\right]$ de cette façon :

$$(t_2-t_0)D_2\left[t_0,t_1,t_2;(u-t)(u-t)_+^0\right]=\left\{D_1\left[t_1,t_2;(u-t)(u-t)_+^0\right]-D_1\left[t_0,t_1;(u-t)(u-t)_+^0\right]\right\}$$

$$=\left\{(u-t_2)D_1\left[t_1,t_2;(u-t)_+^0\right]-(u-t_1)_+^0-(u-t_0)D_1\left[t_0,t_1;(u-t)_+^0\right]+(u-t_1)_+^0\right\}$$

$$=-\frac{u-t_2}{t_2-t_1}N_0^1(u)+\frac{u-t_0}{t_1-t_0}N_0^0(u)=N_1^0(u)$$

Ceci en utilisant la récurrence qui fait passer des fonctions $N_0^i$ aux fonctions $N_1^j$. En remplaçant les indices *1* et *2* par *i* et *i +1*, on peut conclure à la formule :

$$\boxed{N_1^i(u)=(-1)^2(t_{i+2}-t_i)D_2\left[t_i,t_{i+1},t_{i+2};(u-t)_+^1\right]}$$

La démonstration a été faite dans le cas où les noeuds étaient tous simples, on peut vérifier que la formule est vraie même dans le cas de noeuds multiples.

**5.6.3 Cas de m quelconque (on suppose k>m)**

Démontrons la formule :

$$N_m^i(u)=(-1)^{m+1}(t_{i+m+1}-t_i)D_{m+1}\left[t_i,t_{i+1},\dots,t_{i+m+1};(u-t)_+^m\right].$$

Comme cette formule est vérifiée pour le degré 1, il suffit de montrer qu'en supposant cette formule vraie pour le degré $m-1$, on a la même récurrence pour le second membre de la formule précédente que celle qui gouverne les fonctions $N_m^i$.

En utilisant, comme dans le cas de la démonstration de 5.6.2, la définition de la différence divisée d'ordre $m+1$, puis les deux formules des différences divisées du produit $(u-t)_+^m=(u-t)(u-t)_+^{m-1}$ (utilisées judicieusement de sorte que la différence d'ordre $m-1$ s'élimine), on a successivement :

$$(-1)^{m+1}(t_{i+m+1}-t_i)D_{m+1}\left[t_i,t_{i+1},\dots,t_{i+m+1};(u-t)_+^m\right]$$

$$=(-1)^{m+1}\left\{D_m\left[t_{i+1},\dots,t_{i+m+1};(u-t)(u-t)_+^{m-1}\right]-D_m\left[t_i,t_{i+1},\dots,t_{i+m};(u-t)(u-t)_+^m\right]\right\}$$

$$=(-1)^{m+1}\left\{\begin{array}{l}(u-t_{i+m+1})D_m\left[t_{i+1},\dots,t_{i+m+1};(u-t)_+^{m-1}\right]-D_m\left[t_{i+1},\dots,t_{i+m};(u-t)_+^{m-1}\right]\\-(u-t_i)D_m\left[t_i,t_{i+1},\dots,t_{i+m};(u-t)_+^m\right]+D_m\left[t_{i+1},\dots,t_{i+m};(u-t)_+^{m-1}\right]\end{array}\right\}$$

$$=(-1)^m\left\{(u-t_i)D_m\left[t_i,t_{i+1},\dots,t_{i+m};(u-t)_+^m\right]+(t_{i+m+1}-u)D_m\left[t_{i+1},\dots,t_{i+m+1};(u-t)_+^{m-1}\right]\right\}$$

car les différences d'ordre $m-1$ se suppriment. En utilisant l'hypothèse de récurrence dans ce second membre, on obtient finalement :

$(-1)^{m+1}\left(t_{i+m+1}-t_i\right)D_{m+1}\left[t_i,t_{i+1},\ldots,t_{i+m+1};(u-t)_+^m\right]=\dfrac{u-t_i}{t_{i+m}-t_i}N_{m-1}^i+\dfrac{t_{i+m+1}-u}{t_{i+m+1}-t_{i+1}}N_{m-1}^{i+1}$, ce qui, par comparaison avec la relation de récurrence liant les splines prouve :

**Théorème 2. 10**

La fonction B-spline de degré $m$ et d'indice $i$ peut être considérée comme liée à une différence divisée d'ordre $m+1$ de la fonction $t \mapsto (u-t)_+^m$, au moyen de la formule :

$$\boxed{N_m^i(u)=(-1)^{m+1}\left(t_{i+m+1}-t_i\right)D_{m+1}\left[t_i,t_{i+1},\ldots,t_{i+m+1};(u-t)_+^m\right]}$$

**5.6.4 Cas particulier de valeurs nodales entières.**

Supposons que le vecteur-noeud soit composé des valeurs entières successives. Alors :

$$\begin{aligned}N_1^i(u)&=2D_2\left[i,i+1,i+2;(u-t)_+^1\right]=D_1\left[i+1,i+2\;;(u-t)_+^1\right]-D_1\left[i,i+1\;;(u-t)_+^1\right]\\&=(u-i-2)_+^1-2(u-i-1)_+^1+(u-i)_+^1\end{aligned}$$

On retrouve ainsi, comme prévu, une fonction B-spline uniforme qui est $S_1^i$. Par récurrence, on peut voir ensuite le rôle joué dans la formule des différences divisées par les coefficients du binôme, fournissant la formule de définition des $S_m^i$.

On peut aussi appliquer la formule précédente au cas du vecteur-noeud constitué de $m+1$ valeurs nodales 0 suivies de $m+1$ valeurs nodales égales à 1. Comme cela a déjà été dit, cette formule donne alors, à l'ordre *m*, les polynômes de Bernstein de degré *m*.

## *5.7 Propriétés des fonctions B-Splines*

### 5.7.1 Propriété $(P_1)$ : Support d'une fonction B-spline

On a vu que les fonctions $N_0^i$ sont nulles en dehors de $\left[t_i,t_{i+1}\right]$ et que les fonctions $N_1^i$ sont nulles en dehors de $\left[t_i,t_{i+2}\right]$. En utilisant la formule de récurrence pour $m=2$, on voit que $N_2^i$ est nulle en dehors de $\left[t_i,t_{i+3}\right]$. Un raisonnement par récurrence nous montre que si l'on suppose que $N_{m-1}^i$ et $N_{m-1}^{i+1}$ sont nuls respectivement en dehors de $\left[t_i,t_{i+m}\right]$ et de $\left[t_{i+1},t_{i+m+1}\right]$, alors la fonction $N_m^i$ est nulle en dehors de $\left[t_i,t_{i+m+1}\right]$. Par conséquent, il est prouvé que :

**Proposition 2.11 :**

La fonction B-spline d'indice $i$ et de degré $m$ est nulle en dehors du segment $\left[t_i,t_{i+m+1}\right]$.

### 5.7.2. Propriété $(P_2)$ : Positivité des fonctions B-splines

On a vu dans les définitions que les fonctions de degrés 0 et 1 sont positives ou nulles et même strictement positives à l'intérieur de l'intervalle constituant leur support ( donc sur l'intervalle ouvert associé).

Supposons que les fonctions $N_{m-1}^{i}$ et $N_{m-1}^{i+1}$ soient strictement positives sur respectivement $]t_i, t_{i+m}[$ et $]t_{i+1}, t_{i+1+m}[$. Dans la formule de récurrence, en supposant les dénominateurs non nuls, le premier terme est strictement positif sur $]t_i, t_{i+1}[$ puisque $u - t_i > 0$ alors que, sur ce même intervalle, le deuxième terme est nul. Il en résulte donc la stricte positivité de $N_m^i$ sur $]t_i, t_{i+1}[$. Sur l'intervalle $]t_{i+m}, t_{i+m+1}[$, le premier terme est nul alors que le deuxème est strictement positif à cause de la positivité de $t_{i+m+1} - u$. On en déduit encore la stricte positivité. Enfin, sur l'intervalle $[t_{i+1}, t_{i+m}]$, les deux termes sont strictement positifs, d'où la même conclusion pour $N_m^i$ qui vérifie donc $N_m^i > 0$ sur $]t_i, t_{i+1+m}[$. Dans le cas où certains noeuds sont multiples, le raisonnement reste le même, les points correspondants disparaissant à l'intérieur de $]t_i, t_{i+1+m}[$ et les positivités strictes étant toujours valables sur les intervalles non vides restants :

**Proposition 2.12 :**

Soit une fonction spline $N_m^i$ de support $[t_i, t_{i+m+1}]$ non réduit à un point. Alors , sur l'intervalle ouvert associé, on a : $N_m^i(u) > 0$.

### 5.7.3. Propriété $(\mathrm{P}_3)$ : dite de « partition de l'unité »

Soit le vecteur-noeud $(t_0, t_1, \ldots, t_k)$, nous allons montrer que la **somme des fonctions splines de même degré *m* est toujours égale à 1 sur certains intervalles limités par deux valeurs nodales**.

C'est évident pour $m = 0$ sur $[t_0, t_k[$, puisque sur un intervalle quelconque $[t_j, t_{j+1}[$, supposé non vide, où $0 \leq j \leq k-1$, la somme des $N_0^i$ se réduit à un seul terme, à savoir $N_0^j$ qui est égal à 1. Ceci reste vrai si certaines valeurs nodales sont multiples.

C'est vrai également pour $m = 1$ sur l'intervalle $[t_1, t_{k-1}[$ ( en supposant $t_{k-1} > t_1$). En effet, soit un intervalle **non vide** $[t_j, t_{j+1}[$ avec $1 \leq j \leq k-2$, les seules fonctions $N_1^i$ qui ne sont pas nulles sur cet intervalle sont $N_1^{j-1}$ *et* $N_1^j$ . La somme $\sum_0^{k-2} N_1^i(u)$ se réduit ainsi à $N_1^{j-1}(u) + N_1^j(u)$ donc, sur cet intervalle (avec les notations de §5.3.1), on a la relation :

$\sum_{i=0}^{i=k-2} N_1^i = \mu_1^{j-1}.N_0^{j-1}(u) + (1-\mu_1^j).N_0^j(u) + \mu_1^j.N_0^j(u) + (1-\mu_1^{j+1}).N_0^{j+1}(u)$. Le premier et le dernier termes sont nuls dans $[t_j, t_{j+1}[$ et la somme se réduit dans cet intervalle à $(1-\mu_1^j).N_0^j + \mu_1^j.N_0^j$, c'est à dire à 1. Ce résultat étant valable pour tous les intervalles non vides $[t_j, t_{j+1}[$ où $1 \leq j \leq k-2$, on en déduit qu'il est vrai sur $[t_1, t_{k-1}[$.

On suppose vrai le résultat suivant à l'ordre $m-1$, à savoir que, sur l'intervalle

$[t_{m-1}, t_{k-m+1}[$, ce qui impose $k > 2m-2$ et aussi $t_{k-m+1} > t_{m-1}$, on a : $\sum_{i=0}^{k-m} N_{m-1}^i(u) = 1$.

Supposons maintenant que $t_{k-m} > t_m$ et considérons alors l'intervalle **non vide** $[t_j, t_{j+1}[$ où $m \leq j \leq k-m-1$ ( il en existe grâce à l'hypothèse précédente).

Les fonctions $N_m^i$ étant nulles en dehors de $[t_i, t_{i+m+1}[$, la somme $\sum_0^{k-m-1} N_m^i$ se réduit, sur $[t_j, t_{j+1}[$, à $\sum_{i=j-m}^{i=j} N_m^i$, ce qui, en appliquant la relation de récurrence et en tenant compte du fait que les fonctions $N_{m-1}^{j-m}$ et $N_{m-1}^{j+1}$ sont nulles sur $[t_j, t_{j+1}[$, fournit :

$$\sum_{j-m}^{j} N_m^i = \sum_{j-m}^{j} \mu_{m-1}^{i} . N_{m-1}^i + \sum_{j-m}^{j} \left(1-\mu_{m-1}^{i+1}\right) . N_{m-1}^{i+1} = \sum_{j-m+1}^{j} \mu_{m-1}^{i} . N_{m-1}^i + \sum_{j-m+1}^{j} \left(1-\mu_{m-1}^{i}\right) . N_{m-1}^i$$

$$= \sum_{j-m+1}^{j} \left(\mu_{m-1}^{i} + 1 - \mu_{m-1}^{i}\right) . N_{m-1}^i = \sum_{j-m+1}^{j} N_{m-1}^i = 1$$

La dernière égalité étant justifiée par l'hypothèse de récurrence puisque l'intervalle $[t_j, t_{j+1}[$ dans le cas présent est bien inclus dans $[t_{m-1}, t_k[$. Il est donc prouvé :

**Proposition 2.13**

Soient le vecteur-noeud $(t_0, t_1, \ldots, t_k)$ et le degré *m* avec $2m < k$ et $t_m < t_{k-m}$. Alors, la somme des fonctions B-splines de degré *m*, associées à ce noeud est égale à 1 sur l'intervalle $[t_m, t_{k-m}[$.

Il est facile de voir que la démonstration est valable même dans le cas de points multiples.

Reprenons les *exemples précédents* de §5.4.

Pour le cas de l'exemple 5, la somme des fonctions de degré 1 est égale à 1 sur l'intervalle $[t_1, t_{5-1}[ = [1,3[$, c'est ce qui a été constaté. Mais $[t_2, t_{5-2}[ = [2,2[$ est vide et, **dans cet exemple, il n'existe aucun intervalle sur lequel la somme des fonctions de degré 2 soit égale à 1**.

Pour le cas de l'exemple 6, les sommes des splines de degré 0, de degré 1, de degré 2 et de degré 3 sont bien égales à 1 sur tout l'intervalle $[0,3[$. En effet les intervalles $[t_1, t_8[$, $[t_2, t_7[$ et $[t_3, t_6[$ sont bien ici confondus avec $[0,3[$.

Pour le cas d'un vecteur noeud constitué de *m+1* valeurs nodales 0 suivies de m+1 valeurs nodales 1, d'où $k = 2m+1 > 2m$, la relation : $\sum_0^n N_m^i = 1$ , est vérifiée seulement sur le segment $[0,1[$ puisque $t_m = 0$ et $t_{k-m} = t_{2m+1-m} = t_{m+1} = 1$.

**Remarque importante**

La propriété précédente concernant la somme des B-splines de même degré est essentielle **pour obtenir des courbes B-splines** (Cf. § 6 suivant) **qui ne dépendent pas du point origine O choisi**.

### 5.7.4 Régularité des fonctions B-splines

On laisse le soin au lecteur de montrer, par récurrence, les propriétés suivantes :
Si toutes les valeurs nodales sont simples, une fonction B-spline de degré $m \geq 1$ est de classe $\mathcal{C}^{m-1}$. Dans le cas où la valeur nodale $t_j$ est multiple d'ordre r, avec $r \leq m$ cette propriété globale n'est plus vraie, mais on conserve la classe $\mathcal{C}^{m-r}$ sur les intervalles nodaux contenant $t_j$. On peut également prouver que, dans le cas où $r = m+1$, $N_m^j$ est discontinue au point $t_j$ (on remarque ces propriétés sur les exemples traités précédemment).

# 6. COURBES B-SPLINES

## *6.1 Définition*

D'une manière analogue au modèle de Bézier et à celui des courbes B-splines uniformes, on pondère des vecteurs construits avec des points de définition (ou de contrôle) par des fonctions B-splines, lesquelles remplacent les polynômes pondérateurs de Bernstein dans le modèle de Bézier. Expliquons d'abord les *notations employées* :

Le degré de la courbe est noté $m$, c'est le degré commun des fonctions splines utilisées.Le nombre des B-splines intervenant effectivement est noté $n+1$ où $n$ est un entier naturel. Ce sera aussi le nombre des arcs de la courbe, arcs appelés aussi « **segments de courbe** », ce qui signifie que l'intervalle dans lequel varie le paramètre doit être réunion de $n+1$ intervalles non vides $\left[t_j, t_{j+1}\right[$.

Le vecteur-noeud, qui s'écrit dans le cas général $(t_0, t_1, \ldots, t_k)$, donne, pour domaine où la condition **(P₃)** précédente est vérifiée, l'intervalle$\left[t_m, t_{k-m}\right[$. Le nombre de valeurs nodales **distinctes** contenues dans cet intervalle est le nombre des segments, donc $n+1$. Dans le cas où toutes ces valeurs nodales sont simples, on a : $k-m-m=n+1$, d'où $k = 2m+n+1$. Le premier intervalle correspond à $\left[t_m, t_{m+1}\right[$ et le $n+1$-ième à $\left[t_{m+n}, t_{m+n+1}\right[$. Enfin, les points de définition sont notés, sauf dans le cas des B-splines uniformes (Cf. l'exemple qui suit), $P_i$ où l'indice $i$ prend les valeurs entières de $0$ à $m+n$, dans la mesure où il n'y a pas de risque de confusion avec des points de Bézier. Le premier morceau a pour points de définition (ou de contrôle) les $P_i$ .où $i$ prend les valeurs de $0$ à $m$.

**Définition**

Soient un entier $m$ choisi pour être le degré de la courbe, et un vecteur-noeud $(t_0, t_1, \ldots, t_k)$de $k+1$ valeurs nodales pour lesquels on suppose que $k > 2m$ et $t_{k-m} > t_m$. Une suite $(P_i)$de $m+n+1$ points du plan (ou de l'espace, pour les courbes gauches), où $n+1$ est le nombre des valeurs nodales distinctes contenues dans $\left[t_m, t_{k-m}\right[$, étant donnée par ailleurs, la **courbe B-spline de degré *m***, associée à ces données, est l'ensemble des points $M$du plan (ou de l'espace) définis, à partir d'une origine O arbitraire, par la formule :

$$\overrightarrow{OM}(t) = \sum_{i=0}^{i=n+m} N_m^i(t).\overrightarrow{OP_i},$$

le réel $t$, dit « paramètre», étant assujetti à parcourir l'intervalle appelé **domaine paramétrique** $[t_m, t_{k-m}[$ sur lequel la somme des fonctions $N_m^i$ est égale à 1.

### *6.2 Indépendance par rapport au repère*

En fait, il s'agit de voir que la courbe reste la même si on choisit un point origine O'. Désignons par $M_1$ le point de la courbe défini à partir de O'. Alors :

$$\overrightarrow{O'M_1} = \sum_0^{n+m} N_m^i(u).\overrightarrow{O'P_i} = \sum_0^{n+m} N_m^i(u).\left(\overrightarrow{O'O} + \overrightarrow{OP_i}\right) = \sum_0^{n+m} N_m^i(u).\overrightarrow{O'O} + \sum_0^{n+m} N_m^i(u).\overrightarrow{OP_i}$$

Comme on est *dans le domaine paramétrique* $\sum_0^{n+m} N_m^i(u).\overrightarrow{O'O} = \overrightarrow{O'O}$, il en résulte :

$\overrightarrow{O'M_1}(u) = \overrightarrow{O'O} + \overrightarrow{OM}(u)$, d'où $\overrightarrow{O'M_1}(u) = \overrightarrow{O'M}(u)$, d'où $M_1(u) = M(u)$.

C'est ici que l'on voit qu'il est **essentiel de rester dans le domaine paramétrique**.

### *6.3 Exemples de courbes B-splines*

On commence par les cas particuliers des B-splines uniformes et des courbes de Bézier.

#### 6.3.1 Courbes B-splines uniformes

On choisit d'abord $m = 2$ et le vecteur-noeud $(0,1,2,...,n+5)$, où les noeuds sont tous simples, entiers. Remarquons d'abord qu'on ne peut obtenir une courbe B-spline associée à moins de 6 valeurs nodales car le domaine paramètrique correspondant serait vide.La définition précédente s'écrit : $\overrightarrow{OM}(t) = \sum_0^{n+2} N_2^i(t).\overrightarrow{OP_i}$ , le paramètre t décrivant le domaine paramétrique $[2, n+3[$, qui peut se réduire au minimum à $[2,3[$ .

Plaçons-nous sur cet intervalle. En se reportant à §2.2, on peut constater soit par le calcul soit par les graphiques que : $N_2^i(t) = S_2^i(t) = S_2^0(t-i)$ et que la courbe obtenue est la B-spline uniforme dont les points de définition sont les $n+3$ points $P_i$.

Pour retrouver l'écriture, adoptée précédemment, des B-splines uniformes, il est bon de choisir pour vecteur-noeud $(-2,-1,0,1,...,n+3)$. En utilisant les numérotations associées, d'indices négatifs, des fonctions $N$ et des points de définition $P$ en nombre $n+3$, on retombe exactement sur la formule : $\overrightarrow{OM}(t) = \sum_{-2}^{n} S_2^i(t).\overrightarrow{OP_i}$ où le paramètre t appartient au domaine paramètrique (ou encore, ici, intervalle utile) : $[0, n+1[$.

La courbe B-spline obtenue dans ce cas est évidemment la courbe B-spline uniforme composée de $n+1$ arcs de parabole (Cf. § 1.1 où $n$ est remplacé par $n+1$).

#### Généralisation

Soit le degré $m$ imposé a priori et le vecteur-noeud $(-m, -m+1,....,0,1,..,m+n+1)$ où $n$ est un entier positif ou nul. Le domaine paramétrique des B-splines de degré $m$ associées est $[t_m, t_{k-m}[ = [0, n+1[$ ; il n'est donc pas vide. Les points $P_i$ de définition, au nombre de $m+n+1$, sont numérotés de $-m$ à $n$. La courbe B-spline associée est l'ensemble des points $M(t)$, où t décrit $[0,n+1[$, définis par : $\overrightarrow{OM}(t)=\sum_{0}^{n+m} N_m^i(t).\overrightarrow{OP_{i-m}}$. Cette formule est identique à : $\overrightarrow{OM}(t)=\sum_{-m}^{n} S_m^k(t).\overrightarrow{OP_k}$ ; autrement dit, la courbe B-spline est la B-spline uniforme composée de $n+1$ arcs et admettant les mêmes points de définition, le domaine paramètrique se confondant avec l'intervalle utile $[0,n+1[$.

On remarque que, si , comme il est évidemment possible, on garde la numérotation à partir de $t_0=0$, il faut prendre le vecteur-noeud $(0,1,.....,2m+n+1)$, le domaine paramétrique étant $[m, m+n+1[$.

### 6.3.2 Courbe B-spline de Bézier

On considère un vecteur-noeud de la forme $(t_0,t_1,....t_{2m+1})$ où les $m+1$ premières valeurs nodales sont égales entre elles et les $m+1$ autres sont aussi égales. On ne restreint pas la généralité en supposant ces valeurs égales à 0 et à 1. Par exemple, pour une courbe de degré 2 ce sera le vecteur $(0,0,0,1,1,1)$ et pour une courbe de degré 3, le vecteur $(0,0,0,0,1,1,1,1)$ et ainsi de suite. En comparant au vecteur-noeud général, on constate que $n=0$ et qu'il en résulte qu'il n'y a qu'un seul arc, obtenu lorsque t est dans le domaine paramétrique qui est dans ce cas $[t_m,t_{2m+1-m}]=[0,1]$.

On a vu que les fonctions B-splines étaient les B-splines uniformes, donc la courbe B-spline correspondante est définie par : $\overrightarrow{OM}(t)=\sum_{0}^{m} B_m^i(t).\overrightarrow{OP_i} \quad \forall t\in[0,1]$.

On retrouve ainsi la courbe de Bézier de degré *m* avec les mêmes points de définitions.

Dans le chapitre 6 (§ 4) sur l'interpolation, on identifiera des courbes composites de Bézier pourvues de jonctions de type $\mathcal{C}^1$ ou $\mathcal{C}^2$ ( Cf. § 1.1) avec des courbes B-splines associées à des vecteurs nodaux du type envisagé ci-dessus.

### 6.3.3 Courbes B-splines à points et tangentes imposés aux extrémités

Comme il a été vu dans le cas des courbes B-splines uniformes, les points de départ et d'arrivée peuvent ne pas être simplement reliés aux points de définition. Une solution pour remédier à cet inconvénient consiste à utiliser des points de définition fictifs (Cf. §2.2 ), une autre solution consiste (en généralisant l'exemple précédent) à prendre des **valeurs nodales multiples aux extrémités**.

Par exemple, choisissons le vecteur-noeud $(0,0,0,0,1,2,3,3,3,3)$ de l'exemple 6 de §5.4 et choisissons le degré 3 pour lequel les fonctions splines associées sont $N_3^j$ où j prend toutes les valeurs de 0 à 9-4 =5 .

En prenant 6 points de définition, on définit la courbe B-spline associée par : $\overrightarrow{OM}(t)=\sum_{0}^{5} N_3^i(t).\overrightarrow{OP_i}$, le paramètre appartenant à $[t_3,t_{9-3}]=[0,3]$.

Pour préciser cette courbe, on choisit les coordonnées des points de contrôle dans un repère $\left(O, \vec{i}, \vec{j}\right)$, par exemple $(0,2);(0,3);(3,3);(0,0);(3,0);(3,1)$.

En utilisant les fonctions $N_3^i$ de cet exemple 6 et en se limitant à $[0,2]$ grâce à une symétrie expliquée ci-dessous, on obtient les coordonnées, les tableaux de variations et la courbe :

$$\text{Sur}[0,1[,\begin{cases} x = \dfrac{3t^2}{12}(-11t+18) = \dfrac{t^2}{4}(-11t+18) \\ y = 2(1-t)^3 + \dfrac{3t}{4}\left(7t^2 - 18t + 12\right) + \dfrac{3t^2}{12}(-11t+18) = \dfrac{t^3}{2} - 3t^2 + 3t + 2 \end{cases}$$

$$\text{Sur}[1,2[,\begin{cases} x = \dfrac{3}{12}\left(7t^3 - 36t^2 + 54t - 18\right) + \dfrac{3}{4}(t-1)^3 \\ y = \dfrac{3}{4}(2-t)^3 + \dfrac{3}{12}\left(7t^3 - 36t^2 + 54t - 18\right) \end{cases}$$

**Tableaux de variations**

| Tableau sur $[0,1]$ | | | | | |
|---|---|---|---|---|---|
| t | 0 | | $2-\sqrt{2}$ | | 1 |
| x(t) | 0 | ↗ | 0,9 | ↗ | 7/4 |
| y(t) | 2 | ↗ | 2,8 | ↘ | 5/2 |

| Tableau sur $[1,2]$ | | | | | |
|---|---|---|---|---|---|
| t | 1 | 1,12 | 3/2 | 1,88 | 2 |
| x(t) | 7/4 ↗ | 1,8 ↘ | 3/2 ↘ | 1,2 ↗ | 5/4 |
| y(t) | 5/2 ↘ | 2,3 | 3/2 ↘ | 0,7 | 1/2 |

**Graphique**

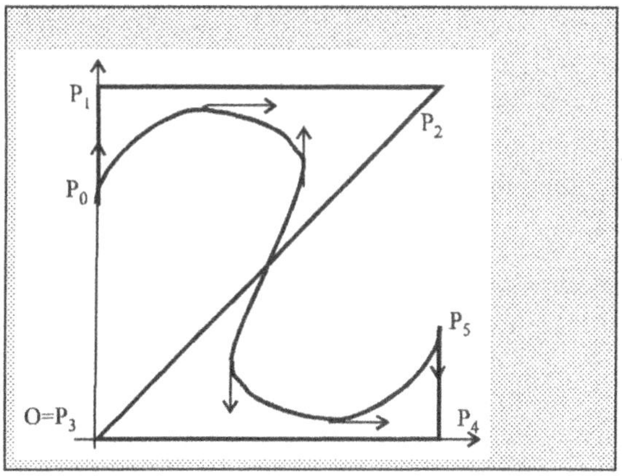


On peut se contenter des deux intervalles précédents car, de la symétrie du vecteur noeud par rapport à son noeud central et de l'existence d'un centre de symétrie pour les points de définition, on peut déduire que la courbe elle-même possède ce centre de symétrie.

Cette symétrie est utilisée dans la construction. Les points à tangentes parallèles aux axes sont indiqués. La présence des noeuds multiples d'ordre 4 aux extrémités du vecteur nodal entraîne ici que la courbe a pour extrémités les points $P_0$ et $P_5$ et possède en ces points les tangentes $(P_0 P_1)$ et $(P_4 P_5)$ respectivement.

## *6.4 Propriétés des courbes B-splines*

### 6.4.1 Effet d'une transformation affine

Le raisonnement est le même que celui fait à propos des courbes de Bézier (cf, 2.2.1, chapitre I) et celui concernant les B-splines uniformes. La propriété résulte ici de la propriété $(\mathbf{P}_3)$ qui exprime que la somme des fonctions B-splines est égale à 1 lorsque t est dans le domaine paramétrique. En conclusion :

**Proposition 2.14 :**

L'image dans une transformation affine du plan ou de l'espace d'une courbe B-spline est la courbe B-spline de même degré et de même vecteur nodal, dont les points de définition sont les images dans cette transformation de ceux de la courbe donnée.

### 6.4.2 Propriété d'enveloppe convexe

Le paramètre t appartenant au domaine paramétrique, les coefficients de $\overrightarrow{OP_i}$ dans la définition de $\overrightarrow{OM}(t)$ sont de somme égale à 1 et tous positifs (cf, propriétés $(\mathrm{P}_2)$ et $(\mathrm{P}_3)$ de § 5.7), il en résulte, comme dans le cas des courbes de Bézier et des B-splines uniformes, que toute la courbe B-spline est incluse dans l'enveloppe convexe des points de contrôle de cette courbe.

### 6.4.3 Propriétés de déformation locale

Comme pour les courbes B-splines uniformes, seule une partie de l'ensemble des points de contrôle agit sur un partie de la courbe. De façon plus précise, si on déplace le point $P_k$, ce point appartient aux ensembles de points de définition des arcs $C_j$ où j prend les valeurs de *k-m* à *k*. Il n'y aura donc pas de déformation des autres arcs. Ceci est un avantage par rapport aux courbes de Bézier.

### 6.4.4 Propriété de régularité globale

Contentons nous de donner une indication à partir d'un exemple. Dans l'exemple 5 de § 5.4.2, lorsque $m = 1$ et que $t \in [1,3]$, la courbe possède un point de discontinuité pour $t = 2$. En effet, les expressions des $N_1^i$ données dans le tableau, conduisent aux limites : $\lim\limits_{t \to 2-} \overrightarrow{OM}(t) = \overrightarrow{OP_1}$ et $\lim\limits_{t \to 2+} \overrightarrow{OM}(t) = \overrightarrow{OP_2}$, d'où cette discontinuité sauf si $P_1$ et $P_2$ sont confondus. Ce même exemple, avec $m = 2$ et un vecteur nodal tel que $[1,3[$ soit dans le domaine paramétrique, conduit à la continuité en $t = 2$ de $t \to \overrightarrow{OM}(t)$, car $N_2^i$ est effectivement continue en $t = 2$ ; mais donne une discontinuité de la dérivée de cette fonction vectorielle en $t = 2$, sauf si, encore, $P_1$ et $P_2$ sont confondus.

On peut voir qu'en général, si un noeud $t_i$ est multiple d'ordre $p$, la fonction $t \to \overrightarrow{OM}(t)$ est discontinue en $t_i$ si $m < p$, continue en $t_i$ si $m = p$. Lorsque $m > p$, les dérivées de cette fonction d'ordres inférieurs à $m - p$ sont continues pour cette valeur $t_i$. On aura l'occasion de vérifier cette propriété sur les exemples traités dans le paragraphe 8.

## *6.5 Aspects barycentriques et algorithmiques*

On reprend la méthode développée dans § 3.2.2, § 3.2.3 et § 3.2.4 afin de généraliser la construction géométrique du point courant d'une courbe B-spline quelconque. On se réfère à la relation de récursivité écrite sous la forme :

$$(R) \qquad N_m^i(t) = \mu_m^i \, N_{m-1}^i(t) + \left(1 - \mu_m^{i+1}\right) N_{m-1}^{i+1}(t) \quad \text{où } \mu_m^i = \frac{t - t_i}{t_{i+m} - t_i} \quad \left(\text{nul si } t_{i+m} = t_i\right)$$

Un vecteur-noeud étant donné, ainsi que le degré m, on considère le point courant de paramètre $t$ fixé appartenant au domaine paramétrique. Ce domaine n'étant pas vide, il existe alors un **unique** $j$ tel que $t \in [t_j, t_{j+1}[$ avec $m \leq j \leq m+n-1$. Par exemple, si le vecteur nodal est $(0,0,1,1,2,2,3)$ et si le domaine est $[t_2, t_6]$, c'est à dire $[1,3]$, la valeur $t = 1{,}5$ est dans $[t_3, t_4[$, ce qui donne $j = 3$. Les seules fonctions B-splines de degré $m$ qui ne sont pas nulles sur cet intervalle sont $N_m^i$ où $j-m \leq i \leq j$. Sur cet intervalle, la somme définissant $\overrightarrow{OM}(t)$ se réduit à ces indices et, à l'aide de $(R)$, se décompose :

$$\overrightarrow{OM}(t) = \sum_{j-m}^{j} N_m^i(t)\overrightarrow{OP_i} = \sum_{j-m}^{j} \mu_m^i N_{m-1}^i(t)\overrightarrow{OP_i} + \sum_{j-m}^{j} \left(1-\mu_m^{i+1}\right) N_{m-1}^{i+1}(t)\overrightarrow{OP_i} \; .$$

Or, dans $[t_j, t_{j+1}[$, les 2 fonctions $N_{m-1}^{j-m}$ et $N_{m-1}^{j+1}$ sont nulles puisque la première est nulle au delà de $t_j$ et la deuxième en deça de $t_{j+1}$. En supprimant ces termes et en regroupant les deux sigmas après translation de l'indice pour l'un deux, on obtient :

$$\overrightarrow{OM} = \sum_{j-m+1}^{j} \mu_m^i N_{m-1}^i . \overrightarrow{OP_i} + \sum_{j-m}^{j-1} \left(1-\mu_m^{i+1}\right) N_{m-1}^{i+1} . \overrightarrow{OP_i} = \sum_{j-m+1}^{j} \left[ \mu_m^i . \overrightarrow{OP_i} + \left(1-\mu_m^i\right) \overrightarrow{OP_{i-1}} \right] N_{m-1}^i \; .$$

On est ainsi conduit à poser : $OP_i^{(1)} = \mu_m^i . \overrightarrow{OP_i} + \left(1-\mu_m^i\right) \overrightarrow{OP_{i-1}}$, ce qui fait apparaître le barycentre des points de définition $P_i$ et $P_{i-1}$ associés au coefficient $\mu_m^i$ et son complément à 1 ( qui d'ailleurs peuvent être égaux à 1 ou à 0), *coefficients qui dépendent du paramètre.* Cette première « **génération barycentrique** » fournit alors la formule :

$$\boxed{\overrightarrow{OM}(t) = \sum_{j-m+1}^{j} N_{m-1}^i . \overrightarrow{OP_i^{(1)}}} \; .$$

Cette formule étant susceptible d'itération si $m > 1$, on met en place une suite dite « **suite barycentrique** »qui est *associée à la valeur fixée de t* (ou aussi bien de l'indice $j$) dont l'élément de rang *0* est constitué des points $P_i$ , notés pour cette circonstance $P_i^{(0)}$, où $j-m \leq i \leq j$. L'élément de rang $p$ de cette suite est la $p$-ième génération barycentrique constituée des points $P_i^{(p)}$ où $j-m+p \leq i \leq j$ qui vérifient la relation :

$$\boxed{\overrightarrow{OP_i^{(p+1)}} = \mu_{m-p}^i . \overrightarrow{OP_i^{(p)}} + \left(1-\mu_{m-p}^i\right) \overrightarrow{OP_{i-1}^{(p)}}} \; .$$

Une première itération donne : $\overrightarrow{OM}(t) = \sum_{j-m+2}^{j} N_{m-1}^i . \overrightarrow{OP_i^{(2)}}$ où les points $P_i^{(2)}$, de la deuxième génération barycentrique sont définis par les égalités :

$$\overrightarrow{OP_i^{(2)}} = \mu_{m-1}^i . \overrightarrow{OP_i^{(1)}} + \left(1-\mu_{m-1}^i\right) \overrightarrow{OP_{i-1}^{(1)}} \; .$$

Les raisonnements par récurrence, faits à plusieurs reprises dans une telle situation, fournissent alors, au bout de $m$ étapes, le point t étant toujours fixé dans $[t_j, t_{j+1}[$ :

$$\boxed{\overrightarrow{OM} = \sum_{j-m+m}^{j} N_0^i . \overrightarrow{OP_i^{(m)}} = N_0^j(t) OP_j^{(m)}} \; .$$

Or, dans l'intervalle $[t_j, t_{j+1}[$, la fonction $N_0^j$ est égale à 1.

**Il en résulte alors** $\boxed{M = P_j^{(m)}}$.

On schématise l'algorithme de construction du point $M(t)$ ainsi que la visualisation des barycentres successifs de la façon habituelle:

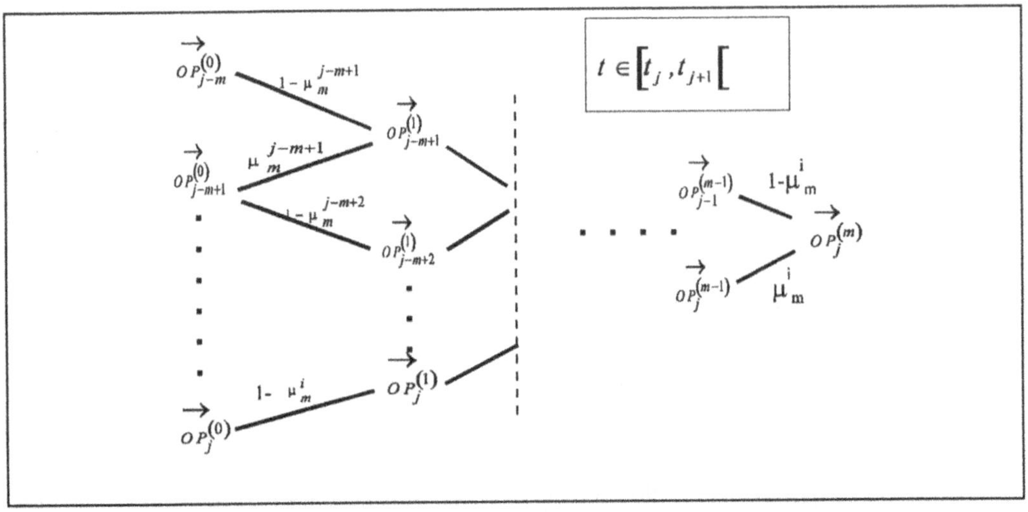

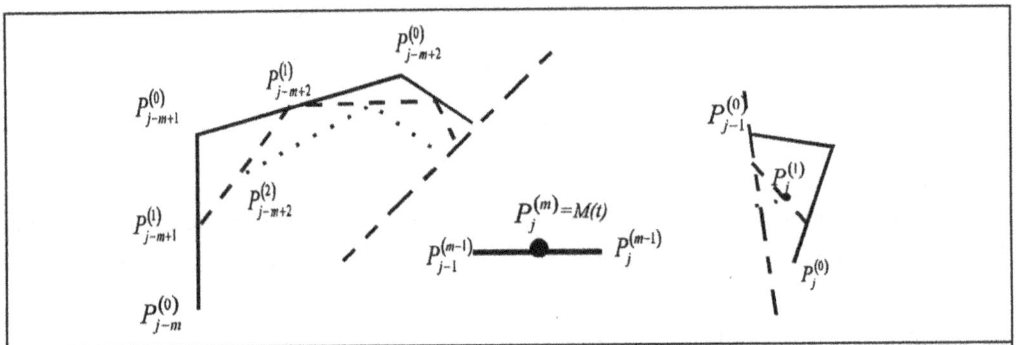

Schéma des constructions et détail de fin de l'algorithme

**Remarque :** Lorsque $t_{i+m+p} = t_i$, la convention habituelle s'applique, on a alors $\mu^i_{m+p} = 0$ d'où $P_i^{(p+1)} = P_{i-1}^{(p)}$.

**Proposition 2.15 :**

Soit une courbe B-spline de degré $m$, de vecteur-noeud $(t_0, t_1, \ldots, t_k)$ et de points de contrôle $P_i$, notés aussi $P_i^{(0)}$, définie par : $\overrightarrow{OM}(t) = \sum_0^{m+n} N_m^i . \overrightarrow{OP_i}$. Alors, si on considère la suite barycentrique précédente associée à une valeur t fixée du paramètre, le point $M(t)$ vérifie $M(t) = P_j^{(m)}$

# 7. HODOGRAPHES DES COURBES B-SPLINES

Nous tentons dans cette partie de généraliser les propriétés des courbes B-splines uniformes et des courbes de Bézier en ce qui concerne les hodographes. Pour cela, nous revenons sur les propriétés des fonctions B-splines et de leurs dérivées.

## *7.1. Propriétés des dérivées des fonctions B-splines*

Pour généraliser la proposition 2.7, on se sert de la définition explicite des fonctions B-splines donnée au moyen des différences divisées (cf, § 5.5).

On commence par remarquer que si on note $f'$ la dérivée à droite par rapport à $u$, $t$ étant fixé, de $f : u \mapsto (u-t)_+^m$, on a, *les différences divisées étant prises par rapport à t* :

$$\frac{d}{du}\left[D_p\left(a_0, a_1, \ldots, a_p ; f\right)\right] = D_p\left(a_0, a_1, \ldots, a_p ; f'\right).$$

En effet, pour $p=1$, le premier membre est égal à : $m \times \dfrac{(u-a_1)_+^{m-1} - (u-a_0)_+^{m-1}}{a_1 - a_0}$ et $\dfrac{d}{du}\left[-m(u-a_0)_+^{m-1}\right] = -m(m-1)(u-a_0)_+^{m-2}$ (1) si $a_0 = a_1$ . C'est bien, dans les deux cas, $D_1\left(a_0, a_1 ; m(u-t)_+^{m-1}\right)$.

Dans le cas où $p>1$, on se sert de la définition des différences divisées à l'aide des $D_{p-1}$, ce qui va fournir une démonstration par récurrence :

$$\frac{d}{du}\left[D_{p+1}\left(a_0, \ldots, a_{p+1} ; f\right)\right] = \frac{1}{a_{p+1} - a_0}\left[\frac{d}{du}\left[D_p\left(a_1, \ldots, a_{p+1} ; f\right)\right] - \frac{d}{du}\left[D_p\left(a_0, \ldots, a_p ; f\right)\right]\right]$$

$$= \frac{1}{a_{p+1} - a_0}\left[\left[D_p\left(a_1, \ldots, a_{p+1} ; f'\right)\right] - \left[D_p\left(a_0, \ldots, a_p ; f'\right)\right]\right] = \frac{d}{du}\left[D_{p+1}\left(a_0, \ldots, a_{p+1} ; f'\right)\right]$$

Ceci est justifié si $a_{p+1} \neq a_0$ , mais il est facile de voir que, si $a_{p+1} = a_0$, les deux membres sont égaux à la même valeur qui est : $(-1)^{p+1} \dfrac{m(m-1)\ldots(m-p-1)}{(p+1)!}(u-a_0)^{m-p-2}$.

Ceci étant établi, nous l'appliquons à la dérivée de la B-spline $u \mapsto N_m^i(u)$ (Cf. § 5.6.3) :

$$\frac{d}{du} N_m^i(u) = (-1)^{m+1}\left(t_{i+m+1} - t_i\right) D_{m+1}\left(t_i, t_{i+1}, \ldots, t_{i+m+1} ; m(u-t)_+^{m-1}\right)$$

$$= (-1)^{m+1} m\left[D_m\left(t_{i+1}, \ldots, t_{i+m+1} ; (u-t)_+^{m-1}\right) - D_m\left(t_i, t_{i+1}, \ldots, t_{i+m} ; (u-t)_+^{m-1}\right)\right]$$

Or les deux termes du crochet s'expriment avec les fonctions $N_{m-1}^i$. On a ainsi :

**Proposition 2.16 :**

Les dérivées des fonctions B-splines s'expriment simplement à l'aide des fonctions B-splines elles-mêmes par la formule :

$$\frac{d}{du} N_m^i(u) = m\left[\frac{N_{m-1}^i(u)}{t_{i+m} - t_i} - \frac{N_{m-1}^{i+1}}{t_{i+m+1} - t_{i+1}}\right]$$

(1) Le signe moins provient du fait, que dans ce cas, la dérivation se fait par rapport à t.

**Remarques**

- Dans le cas où l'un ou l'autre des dénominateurs de cette formule est nul, la convention faite dans la relation (R) reste valable : le terme correspondant est annulé.

- Dans le cas des B-splines uniformes, $t_{i+m+1} - t_{i+1} = t_{i+m} - t_i = m$ et on retrouve bien la formule de la proposition 2.7.

**Corollaire**

On observe que les dérivées de $\mu^i_m$ sont les constantes $\dfrac{1}{t_{i+m} - t_i}$. Donc, en dérivant une somme de produits et en utilisant le résultat précédent, la relation (R) fournit : $\dfrac{d}{dt}N^i_m = \dfrac{N^i_{m-1}}{t_{i+m} - t_i} - \dfrac{N^{i+1}_{m-1}}{t_{i+m+1} - t_{i+1}} + \mu^i_m\left(N^i_{m-1}\right)'(t) + \left(1-\mu^{i+1}_m\right)\left(N^{i+1}_{m-1}\right)'(t)$, puis :

$$\boxed{\left(1-\frac{1}{m}\right)\frac{d}{dt}N^i_m(t) = \mu^i_m\left(N^i_{m-1}\right)'(t) + \left(1-\mu^{i+1}_m\right)\left(N^{i+1}_{m-1}\right)'(t)}$$

## *7.2 Application à la construction des tangentes à la courbe*

On se propose de généraliser l'algorithme de la tangente (cf,§3.2.5) des courbes B-splines uniformes. La démonstration, par récurrence, grâce à la relation précédente est analogue. On donne, pour débuter, une démonstration détaillée dans le cas de l'ordre 2.

### 7.2.1. Cas du degré deux ($m = 2$)

Soit le vecteur nodal $(t_0, t_1, .., t_5)$ où on suppose que $t_3 > t_2$. Le domaine paramétrique est alors $[t_2, t_3[$, ce qui veut dire qu'on se limite à un seul arc défini par $\overrightarrow{OM}(t) = \sum_0^2 N^i_2 \overrightarrow{OP_i}$.

La dérivée est définie par : $\dfrac{d}{dt}\overrightarrow{OM}(t) = \sum_0^2 \dfrac{d}{dt}N^i_2(t).\overrightarrow{OP_i}$, ou, en utilisant le corollaire précédent :

$$\frac{d}{dt}\overrightarrow{OM}(t) = 2\sum_0^2\left(\mu^i_2\frac{d}{dt}N^i_1(t) + \left(1-\mu^{i+1}_2\right)\frac{d}{dt}N^{i+1}_1(t)\right)\overrightarrow{OP_i}.$$

En n'oubliant pas que $t \in [t_2, t_3[$, on voit que $N^0_1(t) = N^3_1(t) = 0$, la dernière somme peut se transformer à l'aide de la première génération barycentrique associée à t :

$$\sum_0^2\left(\mu^i_2\frac{d}{dt}N^i_1 + \left(1-\mu^{i+1}_2\right)\frac{d}{dt}N^{i+1}_1\right)\overrightarrow{OP_i} = \sum_1^2 \mu^i_2\frac{d}{dt}N^i_1.\overrightarrow{OP_i} + \sum_0^1\left(1-\mu^{i+1}_2\right)\frac{d}{dt}N^{i+1}_1\overrightarrow{OP_i}$$

$$= \sum_1^2 \mu^i_2\frac{d}{dt}N^i_1.\overrightarrow{OP_i} + \sum_1^2\left(1-\mu^i_2\right)\frac{d}{dt}N^i_1..\overrightarrow{OP_{i-1}} = \sum_1^2\frac{d}{dt}N^i_1(t).\overrightarrow{OP^{(1)}_i}.$$

Il ne reste plus qu'à remarquer que, sur $[t_2, t_3[$, les dérivées de $N^1_1$ et de $N^2_1$ sont égales à $\pm\dfrac{1}{t_3 - t_2}$, pour conclure :

$$\boxed{\frac{d}{dt}\overrightarrow{OM}(t) = \frac{2}{t_3 - t_2}\left(\overrightarrow{OP^{(1)}_2} - \overrightarrow{OP^{(1)}_1}\right) = \frac{2}{t_3 - t_2}.\overrightarrow{P^{(1)}_1P^{(1)}_2}},$$

ce qui signifie que :

**Proposition 2.17**

La tangente en $M(t)$ est indiquée par la droite joignant les deux points de l'avant-dernière génération barycentrique associée à la valeur $t$ du paramètre.

### 7.2.2 Cas d'une courbe quelconque

Pour $t$, élément de $[t_m, t_{k-m}[$, le corollaire précédent, appliqué au degré $m$ implique que : $\frac{d}{dt}\overrightarrow{OM}(t) = \frac{m}{m-1}\sum_{0}^{m+n}\left(\mu_m^i \frac{d}{dt}N_{m-1}^i(t) + \left(1-\mu_m^{i+1}\right)\frac{d}{dt}N_{m-1}^{i+1}(t)\right)\overrightarrow{OP_i}$ et, par le même traitement que ci-dessus (ou plutôt dans § 6.5) : $\frac{d}{dt}\overrightarrow{OM}(t) = \frac{m}{m-1}\sum_{1}^{m+n}\frac{d}{dt}N_{m-1}^i(t).\overrightarrow{OP_i^{(1)}}$.

Cette formule, comme dans la construction de l'algorithme du §6.5 est, par l'utilisation répétée du corollaire, susceptible d'être itérée ; la première itération étant :

$$\frac{d}{dt}\overrightarrow{OM}(t) = \frac{m}{m-1}\frac{m-1}{m-2}\sum_{2}^{m+n}\frac{d}{dt}N_{m-2}^i(t).\overrightarrow{OP_i^{(2)}}$$

Au bout de m-1 itérations, on obtient : $\frac{d}{dt}\overrightarrow{OM}(t) = \frac{m}{1}\sum_{m-1}^{m+n}\frac{d}{dt}N_1^i(t).\overrightarrow{OP_i^{(m-1)}}$

Or, il existe un unique $j$ tel que t soit dans $[t_j, t_{j+1}[$ et pour un tel $t$, la formule précédente devient $\frac{d}{dt}\overrightarrow{OM}(t) = \frac{m}{1}\left[\frac{d}{dt}N_1^{j-1}(t)\overrightarrow{OP_{j-1}^{(m-1)}} + \frac{d}{dt}N_1^j(t).\overrightarrow{OP_j^{(m-1)}}\right]$, toutes les autres fonctions étant nulles sur cet intervalle. Ces dérivées sont des constantes $\pm\frac{1}{t_{j+1}-t_j}$. Donc

$$\boxed{\frac{d}{dt}\overrightarrow{OM}(t) = \frac{m}{t_{j+1}-t_j}\left[\overrightarrow{OP_j^{(m-1)}} - \overrightarrow{OP_{j-1}^{(m-1)}}\right] = \frac{m}{t_{j+1}-t_j}.\overrightarrow{P_{j-1}^{(m-1)}P_j^{(m-1)}}}$$

D'où la conclusion

**Proposition 2.18**

Soit une courbe B-spline de degré $m$ quelconque. Soit un réel $t$ de l'intervalle $[t_j, t_{j+1}[$. L'algorithme de la construction géométrique du point $M(t)$ de cette courbe conduit aussi à la construction de la tangente en ce point. Cette tangente est fournie par la droite joignant les deux points (s'ils ne sont pas confondus) de la génération barycentrique de rang $m-1$, associée à $t$ (ou à $j$). De manière précise :

$$\boxed{\frac{d}{dt}\overrightarrow{OM}(t) = \frac{m}{t_{j+1}-t_j}.\overrightarrow{P_{j-1}^{(m-1)}P_j^{(m-1)}}}$$

### *7.3 Hodographe d'une courbe B-spline*

On désire montrer que, lorsque M décrit une courbe B-spline, l'ensemble des points $M_1(t)$ qui vérifient $\overrightarrow{OM_1}(t)=\frac{d}{dt}\overrightarrow{OM}(t)$, est aussi une courbe B-spline de degré $m-1$.

Le vecteur nodal étant $(t_0,t_1,\ldots,t_k)$, le domaine paramétrique est $[t_m,t_{k-m}[$. Le paramètre $t$ est supposé dans cet intervalle ; la dérivation fournit :

$$\frac{d}{dt}\overrightarrow{OM}(t)=\sum_0^{m+n}\frac{d}{dt}N_m^i(t).\overrightarrow{OP_i}=m\sum_0^{m+n}\left[\frac{N_{m-1}^i(u)}{t_{i+m}-t_i}-\frac{N_{m-1}^{i+1}}{t_{i+m+1}-t_{i+1}}\right].\overrightarrow{OP_i}$$

Puisque $N_{m-1}^0$ est nulle hors de $[t_0,t_{0+m-1+1}[=[t_0,t_m[$ ainsi que $N_{m-1}^{m+n+1}$ au delà de $t_{k-m}$, on peut supprimer ces deux termes dans les sommes précédentes et regrouper ces sommes en utilisant dans l'une des deux une translation de l'indice. On obtient :

$$\frac{d}{dt}\overrightarrow{OM}(t)=m\left[\sum_0^{m+n-1}\frac{N_{m-1}^{i+1}(u)}{t_{i+m+1}-t_{i+1}}.\overrightarrow{OP_{i+1}}-\sum_0^{m+n-1}\frac{N_{m-1}^{i+1}(u)}{t_{i+m+1}-t_{i+1}}.\overrightarrow{OP_i}\right]$$

$$=m\sum_0^{m+n-1}\frac{N_{m-1}^{i+1}(u)}{t_{i+m+1}-t_{i+1}}.\left[\overrightarrow{OP_{i+1}}-\overrightarrow{OP_i}\right]=m\sum_0^{m+n-1}N_{m-1}^{i+1}(u).\frac{\overrightarrow{P_iP_{i+1}}}{t_{i+m+1}-t_{i+1}}$$

En définissant, pour tout $i$ vérifiant : $1\le i\le m+n$, $\overrightarrow{OQ_i}=m\frac{\overrightarrow{P_{i-1}P_i}}{t_{i+m}-t_i}$, la formule précédente devient $\overrightarrow{OM_1}(t)=\frac{d}{dt}\overrightarrow{OM}(t)=\sum_0^{m+n-1}N_{m-1}^{i+1}.\overrightarrow{OQ_{i+1}}=\sum_1^{m+n}N_{m-1}^{i1}.\overrightarrow{OQ_i}$.

On peut considérer ainsi que le point $M_1(t)$ décrit une courbe B-spline de degré $m-1$ et dont les points de définition sont définis par les formules précédentes. Plutôt que de considérer un autre vecteur nodal associé à cette nouvelle courbe, ce qui pourrait compliquer au niveau des notations et des définitions des fonctions B-splines associées aux nouveaux noeuds, il est préférable de conserver le vecteur nodal de la courbe de départ et de définir l'hodographe par les formules précédentes, le domaine paramétrique restant le même. Contentons nous de conclure :

**Proposition 2.19**

La courbe hodographe de $(C)$ est la courbe B-spline de degré $m-1$ définie à partir des points de contrôle $Q_i$ associés aux points $P_i$ par les formules précédentes, les fonctions splines intervenant dans sa définition étant les $N_{m-1}^i$ où i varie entre *1* et *m+n.*

**Remarques**

- Dans la formule : $\overrightarrow{OQ_i}=m\frac{\overrightarrow{P_{i-1}P_i}}{t_{i+m}-t_i}$ *où* $i\in[[1,m+n]]$, il est toujours convenu que ce vecteur est nul si $t_{i+m}=t_i$.

- Il est facile de voir que dans le cas des courbes B-splines considérées comme courbes B-splines uniformes ou courbes de Bézier (cf, exemples dans § 6.3.1 et 6.3.2), on retrouve les propriétés d'hodographe avec des coefficients de $\overrightarrow{P_{i-1}\,P_i}$ non constants.

# 8. EXEMPLES DE COURBES ET PROPRIETES GEOMETRIQUES

Dans les exemples qui suivent, on considère des points de définition liés à un carré donné de côté 4 unités de longueur, notamment ses sommets. On fait l'étude des courbes associées de degré 3 en faisant intervenir des valeurs nodales d'ordre de multiplicité de plus en plus grande. On utilise les représentations paramétriques mais aussi les constructions géométriques et les propriétés d'hodographe. On fournit les tableaux de variations et la forme des courbes, les calculs des fonctions splines étant laissés au lecteur.

## *8.1.Premier exemple (valeur double)*

Le vecteur nodal choisi est $(0,0,0,0,1,1,2,2,2,2)$. Puisque le degré est $m=3$, le domaine paramètrique est $[t_3,t_6]=[0,2]$, d'où deux arcs ou « segments » correspondant aux intervalles $[0,1[$ et $[1,2]$. Le calcul des splines $N_3^i$ fournit les résultats suivants :

| $t$ | $N_3^0$ | $N_3^1$ | $N_3^2$ | $N_3^3$ | $N_3^4$ | $N_3^5$ |
|---|---|---|---|---|---|---|
| Sur $[0,1[$ | $(1-t)^3$ | $3t(1-t)^2$ | $\frac{1}{2}t^2(6-5t)$ | $\frac{1}{2}t^3$ | 0 | 0 |
| Sur $[1,2[$ | 0 | 0 | $\frac{1}{2}(2-t)^3$ | $\frac{1}{2}(2-t)^2(5t-4)$ | $3(t-1)^2(2-t)$ | $(t-1)^3$ |

Les points de contrôle choisis sont : $P_0=(0,0)$, $P_1=(4,4)$, $P_2=(0,4)$, $P_3=(4,0)$, $P_4=(2,4)$, $P_5=(0,0)$, on en déduit les équations, en projetant sur les axes :

$$\forall t\in[0,1[,\ \begin{cases} x=12t(1-t)^2+2t^3=2\left(7t^3-12t^2+6t\right)\\ y=12t(1-t)^2+2t^2(6-5t)=2t\left(t^2-6t+6\right)\end{cases}$$

$$\forall t\in[1,2],\ \begin{cases} x=2\,(2-t)^2(5t-4)+6\,(t-1)^2(2-t)=4t^3-24t^2+42t-20\\ y=2\,(2-t)^3+12(t-1)^2(2-t)=-14t^3+60t^2-84t+40\end{cases}$$

### 8.1.1 Variations, représentations graphiques, constructions géométriques.

| Sur $[0,1[$ | Zéros | Sur $[1,2[$ | Zéros |
|---|---|---|---|
| $x'(t)=6\left(7t^2-8t+2\right)$ | $\frac{4\pm\sqrt{2}}{7}\approx(0{,}37,\ 0{,}77)$ | $x'(t)=6\left(2t^2-8t+7\right)$ | $\frac{4-\sqrt{2}}{2}\approx 1{,}29$ |
| $y'(t)=6\left(t^2-4t+2\right)$ | $2-\sqrt{2}\approx 0{,}59$ | $y'(t)=6\left(-7t^2+20t-14\right)$ | $\frac{(10\pm\sqrt{2})}{7}\approx(1{,}22\ ;1{,}63)$ |

| Variations sur $[0,1]$ | | | | | | | | | |
|---|---|---|---|---|---|---|---|---|---|
| t | 0 | | 0,37 | | 0,59 | | 0,77 | | 1 |
| x | 0 | ↗ | 1,86 | ↘ | 1,6 | ↘ | 1,4 | ↗ | 2 |
| y | 0 | ↗ | 2,97 | ↗ | 3,31 | ↘ | 3 | ↘ | 2 |

| Variations sur $[1,2]$ | | | | | | | | | |
|---|---|---|---|---|---|---|---|---|---|
| t | 1 | | 1,22 | | 1,29 | | 1,63 | | 2 |
| x | 2 | ↗ | 2,79 | ↗ | 2,82 | ↘ | 1,57 | | 0 |
| y | 2 | ↘ | 1,4 | ↗ | 1,43 | ↗ | 1,86 | | 0 |

Dans la représentation de la courbe, il a été indiqué la construction géométrique des points $M(1/2)$ et $M(3/2)$, la figure de droite fournissant les détails de cette construction. Trois générations barycentriques $\left(P_1^1, P_2^1, P_3^1\right)$ $\left(P_2^2, P_3^2\right)$ et $\left(P_3^3\right)$ conduisent à $M(1/2)$ et, avec les notations Q pour éviter les confusions, 3 générations $\left(Q_3^1, Q_4^1, Q_5^1\right), \left(Q_4^2, Q_5^2\right)$ et $\left(Q_5^3\right)$ pour aboutir à $M(3/2)$.

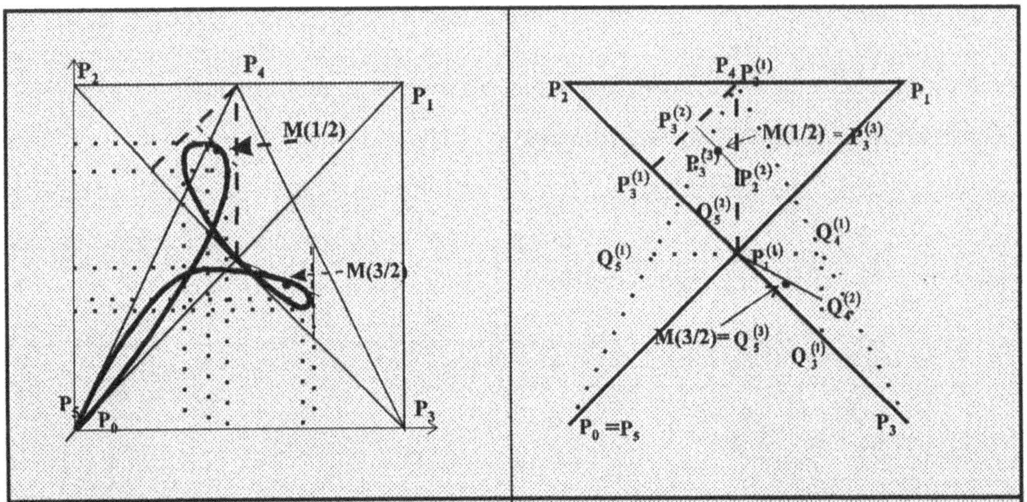


Vecteur nodal $(0,0,0,0,1,1,2,2,2,2)$ | Construction de $M(1/2)$ et de $M(3/2)$

### 8.1.2 Hodographe

En utilisant les conclusions relatives à l'hodographe, celui-ci est ici une B-spline de degré 2, associé au vecteur nodal $(0,0,0,1,1,2,2,2,2)$ et dont les points de définition vérifient $\overrightarrow{OQ_i} = m\dfrac{\overrightarrow{P_{i-1}P_i}}{t_{i+m} - t_i}$ où $i \in [\![1, m+n]\!]$. Sans tenir compte du facteur d'homothétie $m = 3$, ils vérifient donc $\overrightarrow{OQ_1} = \overrightarrow{P_0P_1}$, $\overrightarrow{OQ_2} = \overrightarrow{P_1P_2}$, $\overrightarrow{OQ_3} = \dfrac{1}{2}\overrightarrow{P_2P_3}$, $\overrightarrow{OQ_4} = \overrightarrow{P_3P_4}$ et $\overrightarrow{OQ_5} = \overrightarrow{P_4P_5}$. Ils sont facile à construire géométriquement et leurs coordonnées sont dans l'ordre :
$(4,4), (-4,0), (2,-2), (-2,4), (-2,-4)$.

La détermination, à l'aide des fonctions $N_2^i$ associées au vecteur nodal, des coordonnées du point de l'hodographe donne :

$$\text{Sur } [0,1[ \quad \begin{cases} x_1(t) = 2\left(7t^2 - 8t + 2\right) \\ y_1(t) = 2\left(t^2 - 4t + 2\right) \end{cases} \quad \text{et sur } [1,2] \quad \begin{cases} x_1(t) = 2\left(2t^2 - 8t + 7\right) \\ y_1(t) = 2\left(-7t^2 + 20t - 14\right) \end{cases}$$

On retrouve ainsi les expressions, au facteur 3 près, des dérivées calculées dans un tableau précédent, ce qui constitue une **vérification de cette propriété d'hodographe**.

D'un point de vue géométrique, cet hodographe est composé de deux paraboles qu'il est facile de construire. Etant donnée la structure du vecteur nodal, la première parabole passe par les points $Q_1$ et $Q_3$ en y admettant les tangentes $(Q_1, Q_2)$ et $(Q_2, Q_3)$, ce qu'on peut vérifier par le calcul. De même pour le deuxième arc qui est tangent en $Q_3$ à

$(Q_3,Q_4)$ et tangent en $Q_5$ à $(Q_4,Q_5)$. On constate (cf, figure ci-après) que cette B-spline du second degré admet $Q_3$ pour point anguleux ; ceci confirme la perte de la dérivabilité au point de paramètre 1 en raison de la multiplicité 2 de la valeur nodale 1.

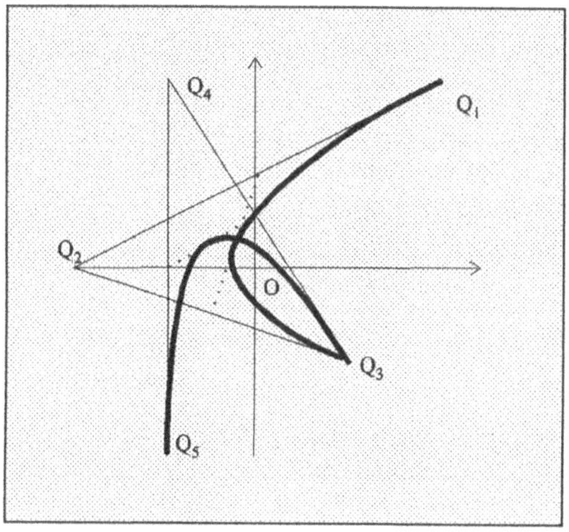


Sur cette figure qui fait donc intervenir 2 arcs de parabole dont les propriétés sont bien connues, on repère des points intéressants. Par exemple, l'intersection des paraboles avec les axes donne des points de la cubique où les tangentes sont parallèles aux axes ; on trouve sur le premier arc 1 point à tangente horizontale et 2 points à tangente verticale et, sur le deuxième arc, 2 points à tangente horizontale et 1 point à tangente verticale. C'est bien ce qui avait été trouvé sur la cubique étudiée dans cet exemple.

Plus généralement, à l'aide de cet hodographe, d'autres problèmes sur les tangentes à une cubique B-spline peuvent être résolus.

### 8.1.3 Question de points doubles

Dans la représentation de la cubique précédente, il apparaît trois points doubles. L'un est un point double du premier arc, un autre un point double du deuxième arc, alors que le troisième résulte de l'intersection du premier arc avec le second. La détermination de ce dernier est complexe, celles des 2 autres relèvent d'un principe classique déjà utilisé dans cet ouvrage. Déterminons par exemple le point double du premier arc.
Les valeurs du paramètre en ce point étant $t$ et $t'$, on a, en exprimant l'égalité des coordonnées et en posant $s=t+t'$ et $p=tt'$ :

$$\begin{cases} 7(t^3-t'^3)-12(t^2-t'^2)+6(t-t')=0 \\ (t^3-t'^3)-6(t^2-t'^2)+6(t-t')=0 \end{cases} \quad \text{d'où} \quad \begin{cases} 7(s^2-p)-12s+6=0 \\ s^2-p-6s+6=0 \end{cases}$$

Ce système est facile à résoudre. ayant obtenu $s$ et $p$, les valeurs de $t$ et $t'$ sont données par la résolution d'une équation du second degré.

## *8.2. Deuxième exemple (valeur nodale triple)*

Le vecteur nodal est maintenant $(0,0,0,0,1,1,1,2,3,3,3)$, cette fois avec une valeur nodale intérieure triple. On a $k=10$, le domaine paramétrique, pour $m=3$, est donc $[0,2]$, d'où encore 2 arcs. Aux points de définition précédents, on adjoint un point supplémentaire $P_6=P_3$. Les calculs des fonctions B-splines associées de degré 3, non détaillés ici fournissent les résultats ci-dessous ; il est important de remarquer qu'en raison des premiers nœuds, les premières fonctions sur $[0,1[$ sont les polynômes de Bernstein.

**Tableau des expressions dans les divers intervalles**

| | $N_3^0$ | $N_3^1$ | $N_3^2$ | $N_3^3$ | $N_3^4$ | $N_3^5$ | $N_3^6$ |
|---|---|---|---|---|---|---|---|
| Sur $[0,1[$ | $B_3^0$ | $B_3^1$ | $B_3^2$ | $B_3^3$ | 0 | 0 | 0 |
| Sur $[1,2[$ | 0 | 0 | 0 | $(2-t)^3$ | $\frac{t-1}{4}(7t^2-32t+37)$ | $\frac{5-2t}{2}(1-t)^2$ | $\frac{1}{4}(t-1)^3$ |

On en déduit que le premier arc de courbe est une cubique de Bézier dont les points de définition sont $P_0, P_1, P_2, P_3$. Le deuxième arc est représenté par :

$$\begin{cases} x(t) = 4(2-t)^3 + \dfrac{t-1}{2}(7t^2-32t+37) + (t-1)^3 \\ y(t) = (t-1)(7t^2-32t+37) \end{cases} \quad \text{d'où} \quad \begin{cases} x'(t) = \dfrac{3}{2}(t^2+2t-7) \\ y'(t) = 3(7t^2-26t+23) \end{cases}$$

### 8.2.1 Tableaux de variations et courbe

| Sur $[0,1[$ | | | | | | |
|---|---|---|---|---|---|---|
| t | 0 | | ½ | | 1 |
| x | 0 | ↗ | 2 | ↗ | 4 |
| y | 0 | ↗ | 3 | ↘ | 0 |

| Sur $[1,2[$ | | | | | | | | |
|---|---|---|---|---|---|---|---|---|
| t | 1 | | 1,4 | | 1,8 | | 2 |
| x | 4 | ↘ | 2,1 | ↘ | 1,38 | ↗ | 1,5 |
| y | 0 | ↗ | 2,3 | ↘ | 1,66 | ↘ | 1 |

Dans le graphique qui suit, on indique la construction géométrique du point $(t = 3/2)$.

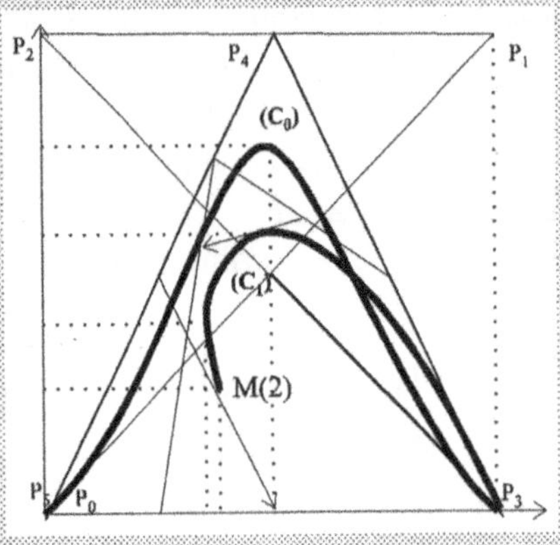


Vecteur nodal $(0,0,0,0,1,1,1,2,3,3,3)$
On a dessiné les points $M(3/2)$ et $M(2)$ et les tangentes en ces points.

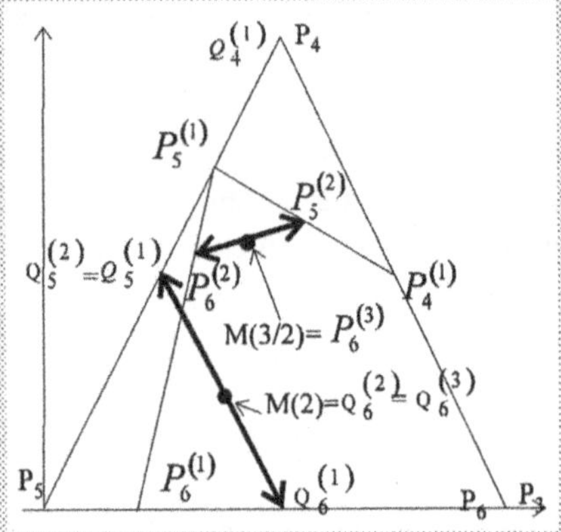


Construction des points $M(3/2)$ et $M(2)$ et des tangentes (on a noté Q les barycentres successifs pour ce dernier).

La construction, vérifiable par le calcul donne graphiquement que $M\left(\frac{3}{2}\right) = \left(\frac{29}{16}, \frac{19}{8}\right)$. On observe sur cette cubique un point anguleux au point de paramètre 1. Il correspond logiquement au fait que cette valeur nodale intérieure est triple (continuité géométrique, mais non différentiabilité géométrique).

### 8.2.2 Hodographe

Les points de contrôle de cet hodographe sont définis , au facteur 3 d'homothétie près par $\overrightarrow{OQ_1} = \overrightarrow{P_0P_1}$ , $\overrightarrow{OQ_2} = \overrightarrow{P_1P_2}$ , $\overrightarrow{OQ_3} = \overrightarrow{P_2P_3}$ , $\overrightarrow{OQ_4} = \overrightarrow{P_3P_4}$ , $\overrightarrow{OQ_5} = \frac{1}{2}\overrightarrow{P_4P_5}$ et $\overrightarrow{OQ_6} = \frac{1}{2}\overrightarrow{P_5P_6}$ .

On en déduit leurs coordonnées et, à l'aide des fonctions $N_2^i$ celles du point courant $M_1(t)$. Sur $[0,1[$, $x_1(t) = 4(2t-1)^2$ *et* $y_1(t) = -8t+4$ ; l'arc correspondant est bien un arc de parabole tangent en $Q_1$ et en $Q_3$ aux droites $(Q_1\,Q_2)$ et $(Q_2\,Q_3)$ ( confirmant les propriétés de l'hodographe d'un arc de Bézier). Sur $[1,2[$, on trouve le paramétrage : $x_1(t) = \frac{1}{2}(t^2+2t-7)$ et $y_1(t) = 7t^2-26t+23$, ce qui redonne bien au facteur 3 près les expressions des dérivées x' et y' calculées ci-dessus.

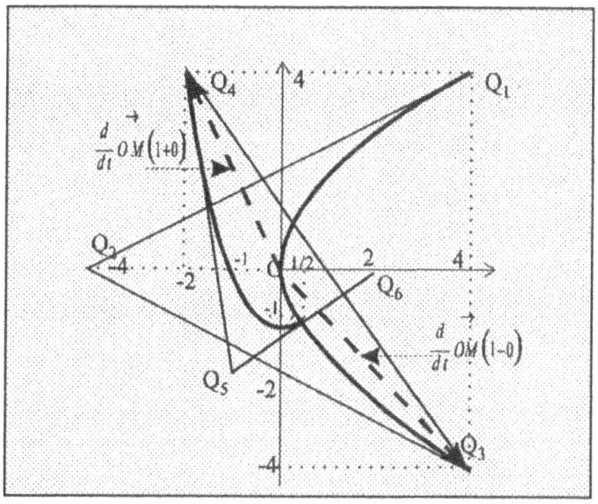


Sur cet hodographe, on remarque la discontinuité géométrique (passage de $Q_3$ à $Q_4$ .Elle est expliquée par la présence dans le vecteur nodal du noeud triple 1. Les deux tangentes à droite et à gauche, au point anguleux de la cubique du graphique précédent, correspondent bien aux deux vecteurs polaires indiqués sur le dessin ci-contre de l'hodographe. Par ailleurs, on remarque que le point $M(2)$ n'est pas placé au point $Q_6$ , mais au milieu de $[Q_5\,Q_6]$ la tangente à l'arc de parabole étant $(Q_5\,Q_6)$. Cette situation est conforme à la présence du noeud triple 3. On en déduit la tangente à la cubique au point d'arrivée $M_1(2)$ qui avait été obtenue précédemment avec l'algorithme de la tangente .

### *8.3.Troisième exemple (valeur nodale quadruple)*

Cette fois, on considère le vecteur nodal $(0,0,0,0,1,1,1,1,2,3,3,3)$ où la valeur nodale intérieure 1 est quadruple. Pour $m=3$, le domaine paramètrique est $[t_3, t_{11-3}] = [0,2]$, d'où encore deux segments de courbe. Les calculs fournissent les résultats :

| t | $N_3^0$ | $N_3^1$ | $N_3^2$ | $N_3^3$ | $N_3^4$ | $N_3^5$ | $N_3^6$ | $N_3^7$ |
|---|---|---|---|---|---|---|---|---|
| $[0,1[$ | $B_3^0$ | $B_3^1$ | $B_3^2$ | $B_3^3$ | 0 | 0 | 0 | 0 |
| $[1,2[$ | 0 | 0 | 0 | 0 | $(2-t)^3$ | $\frac{t-1}{4}(7t^2-32t+37)$ | $\frac{5-2t}{2}(1-t)^2$ | $\frac{1}{4}(t-1)^3$ |

On remarque qu'il y a une séparation en deux fonctions splines, l'une qui est définie sur $[0,1[$ et qui est d'ailleurs une fonction qui donne une cubique de Bézier et la deuxième, définie sur $[1,2[$ et qui redonne les mêmes fonctions que dans le tableau précédent à une

translation d'une unité près de l'indice supérieur. On confirme donc la discontinuité géométrique du fait de la présence du noeud intérieur 1 d'ordre 4.
Nous adjoignons encore aux points de contrôle précédents les points $P_6 = P_3$ et $P_7 = P_2$.

### 8.3.1 Représentation de la courbe et constructions géométriques

Les équations paramètriques de l'arc associé à $[1,2[$ sont les suivantes :

$$\begin{cases} x = 2(2-t)^3 + 2(5-2t)(1-t)^2 = 2\left(-3t^3+15t^2-24t+13\right) \\ y = 4(2-t)^3 + (t-1)^3 = -3t^3+21t^2-45t+31 \end{cases} \text{d'où} \begin{cases} x' = 6\left(-3t^2+10t-8\right) \\ y' = 3\left(-3t^2+14t-15\right) \end{cases}$$

On en déduit le tableau de variations associé à ce deuxième arc :

| t | 1 | | 4/3 | | 5/3 | | 2 |
|---|---|---|---|---|---|---|---|
| x | 2 | ↘ | 10/9 | ↗ | 14/9 | ↗ | 2 |
| y | 4 | ↘ | 11/9 | ↘ | 4/9 | ↗ | 1 |

La courbe est dessinée plus loin avec l'hodographe. La construction géométrique du point $M(3/2)$, avec la tangente, utilise les barycentres $P_5^{(1)}, P_6^{(1)}, P_7^{(1)}\,;\,P_6^{(2)}, P_7^{(2)}\,;\,P_7^{(3)}$.

### 8.3.2.Hodographe

Les points de contrôle de l'hodographe sont définis par ; $\overrightarrow{OQ_1} = \overrightarrow{P_0P_1}$, $\overrightarrow{OQ_2} = \overrightarrow{P_1P_2}$, $\overrightarrow{OQ_3} = \overrightarrow{P_2P_3}$, $\overrightarrow{OQ_4} = \overrightarrow{P_3P_4}$, $\overrightarrow{OQ_5} = \frac{1}{2}\overrightarrow{P_4P_5}$, $\overrightarrow{OQ_6} = \frac{1}{2}\overrightarrow{P_5P_6}$, $\overrightarrow{OQ_7} = \frac{1}{2}\overrightarrow{P_6P_7}$ donc de coordonnées $(4,4), (-4,0), (4,-4), (-2,4), (-2,-4), (2,0), (-2,-2)$. Outre le premier arc qui est toujours un arc de Bézier de degré 2, le deuxième arc est défini par les équations :

$$\begin{cases} x_1(t) = -2N_2^5 + 2N_2^6 - 2N_2^7 = 2\left(-3t^2+10t-8\right) \\ y_1(t) = -4\,N_2^5 + 2N_2^7 = -3t^2+14t-15 \end{cases}$$

On retrouve bien au facteur 3 près les dérivées x' et y' précédentes.

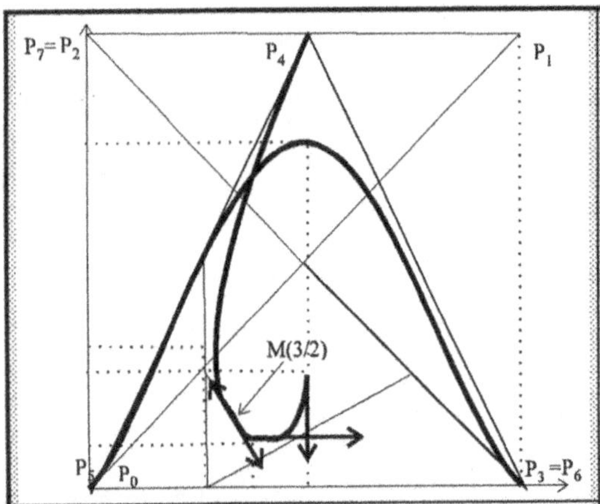


Vecteur nodal $(0,0,0,0,1,1,1,1,2,3,3,3)$ comportant un noeud intérieur d'ordre 4. Noter la disjonction en deux courbes.

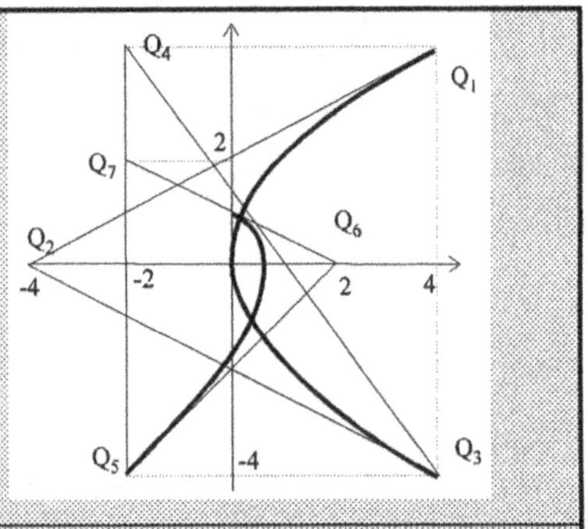


Hodographe de la courbe : elle est composée de deux paraboles disjointes. Les points d'intersection avec les axes donnent les points à tangentes parallèles aux axes.

# CHAPITRE 3

# MODELES RATIONNELS

## 1. INTRODUCTION

Ces modèles ont notamment été proposés par Coons (1967) et Versprille (1975) dans des applications à la C.A.O (Cf **[16]** et **[50]**).
Dans ces modèles, les fractions rationnelles remplacent les fonctions polynomiales. Les modèles les plus utilisés sont à base de fonctions B-splines. Parmi eux, le modèle « **NURBS** » (Non uniforme rationnelle B-spline) fait intervenir des coefficients pondérateurs qui sont des fractions comportant des B-splines associés à des vecteurs nodaux non uniformes.
L'intérêt principal de ces modèles est d'offrir un paramétrage dépendant de facteurs supplémentaires et d'augmenter ainsi les capacités de choix et de sélection de courbes.
Les propriétés des modèles nouveaux obtenus proviennent de celles des modèles polynomiaux mais des propriétés spécifiques vont apparaître parmi lesquelles on citera **l'invariance par les transformations projectives** (généralisant ainsi l'invariance par les applications affines) et la **modélisation des coniques** autres que la parabole, laquelle est bien représentée dans les modèles polynomiaux .
Un schéma peut servir à illustrer les relations d'inclusion entre ces divers modèles :

| F={Fractions rationnelles} | BSR={B-splines rationnelles} | BR={Bézier rationnelles} | BSR={B-splines rationnelles} |
|---|---|---|---|
| $P \subset F$ ↓ | $BSP \subset BSR$ ↓ | $BP \subset BR$ ↓ | $BR \subset BSR$ ↓ |
| P={polynômes} | BSP={B-splines polynômiales} | BP={Bézier polynômiales} | BR={Modèle Bézier rationnel} |

## 2. DEFINITION DES « NURBS ».

### *2.1. Transition d'une courbe de Bézier à une courbe de Bézier rationnelle*

On sait que la définition d'une courbe de Bézier est invariante par une transformation affine, par exemple par une projection sur un plan parallèlement à une direction donnée. Mais cette propriété n'est plus vraie en général pour une projection conique. Autrement dit, si dans une telle projection, les points de Bézier $P_i$ d'une courbe $(C)$ ont pour images respectives les points $P_i'$, l'image $(C')$ de $(C)$ dans cette projection, bien que liée aux points $P_i'$, n'est pas, en général, une courbe de Bézier de points de définition $P_i'$.

Il en résulte qu'une telle courbe $(C')$ peut servir pour définir un modèle de courbes autre que celui de Bézier.
L'espace étant rapporté à un repère orthonormé d'origine $O$; on considère une courbe de Bézier $(C)$ de degré $n$ et dont aucun point de définition $P_i$ n'est dans le plan horizontal.

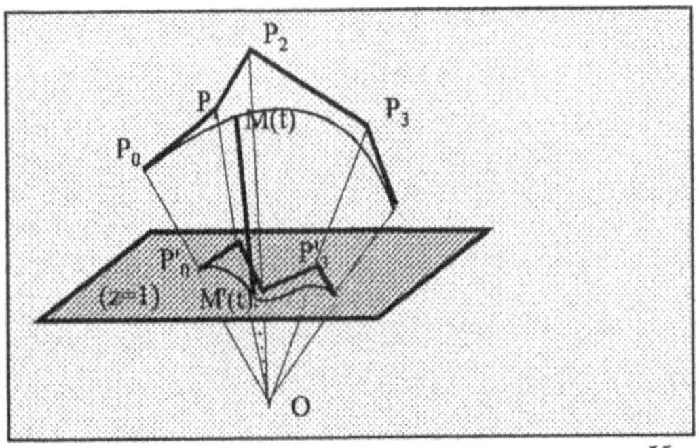


La projection conique $(\mathcal{P})$, de centre O sur le plan $\Pi$ d'équation $z=1$, associe à un point $M$ de l'espace, non situé dans le plan horizontal, le point $M'$ intersection de la droite $(OM)$ avec le plan $\Pi$. Si on désigne par $(X,Y,Z)$ et $(X',Y',1)$ les coordonnées de ces points, on a $\frac{X'}{X}=\frac{Y'}{Y}=\frac{1}{Z}$, d'où :.

$$X'=\frac{X}{Z} \; et \; Y'=\frac{Y}{Z}$$

Avec des notations évidentes, les coordonnées de l'image du point courant $M(t)$ de $(C)$ vérifient : $X'=\frac{1}{\sum_0^n B_n^i(t)Z_i}\sum_0^n B_n^i(t)X_i$ et $X'=\frac{1}{\sum_0^n B_n^i(t)Z_i}\sum_0^n B_n^i(t)Y_i$. Or, entre les coordonnées des points $P_i$ et celles des $P_i'$, on a $X_i=Z_i\,X_i'$ et $Y_i=Z_i\,Y_i'$. On en déduit donc la définition vectorielle de l'image $(C')$ de $(C)$ utilisant les images $P_i'$ des $P_i$ :

$$\overrightarrow{OM'}(t)=\frac{1}{\sum_0^n B_n^i(t)Z_i}\sum_0^n B_n^i(t)\,Z_i\,\overrightarrow{OP_i'}=\sum_0^n F_n^i(t)\overrightarrow{OP_i'},$$

formule où l'on voit apparaître les fonctions rationnelles : $F_n^i(t)=\frac{B_n^i(t)Z_i}{\sum_0^n B_n^i(t)Z_i}$.

L'idée vient ainsi d'ériger la formule précédente en une définition en prenant les points points de définition, non pas dans un même plan, mais tout à fait quelconque et en définissant des nombres supplémentaires ( les $Z_i$ ) dont le rôle est de pondérer davantage encore l'influence des points de définition.

### 2.2 Définition d'une courbe « NURBS »

Outre le degré que l'on désigne toujours par m, les données sont les suivantes :

- les points de définition notés encore $P_0, P_1, P_2, .., P_{m+n}$ ,
- des réels $p_0, p_1, p_2, \dots, p_{m+n}$, non tous nuls, le plus souvent positifs,
- les fonctions B-splines $N_m^i$ associées au vecteur nodal $(t_0, t_1, \dots, t_k)$ ou les $B_m^i$ .

A ces données, on associe une courbe NURBS, ensemble des points $M(t)$ de l'espace définis par : $\overrightarrow{OM}(t)=\sum_0^{m+n} F_m^i(t).\overrightarrow{OP_i}$ avec $F_m^i(t)=\frac{N_m^i(t).p_i}{\sum_{j=0}^{j=n} N_m^j(t).p_j}$ où $t\in[t_m, t_{k-m}[$

Les poids fournissent ainsi des paramètres supplémentaires par rapport aux modèles polynomiaux que sont les courbes B-splines ou celles de Bézier et, de ce fait, permettent de modifier à nouveau la forme de telles courbes. Selon que l'on utilise les $N_m^i$ ou les $B_m^i$, on obtient les B-splines rationnelles ou les courbes de Bézier rationnelles.
Dans le cas particulier où les nombres $p_j$ sont tous égaux à 1, l'appartenance de $t$ au domaine paramétrique implique que la courbe redevient une B-spline associée aux points $P_i$ et au vecteur nodal considérés ou une courbe de Bézier associée à ces mêmes points.

# 3. PROPRIETES

## *3.1. Propriété de « partition de l'unité ».*

Pour tout t du domaine paramétrique, on a : $\sum_0^{m+n} F_m^i(t) = 1$

En effet, la somme des numérateurs est égale au dénominateur de ces fonctions. On n'utilise guère le fait que c'est vrai même en dehors du domaine paramétrique.
**Conséquence**
Cette propriété assure l'indépendance de la courbe vis-à-vis de l'origine choisie et, fournit **l'invariance affine** des courbes.

## *3.2. Propriétés de convexité.*

La positivité des poids et celle de toutes les fonctions $N_m^i$ impliquent la positivité des fractions $F_m^i$ dans le domaine paramétrique. En utilisant la propriété précédente, la définition des Nurbs fournit immédiatement la conséquence suivante :

Une courbe « nurbs », pour laquelle **tous les poids sont positifs**, est tout entière contenue dans l'enveloppe convexe des points de définition.

## *3.3. Régularité analytique globale.*

En utilisant les propriétés de continuité et de dérivabilité d'une fraction rationnelle, on peut conclure que dans les intervalles ouverts $]t_i, t_{i+1}[$, ces fractions sont de classe $\mathcal{C}^\infty$. En un point $t_i$, si l'on suppose que $m \geq r$ où r est l'ordre de multiplicité de la valeur nodale $t_i$, la fonction $N_m^i$ est seulement de classe $\mathcal{C}^{m-r}$ dans un voisinage de $t_i$, et comme il en est de même de la somme $\sum_0^{m+n} p_j N_m^j$ ; il en résulte en général la même propriété pour la fraction $F_m^i$.
La discussion de la régularité géométrique, qui ferait intervenir la disposition des points de définition, n'est pas faite ici.
Dans l'exposé très restreint qui est fait ci-après, on se contente de quelques indications en nous limitant la plupart du temps aux courbes de Bézier rationnelles.

## *3.4. Invariance par projection conique*

On ne fait aucun développement général concernant les transformations projectives pour lesquelles les nurbs possèdent la propriété d'invariance, invariance qui généralise l'invariance affine. On étudie seulement un exemple en choisissant les projections coniques qui ont déjà été utilisées précédemment. C'est l'occasion, en revenant sur le pargraphe 2.1

précédent, de souligner encore l'intérêt de l'introduction des B-splines rationnelles.

### 3.4.1. Remarque sur les projections coniques d'un arc de Bézier.

Soit un cône de sommet S à base circulaire dans un plan (P). On sait que, si l'on coupe ce cône par un plan (Q) parallèle à l'une des génératrices de ce cône, l'intersection est une parabole (cf, figure de gauche ci-après). Il en résulte que, si on considère la projection conique de centre S sur le plan (P), l'image, par cette projection, de cet arc de parabole (donc d'un arc de Bézier ou de B-spline) est un arc de cercle, lequel n'est pas susceptible d'appartenir à un modèle B-spline polynomial.

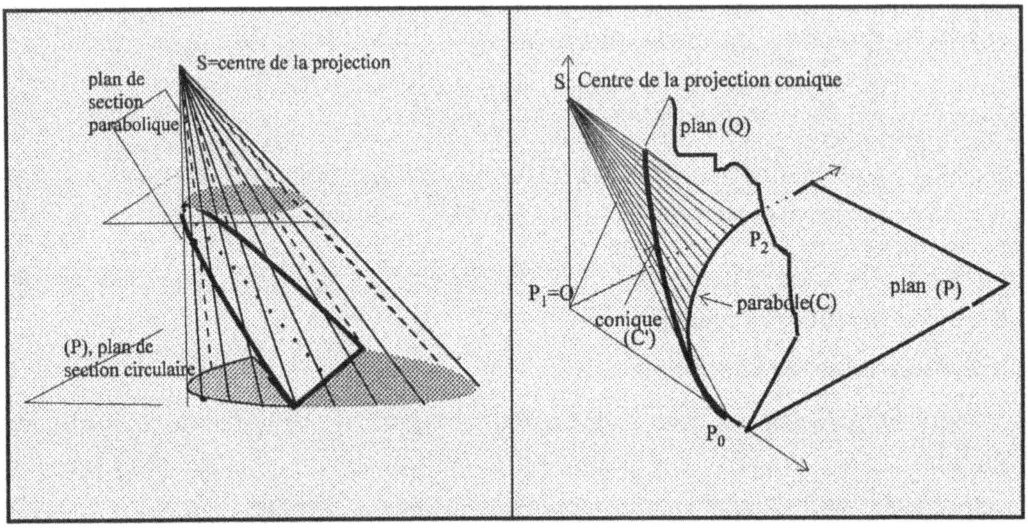


### 3.4.2. Exemple

L'espace étant rapporté à un repère $(O, X, Y, Z)$, on considère la projection conique de sommet $S = (0,0,1)$ sur le plan (Q) d'équation $Y = Z$ et la parabole de Bézier dont le polygone est $A, O, B$ où $A = (1,0,0)$ et $B = (0,1,0)$ (cf,figure de droite ci-dessus). L'équation vectorielle de cet arc est $\overrightarrow{OM}(t) = (1-t)^2\,\overrightarrow{OA} + t^2\,\overrightarrow{OB}$. Déterminons l'image $M_1 = (X_1, Y_1, Y_1)$ de $M = (x, y, 0)$ dans cette projection conique, autrement dit l'intersection de la droite $(SM)$ avec le plan (Q). On a : $\dfrac{X_1 - x}{-x} = \dfrac{Y_1 - y}{-y} = \dfrac{Y_1 - 0}{1-0}$.

On en déduit : $Y_1 = \dfrac{y}{1+y}$ et $X_1 = \dfrac{x}{1+y}$, d'où $\overrightarrow{OM_1} = \dfrac{x}{1+y}\vec{i} + \dfrac{y}{1+y}\left(\vec{j} + \vec{k}\right)$. Par ailleurs, B', projection de B, vérifie $\overrightarrow{OB'} = \vec{i} + \vec{j}$. L'équation de l'image de l'arc de parabole est donc $\overrightarrow{OM_1} = \dfrac{x}{1+y}\overrightarrow{OA} + \dfrac{y}{1+y}\overrightarrow{OB'}$ ; ce qui, en fonction de t, donne encore :

$\overrightarrow{OM_1} = \dfrac{(1-t)^2}{1+t^2}.\overrightarrow{OA} + \dfrac{t^2}{1+t^2}.\overrightarrow{OB}$. On montre en éliminant t que l'équation cartésienne de cette courbe est : $(X_1 - 1)^2 + 4Y_1^2 = 4$, d'où la conclusion : **l'image est un arc d'ellipse.**

On remarque en outre que cette courbe est une courbe rationnelle de Bézier, associée ici aux polynômes de Bernstein de degré 2 et aux poids $p_0 = 1, p_1 = 1, p_2 = 2$. En effet, on vérifie : $B_2^0 + B_2^1 + 2B_2^2 = 1 + t^2$.

**Proposition 3.1 :**

Concluons qu'une projection conique transforme l'arc de Bézier de degré 2 en une courbe de Bézier rationnelle de degré 2 qui n'est pas une courbe de Bézier polynomiale, les points de définition étant les images des points de définition de la première courbe.

### 3.4.3 Invariance projective dans un cas particulier.

Soit une B-spline rationnelle $(\Gamma)$, ensemble des points $M$, de degré **m**, de poids $(p_i)$, de points de définition $P_i$ situés dans un plan $(P)$. On désigne par $S$ le centre de la projection conique du plan $(P)$ sur un plan $(Q)$. Comme le point $O$ peut être choisi arbitrairement dans le plan $(P)$ de $(\Gamma)$, on peut le placer sur la perpendiculaire menée de $S$ à ce plan. Sans restreindre la généralité, on peut choisir $S = (0,0,1)$ et le plan $(Q)$ d'équation $Z = aY$. Le point d'intersection de la droite $(SM)$ avec $(Q)$ vérifie : $\frac{X'-x}{x} = \frac{Y'-y}{y} = \frac{aY'-0}{-1}$. On en déduit donc $Y' = \frac{y}{1+ay}$ puis $X' = \frac{x}{1+ay}$. Il en résulte $\overrightarrow{OM}'(t) = \frac{x\,\overrightarrow{i} + y\,\overrightarrow{j} + ay\,\overrightarrow{k}}{1+ay}$ où les coordonnées $x$ et $y$ de M sont du type $\sum_0^{k-m} x_i\, F_m^i(t)$ et $\sum_0^{k-m} y_i\, F_m^i(t)$.

Pour éviter les points singuliers venant des zéros du dénominateur, on fait l'hypothèse restrictive que $1 + a\,y_i > 0$ pour tout $i$. Si on remarque que $1 + ay$ s'écrit $\sum_0^{k-m} (1 + a\,y_i) F_m^i$ et si on introduit les coordonnées des images $P_i'$ des points $P_i$ dans cette projection conique, à savoir $\left(\frac{x_i}{1+ay_i}, \frac{y_i}{1+ay_i}, \frac{a\,y_i}{1+ay_i}\right)$, l'équation vectorielle de $(\Gamma'')$ projection de $(\Gamma)$ s'écrit : $\overrightarrow{OM}' = \sum_0^{k-m} \frac{(1+ay_i)F_m^i(t)}{\sum_0^{k-m}(1+ay_i)F_m^i(t)} \overrightarrow{OP_i'} = \sum_0^{k-m} G_m^i(t).\overrightarrow{OP_i'}$, les fonctions G étant définies par: $G_m^i(t) = \frac{(1+ay_i)p_i N_m^i(t)}{\sum_{j=0}^{k-m}(1+ay_j)p_j N_m^j(t)}$, c'est à dire de nouvelles splines rationnelles avec de nouveaux poids $(1 + a\,y_i)\,p_i$ . Concluons :

**Proposition 3.2 :**

Dans une projection conique, une courbe B-spline rationnelle a pour image une autre spline rationnelle dont les nouveaux points de définition sont les images dans cette projection des anciens. On a la propriété analogue pour les courbes de Bézier rationnelles.

## 4. MODELISATION DES CONIQUES, EXEMPLES.

On se contentera de courbes de Bézier rationnelles, il n'y a aucune difficulté pour obtenir les formules relatives aux n arcs de B-splines rationnelles de degré 2 quelconques et d'en déduire ensuite des remarques géométriques analogues.

### 4.1. Forme générale d'une conique de Bézier rationnelle non dégénérée.

Dans l'espace rapporté à un repère donné, on considère un arc de Bézier dont les points de définition sont $P_0, P_1, P_2$ situés dans un plan $(P)$ non parallèle au plan $XOY$ et tels que tous ces points soient de cotes strictement positives (ce qui entraîne d'ailleurs qu'il en est de même pour tous les points de l'arc).
On choisit le centre de la projection conique au point $O$ et le plan d'équation $Z = 1$ pour plan $(Q)$ sur lequel on projette. Le point $M$ de $(\Gamma)$ étant de coordonnées $(x, y, z)$, l'intersection de $OM$ avec le plan $Z = 1$ a pour coordonnées $\lambda\, x, \lambda y, \lambda z$ avec $\lambda\, z = 1$.

Ces coordonnées sont donc : $X = \dfrac{x}{z}, Y = \dfrac{y}{z}, Z = 1$, coordonnées bien définies puisque, quel que soit $M$, la cote $z$ est strictement positive. On en déduit que le point $M_1$ courant de la conique $(\Gamma ')$, image de $(\Gamma)$, peut être défini par l'équation vectorielle :

$$: \overrightarrow{OM_1}(t) = \frac{B_2^0 x_0 + B_2^1 x_1 + B_2^2 x_2}{B_2^0 z_0 + B_2^1 z_1 + B_2^2 z_2} \vec{i} + \frac{B_2^0 y_0 + B_2^1 y_1 + B_2^2 y_2}{B_2^0 z_0 + B_2^1 z_1 + B_2^2 z_2} . \vec{j} + \vec{k} .$$

En faisant intervenir les images $Q_i$ des points $P_i$ dans la projection centrale, on obtient :

$$\boxed{\overrightarrow{OM_1}(t) = \frac{B_2^0 z_0 . \overrightarrow{OQ_0} + B_2^1 z_1 . \overrightarrow{OQ_1} + B_2^2 z_2 . \overrightarrow{OQ_3}}{B_2^0 z_0 + B_2^1 z_1 + B_2^2 z_2}} .$$

**Proposition 3.3 :**

Tout arc de conique (parabole, ellipse ou hyperbole) peut être définie comme une courbe de Bézier rationnelle d'équation du type précédent où les points de définitions $Q_0, Q_1, Q_2$ forment un véritable triangle, les poids $z_0, z_1, z_2$ étant strictement positifs.

En effet, il est facile, à partir d'une telle formule, de reconstituer les points $P_i$ de définition de la parabole de départ puis d'identifier, à la courbe donnée, l'image de celle-ci par la projection conique de centre $S$.

**Remarque** : La projection conique conserve les contacts, on en déduit que les tangentes aux points $Q_0$ et $Q_2$ à la conique $(\Gamma ')$ sont les droites $(Q_0 Q_1)$ et $(Q_2 Q_1)$.

### 4.2. Forme standard. discussion de la nature de la conique.

Remarquons que, si l'on considère qu'une conique résulte de la projection conique d'une parabole définie par deux de ces points $P_0$ et $P_2$ et les tangentes en ces points , on peut, sans restreindre la généralité, supposer que le plan de projection passe par ces deux points Ils sont alors invariants dans cette projection). On en déduit que, dans le calcul précédent, on peut choisir $z_0 = z_2 = 1$. La forme de l'équation précédente est dite alors standard.

Or si on fait varier $t$, non pas seulement sur $[0,1]$, mais sur $\mathbb{R}$ tout entier, on obtiendra toute la conique. La nature de cette conique va donc dépendre de l'existence de zéros au dénominateur. Ce dénominateur s'écrit : $(1-t)^2+2t(1-t)z_1+t^2$, c'est un trinôme dont le discriminant est égal à $(z_1)^2-1$. Concluons :

**Proposition 3.4 :**

L'équation de tout arc de conique considéré comme courbe de Bézier rationnelle de degré 2, tangente aux droites $(Q_0\,Q_1)$ et $(Q_2\,Q_1)$ en les points $Q_0$ et $Q_2$, peut être écrite sous la forme standard : $\overrightarrow{OM_1}(t)=\dfrac{B_2^0.\overrightarrow{OQ_0}+B_2^1z_1.\overrightarrow{OQ_1}+B_2^2.\overrightarrow{OQ_2}}{B_2^0+B_2^1z_1+B_2^2}$ où l'unique paramètre $z_1$ vérifie $z_1>0$. Si $z_1=1$, on retrouve la parabole, si $z_1<1$, il s'agit d'un arc d'ellipse et si $z_1>1$, il s'agit d'un arc d'hyperbole.

### *4.3. Constructions géométriques relatives à une conique.*

Soit une conique dont l'équation est de forme standard. On connait donc $z_1$, ce qui fournit la cote du point $P_1$ de la parabole projetée. Les deux autres points de définition de la parabole sont ceux $Q_0$ et $Q_2$ de la conique donnée. On sait donc reconstituer la parabole dont la projection conique est la conique donnée. Or, on connait des constructions géométriques des points et des tangentes en ces points pour une parabole. En passant donc par l'intermédiaire de la projection, on en déduit des constructions associées pour les arcs de coniques autres que les paraboles (Cf. exercice 45). Détaillons une construction, illustrée dans les deux figures qui suivent : Sur une droite issue de $P_1$, on place S et $P'_1$ de façon à vérifier $\dfrac{\overline{SP'_1}}{\overline{SP_1}}=z_1$ où $z_1$ est le poids unique de la forme standard donnée ; on trace par exemple la tangente $U'T'$ à la parabole de points de contrôle $P_0, P'_1, P_2$ au point $M'(1/2)$, les points T' et U' étant sur les droites $(P'_1\,P_0)$ *et* $(P'_1\,P_2)$. En prenant les intersections de $SU'$, de $ST'$ avec respectivement $(P_1\,P_2)$ et $(P_1\,P_0)$, on obtient U et T tel que $(U\,T)$ soit tangente à la conique donnée au point $M(1/2)$, ce dernier étant l'intersection de $SM'$ avec $(U\,T)$.

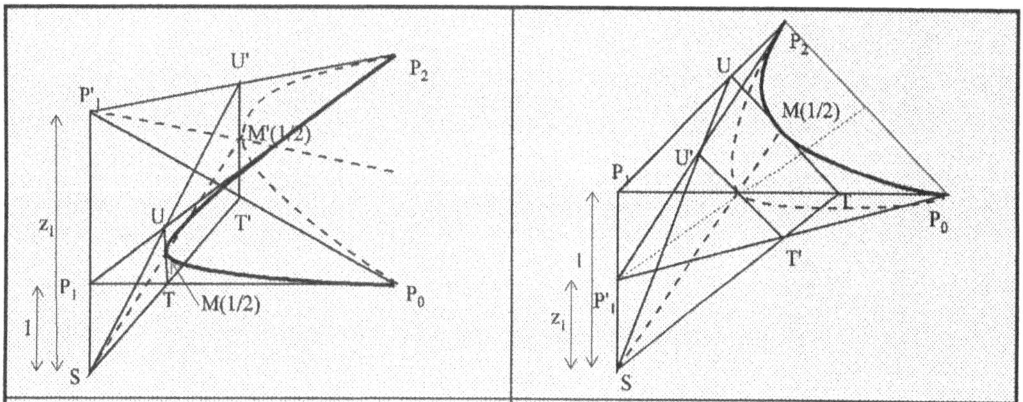


Cas d'un arc d'hyperbole : $z_1>1$ | Cas d'un arc d'ellipse : $z_1<1$

**Remarque :**
Pas plus qu'une parabole entière ne peut être obtenue comme arc de Bézier, une ellipse entière ne peut être considérée comme une courbe de Bézier rationnelle. Il est cependant possible de modéliser une ellipse en raccordant plusieurs arcs. En particulier, on peut modéliser un cercle entier en raccordant quatre quarts de cercles de Bézier rationnels.

### *4.4. Résolution de problèmes sur les coniques.*

A priori, il est commode de déterminer l'équation de Bézier rationnelle d'une conique donnée à partir de deux points, des tangentes à ces deux points (supposées non parallèles et d'une donnée géométrique supplémentaire, par exemple un troisième point ou une troisième tangente (Cf. Exercice 50).
Prenons le cas d'un troisième point M que nous supposons être donné à l'intérieur du triangle $P_0 P_1 P_2$ . On cherche à déterminer la forme standard de l'équation, donc à déterminer $z_1$. Pour cela, on peut, par exemple en plaçant le point $O$ au point $P_1$, déterminer a et c tels que : $\overrightarrow{P_1M} = a.\overrightarrow{P_1P_0} + c.\overrightarrow{P_1P_2}$ ( composantes d'un vecteur dans une base donnée). On sait alors (Cf. forme standard) que: $a = \frac{(1-t)^2}{s(t)}$ *et* $c = \frac{t^2}{s(t)}$ où $s(t) = B_2^0(t) + z_1 B_2^1(t) + B_2^2(t)$. Le rapport *a/c* fournit alors le paramètre t du point M et, en remplaçant dans *c* et $s(t)$, on obtient $z_1$, ce qui termine la résolution de ce problème.
Par exemple, soit un quart de cercle, avec ses tangentes rectangulaires aux extrémités et le point M au milieu de cet arc. On a :$a = c = \frac{\sqrt{2}-1}{\sqrt{2}}$. On a d'abord $t = 1/2$, puis, en remplaçant, $1 + z_1 = \frac{1}{(2-\sqrt{2})}$ d'où $z_1 = \frac{\sqrt{2}-1}{2-\sqrt{2}} = \frac{\sqrt{2}}{2}$. Le seul intérêt de ce calcul réside dans la possibilité de programmer un arc de cercle comme une B-spline rationnelle.

## 5 ALGORITHMES DE CONSTRUCTION

On examine seulement le cas du modèle de Bézier, pour lequel nous généralisons des formules symboliques et les algorithmes de § 6.3 du chapitre I.

### *5.1. Suite barycentrique associée à l'ensemble des poids.*

#### 5.1.1 Calcul symbolique sur les poids

Considérons le dénominateur s des coefficients de l'équation d'une courbe de Bézier rationnelle : $s(t) = \sum_{i=0}^{i=m} p_i B_m^i(t)$. En définissant la multiplication symbolique pour les nombres $p_i$ par $p_i * p_j = p_{i+j}$ et en utilisant l'associativité et la distributivité de cette multiplication symbolique, l'expression de $s(t)$ peut s'écrire sous la forme symbolique :

$$\boxed{s(t) = \left(p_0(1-t) + p_1 t\right)^{*[m]}} \quad (1)$$

(1) La notation d'une puissance symbolique en exposant a été renforcée : c'est $*[m]$ au lieu de $[m]$.

**5.1.2 Suite barycentrique de poids**

En écrivant ceci : $s(t)=\left(p_0(1-t)+p_1 t\right)^{**[m-1]}[*]\left(p_0(1-t)+p_1 t\right)$ et en posant, par analogie avec des situations précédentes, $p_i^{(1)}=(1-t)p_i+t\,p_{i+1}$, le terme général de la somme précédente peut se mettre sous la forme suivante :

$C_{m-1}^i\, p_i(1-t)^{m-1-i}t^i[*]\left(p_0(1-t)+p_1 t\right)=C_{m-1}^i(1-t)^{m-1-i}t^i\times\left(p_i(1-t)+p_{i+1}t\right)=B_{m-1}^i\, p_i^{(1)}$.

Il en résulte la nouvelle expression :

$$\boxed{s(t)=\left(p_0^{(1)}(1-t)+p_1^{(1)}t\right)^{*[m-1]}}.$$

Evidemment, on peut réitérer ce procédé en définissant par récurrence les nombres $p_i^{(r)}$ par $p_i^{(r)}=(1-t)\,p_i^{(r-1)}+t\,p_{i+1}^{(r-1)}$. Au bout de $m$ étapes, on a : $s(t)=p_0^{(m-1)}(1-t)+p_1^{(m-1)}t$, ce qui n'est autre que $\boxed{s(t)=p_0^{(m)}}$.

## *5.2. Algorithme de construction d'un point.*

**5.2.1Formule symbolique**

Pour point de départ, utilisons, pour définir le point courant d'une courbe de Bézier rationnelle, la formule symbolique dont on vérifie facilement la cohérence (Cf. Ex 47):

$$(1)\qquad s(t).\overrightarrow{OM}(t)=\left((1-t)p_0\,\overrightarrow{OP_0}+t\,p_1\,\overrightarrow{OP_1}\right)^{*[m]}$$

**5.2.2 Suite de générations de barycentres**

En y mettant en évidence la puissance de degré *m-1,* et en faisant intervenir le barycentre de $P_i$ et $P_{i+1}$ défini par :

$$p_i^{(1)}.\overrightarrow{OP_i^{(1)}}=(1-t)\,p_i.\overrightarrow{OP_i}+t\,p_{i+1}.\overrightarrow{OP_{i+1}},$$

le second membre de $(1)$ s'écrit :

$$\left((1-t)p_0\,\overrightarrow{OP_0}+t\,p_1\,\overrightarrow{OP_1}\right)^{*[m]}=\left((1-t)p_0\,\overrightarrow{OP_0}+t\,p_1\,\overrightarrow{OP_1}\right)^{*[m-1]}*\left((1-t)p_0\,\overrightarrow{OP_0}+t\,p_1\,\overrightarrow{OP_1}\right)$$ et

son terme général s'exprime par $C_{m-1}^i(1-t)^{m-1-i}t^i\,p_i\overrightarrow{OP_i}*\left((1-t)p_0.\overrightarrow{OP_0}+tp_1.\overrightarrow{OP_1}\right)$ ou

encore par $C_{m-1}^i(1-t)^{m-1-i}t^i\left((1-t)p_i.\overrightarrow{OP_i}+t\,p_{i+1}.\overrightarrow{OP_{i+1}}\right)$, autrement dit par

$B_{m-1}^i\,p_i^{(1)}.\overrightarrow{OP_i}$. On en déduit une première formule:

$$\boxed{s(t).\overrightarrow{OM}(t)=\left((1-t)p_0^{(1)}.\overrightarrow{OP_0^{(1)}}+t\,p_1^{(1)}.\overrightarrow{OP_1^{(1)}}\right)^{*[m-1]}}.$$

En itérant *m* fois cette formule, on obtient :

$$s(t).\overrightarrow{OM}(t)=(1-t)p_0^{(m-1)}.\overrightarrow{OP_0^{(m-1)}}+t\,p_1^{(m-1)}.\overrightarrow{OP_1^{(m-1)}}=p_0^{(m)}.\overrightarrow{OP_0^{(m)}}.$$

Puisque $s(t)=p_0^{(m)}$, on en déduit la formule qui est à la base de l'algorithme de construction géométrique du point courant de la courbe de Bézier rationnelle, à savoir :

$$\boxed{\overrightarrow{OM}(t) = \overrightarrow{OP_0^{(m)}}}$$

On peut donc conclure de façon analogue à la situation concernant les courbes de Bézier polynomiales.

**Proposition 3.5 :**

Considérons la suite des ensembles de barycentres (dits aussi générations barycentriques) $\left\{P_i^{(k)}\right\}_{0 \le i \le m-k}$, associée à une valeur fixée de $t$, définie par les formules précédentes. Alors, la génération barycentrique de rang $k=m$, qui est constituée d'un seul barycentre $P_0^{(m)}$, fournit le point courant de paramètre $t$ de la courbe de Bézier rationnelle considérée, c'est à dire : $\boxed{M(t) = P_0^{(m)}}$.

## *5.3. Exemple d'application.*

Reprenons l'exemple de §3.2 du chapitre 1 (exemple 2, cas $\mu = 1$)d'une cubique de Bézier qui présente un point de rebroussement. On conserve les quatre points de définition et on prend les poids $(1, a, a, 1)$ où $a$ est donné positif. On peut prévoir que la courbe conservera sa symétrie par rapport à l'axe des ordonnées.

### 5.3.1 Application de l'algorithme précédent.

Prenons l'exemple $a = 3$ et les deux valeurs de t : $t = 1/2$ et $t = 1/3$. Le tableau qui suit donne les résultats des calculs des coefficients barycentriques successifs :

| t=1/2 | | Barycentres | Coefficients a et b | t=1/3 | | | Coefficients a et b |
|---|---|---|---|---|---|---|---|
| $p^0$ | 1,3, 3, 1 | $P_i^1 = aP_i + bP_{i+1}$ | (1/4,3/4),(1/2,1/2),(3/4,1/4) | $p^0$ | 1,3, 3, 1 | $P_i^1$ | (2/5,3/5), (2/3,1/3),(6/7,1/7) |
| $p^1$ | 2, 3, 2 | $P_i^2 = aP_i^1 + bP_{i+1}^1$ | $(2/5, 3/5)$ , $(3/5, 2/5)$ | $p^1$ | 5/3, 3, 7/3 | $P_i^2$ | (10/19,9/19), (18/25, 7/25) |
| $p^2$ | 5/2, 5/2 | $P_i^3 = aP_i^2 + bP_{i+1}^2$ | $(1/2, 1/2)$ | $p^2$ | 19/9, 25/9 | $P_i^3$ | (38/63, 25/63) |
| $p^3$ | 5/2 | | | $p^3$ | 63/27 | | |

On en déduit les deux constructions géométriques des deux points . De plus, en utilisant la droite joignant les deux barycentres de l'avant-dernière génération barycentrique, on construit géométriquement les tangentes à la courbe en ces points, du moins si l'on admet que cette construction des tangentes, trouvée sur les courbes de Bézier et B-splines, restent encore valables pour les nurbs (Cf. exercice 48).

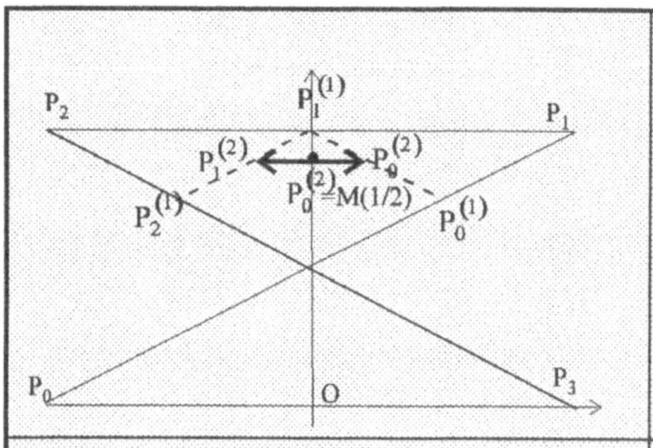


Algorithme de construction de $M(1/2)$

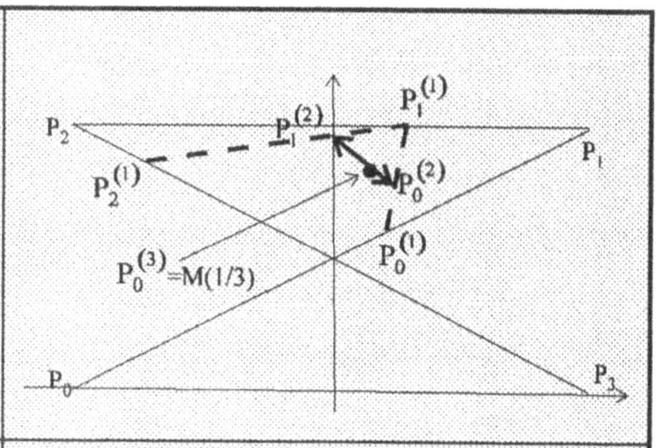


Algorithme de construction de $M(1/3)$

### 5.3.2. Forme des courbes.

En donnant aux poids les valeurs correspondant à $a = 1, a = 2, a = 3$, on peut constater que la courbe se déforme. Alors que pour $a = 1$, il s'agit de la courbe de Bézier polynomiale avec un point de rebroussement (cf, § 3.2 du chapitre I), l'augmentation des poids associés à $P_1$ et $P_2$, lorsque $a$ passe de *1* à *2* puis de *2* à *3* , correspond à une « attraction » grandissante de la courbe par ces deux points, transformant d'ailleurs le point de rebroussement en un point double avec une boucle de plus en plus importante.
Par contre, si a devient inférieur à 1, la courbe a tendance à s'arrondir davantage au voisinage du point $M(1/2)$, l'attraction se faisant maintenant au profit des 2 points $P_0$ et $P_3$.
Ajoutons que si l'on adjoignait des poids différents aux points $P_1$ *et* $P_2$, la courbe ne resterait pas symétrique par rapport à l'axe des ordonnées et le point double se déplacerait vers le point de contrôle associé au plus grand poids.

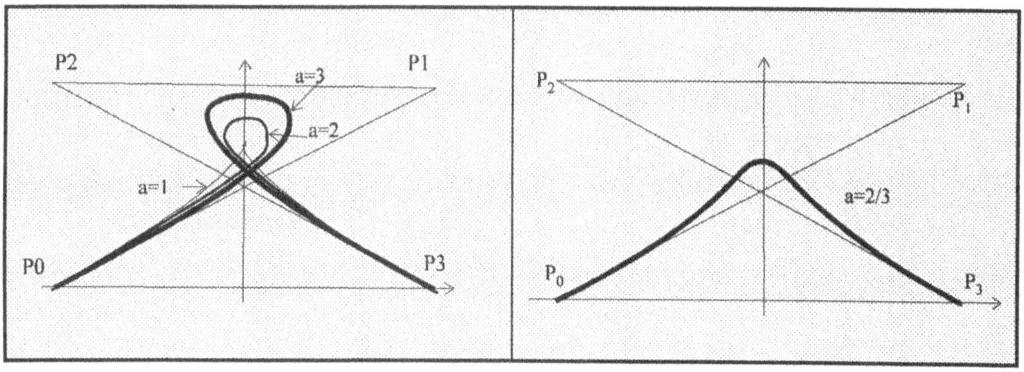


**Remarque**
Nous constatons, sur cet exemple, que cette modification des poids a des effets de modification de la courbe qui peuvent être aussi réalisés par une modification des points de définition de cette courbe. Cependant, cette modification de poids est plus souple et plus aisée à mettre en oeuvre dans la pratique.

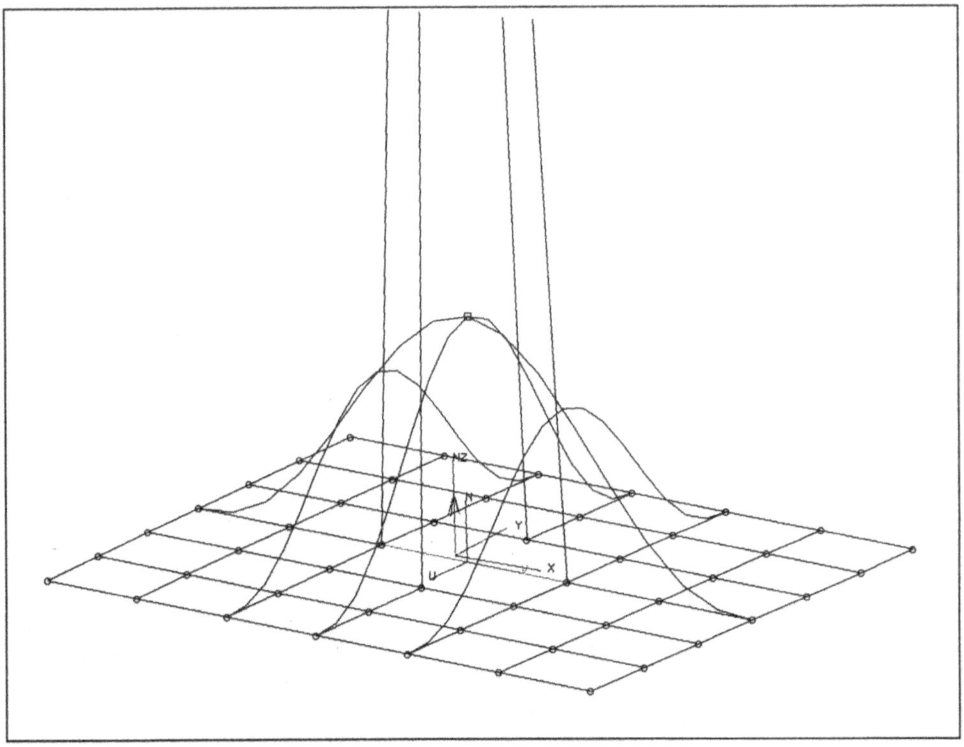


Déformation d'une grille horizontale créant des courbes engendrant une surface

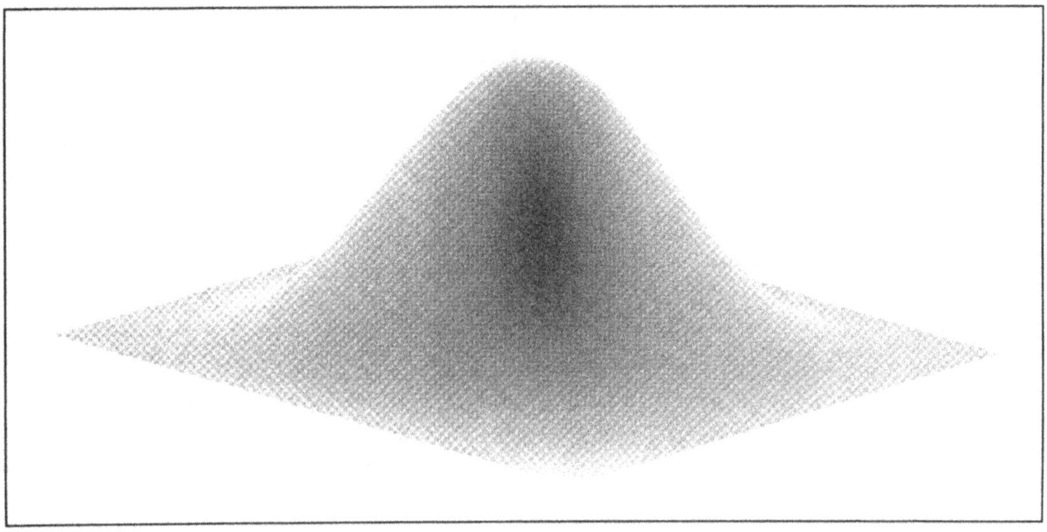

Surface ainsi créée

*STRIM-Matra Datavision*

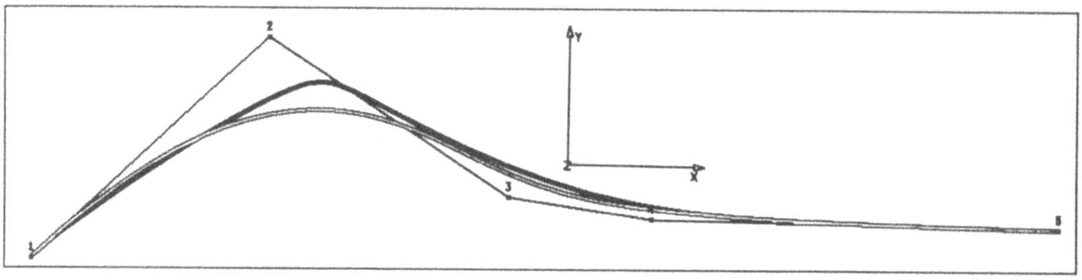

Par attribution de poids différents mais sans modification des points de définition, obtention de deux NURBS distinctes

*CATIA-Dassault Systèmes*

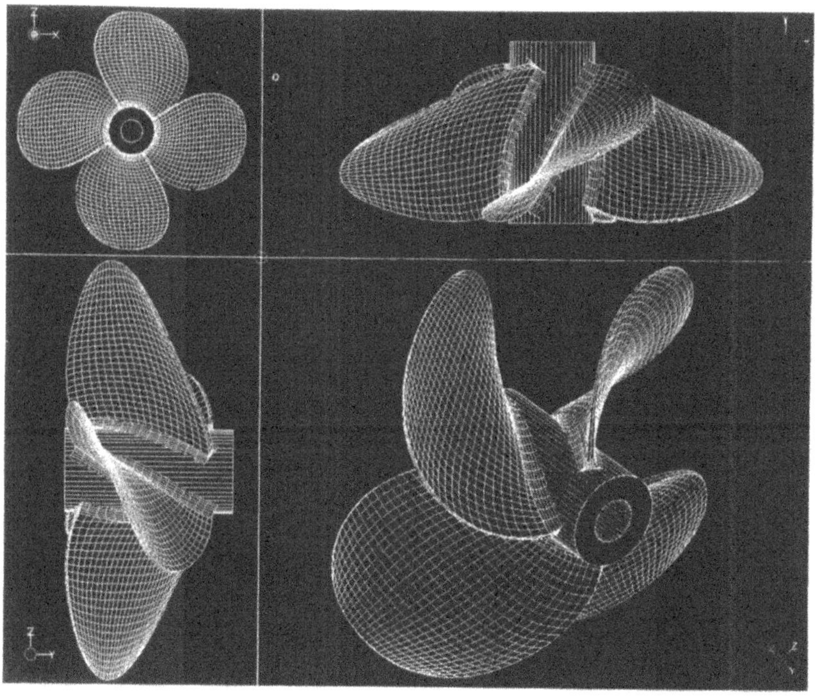

Hélice de bateau : visualisation des isopara-métriques et vue de la forme obtenue

*CATIA-Dassault Systèmes*

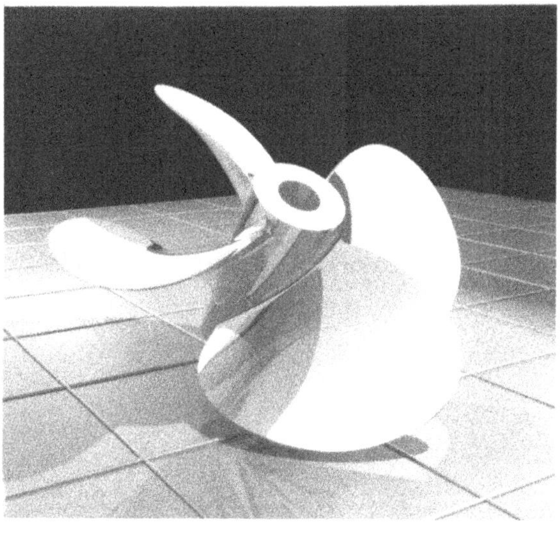

Vue définitive de l'hélice

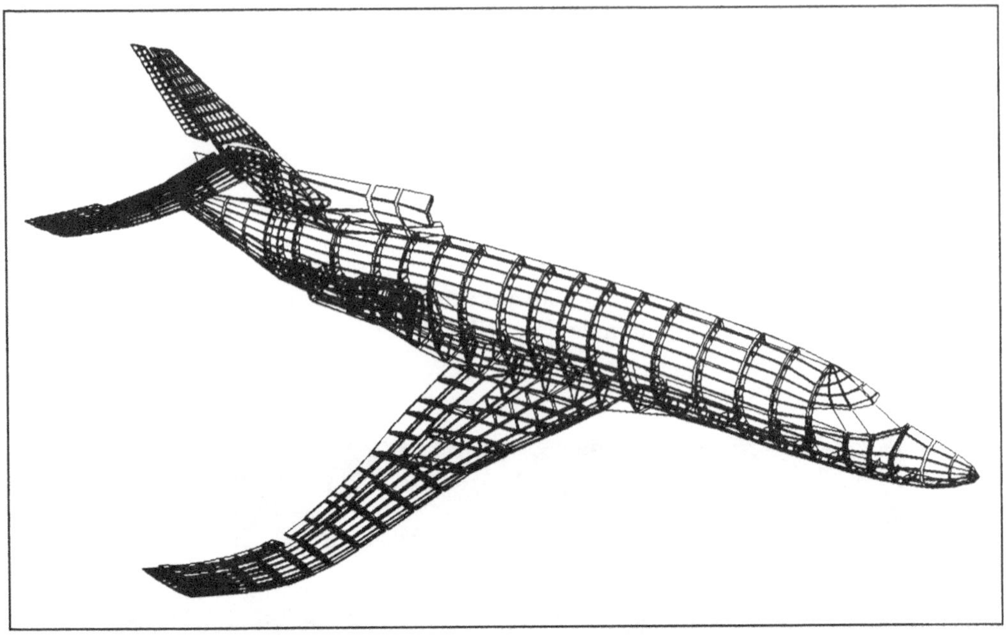

Falcon 2000. Courbes engendrant les carreaux. Dassault-Aviation

*CATIA-Dassault Systèmes*

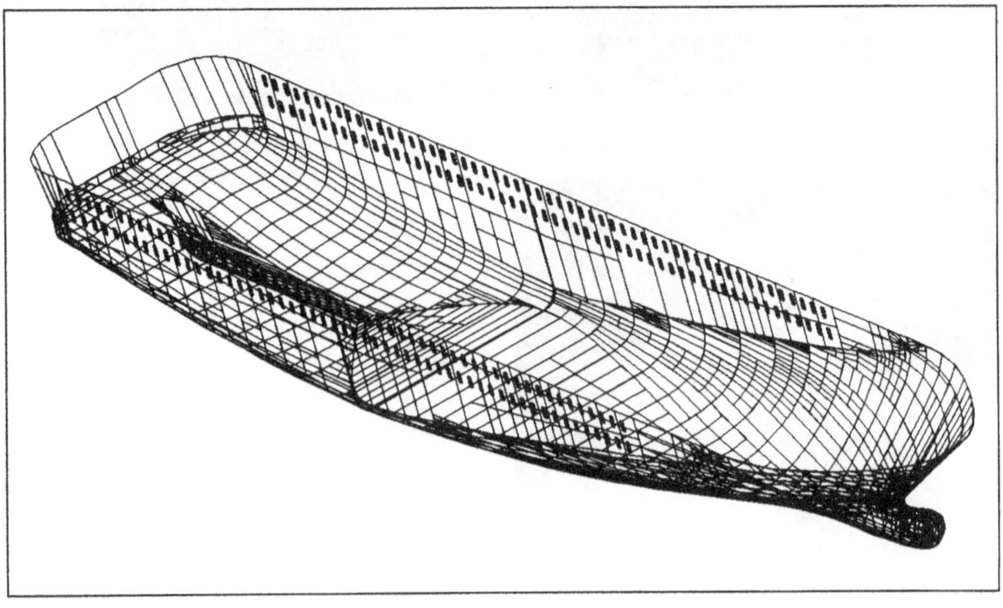

Carène de navire. Conception des carreaux définissant la surface

*CATIA-Dassault Systèmes*

# CHAPITRE 4

# LES CARREAUX DE BEZIER

A partir du modèle des courbes de Bézier, plusieurs approches sont possibles pour définir des surfaces. Une approche naturelle correspond à la notion dite de « produit tensoriel » dans laquelle un point de la surface est représenté à l'aide d'une somme de produits de polynômes de Bernstein fonction chacun d'un paramètre. On parvient ainsi à la notion de « **carreaux de Bézier** » dont l'étude est facilitée par la considération des courbes isoparamétriques où l'un des paramètres est constant, courbes qui sont du modèle de Bézier.
Au cours de ce chapitre qui est exclusivement consacré à ce modèle, il est donné quelques indications sur les surfaces B-splines et sur les surfaces rationnelles. Tout en étant évidemment insuffisantes, elles constituent, en se fondant sur des analogies et sur les connaissances acquises dans les précédents chapitres sur les courbes de Bézier et les courbes B-splines, des jalons pour une étude plus détaillée.

Une autre définition, qui se base sur la notion de coordonnées barycentriques dans les triangles, constitue une généralisation intéressante de la notion de barycentre, notion qui, nous l'avons vu, joue un rôle central dans le modèle des courbes de Bézier. Cette définition amène à la considération de polynômes de Bernstein à trois variables, lesquelles sont des coordonnées barycentriques. On parvient ainsi à la notion de « **triangles de Bézier** » (Cf. le chapitre 5). Le principal inconvénient de cette définition, plus globale que la précédente, reste la difficulté de localisation des courbes tracées sur la surface.

## 1. DEFINITION D'UN CARREAU DE BEZIER

Selon P. Bézier, une surface peut être définie comme « le lieu géométrique d'une courbe qui subit en même temps une déformation et un déplacement ». Dans cette optique, on peut dire qu'une surface est engendrée par une famille de courbes dépendant du paramètre $v$, l'une quelconque d'entre elles, notée $C_v$, étant donc considérée comme ensemble de points $M$ définis par une fonction vectorielle $u \mapsto \vec{F}_v(u)$. La surface est alors l'ensemble de tous les points $M$ définis par une fonction vectorielle dépendant de deux paramètres qui sont ici $u$ et $v$, fonction que, pour simplifier, on notera $(u,v) \mapsto \overrightarrow{OM}(u,v)$ lorsque le point origine O a été choisi. Dans le contexte de cet ouvrage, on supposera que les paramètres sont dans $[0,1]$ et que la surface est engendrée par des courbes de Bézier. On commence par un exemple.

### *1.1. Exemple préliminaire.*

Pour simplifier et pour clarifier les représentations graphiques, on suppose que la surface $(S)$ est engendrée par des paraboles , mais le cas général de courbes de Bézier de degré quelconque conduit à la même analyse.
Chacun des arcs $C_v$ de Bézier de degré 2 est ainsi défini par son polygone dont les sommets, qui sont fonctions de $v$, sont notés $P_0(v), P_1(v), P_2(v)$. La surface engendrée sera un carreau de Bézier si chacun de ces sommets décrit une courbe de Bézier, le paramètre du point courant étant $v$. Supposons dans cet exemple que chacun de ces points décrive une cubique de Bézier. C'est la cubique $\Gamma_0$ pour les points $P_0(v)$, $\Gamma_1$ pour les points $P_1(v)$ et $\Gamma_2$ pour les points $P_2(v)$. Pour définir complètement la surface $(S)$, il suffit donc de définir ces trois cubiques, c'est à dire de se donner les sommets de leurs polygones caractéristiques respectifs, à savoir $P_{00}, P_{01}, P_{02}, P_{03}$ pour $\Gamma_0$, $P_{10}, P_{11}, P_{12}, P_{13}$ pour $\Gamma_1$ et $P_{20}, P_{21}, P_{22}, P_{23}$ pour $\Gamma_2$ .
Cette surface est donc définie par la donnée de ces douze points dits « de définition » ou de Bézier de $(S)$ constituant ce qu'on appelle le **réseau caractéristique** ou réseau de Bézier de $(S)$.

#### 1.1.1. Définition vectorielle de la surface dans ce cas particulier.

Un point O étant choisi pour origine, cherchons l'expression de la fonction vectorielle $\overrightarrow{OM}$ à l'aide des deux paramètres $u$ et $v$.
D'après ce qui précède, le point $M(u,v)$ est le point de paramètre $u$ de la courbe $C_v$, d'où : $\overrightarrow{OM}(u,v) = B_2^0(u).\overrightarrow{OP_0}(v) + B_2^1(u).\overrightarrow{OP_1}(v) + B_2^2(u).\overrightarrow{OP_2}(v)$.
Pour poursuivre, il faut utiliser les cubiques décrites par ces sommets. Par exemple, pour le premier sommet, on a :

$$\overrightarrow{OP_0}(v) = B_3^0(v).\overrightarrow{OP_{00}} + B_3^1(v).\overrightarrow{OP_{01}} + B_3^2(v).\overrightarrow{OP_{02}} + B_3^3(v).\overrightarrow{OP_{03}} \; .$$

En remplaçant à l'aide de cette formule et des analogues pour $\overrightarrow{OP_1}$ et $\overrightarrow{OP_2}$ et en utilisant la notation d'une sommation répétée, on obtient :

$$\boxed{\overrightarrow{OM}(u,v) = \sum_{i=0}^{i=2} B_2^i(u) \sum_{k=0}^{k=3} B_3^k(v).\overrightarrow{OP_{ik}} = \sum_{i=0}^{i=2}\sum_{k=0}^{k=3} B_2^i(u) B_3^k(v).\overrightarrow{OP_{ik}}}$$

On remarque dans cette dernière formule que l'ordre des sommations en $i$ et en $k$ peut être inversé, ce qui permettra plus loin d'échanger les rôles des deux types de courbes.

Les figures qui suivent illustrent la situation :

Les courbes qui sont tracées sur la surface sont en traits pleins, c'est $\Gamma_0, \Gamma_2$ et quelques courbes $C_v$, en particulier $C_0$ et $C_1$. Une courbe est en pointillés, c'est $\Gamma_1$, ensemble des sommets $P_1(v)$. Dans la deuxième figure, on voit que les trois courbes $\Gamma_0, \Gamma_1, \Gamma_2$ servent de « guide » au polygone variable des paraboles tracées sur la surface. On y remarque aussi que la surface est limitée par 2 cubiques $\Gamma_0, \Gamma_2$ et 2 paraboles $C_0$ et $C_1$.

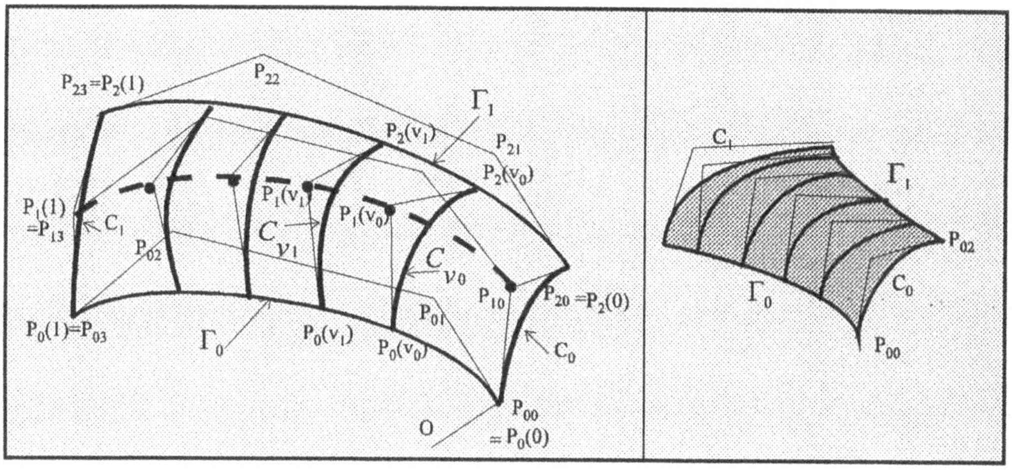


### 1.1.2. Courbes isoparamétriques sur (S)

En donnant à $u$ ou à $v$ une valeur constante, on obtient des courbes tracées sur la surface. Elles sont appelées les « **isoparamétriques** » de la surface, c'est le cas des courbes $C_v$ définies par les fonctions: $u \mapsto M(u,v)$ où $v$ est constant. Pour connaître les courbes isoparamétriques où $u = u_0$ est constant : $v \mapsto M(u_0, v)$, on utilise la relation explicite précédente :

$$\overrightarrow{OM}(u_0, v) = \sum_{k=0}^{k=3} B_3^k(v)\left(\sum_{i=0}^{i=2} B_2^i(u_0).\overrightarrow{OP_{ik}}\right).$$

Par l'intermédiaire des points $P_k(u_0)$ définis par la formule : $\overrightarrow{OP_k}(u_0) = \sum_{i=0}^{i=2} B_2^i(u_0).\overrightarrow{OP_{ik}}$,

on interprète cette courbe comme une cubique de Bézier dont les points de Bézier sont ces points. Ces points eux-mêmes sont sur les arcs de paraboles dont les points de Bézier sont, pour chaque valeur de $k$, $P_{0k}, P_{1k}, P_{2k}$. Il en résulte qu'il y a une symétrie complète de définition entre les deux familles de courbes isoparamétriques et qu'en particulier :

La surface $(S)$ est engendrée aussi par des cubiques $\Gamma_u$ dont les polygones sont guidés par quatre arcs de parabole.

Il faut remarquer que seuls, parmi ces arcs de parabole, les arcs extrêmes qui sont $C_0$ et $C_1$ sont des courbes tracées sur la surface.
Sur la figure précédente, nous avons mis en évidence les points de Bézier $P_{00}, P_{10}, P_{20}$ de la parabole frontière $C_0$ correspondant à l'isoparamétrique « $v = 0$ » et les points

$P_{03}, P_{13}, P_{23}$ de la parabole frontière $C_1$ correspondant à l'isoparamétrique « $v = 1$ ».

### *1.2. Définition d'une surface de Bézier.*

Généralisant le procédé précédent qui consiste à « condenser » en une formule de sommation double, les deux définitions vectorielles d'une courbe de degré $m$ et d'une courbe de degré $n$, on obtient la définition suivante qui n'est pas la plus générale puisqu'on suppose que les génératrices, respectivement les directrices, ont le même degré.

#### 1.2.1 Définition

Soient deux entiers $m$ et $n$ donnés non nuls et un ensemble $\mathcal{R}$ de points $P_{i,j}$ de l'espace où l'indice i varie entre 0 et m et l'indice j entre 0 et n. On appelle surface de Bézier ou « **carreau de Bézier** » de degré$(m,n)$ et de réseau caractéristique $\mathcal{R}$, l'ensemble des points $M$ de l'espace tels que, $O$ étant choisi arbitrairement :

$$\forall(u,v) \in [0,1]\times[0,1], \quad \overrightarrow{OM}(u,v) = \sum_{i=0}^{i=m}\sum_{j=0}^{j=n} B_m^i(u) B_n^j(v).\overrightarrow{OP_{i,j}}.$$

#### 1.2.2 Utilisation du calcul symbolique

Pour des vecteurs dépendant de deux paramètres, il est naturel d'étendre les règles du calcul symbolique du § 2.2.1 du chapitre 1 sur des vecteurs qui sont indexés par un couple d'entiers $(i,j)$. Par définition, on pose : $\overrightarrow{OP_{i,j}}[*]\overrightarrow{OP_{i',j'}} = \overrightarrow{OP_{i+i',j+j'}}$ Les autres règles sont conservées. Il est alors facile de vérifier que la définition d'un carreau de Bézier est obtenue en multipliant symboliquement les deux formules de définition de courbes de degré $m$ et de degré $n$. On obtient ainsi la formule qualifiée de « produit tensoriel » :

$$\overrightarrow{OM}(u,v) = \left((1-u)\overrightarrow{OP_{0,0}} + u\overrightarrow{OP_{1,0}}\right)^{[m]}[*]\left((1-v)\overrightarrow{OP_{0,0}} + v\overrightarrow{OP_{0,1}}\right)^{[n]}$$

En effet, le terme général du second membre, qui est le produit symbolique $B_m^i(u)\overrightarrow{OP_{i,0}}[*]B_n^j(v)\overrightarrow{OP_{0,j}}$ est bien,d'après la règle ci-dessus, $B_m^i(u)\, B_n^j(v)\overrightarrow{OP_{i,j}}$ .

**Remarque**

Si l'on effectue séparément les deux facteurs du produit symbolique, on obtient pour le premier $\overrightarrow{OM}(u,0)$ et $\overrightarrow{OM}(0,v)$ pour le deuxième. Ces deux termes représentent les points courants des courbes de Bézier qui limitent le carreau , dites aussi premiers côtés du carreau.

#### 1.2.3 Autres définitions associées :

Les **isoparamétriques** $C_v$ et $\Gamma_u$ sont les courbes de Bézier définies respectivement par :

$$\forall u \in [0,1],\ v \text{ fixé},\quad \overrightarrow{OM}(u,v) = \sum_{i=0}^{i=m} B_m^i(u)\left(\sum_{j=0}^{j=n} B_n^j(v).\overrightarrow{OP_{i,j}}\right)$$

$$\forall v \in [0,1],\ u \text{ fixé},\quad \overrightarrow{OM}(u,v) = \sum_{j=0}^{j=n} B_n^j(v).\left(\sum_{i=0}^{i=m} B_m^i(u)\,\overrightarrow{OP_{i,j}}\right),$$

formules qui montrent que ces courbes sont bien des courbes de Bézier dont les sommets des polygones caractéristiques, qui sont définis par les parenthèses, sont eux mêmes les points de même paramètre de courbes de Bézier. Ces courbes de Bézier sont appelées « **directrices** » notées $D_i$ et « **génératrices** » notées $G_j$ (la distinction est d'ailleurs formelle car leurs rôles peuvent être échangés). Les points courants de ces courbes sont $U_i$ et $V_j$ définis respectivement par :

$$\overrightarrow{OU_i}(v) = \sum_{j=0}^{j=n} B_n^j(v).\overrightarrow{OP_{i,j}} \quad \text{et} \quad \overrightarrow{OV_j}(u) = \sum_{i=0}^{i=m} B_m^i(u)\,\overrightarrow{OP_{i,j}}.$$

Les directrices extrêmes $D_0$ et $D_m$ sont dites **directrices principales**, elle sont tracées sur la surface et la limitent dans une direction ; les autres sont dites auxiliaires. De même pour les génératrices. Enfin le polygone caractéristique de $D_i$ est constitué des points du réseau de même indice $i$. Pour $D_0$ , c'est $P_{0,0}, P_{0,1}, \ldots P_{0,n}$. Le polygone caractéristique de $G_j$ est constitué des points du réseau de même indice $j$. Pour $G_0$, c'est $P_{00}, P_{1,0}, P_{2,0}, \ldots, P_{m,0}$.

**Remarque**

Tout le développement précédent peut aussi être fait en utilisant la formule symbolique de définition.

### 1.2.4 Domaine paramétrique et image de Bézier relativement à un carreau

Le domaine paramétrique $D$ est le carré $[0,1]\times[0,1]$ d'un plan de référence, muni d'un repère orthonormé choisi arbitrairement. Un carreau $(C)$ étant donné, on peut associer à un point $m$ quelconque de $D$ de coordonnées $(u,v)$, le point $M(u,v)$ du carreau $(C)$. On définit ainsi une application, notée encore $(C)$ dite « **application de Bézier** » relative au carreau. L'image de $D$ par cette application n'est autre que l'ensemble des points $M(u,v)$, c'est à dire ce qu'on appelle communément la surface $(C)$ elle-même. L'intérêt de cette notion réside surtout dans les interprétations de certaines situations. Ainsi, les côtés du carré $D$ ont pour images par cette application les 4 isoparamétriques constituant le bord de $(C)$. Plus généralement, toute isoparamétrique est l'image d'un segment de Dparallèle à l'un des axes. Par ailleurs, une courbe tracée dans $D$, dite quelquefois « **transposante** » a pour image un ensemble de points constituant une courbe tracée sur la surface.

### 1.2.5 Indication sur les carreaux B-splines

La technique dite « de produit tensoriel » permet de créer de façon analogue la notion de surface B-spline. Etant donné un réseau de points $Q_{i,j}$ de l'espace et deux familles de fonctions B-splines notées $N_m^i$ et $N_n^j$ , on peut définir une surface B-spline ( ou carreau) par une formule du type : $\overrightarrow{OM}(u,v) = \sum\sum N_m^i(u)N_n^j(v)\overrightarrow{OQ_{i,j}}$ , où $(u,v)$ est dans le produit des deux domaines paramétriques. On définit de la même manière que précédemment les isoparamétriques en fixant soit $u$ soit $v$. Ce sont donc des courbes B-splines dont les points de définition sont eux-mêmes sur des courbes B-splines. Autrement dit, la surface est définie par un réseau croisé de courbes B-splines. La figure ci-après en donne une illustration : il s'agit de la réalisation, visualisée par le logiciel Catia d'une pale de compresseur.

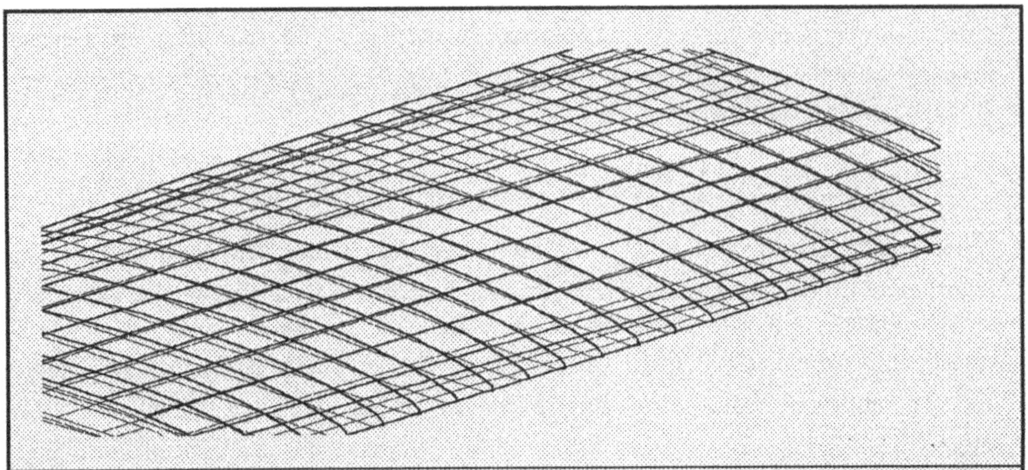

**Pale de compresseur :** Surface réalisée par une structure croisée de courbes B-splines. (Avec l'accord de M. Bernard Terrée du labo de Génie Mécanique de l'ENS de Cachan.)

### 1.2.6 Carreaux composites

Comme dans la théorie des courbes où on peut procéder à des raccordements de courbes qui peuvent être soient des courbes de Bézier soient des courbes B-splines , on peut définir des carreaux composites à l'aide de carreaux de Bézier ou de carreaux B-splines. Cependant, les raccords entre ces carreaux sont plus difficiles à réaliser. Le problème sera abordé dans le paragraphe 10 pour deux ou trois carreaux de Bézier. Dans la réalisation de ces surfaces composites, les lignes isoparamétriques jouent un rôle important.

On fournit ci-après une vue d'une partie de fuselage d'un hélicoptère (dont la vue complète est donnée en page 4 de l'ouvrage). On y distingue des maillages diversement serrés, réalisés au moyen d'isoparamétriques de types composés. On aperçoit ainsi les différentes fonctions attribuées aux zones de la surface composite considérée.

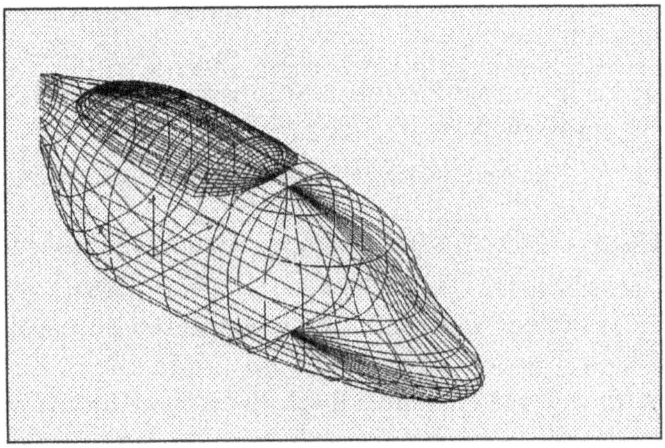

**Détail de la structure du fuselage d'un hélicoptère**

Les calculs et dessins ont été effectués par le logiciel Catia du laboratoire de Génie Mécanique de l'ENS de Cachan (reproduction autorisée par M. Bernard Terrée).

### *1.3 Premières propriétés.*

#### 1.3.1. Justification de la définition, invariance par les transformations affines

Avant de poursuivre, on note l'invariance de la définition par rapport à l'origine O. En effet, on a : $\sum_0^m \sum_0^n B_m^i(u) B_n^j(v) = \sum_0^m B_m^i(u) \sum_0^n B_n^j(v) = 1$, ce qui entraîne, comme dans le cas des courbes : $\overrightarrow{O'M}(u,v) = \overrightarrow{O'O} + \overrightarrow{OM}(u,v)$.

Comme dans le cas des courbes également, cette même relation entraîne l'invariance affine, ce qui signifie que la transformée par une application affine d'une surface de Bézier est encore une surface de Bézier dont le réseau caractéristique est l'image, dans cette application, du réseau de la première surface.

#### 1.3.2. Localisation dans l'espace.

Les coefficients pondérateurs sont positifs, d'où résulte, avec la relation précédente, que $\overrightarrow{OM}(u,v)$ est une combinaison linéaire convexe des vecteurs $\overrightarrow{OP_{i,j}}$.

Le carreau est donc tout entier inclus dans l'enveloppe convexe des points du réseau caractéristique.

#### 1.3.3 Déplacement d'un point du réseau caractéristique

Comme dans le cas des courbes (cf,§ 2.2.2 c) du chapitre I), le déplacement d'un seul $P_{h,k}$ parmi les points du réseau, déplacement défini par un vecteur $\vec{D}$, fournit pour le point courant $M(u,v)$, le déplacement défini par $\overrightarrow{MM'} = B_m^h(u) B_n^k(v).\vec{D}$. Autrement dit, *tous les points de la surface subissent un déplacement parallèle au vecteur* $\vec{D}$ et dont l'intensité peut être étudiée suivant les valeurs des paramètres puisque l'on connait bien les variations des fonctions polynomiales de Bernstein (Cf. exercice 52).

En utilisant des surfaces engendrées par des arcs de paraboles (degré 2) et des segments de droites (degré 1), on obtient les exemples de carreaux de Bézier qui sont parmi les plus simples. En particulier, on peut obtenir des morceaux de surfaces réglées ; par exemple, des morceaux de surfaces coniques ou des morceaux de surfaces cylindriques. On peut aussi obtenir des carreaux s'identifiant à des régions planes.

### *1.4. Exemples de surfaces*

#### 1.4.1 Surfaces de degré $(1,1)$.

La définition vectorielle s'écrit : $\overrightarrow{OM}(u,v) = \sum_0^1 \sum_0^1 B_1^i(u) B_1^j(v).\overrightarrow{OP_{i,j}}$ dont le développement est $(1-u)(1-v)\overrightarrow{OP_{0,0}} + v(1-u)\overrightarrow{OP_{0,1}} + u(1-v)\overrightarrow{OP_{1,0}} + uv\overrightarrow{OP_{1,1}}$. Si les points de Bézier sont coplanaires, la surface est un carreau plan qui s'identifie au quadrilatère dont les sommets sont ces 4 points. Si ces points ne sont pas coplanaires, il s'agit d'un **paraboloïde hyperbolique**, surface réglée dont les deux familles de droites correspondent aux isoparamètriques du carreau associé.

### 1.4.2 Cylindre et cône du second degré

Soit le cas du degré $(2,1)$ avec, en outre, des points non coplanaires tels que $\overrightarrow{P_{0,0}P_{0,1}} = \overrightarrow{P_{1,0}P_{1,1}} = \overrightarrow{P_{2,0}P_{2,1}} = \vec{A}$. L'équation vectorielle de la surface s'écrit :

$$\overrightarrow{OM}(u,v) = \sum_{i=0}^{i=2}\sum_{j=0}^{j=1} B_m^i(u)B_n^j(v).\overrightarrow{OP_{i,j}} = \sum_{i=0}^{i=2} B_m^i(u)\left[(1-v)\overrightarrow{OP_{i,0}} + v\,\overrightarrow{OP_{i,1}}\right],$$

ou encore : $\overrightarrow{OM}(u,v) = \sum_{i=0}^{i=2} B_m^i(u)\left[(1-v)\overrightarrow{OP_{i,0}} + v\left(\vec{A} + \overrightarrow{OP_{i,0}}\right)\right] = \sum_{9}^{2} B_m^i(u)\,\overrightarrow{OP_{i,0}} + v\,\vec{A}$.

Ceci montre que la surface est engendrée par des arcs de paraboles qui sont les images de l'arc de Bézier (de points de définition $P_{i,0}$) dans des translations de vecteurs $v\,\vec{A}$. On obtient ainsi un morceau de cylindre parabolique.

En supposant que, les points étant toujours non coplanaires, on ait l'égalité : $P_{0,1} = P_{1,1} = P_{2,1}$, la surface est encore engendrée par des arcs de parabole, images, cette fois, de la parabole contrôlée par $P_{0,0}, P_{1,0}, P_{2,0}$ dans les homothéties de centre $P_{0,1}$ et de rapports variables entre 0 et 1.
En effet, en notant A les points confondus $P_{i,1}$, l'équation de la surface s'écrit :

$$\overrightarrow{AM} = \sum_{i=0}^{i=2}\left[(1-v)\,\overrightarrow{AP_{i,0}} + v\,\overrightarrow{AP_{i,1}}\right]B_2^i(u) = (1-v)\sum_{0}^{2} B_2^i(u)\,\overrightarrow{AP_{i,0}}.$$

Il s'agit bien d'un morceau de cône dont le sommet est le point $A$ et dont les génératrices rectilignes s'appuient sur la courbe de Bézier dont les points de Bézier sont les points $P_{i,0}$.
Ajoutons que cette dernière courbe limite avec le point A et les deux génératrices extrèmes $[A, P_{0,0}]$ et $[A, P_{2,0}]$, le carreau considéré.
On obtient les figures suivantes :

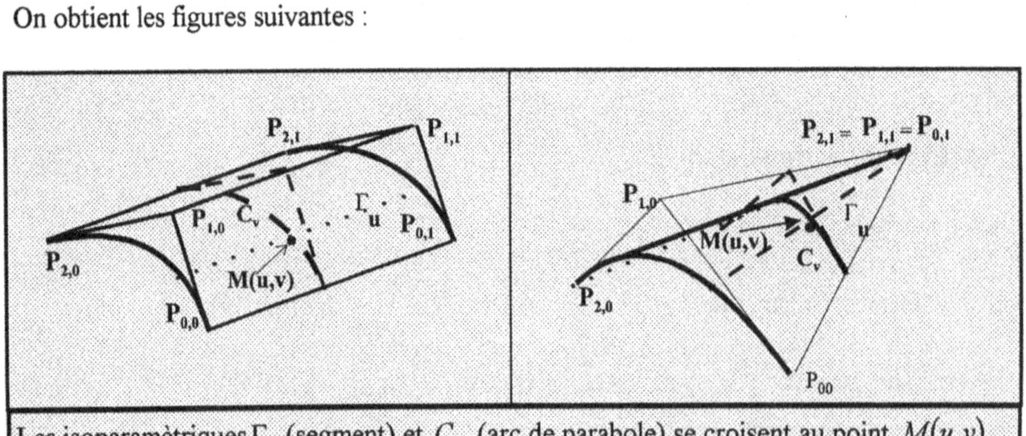


Les isoparamètriques $\Gamma_u$ (segment) et $C_v$ (arc de parabole) se croisent au point $M(u,v)$.

Sur ce dernier exemple, on voit qu'il est possible de considérer des carreaux dont un côté (ou plusieurs, voir plus loin) sont « nuls », c'est à dire réduit à un point. De tels carreaux sont dits « **dégénérés** ».

### 1.4.3 Généralisation de ces exemples

Soit C une courbe de Bézier de degré $m$, que l'on peut, pour simplifier, supposer plane, les sommets de son polygone caractéristique étant notés $P_{0,0}, P_{1,0}, \ldots, P_{m,0}$. Soit le réseau constitué de ces points et des points $P_{i,1}$ non situés dans le plan de C et tels que les vecteurs $\overrightarrow{P_{i,0}P_{i,1}}$ soient égaux.

Alors, la surface $(S)$ de degré $(m,1)$, définie par ce réseau est un morceau de cylindre dont la « directrice géométrique » est la courbe C. Elle est définie vectoriellement par : $\overrightarrow{OM}(u,v) = \sum_{i=0}^{i=m} B_m^i(u)\left[(1-v)\overrightarrow{OP_{i,0}} + v\,\overrightarrow{OP_{i,1}}\right]$, formule qui montre que la surface est bien engendrée par des courbes qui sont les images de C dans des translations dont les vecteurs sont parallèles aux génératrices.

En supposant que les points $P_{i,1}$ sont confondus en un point $A$ hors du plan de C, on obtient un morceau de surface conique dont une directrice géométrique est la courbe C. La définition vectorielle montre, en prenant l'origine en $A$, que la surface est alors engendrée par des images de la courbe C dans les homothéties de centre $A$ et de rapport $(1-v)$. En effet : $\overrightarrow{AM} = \sum_{i=0}^{i=m}\left[(1-v)\overrightarrow{AP_{i,0}} + v\,\overrightarrow{AP_{i,1}}\right]B_m^i(u) = (1-v)\sum_0^m B_m^i(u)\,\overrightarrow{AP_{i,0}}$.

### 1.4.4 Surfaces planes

Si tous les points du réseau d'un carreau sont coplanaires, il en résulte évidemment que tous les points du carreau sont dans ce plan. Les isoparamétriques de l'une ou de l'autre des familles « emplissent » un domaine plan identifiant le carreau. Prenons l'exemple où les degrés sont $(3,1)$, les deux cubiques de Bézier limitant le carreau ayant les propriétés $P_{0,0} = P_{3,0}$ et $P_{0,1} = P_{3,1}$, donc étant des courbes fermées. Dans la figure illustrant cet exemple, la deuxième cubique est à l'intérieur de la première. La formule de définition peut s'écrire : $\overrightarrow{OM}(u,v) = (1-v)\sum_0^3 B_3^i(u)\,\overrightarrow{OP_{i,0}} + v\sum_0^3 B_3^i(u)\,\overrightarrow{OP_{i,1}}$.

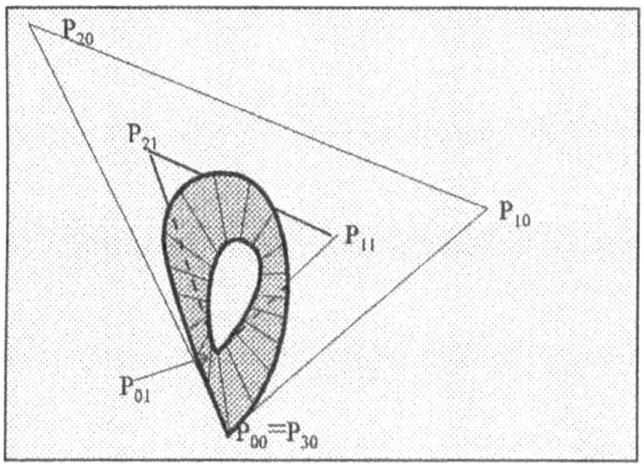


On a représenté quelques isoparamétriques $\Gamma_u$ . Ce sont toutes des courbes réduites à des segments qui joignent deux points de même paramétre $u$ sur les deux cubiques de Bézier constituant les deux côtés $(v=0)$ et $(v=1)$. On en conclut, tout au moins dans le cas de la figure, que le carreau engendré est la « couronne » située entre les deux cubiques fermées.

## 2. DEFINITION MATRICIELLE, ASPECTS NUMERIQUES

### 2.1 Définition matricielle par la matrice d'un réseau

De la même façon que pour les points de Bézier d'une courbe, on envisage la matrice rectangulaire à $m+1$ lignes et $n+1$ colonnes à éléments vectoriels, les éléments de la colonne de numéro $j$ étant les vecteurs $\overrightarrow{OP_{i,j}}$ où l'indice $i$ varie de $0$ à $m$. Cette matrice qui est associée au réseau est notée $(\overrightarrow{\mathbf{OP}})_{\mathrm{m,n}}$. Alors, en utilisant les matrices-colonnes des polynômes de Bernstein (Cf. §2.2.2, chapitre 1) $(\mathbf{B}_t)_{\mathrm{n}}$ et $(\mathbf{B}_t)_{\mathrm{m}}$, on peut écrire la définition du point courant de la surface $\mathbb{S}$ au moyen de multiplications matricielles :

$$\boxed{\overrightarrow{OM}(u,v) = {}^{\mathbf{t}}(\mathbf{B}_u)_{\mathrm{m}}.(\overrightarrow{\mathbf{OP}})_{\mathrm{m,n}}.(\mathbf{B}_v)_{\mathrm{n}} \text{ ou encore } \overrightarrow{OM}(u,v) = {}^{\mathbf{t}}(\mathbf{B}_v)_{\mathrm{n}}.{}^{\mathbf{t}}(\overrightarrow{\mathbf{OP}})_{\mathrm{m,n}}.(\mathbf{B}_u)_{\mathrm{m}}}$$

Dans la première, on post-multiplie la matrice du réseau par la colonne en $v$ des polynômes de Bernstein de degré $n$ et on pré-multiplie par la ligne des polynômes de Bernstein en $u$ de degré $m$. Dans la deuxième, obtenue par transposition, on post-multiplie la matrice transposée du réseau par la colonne des polynômes de degré $m$ en $u$ et on pré-multiplie par la ligne des polynômes de degré $n$ en $v$.
Il est facile d'en déduire les isoparamétriques.

Par exemple, pour $v=b$, on peut poser $(\overrightarrow{\mathbf{OP}})_{\mathrm{m,n}}.(\mathbf{B}_b)_{\mathrm{n}} = (\overrightarrow{\mathbf{OQ}})_{\mathrm{m}}$, formule qui détermine les $m+1$ points $Q_i$ à partir des courbes de Bézier dont les points de définition sont les points d'une même ligne de la matrice du réseau ; moyennant quoi, on a : $\overrightarrow{OM}(u,b) = {}^{\mathbf{t}}(\mathbf{B}_u)_{\mathrm{m}}.(\overrightarrow{\mathbf{OQ}})_{\mathrm{m}}$. Cette formule définit l'isoparamétrique comme une courbe de Bézier de degré $m$ dont les points de Bézier sont les points $Q_i$ précédents.

### 2.2 Mise en place des points de définition canoniques

On rappelle (Cf. §2.2.2, chapitre 1) que la matrice colonne des puissances d'exposants $\leq m$ de la variable $u$ (respectivement des puissances de $v$ d'exposants $\leq n$) est notée $(\mathbf{U}_{\mathrm{m}})$ (resp. $(\mathbf{V}_{\mathrm{n}})$). Avec ces notations, les formules de § 2.2.2, chapitre 1 : $(\mathbf{B}_t)_{\mathrm{n}} = {}^{\mathbf{t}}(\mathcal{M}_{\mathrm{n}}).(\mathbf{T}_{\mathrm{n}})$, qui donnent ici $(\mathbf{B}_v)_{\mathrm{n}} = {}^{\mathbf{t}}(\mathcal{M}_{\mathrm{n}}).(\mathbf{V}_{\mathrm{n}})$ et les analogues en la variable $u$, fournissent :

$$\overrightarrow{OM}(u,v) = {}^{\mathbf{t}}(\mathbf{U}_{\mathrm{m}}).\mathcal{M}_{\mathrm{m}}.(\overrightarrow{\mathbf{OP}})_{\mathrm{m,n}}.{}^{\mathbf{t}}(\mathcal{M}_{\mathrm{n}}).(\mathbf{V}_{\mathrm{n}})$$

On en déduit qu'en définissant un autre « **réseau, dit canonique** » constitué des points $Q_{i,j}$ au moyen de la relation matricielle : $(\overrightarrow{\mathbf{OQ}})_{\mathrm{m,n}} = \mathcal{M}_{\mathrm{m}}.(\overrightarrow{\mathbf{OP}})_{\mathrm{m,n}}.{}^{\mathbf{t}}(\mathcal{M}_{\mathrm{n}})$, la relation de définition devient un moyen de calcul du point courant par utilisation des puissances successives des paramètres, **définition** dite **canonique** :

$$\boxed{\overrightarrow{OM}(u,v) = {}^{\mathbf{t}}(\mathbf{U}_{\mathrm{m}}).(\overrightarrow{\mathbf{OQ}})_{\mathrm{m,n}}.(\mathbf{V}_{\mathrm{n}})}$$

Diverses applications de cette définition canonique sont développées dans ce qui suit.

# 3. COURBES TRACEES SUR UNE SURFACE

Une surface étant définie (paramétriquement) par une fonction vectorielle $\vec{F}$ des paramètres $u$ et $v$, toute relation scalaire du type $\Phi(u,v)=0$ définit sur la surface un ensemble de points $q$ que l'on considère comme une courbe tracée sur cette surface. Cette courbe peut être d'ailleurs considérée comme l'image par l'application de Bézier d'une courbe ou transposante définie implicitement dans le domaine paramétrique D (Cf. §1.2.4 précédent) Sous certaines hypothèses, cette relation dite « **liaison** »peut se mettre, au moins localement, sous la forme explicite $v=\varphi(u)$[1] et il est souvent plus facile de faire apparaître la courbe étudiée comme définie par la fonction vectorielle composée : $\vec{F}(u,\varphi(u))$. On peut aussi remplacer $u$ et $v$ par des fonctions du même paramètre $t$, ce qui correspond dans le domaine D à un paramétrage de la transposante.
*Dans ce qui suit, nous n'envisagerons la plupart du temps, malgré la dissymétrie ainsi créée entre les variables, que des courbes de ce type. De plus, on supposera que la fonction $\varphi$ est polynomiale, ce qui revient, dans le cas des carreaux de Bézier, à se restreindre à l'étude des courbes polynomiales: $u \mapsto \overrightarrow{OM}(u,\varphi(u))$ ou $v \mapsto \overrightarrow{OM}(v,\varphi(v))$. Comme il n'est pas nécessaire de se limiter aux intervalles $[0,1]$, on ne cherchera pas, dans le cas général, l'intervalle dans lequel doit rester le paramètre $u$ pour que $v=\varphi(u)$ soit dans l'intervalle $[0,1]$, sauf si une telle recherche est immédiate.*

### *3.1 Premier exemple, cas de la liaison (v=u)*

Sur un carreau de Bézier quelconque, considérons la courbe, définie par la relation $v=u$. Autrement dit on cherche l'image par l'application de Bézier $C$, relative au carreau, du segment de $D$ porté par la première bissectrice (segment diagonal).

Elle est définie par : $\boxed{\forall u \in [0,1],\ \overrightarrow{Oq}(u)=\overrightarrow{OM}(u,u)=\sum_{i=0}^{i=m}\sum_{j=0}^{j=n} B_m^i(u)B_n^j(u).\overrightarrow{OP_{i,j}}}$.

Une question se pose : Quels sont les points de Bézier et le degré de cette courbe polynomiale décrite par $q$, qui « part » du point $M(0,0)$ de la surface pour « aboutir » au point $M(1,1)$?

#### 3.1.1 Utilisation de l'écriture vectorielle

En se référant aux formules de définition, on peut écrire $B_m^i(u)B_n^j(u)=K\,B_{m+n}^{i+j}(u)$ avec une constante pouvant dépendre de $i$, $j$, $m$ et $n$. En regroupant les termes, on peut conclure qu'en effet, cette courbe est une courbe de Bézier de degré $m+n$.

**Précisons pour l'exemple 1.4.1** associé au paraboloïde hyperbolique. Les points $q$ vérifient : $\overrightarrow{Oq}(u)=(1-u)^2\overrightarrow{OP_{0,0}}+2u(1-u).\frac{1}{2}\left(\overrightarrow{OP_{0,1}}+\overrightarrow{OP_{1,0}}\right)+u^2\,\overrightarrow{OP_{1,1}}$, ce qui signifie que ces points décrivent une parabole dont les points de Bézier sont $P_{0,0}$, le milieu du segment $[P_{0,1},P_{1,0}]$ et le point $P_{1,1}$. On obtient un résultat analogue à propos de § 1.4.2.

---

[1] Ces hypothèses sont celles du théorème des fonctions implicites.

**Précisons également pour un carreau (2, 2) quelconque**

En regroupant les termes dans la définition de $\overrightarrow{Oq}$, on obtient une courbe de degré 4 :

$\overrightarrow{Oq}(u) = \sum_0^4 B_4^i(u)\ \overrightarrow{OQ_i}$ dont les points de Bézier vérifient :

$$Q_0 = P_{0,0},\ \overrightarrow{OQ_1} = \frac{1}{2}\left(\overrightarrow{OP_{0,1}} + \overrightarrow{OP_{1,0}}\right),\ \overrightarrow{OQ_2} = \frac{1}{6}\left(\overrightarrow{OP_{0,2}} + 4\,\overrightarrow{OP_{1,1}} + \overrightarrow{OP_{2,0}}\right),$$

$$\overrightarrow{OQ_3} = \frac{1}{2}\left(\overrightarrow{OP_{2,1}} + \overrightarrow{OP_{1,2}}\right), Q_4 = P_{2,2}.$$

### 3.1.2. Utilisation de la formule symbolique pour le cas général

En remplaçant $v$ par $u$ dans la définition symbolique du carreau, on obtient :

$$\overrightarrow{Oq}(u) = \overrightarrow{OM}(u,u) = \left((1-u)\overrightarrow{OP_{0,0}} + u\overrightarrow{OP_{1,0}}\right)^{[m]} [*] \left((1-u)\overrightarrow{OP_{0,0}} + u\overrightarrow{OP_{0,1}}\right)^{[n]}$$

formule dans laquelle le terme général est du type : $B_m^i(u)B_n^j(u)\overrightarrow{OP}_{i,j}$ ou encore du type $\left(C_{m+n}^m\right)^{-1} \times C_{m+n-i-j}^{m-i} \times C_{i+j}^i \times B_{m+n}^{i+j}.\overrightarrow{OP_{i,j}}$. En regroupant les termes dont la somme $i+j$ est constante et égale à $k$, on retrouve l'écriture d'une courbe de Bézier de degré $m+n$, le coefficient $\left(C_{m+n}^m\right)^{-1}$ jouant le rôle d'un rapport d'homothétie :

$$\overrightarrow{Om}(u) = \left(C_{m+n}^m\right)^{-1} \sum_{k=0}^{k=m+n} B_{m+n}^k(u).\overrightarrow{OQ_k}$$

où on a posé : $\overrightarrow{OQ_k} = \sum_{i+j=k} C_{i+j}^i \times C_{m+n-i-j}^{m-i}.\overrightarrow{OP_{i,j}}$.

Dans le cas $m = n = 2$, ce rapport d'homothétie est $\frac{1}{6}$ et les vecteurs $\overrightarrow{OQ_k}$ :sont successivement $6\overrightarrow{OP_{0,0}}$, $C_3^1\overrightarrow{OP_{1,0}} + C_3^2\overrightarrow{OP_{0,1}}$, $\overrightarrow{OP_{0,2}} + \left(C_2^1\right)^2\overrightarrow{OP_{1,1}} + \overrightarrow{OP_{2,0}}$ et $C_4^2\overrightarrow{OP_{2,2}}$. Ceci redonne bien en divisant par 6 les résultats trouvés ci-dessus. Il faut cependant remarquer que le calcul fait n'utilise pas vraiment les avantages du calcul symbolique. Le cas particulier envisagé maintenant est plus intéressant.

**Autre manière d'utiliser le calcul symbolique dans le cas où $m = n$**

La formule symbolique précédente générale fait intervenir alors le produit symbolique de deux puissances d'ordre $n$. L'idée est donc d'en faire , par associativité, une puissance simple d'ordre $n$, à savoir :

$$\overrightarrow{Oq}(u) = \overrightarrow{OM}(u,u) = \left[\left((1-u)\overrightarrow{OP_{0,0}} + u\overrightarrow{OP_{1,0}}\right)[*]\left((1-u)\overrightarrow{OP_{0,0}} + u\overrightarrow{OP_{0,1}}\right)\right]^{[n]}$$ ou encore :

$$\overrightarrow{Oq}(u) = \overrightarrow{OM}(u,u) = \left[(1-u)^2\,\overrightarrow{OP_{0,0}} + u(1-u)\overrightarrow{OP_{1,0}} + u(1-u)\overrightarrow{OP_{0,1}} + u^2\,\overrightarrow{OP_{1,1}}\right]^{[n]}.$$

Mais, dans le cas d'un nombre $n$ quelconque, ce développement de la puissance d'une somme de 4 termes est compliqué. Cependant, pour $n = 2$, ce qui est le cas particulier précédent, la somme des carrés symboliques et des doubles produits symboliques donne immédiatement, avec les règles du calcul symbolique, le résultat :

$$\overrightarrow{Oq}(u)=(1-u)^4\,\overrightarrow{OP_{0,0}}+u^2(1-u)^2\,\overrightarrow{OP_{2,0}}+u^2(1-u)^2\,\overrightarrow{OP_{0,2}}+u^4\,\overrightarrow{OP_{2,2}}+2u(1-u)^3\,\overrightarrow{OP_{1,0}}$$
$$+2u(1-u)^3\,\overrightarrow{OP_{0,1}}+2u^2(1-u)^2\,\overrightarrow{OP_{0,1}}+2u^2(1-u)^2\,\overrightarrow{OP_{1,1}}+2u^3(1-u)\overrightarrow{OP_{2,1}}+2u^3(1-u)\overrightarrow{OP_{1,2}}$$

En regroupant les termes semblables, on retrouve les points de Bézier déterminés précédemment d'une courbe de Bézier de degré 4.

### 3.1.3 Utilisation de l'écriture matricielle

- Soit un exemple avec $n=2$ et $m=3$. En utilisant la matrice canonique du réseau et la formule du § 2.2 précédent, $\overrightarrow{OM}(u,v)={}^{\mathbf{t}}(\mathbf{U}_{\mathbf{m}}).(\overrightarrow{\mathbf{OQ}})_{\mathbf{m,n}}.(\mathbf{V}_{\mathbf{n}})$, on en déduit d'abord, en désignant par $(\overrightarrow{\mathbf{L}_{\mathbf{j}}})$ la ligne numéro j, érigée en matrice-ligne

$$\overrightarrow{OM}(u,u)=\begin{pmatrix}1 & u & u^2 & u^3\end{pmatrix}\begin{bmatrix}\overrightarrow{Q_{00}} & \overrightarrow{Q_{01}} & \overrightarrow{Q_{02}}\\ \overrightarrow{Q_{10}} & \overrightarrow{Q_{11}} & \overrightarrow{Q_{12}}\\ \overrightarrow{Q_{20}} & \overrightarrow{Q_{21}} & \overrightarrow{Q_{22}}\\ \overrightarrow{Q_{30}} & \overrightarrow{Q_{31}} & \overrightarrow{Q_{32}}\end{bmatrix}\begin{pmatrix}1\\ u\\ u^2\end{pmatrix}=\left((\overrightarrow{\mathrm{L}_0})+(\overrightarrow{\mathrm{L}_1})u+(\overrightarrow{\mathrm{L}_2})u^2+(\overrightarrow{\mathrm{L}_3})u^3\right)\begin{pmatrix}1\\ u\\ u^2\end{pmatrix}$$

les multiplications ligne par colonne étant simplement indiquées. En utilisant ensuite la distributivité de l'addition par rapport à la multiplication, le second membre devient : $(\overrightarrow{\mathbf{L}_0}).(\mathbf{U}_2)+(\overrightarrow{\mathbf{L}_1}).u(\mathbf{U}_2)+(\overrightarrow{\mathbf{L}_2}).u^2(\mathbf{U}_2)+(\overrightarrow{\mathbf{L}_3}).u^3(\mathbf{U}_2)$. En remarquant qu'en multipliant par les puissances de u, les colonnes **U** en engendrent d'autres d'indices plus élevés à la condition d'introduire des zéros supplémentaires dans les lignes multiplicatrices, on peut écrire ce second membre sous la forme :

$\left[(\overrightarrow{\mathbf{L}_0},0,0,0)+(0,\overrightarrow{\mathbf{L}_1},0,0)+(0,0,\overrightarrow{\mathbf{L}_2},0)+(0,0,0,\overrightarrow{\mathbf{L}_3})\right].(\mathbf{U}_5)$. Cette forme peut se reconstituer en un produit matriciel d'une matrice ligne d'ordre 6 par la matrice $(\mathbf{U}_5)$ des puissances de $u$ de degrés inférieurs ou égaux à 5. Cette matrice ligne en effectuant la somme des 4 matrices ligne contenues dans le crochet. On trouve ainsi :

$$\overrightarrow{Oq}(u)=\begin{pmatrix}\overrightarrow{OQ_{00}} & \overrightarrow{Q_{01}}+\overrightarrow{Q_{10}} & \overrightarrow{Q_{02}}+\overrightarrow{Q_{11}}+\overrightarrow{Q_{20}} & \overrightarrow{Q_{12}}+\overrightarrow{Q_{21}}+\overrightarrow{Q_{30}} & \overrightarrow{Q_{22}}+\overrightarrow{Q_{31}} & \overrightarrow{Q_{32}}\end{pmatrix}\begin{pmatrix}1\\ u\\ u^2\\ u^3\\ u^4\\ u^5\end{pmatrix}$$

C'est la définition de type canonique d'une courbe de Bézier de degré 5. Les points de la définition canonique sont définis par les vecteurs de la matrice ligne précédente. On sait qu'à l'aide de ces points, on peut revenir, s'il en est besoin, à la définition de cette courbe au moyen des points de Bézier (Cf.§2.2.2 et 2.4.2 , chapitre 1).

- Le passage au **cas général** se fait facilement. Le raisonnement est le même et on remarquera, ce qui peut être établi rigoureusement, que la matrice ligne de la définition canonique de la courbe de Bézier de degré $m+n$ s'obtient en prenant dans la matrice canonique du réseau de la surface les sommes successives des termes dont la somme des indices est constant. Par exemple, le premier terme de cette matrice ligne est $\overrightarrow{OQ_{0,0}}$, le deuxième $\overrightarrow{OQ_{01}}+\overrightarrow{OQ_{10}}$, le troisième $\overrightarrow{OQ_{20}}+\overrightarrow{OQ_{11}}+\overrightarrow{OQ_{02}}$ et ainsi de suite.

**Remarque**

Au lieu de manipuler la définition canonique matricielle, on peut aussi effectuer le produit matriciel donnant $\overrightarrow{Oq}(u)$ en fonction des points canoniques Q du réseau et ensuite regrouper les termes coefficients de la même puissance de $u$. On trouve facilement le résultat précédent.

### 3.2 Deuxième exemple

Toujours en se cantonnant dans des exemples simples (étant données les élévations de degré constatées ci-dessus), étudions à présent la courbe associée à $v = au$, en supposant que, par exemple, $a<1$. Cette fois, la courbe part de $M(0,0)$ et aboutit, pour $u=1$, au point $M(1,a)$. Dans l'expression vectorielle de $\overrightarrow{Oq}$, les termes qui sont des puissances de $v$ ne présentent pas de difficultés. Pour les puissances de $(1-v)$, on utilise l'écriture $1-v=1-au=1-u+(1-a)u$. Il est facile d'en déduire les points de définition de la courbe de Bézier obtenue.

Dans l'exemple 1.4.1, en posant $1-a=b$, on obtient encore une parabole tracée sur le paraboloïde hyperbolique dont la définition s'écrit :

$$\overrightarrow{Oq}(u)=B_2^0.\overrightarrow{OP_{0,0}}+B_2^1.\frac{1}{2}\left(a\,\overrightarrow{OP_{0,1}}+b\,\overrightarrow{OP_{0,0}}+\overrightarrow{OP_{1,0}}\right)+B_2^2.\left(b\,\overrightarrow{OP_{1,0}}+a\,\overrightarrow{OP_{1,1}}\right).$$

Le cas général, s'inspirant de la même démarche, fournira bien une courbe de Bézier de degré $m+n$. Là encore, on peut utiliser la formule de définition symbolique ou la formule matricielle de définition canonique comme il est indiqué ci-dessous (Cf.ex 55 et 56).

**Utilisation de la formule de définition canonique**

On se limite à l'exemple d'un degré $m=3$ et $n=2$. En remplaçant v par $au$ dans la formule matricielle canonique du § 2.2 précédent, on peut faire passer les puissances de a dans la matrice canonique du réseau selon la formule :

$$\begin{bmatrix}\overrightarrow{OQ_{0,0}} & .. & .. & \overrightarrow{OQ_{03}}\\ \vdots & .. & .. & ..\\ \overrightarrow{OQ_{2,0}} & .. & .. & ..\end{bmatrix}\begin{pmatrix}1\\ au\\ a^2u^2\\ a^3u^3\end{pmatrix}=\begin{bmatrix}\overrightarrow{OQ_{0,0}} & a\overrightarrow{OQ_{01}} & a^2\,\overrightarrow{OQ_{02}} & a^3\,\overrightarrow{OQ_{03}}\\ & & & \\ \overrightarrow{OQ_{2,0}} & & & a^3\overrightarrow{OQ_{23}}\end{bmatrix}\begin{pmatrix}1\\ u\\ u^2\\ u^3\end{pmatrix}.$$

On est ainsi ramené au calcul et au résultat relatif à la liaison $(v=u)$.

### 3.3 Indication sur le cas général

On peut supposer, sans restreindre la généralité, que la courbe passe par le point $M(0,0)$, ce qui entraine que le polynôme $\varphi$ s'exprime par : $\varphi(u)=au+bu^2+....$ Pour simplifier, on suppose que la fonction $\varphi$ est croissante sur $[0,1]$, ce qui impose $a\geq 0$. La courbe ensemble des points $q$ est tracée sur le carreau de Bézier, va de $M(0,0)$ à $M(1,\varphi(1))$.

Supposons que $\varphi$ soit de degré $p$, ce qui entraine que les polynômes composés $B_n^j(\varphi(u))$ sont de degré $np$. Or, les polynômes $B_p^k$ où $k$ prend les valeurs entre 0 et $p$ constituent une base de l'espace vectoriel des polynômes de degré inférieur ou égal à $p$ (Cf. annexe 2), il en résulte que $\varphi$ et $1-\varphi$ sont des combinaisons linéaires de ces polynômes. D'après une remarque faite ci-dessus sur le produit de deux polynômes de Bernstein, les polynômes $B_n^j(\varphi(u))$ sont des combinaisons linéaires des polynômes $B_{np}^k$, on en conclut que l'ensemble des points $q$ s'identifie à une courbe de Bézier de degré $m+np$ (Cf. exercice 54).

**Remarques**

-Les considérations précédentes peuvent être mises en oeuvre dans la formule de définition symbolique (Cf. exercice 56 ) ou, comme il a été indiqué dans l'exemple du § 3.2, dans la formule matricielle canonique (Cf .exercices 55 et 56).

-Tout ce qui précède s'applique aux relations $u = \varphi(v)$ ou encore aux couples de relations $(u = \lambda(t), v = \mu(t))$ où $\lambda$ et $\mu$ sont polynomiales.

## 4. SUITES BARYCENTRIQUES RELATIVES A UN CARREAU.

De chaque type de définition d'une courbe de Bézier, on peut déduire une définition de surfaces. La définition à l'aide des polynômes $f_{i,m}$ de Bézier est proposée en exercice (Cf. exercice 60 ). La troisième définition (cf, § 6.3 , chapitre 1) des courbes de Bézier, quant à elle, va nous fournir une construction du point courant de $(S)$ et un algorithme de calcul associé qui reste essentiel. L'approche des surfaces par la notion de produit tensoriel permet d'effectuer cette construction en deux étapes où on considère successivement la valeur de $u$ puis celle de $v$.

En laissant d'abord variable l'un des deux paramètres tout en bloquant l'autre, puis en restaurant ce dernier comme variable, l'algorithme dit alors « isoparamétrique » revient à placer successivement le point $M$ sur une des isoparamétriques puis sur l'autre. Cela revient à construire d'abord les sommets du polygone de l'isoparamétrique choisie en premier lieu.

Une variante de ce procédé permet de mieux prendre en compte, à chaque étape, la variable couple $(u,v)$.

### *4.1 Description de l'algorithme «isoparamétrique »*

Le point $M(u,v)$ se trouve sur les deux isoparamétriques $\Gamma_u$ et $C_v$. On va d'abord, par exemple, déterminer la courbe de Bézier $\Gamma_u$ (isomètrique en $u$) dont le polygone caractéristique, qui dépend de $u$, a pour sommets les points $V_j(u)$ définis par : $\overrightarrow{OV_j}(u) = \sum_{i=0}^{i=m} B_m^i(u).\overrightarrow{OP_{i,j}}$ (cf, §1.2). L'algorithme de détermination **de chacun** des points $V_j(u)$ est bien connu. On construit les générations successives de barycentres, qui seront notés $P_{i,j}^{(k,0)}$ (où $i$ varie entre $0$ et $m-k$), définis pour chaque $j$ par: $\overrightarrow{OP_{i,j}^{(k+1,0)}} = (1-u)\overrightarrow{OP_{i,j}^{(k,0)}} + u\overrightarrow{OP_{i+1,j}^{(k,0)}}$, les points initiaux $P_{i,j}^{(0,0)}$ étant ceux $P_{i,j}$ du réseau de la surface. On sait qu'au bout de $m$ étapes, ces algorithmes mènent aux points uniques

$P_{0,j}^{(m,0)}$ des dernières générations barycentriques et que l'on a :

$$\boxed{\forall j \in [\![0,n]\!] \quad V_j(u) = P_{0,j}^{(m,0)}}.$$

On en déduit que $\overrightarrow{OM}(u,v) = \sum_{j=0}^{j=n} B_n^j(v).\overrightarrow{OV_j}(u) = \sum_{j=0}^{j=n} B_n^j(v).\overrightarrow{OP_{0,j}^{(m,0)}}$, ce qui signifie que les points $P_{0,j}^{(m,0)}$ sont les sommets successifs du polygone de l'isoparamétrique $\Gamma_u$.

Afin de déterminer sur cette courbe $\Gamma_u$ le point de paramètre $v$, on introduit encore l'algorithme de construction des barycentres $P_{0,j}^{(m,h)}$ où $j$ varie entre $0$ et $n-h$, algorithme régi par la récurrence : $\overrightarrow{OP_{0,j}^{(m,h+1)}} = (1-v)\overrightarrow{OP_{0,j}^{(m,h)}} + v\overrightarrow{OP_{0,j+1}^{(m,h)}}$ et qui fournit, pour $h = n$ :

$$\boxed{M(u,v) = P_{0,0}^{(m,n)}}$$

Cette méthode demande donc l'application de $n+1$ algorithmes de « longueur » $m$ et d'un algorithme de longueur $n$.

On pourra suivre schématiquement ces algorithmes et les dispositions des générations barycentriques dans le dessin suivant où on a choisi $m = 3$ et $n = 2$ et les valeurs $u$ et $v$ égales à ½ (valeurs choisies en vue d'une plus grande simplicité de lecture du dessin) .

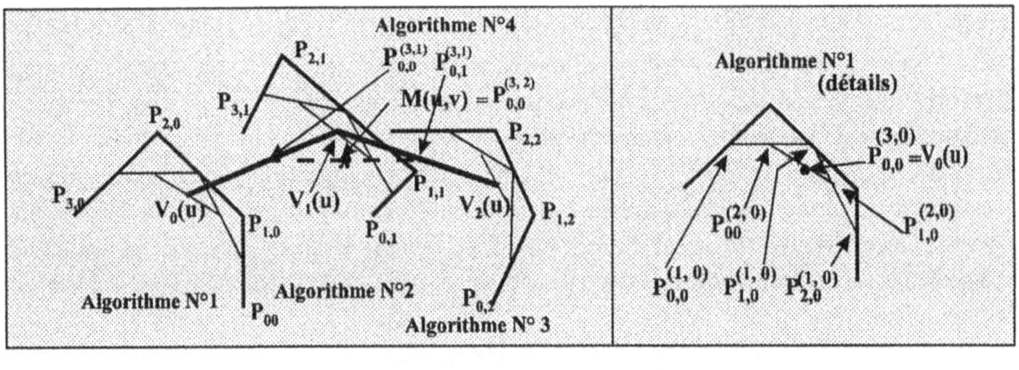


Dans ce dessin, sont représentés les 3 polygones des courbes génératrices sur lesquels sont placés $V_0(u), V_1(u), V_2(u)$, ces derniers étant construits par les algorithmes 1, 2 et 3. Les points de l'algorithme N°1 sont détaillés. L'application de l'algorithme N°4 permet d'obtenir $M(u,v)$ sur l'arc de parabole à partir des points de définition $V_0(u), V_1(u), V_2(u)$, par l'intermédiaire de $P_{0,0}^{(3,1)}$ et de $P_{0,1}^{(3,1)}$.

**Remarques**

- Dans le dernier algorithme, on peut construire la tangente à $\Gamma_u$ en $M(u,v)$ à l'aide de $\overrightarrow{P_{0,0}^{(m,n-1)}P_{0,1}^{(m,n-1)}} = n\frac{\partial}{\partial v}\overrightarrow{OM}(u,v)$ (cf, § 6.4,chapitre 1).

On laisse le soin au lecteur de prouver que l'on peut atteindre le barycentre $P_{0,0}^{(m-1,n)}$ en appliquant l'algorithme de Casteljau à partir des points initiaux $P_{0,i}^{(m-1,0)}$ et qu'en joignant ce barycentre au point $M(u,v)$, on obtient la tangente à $C_v$ en ce point $M(u,v)$.

- On peut, également (même référence) utiliser la formule permettant de construire, en utilisant les 3 points de la génération barycentrique de rang $(m,n-2)$, le vecteur dérivé d'ordre 2 à $u$ constant, à savoir $\frac{\partial^2}{\partial v^2}\overrightarrow{OM}(u,v)$.

- On peut échanger, dans l'algorithme précédent, les rôles des deux indices et commencer par la détermination de l'isoparamétrique $C_v$. On aurait immédiatement le vecteur $\frac{\partial}{\partial u}\overrightarrow{OM}(u,v)$ à partir de l'avant-dernière opération et le vecteur $\frac{\partial^2}{\partial u^2}\overrightarrow{OM}(u,v)$.

### *4.2 Description d'un algorithme à « deux variables »*

On peut, par analogie avec les courbes, considérer, a priori, la suite double des générations barycentriques qui ne priviligie pas a priori l'une des variables. Les points $P_{i,j}$ du réseau constituent la génération barycentrique de rang $(0,0)$. Les barycentres $P_{i,j}^{(1,0)}$ de rang $(1,0)$ et $P_{i,j}^{(0,1)}$ de rang $(0,1)$ sont les mêmes que ceux définis précédemment :

$\overrightarrow{OP_{i,j}^{(1,0)}}=(1-u)\overrightarrow{OP_{i,j}}+u\overrightarrow{OP_{i+1,j}}$ et $\overrightarrow{OP_{i,j}^{(0,1)}}=(1-v)\overrightarrow{OP_{i,j}}+u\overrightarrow{OP_{i,j+1}}$. On parvient ensuite aux barycentres de rang $(r,s)$ par les formules de récursivité suivantes :

$$\overrightarrow{OP_{i,j}^{(r+1,s)}}=(1-u)\overrightarrow{OP_{i,j}^{(r,s)}}+u\overrightarrow{OP_{i+1,j}^{(r,s)}} \text{ et } \overrightarrow{OP_{i,j}^{(r,s+1)}}=(1-u)\overrightarrow{OP_{i,j}^{(r,s)}}+u\overrightarrow{OP_{i,j+1}^{(r,s)}}$$

On commence par le cas où les deux degrés sont égaux : $m=n$.

Le couple $(u,v)$ étant fixé, les deux formules précédentes combinées fournissent le point $P_{i,j}^{(1,1)}$ comme le barycentre des 4 points $P_{i,j}, P_{i+1,j}, P_{i,j+1}, P_{i+1,j+1}$ affectés des coefficients $(1-u)(1-v), u(1-v), v(1-u)$ et $uv$. On a, en effet :

$$\overrightarrow{OP_{i,j}^{(1,1)}}=(1-u)(1-v)\overrightarrow{OP_{i,j}}+u(1-v)\overrightarrow{OP_{i+1,j}}+v(1-u)\overrightarrow{OP_{i,j+1}}+uv\overrightarrow{OP_{i+1,j+1}}.$$

On vérifie par un calcul facile que : $\overrightarrow{OM}(u,v)=\sum_{i=0}^{i=m-1}\sum_{j=0}^{j=n-1}B_{m-1}^{i}(u)B_{n-1}^{j}(v)\overrightarrow{OP_{i,j}^{(1,1)}}$. On peut réitérer cette transformation en introduisant la génération barycentrique de rang $(2,2)$ et ainsi de suite jusqu'au rang $(m,m)$. On retrouve ainsi la formule exprimant que l'unique barycentre de la génération de rang $(m,m)$ est le point $M$ cherché :

$$\boxed{M(u,v)=P_{0,0}^{(m,m)}}.$$

Dans le cas où, par exemple, $n>m$, on obtient par les calculs précédents les points $P_{0,j}^{(m,m)}$. Il suffit de continuer ( sur la variable $v$) avec le deuxième indice du rang des générations barycentriques jusqu'à obtenir $M(u,v)$ par le terme unique de rang $(m,n)$.

L'illustration qui suit correspond à $m=n=2$. Le détail de construction d'un point, $P_{0,0}^{(1,1)}$ par exemple, indique que l'on prend l'intersection de la droite joignant les barycentres des points $P_{0,0}$ et $P_{1,0}$ (respectivement de $P_{0,1}$ *et* $P_{1,1}$) affectés des coefficients $(1-u)$ et $u$, avec la droite qui joint les barycentres des points $P_{0,0}$ et $P_{0,1}$ (respectivement de $P_{1,0}$ et

$P_{1,1}$) affectés des coefficients $(1-v)$ et $v$.

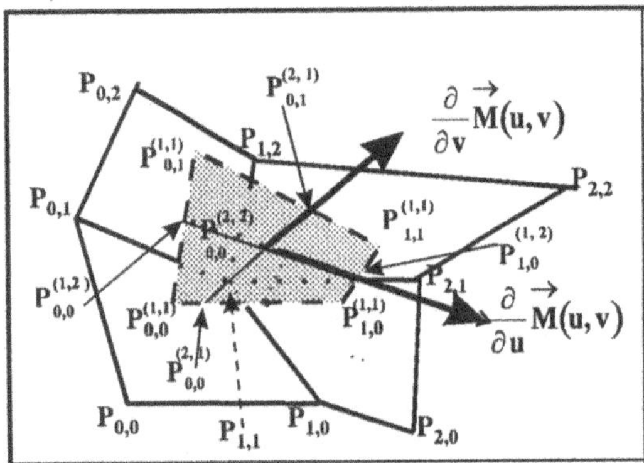

Algorithme pour un carreau de degré (2, 2)

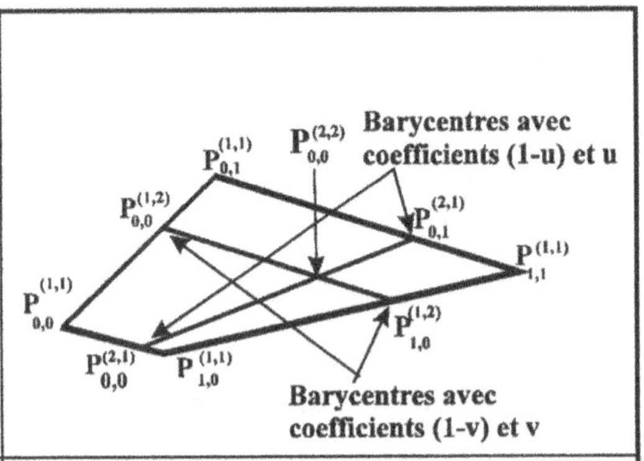


Détail de construction de $P_{0,0}^{(2,2)}$

**Remarque**

- Si on utilise cet algorithme, et si $m = n$, on obtient simultanément les deux dérivées partielles à l'aide de 4 barycentres obtenus dans la *n-1*-ième étape, à savoir : $\frac{\partial}{\partial u}\vec{OM}(u,v) = n\, \overrightarrow{P_{0,0}^{(n-1,n)}\, P_{1,0}^{(n-1,n)}}$ et $\frac{\partial}{\partial v}\vec{OM}(u,v) = n\, \overrightarrow{P_{0,0}^{(n,n-1)}\, P_{0,1}^{(n,n-1)}}$, ce qui veut dire que, si ces 4 points ne sont pas alignés, le plan déterminé par ces 2 vecteurs est le plan tangent au point $M(u,v)$ (Cf. l'étude qui suit).

On peut aussi déterminer des vecteurs dérivés partiels d'ordre 2 (Cf. § 6.4 du chapitre 1). L'illustration qui suit correspond au cas où $m \neq n$

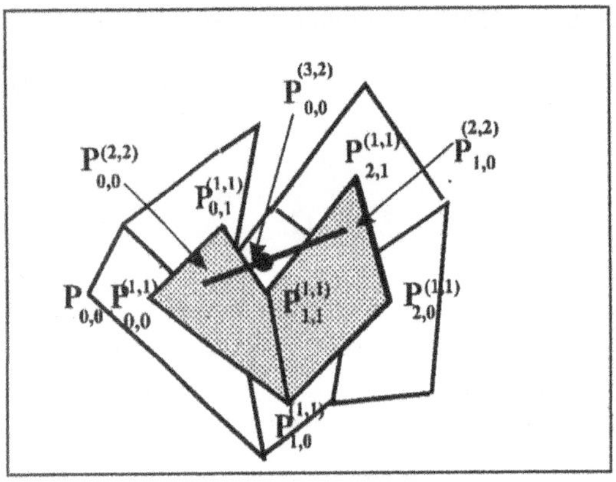

Dans la figure ci-contre, on suppose $m = 3$ et $n = 2$. La première génération de barycentres donne 6 points d'indice supérieur $(1,1)$, la deuxième génération donne 2 points d'indice supérieur $(2,2)$. L'intervention de $v$ étant terminée, l'étape supplémentaire fournit : $P_{0,0}^{(3,2)} = M(u,v)$ et la dérivée $\frac{\partial}{\partial u}\vec{OM}(u,v) = 3\, \overrightarrow{P_{0,0}^{(2,2)}\, P_{1,0}^{(2,2)}}$.

Dans cet autre cas où $m > n$, on obtient, par l'algorithme de la tangente, un seul des 2 vecteurs dérivés partiels, à savoir : $\frac{\partial}{\partial u}\vec{OM}(u,v) = m\, \overrightarrow{P_{0,0}^{(m-1,n)}\, P_{1,0}^{(m-1,n)}}$. Cependant, la remarque 1 de § 4.1 concernant l'autre dérivée peut être adaptée au contexte actuel.

## 5. DETERMINATION DE SOUS-CARREAUX

Certaines situations réclament la définition de sous-carreaux d'un carreau donné. Un tel sous-carreau est défini par une variation restreinte de $u$ et $v$. D'une façon générale, les paramètres dans ce sous-carreau vérifient $u \in [u_0, u_1]$ et $v \in [v_0, v_1]$. Ce problème est

utile, en particulier pour pouvoir considérer un point $M(u_0, v_0)$ comme un coin de carreau. Dans ce cas, on prend $u_1 = v_1 = 1$ ou $u_0 = v_0 = 0$.
De tels problèmes sont résolus pour les courbes de Bézier dans § 8.4, chapitre 1. Les méthodes restent les mêmes.

### 5.1 Etude géométrique

Cette étude ne peut être abordée que pour des petits degrés. La notion d'hodographe, qui sera développée plus loin, permet, dans certains cas, de se ramener à une question de sous carreaux associés à des degrés $(m-1,n)$ ou $(m,n-1)$. De proche en proche, on pourrait donc se ramener au cas où l'un des degrés est égal à 1 (Cf. exercice 57)
On donne ci-après la solution pour les degrés tous deux égaux à 2 en utilisant la construction très simple du polygone de Bézier d'un sous-arc de parabole.Dans la figure qui suit, on détermine le sous-carreau associé au domaine $[0,u_0]\times[0;v_0]$. On commence par chercher, par exemple, le polygone de l'isoparamétrique $C_{v_0}$.

On peut construire, par la démarche classique (Cf.§ 6.5.1, chapitre 1), les points $M(0,v_0)$ et $M(1,v_0)$ qui sont les 2 sommets extrêmes du polygone de l'arc de parabole $C_{v_0}$. Pour construire le deuxième sommet V, on se sert du polygone de sommets $P_{1,0}, P_{1,1}, P_{1,2}$ et de la même construction géométrique puisque ce point V est celui de paramètre $v_0$ sur l'arc de parabole défini par ce polygone (schéma de la figure 1 ci- après).
On a ainsi les trois sommets du polygone de $C_{v_0}$, ce qui permet d'atteindre son point de paramètre $u_0$ qui est $M(u_0, v_0)$.
Une construction analogue permet d'obtenir l'isoparamétrique $\Gamma_{u_0}$ par l'intermédiaire du point U deuxième sommet de son polygone. On sait trouver les tangentes en les points d'une parabole, ce qui permet d'en déduire 6 points $P'_{00}, P'_{0,1}, P'_{0,2}, P'_{2,0}, P'_{2,1}, P'_{2,2}$ du nouveau réseau. Par les deux tangentes au point de paramètre $u_0$ sur le côté $(v=0)$ et sur $C_{v_0}$, on obtient aussi les deux points $P'_{1,0}$ *et* $P'_{1,2}$. Enfin, pour déterminer le dernier point $P'_{1,1}$ du nouveau réseau, on utilise le polygone formé par $P'_{0,1}, S_1, S_2$, $S_1$ et $S_2$ étant les points jouant les rôles de $P_{1,1}$ *et* $P_{2,1}$ dans le carreau associé au domaine $[0,1]\times[0,v_0]$ ; $P'_{1,1}$ est le point de paramètre $u_0$ sur l'arc défini par ce polygone (Voir l'illustration ci-après).

**Remarques**

-D'abord on vient, dans ce qui précède, de redonner une construction du point courant $M(u_0, v_0)$ par l'algorithme donné précédemment.

- On peut obtenir autrement $P'_{1,1}$. En effet, on verra, lors de l'étude des hodographes, que le vecteur $\frac{\partial^2}{\partial u \partial v}\overrightarrow{OM}(0,0)$ est obtenu simplement à l'aide des vecteurs $\overrightarrow{P_{0,0}P_{0,1}} + \overrightarrow{P_{0,0}P_{1,0}}$ et $\overrightarrow{P_{0,0}P_{1,1}}$. En tenant compte des nouvelles variables, on en déduit facilement le nouveau vecteur dérivé mixte pour le sous-carreau. On en déduit une nouvelle méthode pour trouver le nouveau vecteur $\overrightarrow{P'_{0,0}P'_{1,1}}$ d'où le point $P'_{1,1}$ (Cf.ex 59).

**Illustration**

Figure 1: Détails de construction

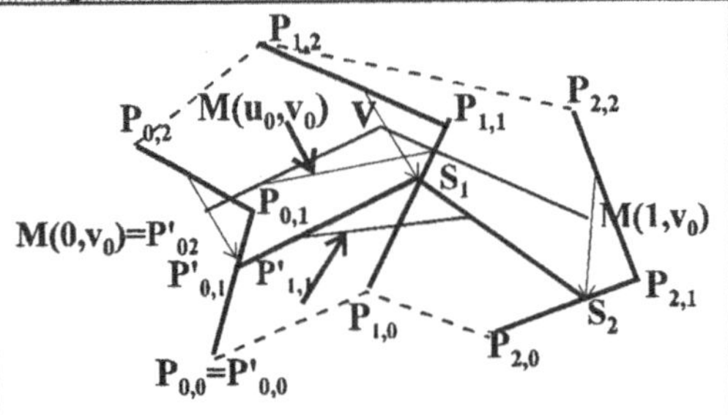


V est le point de paramètre $v_0$ sur l'arc de polygone $P_{1,0}, P_{1,1}, P_{1,2}$.

P'11 est le point de paramètre $u_0$ sur l'arc de polygone $P'_{0,1}, S_1, S_2$.

Figure 2 : Visualisation du sous-carreau

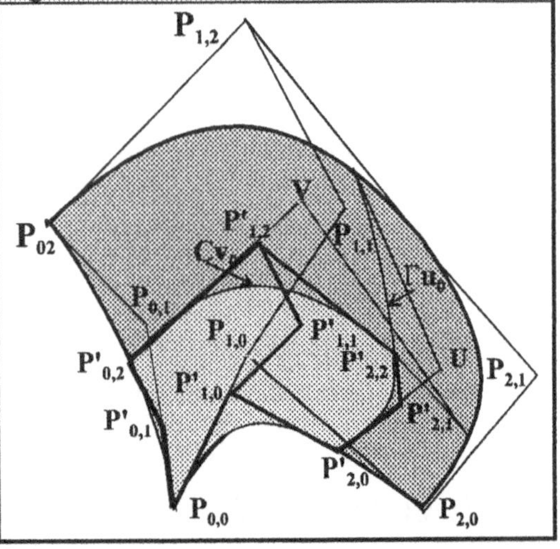


### *5.2 Utilisation des générations barycentriques*

Le sous-carreau est toujours associé au domaine $[0,u_0]\times[0;v_0]$. Par analogie avec le cas des courbes (Cf. § 8.4.3 du chapitre 1), on peut considérer a priori le réseau des points $P'_{i,j}$ définis par $P'_{i,j}=P_{0,0}^{(i,j)}(u_0,v_0)$ obtenus en montant en position supérieure le couple d'indices du point du réseau considéré. On se contente ici de vérifier que, en posant $\mu=\dfrac{u}{u_0}$ et $\nu=\dfrac{v}{v_0}$ pour se ramener au domaine $[0,1]\times[0,1]$, le carreau défini par la formule :

$$\overrightarrow{OM_1}(\mu,\nu)=\left((1-\mu)\overrightarrow{OP'_{0,0}}+\mu\overrightarrow{OP'_{1,0}}\right)^{[m]}[*]\left((1-\nu)\overrightarrow{OP'_{0,0}}+\nu\,\overrightarrow{OP'_{0,1}}\right)^{[n]}$$

coïncide bien avec la définition de $\overrightarrow{OM}(u,v)$ lorsque $(u,v)\in[0,u_0]\times[0,v_0]$. Le premier facteur précédent s'écrit, en effet : $\left(1-\dfrac{u}{u_0}\right)\overrightarrow{OP_{0,0}}+\dfrac{u}{u_0}\left((1-u_0)\overrightarrow{OP_{0,0}}+u_0\overrightarrow{OP_{1,0}}\right)$ et il est bien identique à $(1-u)\overrightarrow{OP_{0,0}}+u\,\overrightarrow{OP_{1,0}}$ (vérification analogue pour le second facteur).

### *5.3 Etude matricielle avec la définition canonique*

On se sert d'un résultat du § 8.4.2 du chapitre 1, à savoir la formule $(\mathbf{T_n})=\mathbf{\Phi_n}(t_0,t_1).(\mathbf{U_n})$ que l'on va adapter ici en la variable $u$ et la variable $v$. On pose, pour introduire deux nouveaux paramètres $r$ et $s$ :

$$\begin{cases} u=u_0+(u_1-u_0)r \\ v=v_0+(v_1-v_0)s \end{cases}.$$

La formule précédente devient alors, pour les degré $m$ et $n$ concernant $u$ et $v$ :

$$(\mathbf{U_m})=\mathbf{\Phi_m}(u_0,u_1).(\mathbf{R_m}) \text{ et } (\mathbf{V_n})=\mathbf{\Phi_n}(v_0,v_1).(\mathbf{S_n})$$

La formule de définition matricielle canonique (Cf. § 2.2 précédent) fournit alors :
$\overrightarrow{OM}(u,v)={}^{\mathbf{t}}(\mathbf{U}_{\mathbf{m}}).(\overrightarrow{\mathbf{OQ}})_{\mathbf{m,n}}.(\mathbf{V}_{\mathbf{n}})={}^{\mathbf{t}}(\mathbf{R}_{\mathbf{m}}).{}^{\mathbf{t}}(\mathbf{\Phi}_{\mathbf{m}}(u_0,u_1)).(\overrightarrow{\mathbf{OQ}})_{\mathbf{m,n}}.\mathbf{\Phi}_{\mathbf{n}}(v_0,v_1).(\mathbf{S}_{\mathbf{n}})$.
Il en résulte que la matrice de définition canonique du réseau (des points Q') qui définit le sous-carreau s'exprime par le produit matriciel :

$$\boxed{(\overrightarrow{\mathbf{OQ'}})_{\mathbf{m,n}}={}^{\mathbf{t}}(\mathbf{\Phi}_{\mathbf{m}}(u_0,u_1)).(\overrightarrow{\mathbf{OQ}})_{\mathbf{m,n}}.\mathbf{\Phi}_{\mathbf{n}}(v_0,v_1)}.$$

Cette formule permet ensuite, s'il en est besoin, de déterminer numériquement les sommets du réseau de Bézier du sous-carreau considéré.

## 6. HODOGRAPHES PARTIELS D'UN CARREAU DE BEZIER

La définition d'un carreau de Bézier fait intervenir deux paramètres $u$ et $v$. Les dérivées seront donc des dérivées partielles par rapport à l'une ou à l'autre variable. Puisqu'en fixant l'une de ces variables, on obtient une isoparamétrique, les vecteurs dérivés partiels d'ordre 1 fournissent les vecteurs tangents le long de ces isoparamétriques. Partons de la formule de définition symbolique :

$$\overrightarrow{OM}(u,v)=\left((1-u)\overrightarrow{OP}_{0,0}+u\,\overrightarrow{OP}_{1,0}\right)^{[m]}[*]\left((1-v)\overrightarrow{OP}_{0,0}+v\overrightarrow{OP}_{0,1}\right)^{[n]}$$

### *6.1 Hodographe partiel en u*

La dérivation par rapport à $u$ n'affecte que le premier facteur symbolique. En faisant intervenir l'opérateur $\Delta^{1,0}$ qui indique l'opération $\Delta$ agissant seulement sur le premier indice inférieur (ici, c'est $i$) des points ou des vecteurs, les calculs faits dans §7.2.2 du chapitre 1, suggère l'introduction des vecteurs :

$$\Delta^{1,0}\,\overrightarrow{OP}_{i,0}=\overrightarrow{OP_{i+1,0}}-\overrightarrow{OP_{i,0}}=\overrightarrow{P_{i,0}P_{i+1,0}}.$$

Les calculs faits dans ce paragraphe fournissent alors :

$$\boxed{\frac{\partial}{\partial u}\overrightarrow{OM}(u,v)=m\,\Delta^{1,0}\left((1-u)\overrightarrow{OP}_{0,0}+u\,\overrightarrow{OP}_{1,0}\right)^{[m-1]}[*]\left((1-v)\overrightarrow{OP}_{0,0}+v\overrightarrow{OP}_{0,1}\right)^{[n]}}$$

Dans le développement de ce produit symbolique, on obtient un terme général du type $m\Delta^{1,0}\,B^i_{m-1}(u).\overrightarrow{OP}_{i,0}[*]B^j_n(v).\overrightarrow{OP}_{0,j}$, qui, d'après les règles du calcul symbolique, est le vecteur $m B^i_{m-1}(u)B^j_n(v)\Delta^{1,0}\,\overrightarrow{OP}_{i,j}=\overrightarrow{OP_{i+1,j}}-\overrightarrow{OP_{i,j}}=\overrightarrow{P_{i,j}P_{i+1,j}}$. On trouve ainsi :

**Proposition 4.1**

Si on pose $\overrightarrow{OM}_u(u,v)=\dfrac{1}{m}\dfrac{\partial}{\partial u}\overrightarrow{OM}(u,v)$ lorsque $M$ décrit le carreau de Bézier $(S)$ de degré $(m,n)$ et de réseau caractéristique $\mathcal{R}$, alors le point $M_u$ décrit le carreau de Bézier de degré $(m-1,n)$ et de réseau caractéristique $\mathcal{R}^{1,0}$ constitué des points $Q_{i,j}$ définis en fonction de ceux de $\mathcal{R}$ par: $\overrightarrow{OQ_{i,j}}=\Delta^{1,0}\,\overrightarrow{OP}_{i,j}=\overrightarrow{P_{i,j}P_{i+1,j}}$

**Remarque**

Ainsi, les vecteurs dérivés en *u* le long de la courbe isoparamétrique $(u = 0)$ de la surface sont définis par une courbe de Bézier dont, à une homothétie près, les points de définition sont les points $Q_{0,j}$ qui sont liés à $P_{0,j}$ et $P_{1,j}$ par la formule précédente. Il en résulte que, si l'on définit le point $T(0,v)$ défini par : $\overrightarrow{OT}(0,v) = \overrightarrow{OM}(0,v) + \frac{1}{m}\frac{\partial}{\partial u}\overrightarrow{OM}(0,v)$, on vérifie:

$$\overrightarrow{OT(0,v)} = \overrightarrow{OM(0,v)} + \sum_0^n B_n^j(v)\overrightarrow{P_{0,j}P_{1,j}} = \sum_0^n B_n^j(v)\left(\overrightarrow{OP_{0,j}} + \overrightarrow{P_{0,j}P_{1,j}}\right) = \sum_0^n B_n^j(v)\overrightarrow{OP_{1,j}}.$$

On retrouve la formule du §1.2.3 donnant $\overrightarrow{OU_1}(v)$ et, par conséquent **ce point T décrit la première directrice auxiliaire de la surface.**

### *6.2 Hodographe partiel en v*

Le procédé de dérivation, qui fera intervenir l'opérateur $\Delta^{0,1}$ agissant comme $\Delta$ sur les deuxièmes indices inférieurs des vecteurs, conduit à une formule du même type . On en déduit le résultat suivant :

**Proposition 4.2**

Le vecteur dérivé partiel par rapport à *v* est défini symboliquement par la formule :

$$\overrightarrow{OM}_v(u,v) = \frac{1}{n}\frac{\partial}{\partial v}\overrightarrow{OM}(u,v) = \left((1-u)\overrightarrow{OP_{0,0}} + u\overrightarrow{OP_{1,0}}\right)^{[m]}[*]\Delta^{0,1}\left((1-v)\overrightarrow{OP_{0,0}} + v\overrightarrow{OP_{0,1}}\right)^{[n-1]}$$

Le point $M_v$ ainsi défini décrit donc le carreau de Bézier de degré $(m,n-1)$ et de réseau caractéristique $\mathcal{R}^{0,1}$ dont les points $R_{i,j}$ vérifient :

$$\overrightarrow{OR_{i,j}} = \Delta^{0,1}\overrightarrow{OP_{i,j}} = \overrightarrow{P_{i,j}P_{i,j+1}}$$

Il est évident que, comme dans le cas des courbes, en considérant les hodographes partiels, soit par rapport à *u*, soit par rapport à *v* des carreaux précédents ; on peut continuer pour obtenir les hodographes partiels de rangs supérieurs. En particulier, un hodographe important est celui concernant la dérivée mixte $\frac{\partial^2}{\partial u \partial v}\overrightarrow{OM}$.

On peut énoncer, pour l'isoparamétrique ou le côté $(v = 0)$, relativement à la dérivée partielle en v, une propriété analogue à celle énoncée à la fin du §6.1 précédent.

### *6.3 Hodographe partiel mixte*

Il suffit d'appliquer la proposition précédente au carreau de Bézier associé à la dérivée partielle par rapport à *u*. On pourrait d'ailleurs, d'après le théorème d'échange de l'ordre des dérivations de Schwarz, intervertir le rôle des variables. Dans un cas ou dans l'autre, on introduit l'opérateur composé $\Delta^{0,1} \circ \Delta^{1,0}$ qu'il est logique de noter $\Delta^{1,1}$ tel que :

$$\Delta^{1,1}\overrightarrow{OP_{i,j}} = \Delta^{0,1}\left(\overrightarrow{OP_{i+1,j}} - \overrightarrow{OP_{i,j}}\right) = \overrightarrow{OP_{i+1,j+1}} - \overrightarrow{OP_{i+1,j}} - \overrightarrow{OP_{i,j+1}} + \overrightarrow{OP_{i,j}}.$$

On peut donc énoncer :

**Proposition 4.3**

Le point $M(u,v)$ décrivant un carreau de degré $(m,n)$ et de réseau $\mathcal{R}$, le point $M_{u,v}$ défini par $\overrightarrow{OM_{u,v}}(u,v) = \frac{1}{mn}\frac{\partial^2}{\partial u \partial v}\overrightarrow{OM}(u,v)$, décrit le carreau de degré $(m-1,n-1)$ de réseau caractéristique $\mathcal{R}^{1,1}$ constitué des points $S_{i,j}$ liés à ceux de $\mathcal{R}$ par :

$$\overrightarrow{OS_{i,j}} = \Delta^{0,1}\,\overrightarrow{OQ_{i,j}} = \Delta^{0,1}\left(\Delta^{1,0}\,\overrightarrow{OP_{i,j}}\right) = \Delta^{1,1}\,\overrightarrow{OP_{i,j}}.$$

**Remarque**

Dans certaines études, il est utile de connaître le vecteur $\frac{\partial^2}{\partial u \partial v}\overrightarrow{OM}(0,0)$ dit « **vecteur torsion** » de la surface au point $M(0,0)$. Au facteur *mn* près, il est défini par $\overrightarrow{OS_{0,0}} = \Delta^{1,1}\,\overrightarrow{OP_{0,0}} = \overrightarrow{OP_{1,1}} - \overrightarrow{OP_{1,0}} - \overrightarrow{OP_{0,1}} + \overrightarrow{OP_{0,0}}$. Or, en faisant intervenir $P_{0,0}$, on a :

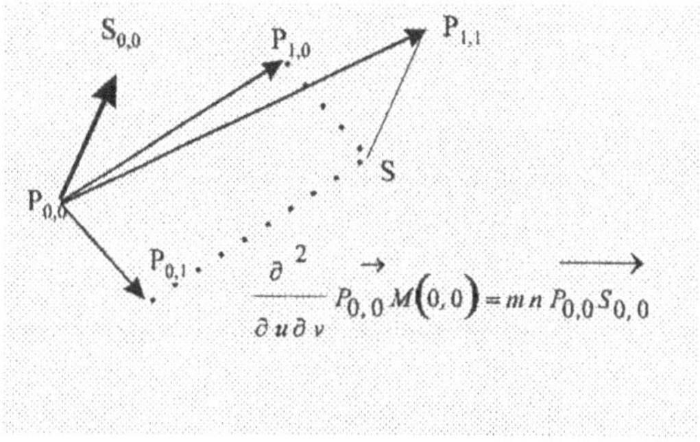


: $\overrightarrow{P_{0,0}S_{0,0}} = \overrightarrow{P_{0,0}P_{1,1}} - \overrightarrow{P_{0,0}S} = \overrightarrow{SP_{1,1}}$ où S, défini par : $\overrightarrow{P_{0,0}S} = \overrightarrow{P_{0,0}P_{1,0}} + \overrightarrow{P_{0,0}P_{0,1}}$, est le quatrième sommet du parallélogramme construit sur $\overrightarrow{P_{0,0}P_{1,0}}$ et $\overrightarrow{P_{0,0}P_{0,1}}$. Cette construction peut s'adapter facilement à un point $M(u,v)$ quelconque de la surface.

### *6.4 Etude d'un exemple*

On illustre ce qui précède par un exemple de carreau de degré $(2,2)$ dont les points du réseau sont placés de façon à obtenir une bonne vision dans l'espace. Les points $P_{i,j}$ sont définis par leurs coordonnées : $P_{0,0} = (0,0,0), P_{0,1} = (2,0,0), P_{0,2} = (0,2,0)$, $P_{1,0} = (0,0,2)$, $P_{1,1} = (2,0,2), P_{1,2} = (2,2,2), P_{2,0} = (0,1,2), P_{2,1} = (1,1,2), P_{2,2} = (1,2,2)$.

On représente les côtés de ce carreau, les réseaux des hodographes partiels en $u$ puis en $v$ au facteur d'homothétie 2 près et enfin celui de l'hodographe mixte au facteur 4 près. Les points $Q$ du réseau de l'hodographe en $u$ sont définis par $Q_{0,0} = Q_{0,1} = Q_{0,2} = (0,0,2)$, $Q_{1,0} = (0,1,0), Q_{1,1} = (-1,1,0), Q_{1,2} = (-1,0,0)$. C'est donc une surface conique dont on a représenté en pointillés les paraboles, situées dans des plans horizontaux, qui sont ses isoparamétriques en $u$.

Les isoparamétriques en $v$ sont les segments de droite issus du sommet $Q_{0,0}$ et dont les extrémités sont sur la parabole de points de Bézier $Q_{1,0}, Q_{1,1}, Q_{1,2}$.

L'hodographe partiel en v et l'hodographe mixte sont des carreaux plans dont les isoparamétriques sont des segments de droite.

Ces résultats sont illustrés dans les 2 figures qui suivent.

**Figure 1 : Surface et son hodographe partiel en u**

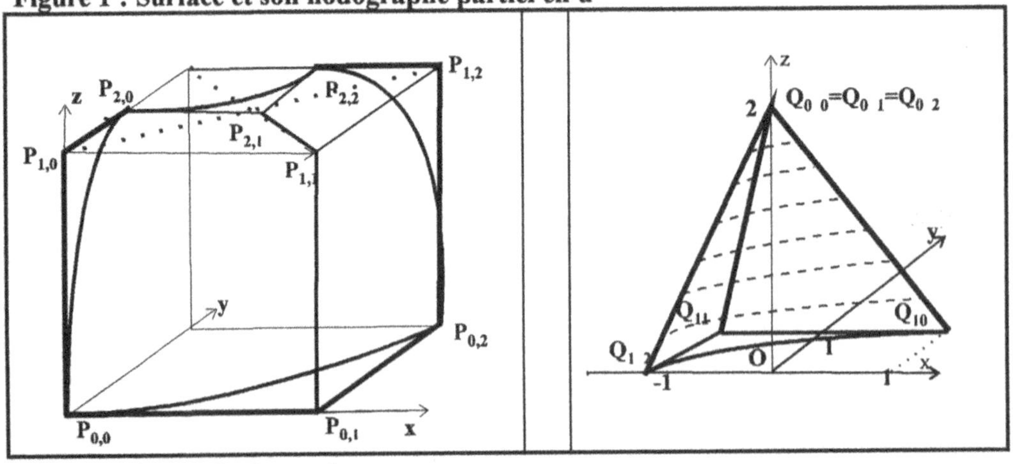


**Figure 2 :Autres hodographes**

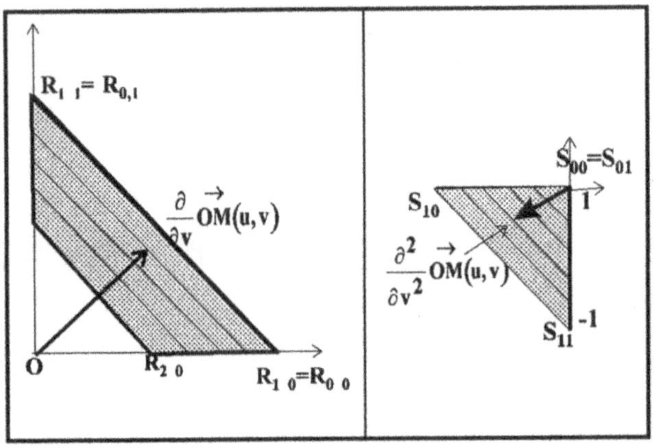


L'hodographe en $v$ a son réseau constitué par les six points : $R_{0,0}=R_{1,0}=(2,0,0)$ $R_{2,0}=(1,0,0)$ $R_{0,1}=R_{1,1}=(0,2,0), R_{2,1}=(0,1,0)$. Ces points sont dans le plan horizontal ; la surface est plane, représentée par la partie grisée. Il en est de même pour l'hodographe mixte de réseau $S_{0,0}=S_{0,1}=O$ $S_{1,0}=(-1,0,0)$ et $S_{1,1}=(0,-1,0)$.

Les écritures vectorielles de ces deux surfaces sont particulièrement simples. Pour l'hodographe en $v$, on trouve facilement : $\frac{1}{2}\frac{\partial}{\partial v}\overrightarrow{OM}(u,v)=(2-u^2)\left((1-v)\,\vec{i}+v\,\vec{j}\right)$ et pour l'hodographe mixte : $\frac{1}{4}\frac{\partial}{\partial u\partial v}\overrightarrow{OM}(u,v)=-u\left((1-v)\,\vec{i}+v\,\vec{j}\right)$.

## 7. AUGMENTATION DES DEGRES

On n'étudie, dans ce qui suit, que **l'augmentation fictive des degrés** qui permettrait ensuite de réduire les effets d'une déformation résultant de la modification de certains points du réseau de la surface considérée.

Bien que des solutions géométriques soient possibles en utilisant les résultats trouvés pour les courbes de Bézier dans §8.5 du chapitre 1 (Cf. Exercice 62), on n'envisage ici que la solution utilisant la définition matricielle canonique généralisant ainsi la démarche utilisée dans §8.5.5, chapitre 1.

Supposons qu'on veuille augmenter d'une unité chacun des deux degrés. Il suffit pour cela d'utiliser la formule du paragraphe 2.2 précédent: $\overrightarrow{OM}(u,v)={}^{t}(\mathbf{U}_m).(\overrightarrow{\mathbf{OQ}})_{m,n}.(\mathbf{V}_n)$. En bordant la matrice canonique du réseau par une colonne de vecteurs nuls et une ligne de vecteurs nuls, on obtient une matrice de $m+2$ lignes et $n+2$ colonnes notée

$$(\overrightarrow{\mathbf{OQ}'})_{m+1,n+1} = \begin{bmatrix} (\overrightarrow{\mathbf{OQ}})_{m,n} & \overrightarrow{O} \\ \overrightarrow{O} & \overrightarrow{O} \end{bmatrix}.$$

On a ainsi réaliser l'augmentation des degrés : $\overrightarrow{OM}(u,v) = {}^{\mathbf{t}}(\mathbf{U}_{m+1}).(\overrightarrow{\mathbf{OQ}'})_{m+1,n+1}.(\mathbf{V}_{n+1})$.

On peut ensuite retrouver la matrice du réseau de Bézier de la même surface affectée des degrés $(m+1,n+1)$ : Pour cela, on se sert de la relation du paragraphe 2.2 $(\overrightarrow{\mathbf{OQ}})_{m,n} = \mathcal{M}_m.(\overrightarrow{\mathbf{OP}})_{m,n}\,.\,{}^{\mathbf{t}}(\mathcal{M}_n)$ que l'on inverse.

On trouve finalement la formule généralisant celle de § 8.5.5, chapitre 1, à savoir :

$$\boxed{\left(\overrightarrow{\mathbf{OP}'}\right)_{m+1,n+1} = \left(\mathcal{M}_{m+1}\right)^{-1}.(\overrightarrow{\mathbf{OQ}'})_{m+1,n+1}.{}^{\mathbf{t}}(\mathcal{M}_{n+1})^{-1}}.$$

# 8. ETUDE LOCALE AU PREMIER ORDRE

Dans cette étude au voisinage d'un point $M(u,v)$ de la surface $\mathcal{S}$, on devrait envisager toutes les courbes suffisamment différentiables tracées sur $\mathcal{S}$ et passant par ce point. De telles courbes, correspondant aux « **transposantes** » dans le domaine paramétrique, sont définies en toute généralité par une relation entre les deux paramètres $u$ et v mais, pour simplifier, on supposera que cette relation est du type $v = \varphi(u)$ définissant ce qui a déjà été appelé une « **liaison** » (Cf. introduction au §3 précédent).

En fait, on ne restreint pas la généralité en prenant pour point le « coin » $M(0,0)$ du carreau et en prenant, pour courbes issues de ce point, celles qui correspondent à la « **liaison** » $v = au$ ou éventuellement $v = au + bu^2$, $a$ et $b$ étant des constantes données. En effet, cette étude locale n'exige que des développements limités au voisinage de $u = 0$, d'ordre 1 ou d'ordre 2 (en général, comme on le verra, ces ordres suffisent), d'une fonction $\varphi$ assujettie à $\varphi(0) = 0$, et ces développements sont bien du type envisagé ci-dessus, l'étude locale ne prenant en compte que les premiers termes de ces développements.

*On ne suppose pas nécessairement, dans ce qui suit, que le lecteur connaisse les résultats généraux concernant les surfaces ; c'est dire qu'une bonne partie de ces résultats, adaptés convenablement, sont effectivement démontrés dans le cas des carreaux de Bézier et fournissent ainsi ces résultats généraux de la théorie des surfaces.*

## *8.1 Dérivées partielles en un « coin » du carreau. Cas de dégénérescence*

Les côtés du carreau en un de ses coins $M(0,0)$ sont des isoparamétriques dont les vecteurs tangents en ce coin constituent des vecteurs tangents à des courbes de la surface passant par $M(0,0)$.

### 8.1.1 Carreau non dégénéré

Les vecteurs tangents respectifs à ces courbes de Bézier au point $M(0,0)$ sont, à la condition qu'ils ne soient pas nuls : $\frac{\partial}{\partial u}\overrightarrow{OM} = m\,\overrightarrow{P_{0,0}P_{1,0}}$ et $\frac{\partial}{\partial v}\overrightarrow{OM}(0,0) = n\,\overrightarrow{P_{0,0}P_{0,1}}$.

L'un de ces vecteurs ou même les deux pourraient être nuls ; on se sert alors des vecteurs dérivés d'ordre 2 qui font d'ailleurs intervenir les vecteurs suivants du réseau. Dans le cas d'un carreau non dégénéré, on pourra ainsi supposer que ces deux vecteurs dérivés partiels sont bien définis, non nuls.

### 8.1.2 Carreau dégénéré

Dans le cas où, par exemple, une des isoparamétriques se réduit au point $M(0,0)$, la dérivée partielle correspondante n'est plus définie. Si l'autre isoparamétrique ne se réduit pas à ce point, on dira plus précisément que le point $M(0,0)$ est un « **coin dégénéré d'ordre 1** ». Cette situation correspond, soit au cas où les points $P_{i,0}$ sont tous confondus avec le coin $O$ étudié, soit au cas où ce sont les $P_{0,j}$ qui sont confondus avec $O$. Comme exemple précis, on peut considérer le point $A$, qui est le sommet d'un cône, dans l'exemple 1.4.2. L'isoparamétrique $(v=1)$ est entièrement représentée par le point $A$. La surface a trois côtés : la génératrice $(u=0)$ joignant $A$ à $P_{0,0}$, celle $(u=1)$ joignant $A$ à $P_{2,0}$ et la cubique de Bézier $(v=0)$ de points de Bézier $P_{i,0}$.

Il se peut aussi que les deux isoparamétriques se réduisent au point $M(0,0)$ ; on dit alors que le point $M(0,0)$ est un **coin dégénéré d'ordre 2**. C'est la situation où les points $P_{i,0}$ et $P_{0,j}$ sont tous confondus avec le coin $O$. Il faut cependant remarquer que dans ces deux cas, un des coins voisins $M(0,1)$ ou $M(1,0)$ ou même les deux sont venus se superposer à $M(0,0)$, ce qui permet de disposer éventuellement de dérivées partielles pour ces autres valeurs des paramètres.

Enfin, rien n'interdit d'envisager deux autres cas. Celui où les points $P_{i,0}$ , $P_{0,j}$, $P_{i,n}$ sont tous confondus avec $O$. Le carreau n'a plus qu'un seul côté et le point $M(0,0)$, superposé alors aux trois autres coins, devenant un **coin dégénéré d'ordre 3.** Le dernier cas est associé à la disparition des côtés, les points à la frontière du carreau $P_{i,0}$ , $P_{0,j}$, $P_{i,n}$ et $P_{m,j}$ se confondant tous avec un même point qualifié alors (improprement) de **coin dégénéré d'ordre 4.**

Dans les deux premiers cas étudiés ci-après, les vecteurs dérivées partielles premières, qui sont **non nuls** sont notés $\overrightarrow{A}$ et $\overrightarrow{B}$. On étudiera ensuite les cas de dégénérescence.

## *8.2 Plan tangent et vecteur normal en un point*

### 8.2.1 Cas où ces deux vecteurs $\overrightarrow{A}$ et $\overrightarrow{B}$ sont de produit vectoriel non nul

Soit alors une courbe $\mathcal{C}$ de la surface issue de $M(0,0)$, définie par $\overrightarrow{Om}(u) = \overrightarrow{OM}(u, a u)$. Le théorème de dérivation des fonctions composées, qui s'applique ici puisque les fonctions sont polynomiales, fournit : $\frac{d}{du}\overrightarrow{Om}(u)=\frac{\partial}{\partial u}\overrightarrow{OM}(u,au)+a\frac{\partial}{\partial v}\overrightarrow{OM}(u,au)$ et, au point de paramètre $u=0$, $\frac{d}{du}\overrightarrow{Om}(0)=\frac{\partial}{\partial u}\overrightarrow{OM}(0,0)+a.\frac{\partial}{\partial v}\overrightarrow{OM}(0,0)=\overrightarrow{A}+a.\overrightarrow{B}$. En premier lieu, ce vecteur ne peut être nul, c'est donc le vecteur tangent à la courbe $\mathcal{C}$ de $\mathcal{S}$ passant par $M(0,0)$ et ce vecteur est toujours situé dans le plan déterminé par les 2 vecteurs $\overrightarrow{A}$ et $\overrightarrow{B}$. Réciproquement, tout vecteur de ce plan est une tangente de courbe tracée sur $\mathcal{S}$ (il suffit de remarquer qu'un tel vecteur permet le calcul de $a$). On conclut :

**Proposition 4.4**

Les tangentes en $M(0,0)$, coin non dégénéré du carreau, des courbes de $\mathcal{S}$ passant par $M(0,0)$ restent dans un même plan dit « **plan tangent** » en $M(0,0)$, ce plan est défini par les vecteurs tangents particuliers que sont $\overrightarrow{A}=\frac{\partial}{\partial u}\overrightarrow{OM}(0,0)$ et $\overrightarrow{B}=\frac{\partial}{\partial v}\overrightarrow{OM}(0,0)$

Dans ce cas, il existe des vecteurs qui sont orthogonaux à la fois à toutes ces courbes. En particulier, **le** vecteur défini par $\overrightarrow{N}_{0,0}=\overrightarrow{A}\wedge\overrightarrow{B}$ est dit « vecteur normal » Il peut être utile de définir un vecteur normal unitaire au point $M(0,0)$, à savoir : $\overrightarrow{n}_{0,0}=\frac{\overrightarrow{N}_{0,0}}{\left\|\overrightarrow{N}_{0,0}\right\|}$. Ce vecteur ou son opposé permet d'orienter éventuellement la surface.

### 8.2.2 Cas où les vecteurs $\overrightarrow{A}$ et $\overrightarrow{B}$ sont colinéaires

On suppose $\overrightarrow{B}=k.\overrightarrow{A}$ où $k$ est non nul. Le calcul précédent reste valable et la courbe $\mathcal{C}$ définie par $v=au$ admet, en $M(0,0)$, le vecteur dérivé $(1+a.k)\overrightarrow{A}$ qui indique une tangente à $\mathcal{C}$, à moins qu'il ne soit nul. En vue de trouver d'autres courbes passant par $M(0,0)$, tracées sur $\mathcal{S}$ et admettant un vecteur tangent non proportionnel à $\overrightarrow{A}$, on considère celles, dépendant d'un paramètre $b$, définies par la liaison $v=(-1/k)u+bu^2$. Le vecteur dérivé d'ordre 1 étant nul, la tangente est alors indiquée, en général, par le vecteur dérivé d'ordre 2. La dérivée première fournit, au voisinage de $M(0,0)$, le résultat suivant : $\frac{d}{du}\overrightarrow{Om}(u)=\frac{\partial}{\partial u}\overrightarrow{OM}(u,v)+\left(-\frac{1}{k}+2bu\right)\frac{\partial}{\partial v}\overrightarrow{OM}(u,v)$, à partir duquel la dérivation d'ordre 2 nous donne , toujours par application du théorème de dérivation des fonctions composées :

$$\frac{d^2}{du^2}\overrightarrow{Om}(u)=\frac{\partial^2}{\partial u^2}\overrightarrow{OM}(u,v)+2\left(-\frac{1}{k}+2bu\right)\frac{\partial^2}{\partial u\partial v}\overrightarrow{OM}(u,v)$$
$$+\left(-\frac{1}{k}+2bu\right)^2\frac{\partial^2}{\partial v^2}\overrightarrow{OM}(u,v)+2b\frac{\partial}{\partial v}\overrightarrow{OM}(u,v)$$

En particulier, pour $u = 0$, en désignant par $\vec{C}$ le vecteur défini par :
$\vec{C} = \frac{\partial^2}{\partial u^2}\vec{OM}(0,0) - \frac{2}{k}\frac{\partial^2}{\partial u \partial v}\vec{OM}(0,0) + \frac{1}{k^2}\frac{\partial^2}{\partial v^2}\vec{OM}(0,0)$, vecteur qui n'est, en général ni nul ni colinéaire à $\vec{A}$ et qui fait intervenir les points $P_{1,0}, P_{1,1}, P_{0,1}, P_{2,0}$ et $P_{0,2}$, on obtient le vecteur tangent, que l'on note $\vec{P_{0,0}T}$ à la courbe $\mathcal{C}$ considérée :

$\vec{P_{0,0}T} = \frac{d^2}{du^2}\vec{Om}(0) = \vec{C} + 2b.k\,\vec{A}$. D'où la figure, puis la conclusion.

**Figure**

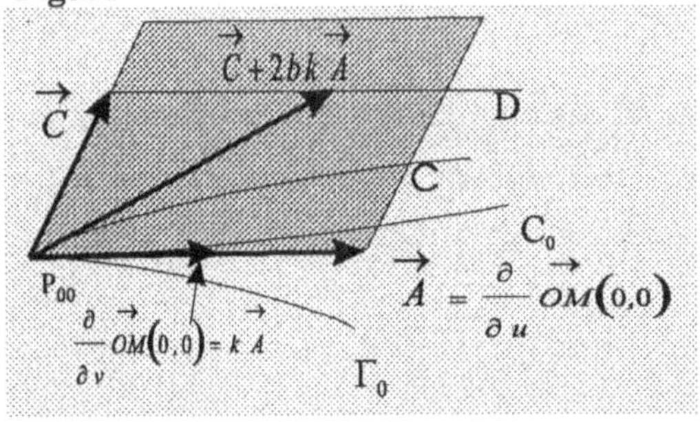


Lorsque b varie, l'extrémité T de ce vecteur décrit une droite D dans le plan $\left(\vec{A}, \vec{C}\right)$. Il en résulte que ce vecteur reste lui-même dans ce plan..
Il existe alors un plan tangent qui est ce plan ainsi précisé. On en déduit :

**Proposition 4.5**

Si les conditions ci-dessus portant sur $\vec{C}$ sont vérifiées, on voit que toutes les tangentes en $M(0,0)$ aux courbes de $\mathcal{S}$ passant par $M(0,0)$ restent effectivement situées dans un même plan, à savoir le plan $\left(\vec{A}, \vec{C}\right)$ qui est donc le plan tangent à la surface en $M(0,0)$.

On en déduit les vecteurs normaux à la surface en ce point.

### 8.2.3 Etude en un coin dégénéré d'ordre 1

Tentons une image en considérant le carreau comme une pièce d'étoffe à quatre côtés. Tout se passe comme si une couturière réduisait, en le pinçant entre ses doigts, l'un de ces côtés à un seul point. Dans cette opération, des fronces se produisent, issues du coin ainsi réalisé. Mais un coup de fer à repasser ultérieur peut , tout en laissant les fronces apparentes, restituer la planéïté de l'étoffe au voisinage de ce coin (notion de plan tangent faisant place au point conique précédent).
On fait donc l'hypothèse que tous les points $P_{0,j}$ sont superposés à un même point que l'on prend pour origine $O$.
Intuitivement, toutes les isoparamétriques $C_v$ qui croisaient $\Gamma_0$ au point de paramètres $(0,v)$, passent à présent par le point $O$ (« fronces » précédentes). C'est cette propriété que l'on va expliciter par le calcul et ensuite exploiter.

Les termes d'indices $i = 0$ disparaissent dans l'écriture vectorielle, donc les polynômes $B_m^i(u)$ restants contiennent u en facteur, pour $i = 1$, et $u^2$ au moins pour les autres. On peut rendre compte de ces propriétés dans l'écriture vectorielle suivante, où l'on regroupe ces derniers termes sans les détailler :

$$\overrightarrow{OM}(u,v) = mu(1-u)^{m-1}\sum_{j=0}^{j=n} B_n^j(v)\,\overrightarrow{OP_{1,j}} + u^2\,\overrightarrow{U}(u,v).$$

La dérivation partielle par rapport à v « laisse » u en facteur dans cette expression, donc cette dérivée partielle est nulle en $(u=0, v=0)$ et même en $(u=0, v=b)$. En revanche, quand on dérive par rapport à $u$ au point $(u=0, v=b)$, le premier terme subsiste.

Donc, au point de départ de l'isoparamétrique $(v=b)$ (une des fronces), le vecteur tangent est $\frac{\partial}{\partial u}\overrightarrow{OM}(0,b) = m\sum_{0}^{n} B_n^j(b)\,\overrightarrow{OP_{1,j}}$. Pour que ce vecteur reste dans un même plan lorsque $b$ varie, **il est nécessaire** que tous les vecteurs $\overrightarrow{OP_{1,j}}$ soient dans un même plan, c'est à dire que les points $P_{0,0}$ et $P_{1,j}$ soient coplanaires.

Réciproquement, une courbe quelconque de la surface qui passe par le coin $O = P_{0,0}$ est définie par la liaison $v = b + \alpha u + \beta u^2$ si on se limite au second ordre (Cf. introduction de ce paragraphe 8). Au point de paramètre $u = 0$, cette courbe possède un vecteur tangent que l'on peut calculer par dérivation d'une fonction composée. On voit que dans cette formule, prise au point $u = 0$,

$$\frac{d}{du}\overrightarrow{O\lambda}\,(0) = \left[\frac{\partial}{\partial u}\overrightarrow{OM}\left(u, b+\alpha u+\beta u^2\right) + (\alpha + 2\beta u)\frac{\partial}{\partial v}\overrightarrow{OM}\left(u, b+\alpha u+\beta u^2\right)\right]_{u=0},$$

on retrouve le vecteur $\frac{\partial}{\partial u}\overrightarrow{OM}(0,b)$. On en déduit que la condition trouvée précédemment est **suffisante**

**Proposition 4.6**

En général, un coin, $P_{0,0}$ par exemple, dégénéré d'ordre 1 est un point conique, le cône des tangentes étant le cône de sommet $P_{0,0}$ ayant pour directrice la courbe de Bézier dont les points de Bézier sont les points $P_{1,j}$ . Il existe en ce point $P_{0,0}$ un plan tangent si et seulement si les points $P_{1,j}$ et $P_{0,0}$ sont coplanaires.

**Illustration**

| | | |
|---|---|---|
| 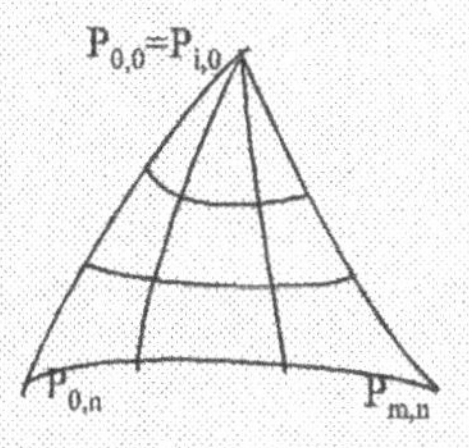 | 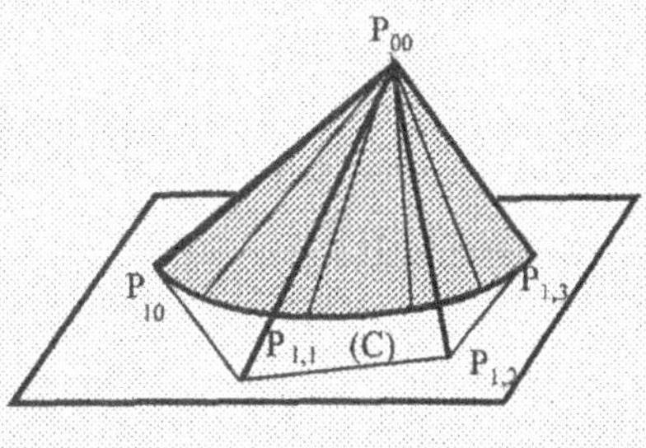 | 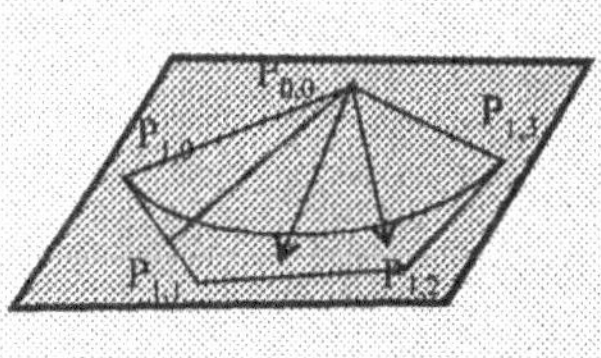 |
| Allure générale du carreau | Dans le cas général, les tangentes engendrent une surface conique. | Il y a un plan tangent si les $P_{1,j}$ et $P_{0,0}$ sont coplanaires |

### 8.2.4 Etude en un coin dégénéré d'ordre 2

On suppose que : $\forall(i,j)\ P_{0,j} = P_{i,0} = O$ ; autrement dit, dans l'image précédente, la couturière fait, dans un deuxième pincement, disparaître un deuxième côté du tissu. Dans cette opération, une deuxième famille de fronces transversales aux précédentes apparaissent. Les premières étaient associées aux isoparamétriques $C_v$, les nouvelles aux isoparamétriques $\Gamma_u$ (Cf. figure ci-après) ; ce sont des courbes de la surface issues de $O$. Dans l'écriture vectorielle,les termes d'indices $i = 0$ et $j = 0$ disparaissent.

**Illustration**

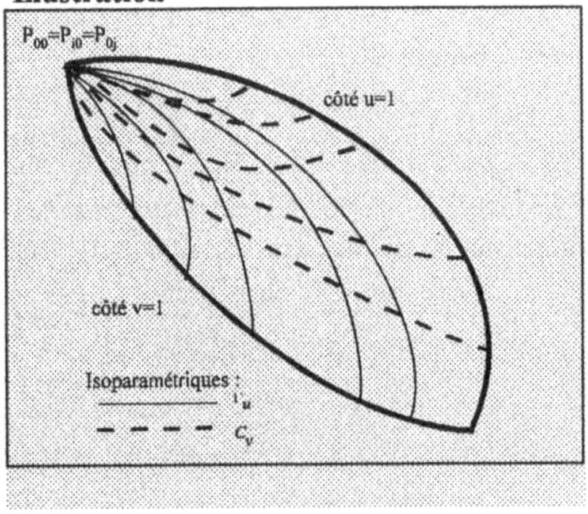


En particulier, les calculs précédents utilisant les isoparamétriques $(v = b)$ sont encore valables et une condition **nécessaire** d'existence d'un plan tangent est la coplanéité indiquée précédemment. Mais à présent, les isoparamétriques $(u = a)$ sont également issues de $O$ et un raisonnement similaire à celui fait pour $(v = b)$ indique que ces courbes admettent des tangentes en $O$ qui sont dans un même plan que si les points $P_{i,1}$ et O sont coplanaires.

Raisonnons plus précisément.

Dans le développement du vecteur $\overrightarrow{OM}$, on peut mettre en évidence les termes associés aux indices $(1,j)$, ceux associés aux indices $(i,1)$ et enfin les autres associés à des indices tous deux supérieurs à 2, contenant donc $u^2v^2$ en facteur ; ceci nous donne :

$$\overrightarrow{OM}(t) = mu(1-u)^{m-1}\sum_{1}^{n} B_n^i(v)\overrightarrow{OP}_{1,i} + nv(1-v)^{n-1}\sum_{2}^{n} B_m^j(u)\overrightarrow{OP}_{i,1} + u^2v^2\,\overrightarrow{V}(u,v).$$

Au point de départ de l'isoparamétrique $(v = b)$, on a, par dérivation en $u$ au point $P_{0,0}$ :

$\dfrac{\partial}{\partial u}\overrightarrow{OM}(0,b) = m\sum_{1}^{n} B_n^i(b)\overrightarrow{OP}_{1,i}$ car les dérivées en $u$ des deux derniers termes sont nulles.

De même, au point de départ de l'isoparamétrique $(u = a)$, la dérivation en $v$ fournit : $\dfrac{\partial}{\partial v}\overrightarrow{OM}(a,v) = n\sum_{2}^{n} B_m^j(a)\overrightarrow{OP}_{i,1}$. Tous ces vecteurs devant se trouver dans un même plan, on en déduit (condition nécessaire), comme il a été annoncé ci-dessus, que tous les vecteurs $\overrightarrow{OP}_{1,j}$ et $\overrightarrow{OP}_{i,1}$ doivent être coplanaires.

En utilisant toutes les courbes de la surface issues du coin $P_{0,0}$, donc définies par une liaison $v = b + \alpha u + \beta u^2$ ou par $u = a + \alpha v + \beta v^2$, un calcul du même type que celui fait ci-dessus, prouve que la condition trouvée est suffisante.

On en déduit donc une condition nécessaire et suffisante d'existence d'un plan tangent :

**Proposition 4.7**

Dans le cas général, un coin dégénéré d'ordre 2, par exemple $P_{0,0}$, est un point conique du carreau. Le cône des tangentes est de sommet $P_{0,0}$ et de directrice la réunion des courbes de Bézier dont les points de Bézier sont respectivement les points $P_{1,j}$ et $P_{i,1}$. En ce point $P_{0,0}$ existe un plan tangent sous la condition nécessaire et suffisante de coplanéité des points $P_{0,0}$, $P_{i,1}$ et $P_{1,j}$.

### 8.2.5 Etude en un coin dégénéré d'ordre 3

On suppose $\forall(i,j)$ : $P_{0,j} = P_{i,0} = P_{m,j} = O$. Cette fois, les isoparamétriques $C_v$ partent de O (pour $u=0$) et repasse en $O$ (pour $u=1$). Les isoparamétriques $\Gamma_u$ sont toujours issues de O. Dans l'écriture vectorielle, on peut distinguer les indices $(1,j)$, $(i,1)$ et aussi $(m,j)$, les autres termes contenant en facteur $u^2v^2(1-u)^2$ ; ceci peut s'écrire :

$$\overrightarrow{OM}(u) = mu\,(1-u)^{m-1}\sum_{1}^{n} B_n^j(v)\,\overrightarrow{OP_{1,j}} + mu^{m-1}(1-u)\sum_{2}^{n} B_n^j(v)\,\overrightarrow{OP_{m-1,j}}$$
$$+ nv(1-v)^{n-1}\sum_{2}^{n} B_m^i(u)\,\overrightarrow{OP_{i,1}} + u^2v^2(1-u)^2\,\overrightarrow{W}(u,v)$$

**Illustration**

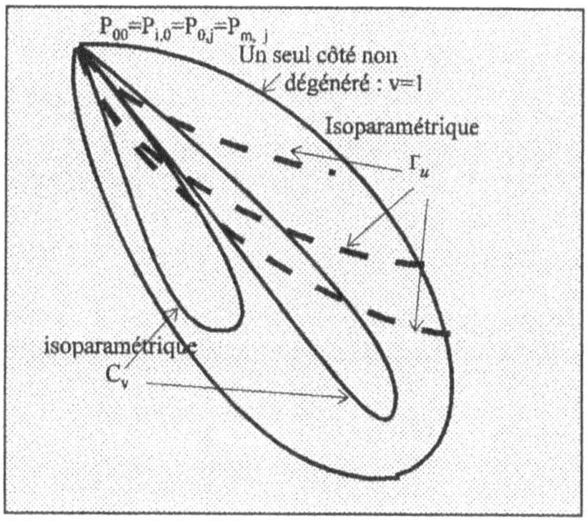


Par rapport à ce qui précède, le cône des tangentes au point $P_{0,0}$ qui s'appuyait dans le premier cas sur la courbe de Bézier de points de définition $P_{i,1}$, dans le deuxième cas , sur cette courbe et sur celle dont les points de définition sont $P_{1,j}$ s'appuie maintenant aussi sur une troisième courbe, celle dont les points de définition sont $P_{m-1,j}$. On aperçoit ainsi la condition supplémentaire à imposer pour obtenir l'existence d'un plan tangent.

Les dérivations nous fournissent en effet : $\frac{\partial}{\partial u}\overrightarrow{OM}(0,b) = m\sum_{1}^{n} B_n^i(b)\,\overrightarrow{OP_{1,i}}$, $\frac{\partial}{\partial v}\overrightarrow{OM}(a,v) = n\sum_{2}^{n} B_m^j(a)\,\overrightarrow{OP_{i,1}}$ et, en outre, $\frac{\partial}{\partial u}\overrightarrow{OM}(1,b) = -m\sum_{1}^{n} B_n^i(b)\,\overrightarrow{OP_{m-1,i}}$. On en déduit une condition nécessaire d'existence d'un plan tangent.

Le raisonnement habituel montre qu'elle est suffisante. On conclut :

**Proposition 4.8**

Dans le cas général, un coin dégénéré d'ordre 3, par exemple $P_{0,0}$, est un point conique du carreau. En ce point existe un plan tangent sous la condition nécessaire et suffisante de coplanéité des points $P_{0,0}$, $P_{i,1}$ , $P_{1,j}$ .et $P_{m-1,j}$

### 8.2.6 Etude en un coin dégénéré d'ordre 4

A présent, l'hypothèse s'exprime par la superposition des points $P_{0,0}$ ,$P_{0,j}$ ,$P_{i,0}$, $P_{i,n}$ et $P_{m,j}$.

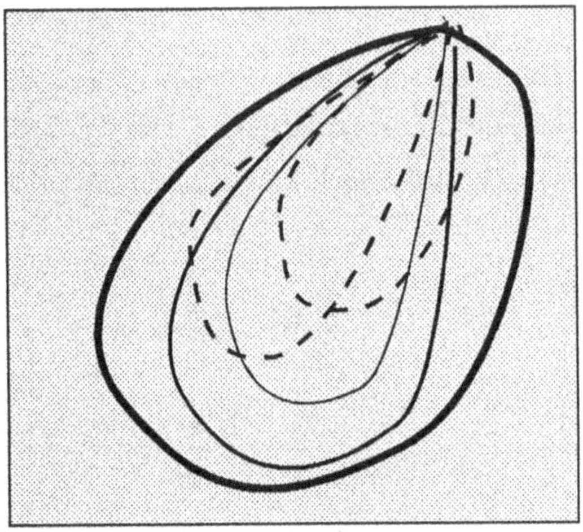

Les isoparamétriques en $u$ et en $v$ passent en O pour $v = 0$ et $v = 1$ respectivement pour $u = 0$ et $u = 1$ (Cf. figure ci- contre).En utilisant 4 termes faisant intervenir les couples $(1,j),(i,1),(m,j),(i,n)$ et un terme supplémentaire qui contient en facteur $u^2v^2(1-u)^2(1-v)^2$, on aboutit, après calculs des dérivées partielles en $u$ sur les couples de paramètres $(0,b),(1,b)$ et en $v$ sur les couples $(a,0),(a,1)$, à la conclusion :

**Proposition 4.9**

Dans le cas général, un coin dégénéré d'ordre 4, par exemple $P_{0,0}$, est un point conique du carreau. En ce point existe un plan tangent sous la condition nécessaire et suffisante de coplanéité des points $P_{0,0}$, $P_{i,1}$ , $P_{1,j}$, $P_{m-1,j}$ et $P_{i,n-1}$.

## 9. ETUDE LOCALE AU SECOND ORDRE

### 9.1 Courbure des courbes tracées sur une surface . Courbure normale

Sans restreindre la portée générale des raisonnements, on se place, dans ce qui suit, au coin, supposé non dégénéré, $M(0,0) = P_{0,0}$ du carreau $\mathbb{S}$ considéré. On étudie d'abord les courbures, en ce point, de toutes les courbes tracées sur $\mathbb{S}$ et tangentes en $P_{0,0}$ à la même droite $(P_{0,0}\,T)$ du plan tangent à savoir (Cf. §4 précédent) du plan $(P_{0,0}\,,P_{0,1}\,,P_{1,0})$. On prend l'origine $O$ des axes, supposés orthonormés, au point $P_{0,0}$, le plan précédent pour plan horizontal $(XOY)$, l'axe $(OX)$ ayant le vecteur directeur $\overrightarrow{P_{0,0}P_{1,0}}$ et la droite $(O\,Z)$ étant dirigée par le produit vectoriel $\overrightarrow{P_{0,0}P_{1,0}} \wedge \overrightarrow{P_{0,0}P_{0,1}}$. Dans les calculs qui suivent, on se sert constamment de la formule fournissant le rayon de courbure en un point et de la construction géométrique associée (Cf. §4.4.3). On pose $m\overrightarrow{P_{0,0}P_{1,0}} = a\,\overrightarrow{i}$ avec $a > 0$ et, puisque la dérivée partielle par rapport à $v$ au point $O$ est dans le plan $(XOY)$, $n\overrightarrow{P_{0,0}P_{0,1}} = a'\,\overrightarrow{i} + b'\,\overrightarrow{j}$ où $b'$ est un réel non nul.

### 9.1.1 Courbure des courbes de $\mathbb{S}$ tangentes à $\overrightarrow{P_{0,0}P_{1,0}}$

L'isoparamétrique $C_0$ est définie par les points de Bézier $P_{i,0}$ ; on sait donc que le vecteur tangent et le vecteur dérivé d'ordre 2 en $P_{0,0}$ sont respectivement $\frac{\partial}{\partial u}\overrightarrow{OM}(0,0) = m\overrightarrow{P_{0,0}P_{1,0}}$ et $\frac{\partial^2}{\partial u^2}\overrightarrow{OM}(0,0) = m(m-1)\left(\overrightarrow{P_{1,0}P_{2,0}} - \overrightarrow{P_{0,0}P_{1,0}}\right)$. Ces vecteurs qui sont supposés non colinéaires sont donc $a\,\overrightarrow{i}$ et $b\,\overrightarrow{i} + c\,\overrightarrow{j} + d\,\overrightarrow{k}$. Le plan de ces deux vecteurs, plan osculateur à $C_0$ en O contient $(OX)$ et le vecteur $c\,\overrightarrow{j} + d\,\overrightarrow{k}$, ce dernier indiquant la normale principale de $C_0$ en le point $P_{0,0}$ (c'est à dire $O$) Le produit vectoriel des deux vecteurs dérivés est $a\left(c\,\overrightarrow{k} - d\,\overrightarrow{j}\right)$, donc de norme $a\sqrt{c^2+d^2}$.

On a donc $R_{C_0} = \frac{a^2}{\sqrt{c^2+d^2}}$ et on en déduit le centre de courbure $\Omega$ de $C_0$ en O. Par ailleurs, si l'angle $\left(\overrightarrow{OZ}, \overrightarrow{O\Omega}\right)$ est noté $\theta$, on a $tan(\theta) = \frac{c}{d}$ d'où $\frac{1}{cos\theta} = \frac{d}{\sqrt{c^2+d^2}}$. En considéranr $\Omega_0$ sur $(OZ)$ tel que le triangle $O\,\Omega\,\Omega_0$ (Cf. la figure ci-après) ait un angle droit en $\Omega$ centre de courbure de $C_0$,.on a : $\boxed{\overrightarrow{O\Omega_0} = \frac{R_{C_0}}{cos\theta}\overrightarrow{k} = \frac{a^2}{d}\overrightarrow{k}}$.

Considérons maintenant une courbe $(\gamma)$ décrite par le point U , tracée sur $\mathbb{S}$ et tangente en $O$ à $\overrightarrow{P_{0,0}P_{1,0}}$. Sans restreindre la généralité, on peut la définir par la liaison $v = \alpha u + \beta u^2$ (Cf. l'introduction de §4). On voit que le vecteur tangent à $(\gamma)$ en $O$, qui est défini par :

$$\frac{d}{du}\overrightarrow{OU}(0) = \left[\frac{\partial}{\partial u}\overrightarrow{OM}(u,v) + (\alpha + 2\beta u)\frac{\partial}{\partial v}\overrightarrow{OM}(u,v)\right]_{u=0} = a\,\overrightarrow{i} + \alpha\frac{\partial}{\partial v}\overrightarrow{OM}(0,0),$$

n'est colinéaire à $\overrightarrow{i}$ que si $\alpha = 0$. Le vecteur dérivé d'ordre 2 est alors défini par :

$$\frac{d^2}{du^2}\overrightarrow{OU}(0) = \left[\frac{\partial^2}{\partial u^2}\overrightarrow{OM} + 4\beta u\frac{\partial^2}{\partial u\partial v}\overrightarrow{OM} + 4(\beta u)^2\frac{\partial^2}{\partial v^2}\overrightarrow{OM} + 2\beta\frac{\partial}{\partial v}\overrightarrow{OM}\right]_{u=0}$$

ou

$$\frac{d^2}{du^2}\overrightarrow{OU}(0) = b\,\overrightarrow{i} + c\,\overrightarrow{j} + d\,\overrightarrow{k} + 2\beta\left(a'\,\overrightarrow{i} + b'\,\overrightarrow{j}\right) = (b + 2\beta a')\,\overrightarrow{i} + (c + 2\beta b')\,\overrightarrow{j} + d\,\overrightarrow{k}$$

Le plan osculateur à$(\gamma)$ en $O$ contient $(OX)$ et le vecteur $(c + 2\beta b')\,\overrightarrow{j} + d\,\overrightarrow{k}$, la normale principale étant définie par ce dernier vecteur.

Les formules précédentes restent encore valables à la condition de remplacer c par $c + 2\beta b'$ **sans changer ni a ni d**. On en déduit que le point $\Omega_0$ déterminé précédemment

est tel que le triangle $O\,\Omega'\,\Omega_0$, où $\Omega'$ est le centre de courbure de $(\gamma)$ en O (Cf. figure 1 ci-après) est encore rectangle en $\Omega'$.
En particulier, si l'on considère une courbe tracée sur $\mathbb{S}$ située dans le plan $(XOZ)$ normal à la surface, son centre de courbure en $O$ sera confondu avec $\Omega_0$. Une telle section de la surface est dite « **section normale de $\mathbb{S}$ associée à un vecteur tangent choisi dans le plan tangent** », à savoir pour ce qui précède, le vecteur $\frac{\partial}{\partial u}\overrightarrow{OM}(0,0)$.

Le point $\Omega_0$ est donc, pour cette raison, appelé « **centre de courbure normal associé à ce vecteur tangent** ». La propriété précédente s'interpréte en disant que le centre de courbure en $O$ d'une courbe du type de $(\gamma)$ est obtenu en projetant orthogonalement $\Omega_0$ sur la normale principale en $O$ à cette courbe $(\gamma)$. On trouve un résultat analogue en utilisant les sections normales de $\mathbb{S}$ associées à $\frac{\partial}{\partial v}\overrightarrow{OM}(0,0)$. Il reste à voir si cette propriété est vraie pour les autres sections normales..

### 9.1.2 Etude des courbes définies par d'autres vecteurs tangents

On pourrait reprendre le résultat trouvé précédemment pour une courbe définie par la liaison $v = \alpha u + \beta u^2$. Le vecteur dérivé d'ordre 1 est donné par :

$$\frac{d}{du}\overrightarrow{OU}(0) = \left[\frac{\partial}{\partial u}\overrightarrow{OM}(u,v) + (\alpha + 2\beta u)\frac{\partial}{\partial v}\overrightarrow{OM}(u,v)\right]_{u=0} = a\,\vec{i} + \alpha\frac{\partial}{\partial v}\overrightarrow{OM}(0,0)$$

Mais le vecteur dérivée d'ordre 2 est d'expression assez compliquée. Il vaut mieux se ramener au cas précédent en utilisant le changement de paramètre obtenu en remplaçant $(u,v)$ par le couple $(u, \alpha u + v)$. Un calcul de dérivation composée montre que, dans la nouvelle définition de la surface, où les degrés sont modifiés (Cf. §2 et 3 précédents), le couple $\left(\frac{\partial}{\partial u}\overrightarrow{OM}, \frac{\partial}{\partial v}\overrightarrow{OM}\right)$ qui définit le plan tangent est remplacé par le couple $\left(\frac{\partial}{\partial u}\overrightarrow{OM}, \frac{\partial}{\partial u}\overrightarrow{OM} + \alpha\,\frac{\partial}{\partial v}\overrightarrow{OM}\right)$, la courbe considérée étant maintenant une courbe isoparamétrique. On est ainsi ramené aux calculs précédents et la conclusion précédente est donc valable pour toutes les sections normales.

### 9.1.3 Enoncé du théorème de Meusnier

La propriété précédente s'interpréte de la manière suivante : Soit $\Omega$ le centre de courbure au point $P_{0,0}$ de $\mathbb{S}$ d'une courbe quelconque tracée sur $\mathbb{S}$ et tangente à un vecteur $\overrightarrow{P_{0,0}T}$ du plan tangent à $\mathbb{S}$ en $P_{0,0}$.

Alors, si on désigne par $\Omega_0$ le centre de courbure normal de $\mathbb{S}$ relatif à $\overrightarrow{P_{0,0}T}$, le point $\Omega$ est situé sur le cercle de diamètre $[P_{0,0}\,\Omega_0]$ du plan orthogonal à $\overrightarrow{P_{0,0}T}$ (Cf. la figure 2 ci-après).
On peut également faire intervenir le **cercle de courbure** de $(\gamma)$ situé dans le plan

osculateur de $(\gamma)$, centré au centre de courbure et dont le rayon est le rayon de courbure de$(\gamma)$. Alors, ces cercles de courbure restent tracés sur la sphère de centre $\Omega_0$ qui passe par $P_{0,0}$, **sphère dite de Meusnier.**

**Illustration de 9.1.1 et 9.1.2**

| Figure 1 : dispositions du centre de courbure $\Omega$ de $C_0$ et du centre de courbure normal $\Omega_0$ | Figure 2 : Les centres de courbure de deux courbes tangentes à OX (droite du plan tangent) sont sur le cercle de Meusnier associé. |
|---|---|
| 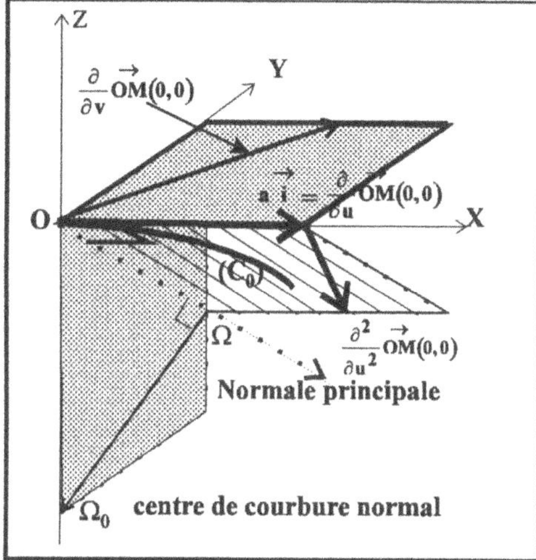  | 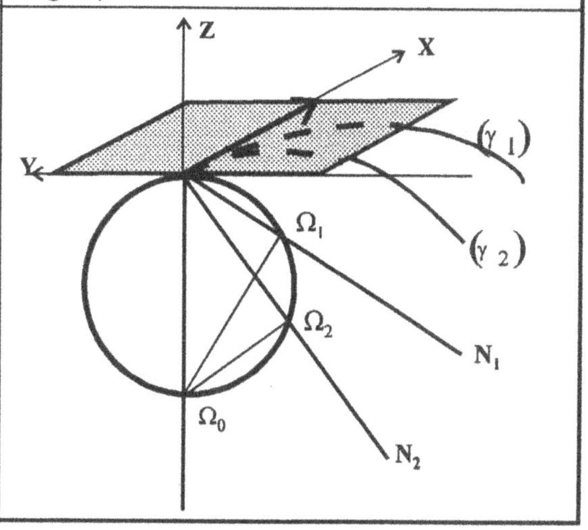  |

Les résultats ainsi obtenus constituent l'énoncé du **théorème général de Meusnier** en théorie des surfaces. On l'énonce pour un point quelconque de $\mathbb{S}$.

***Théorème 4.10***

Si on désigne par $\Omega_0$ le centre de courbure normal relatif au point $M_0 = M(u_0, v_0)$ de $\mathbb{S}$ et à un vecteur $\overrightarrow{M_0T}$ tangent à $\mathbb{S}$ en $M_0$, alors le centre de courbure de toute courbe de la surface passant par $M_0$ et admettant en ce point ce vecteur tangent appartient au cercle passant par $M_0$, de centre $\Omega_0$ qui est situé dans le plan orthogonal en $M_0$ à $\overrightarrow{M_0T}$.

## *9.2 Variation du centre de courbure normal en un point de $\mathbb{S}$*

Dans ce qui précède, il faut remarquer que le point $\Omega_0$, centre de courbure normal, dépend évidemment de la section normale envisagée, autrement dit du vecteur tangent $\overrightarrow{M_0T}$ choisi. Pour étudier la variation de ce point en fonction de ce vecteur tangent, nous choisissons encore le point $P_{0,0}$ pour point de $\mathbb{S}$ et le repère orthonormé déjà utilisé dans § 5.1.1. Ce vecteur tangent est combinaison linéaire des deux vecteurs dérivés par rapport à $u$ et par rapport à $v$. Aussi l'étude à faire possèdant un aspect métrique essentiel, on supposera, sans restreindre la généralité (Cf. exercice 61), que ces deux vecteurs dérivés vérifient : $\frac{\partial}{\partial u}\vec{M}(0,0) = a\,\vec{i}$ et $\frac{\partial}{\partial v}\vec{M}(0,0) = b\,\vec{j}$. On modifie également la liaison définissant la courbe étudiée $(\gamma)$ en supposant celle-ci décrite par le point $\lambda$ fonction du paramètre $t$ tel que :

$$u = \frac{\cos\varphi}{a}t \quad et \quad v = \frac{\sin\varphi}{b}t.$$

A l'aide de ce paramétrage, on a, au point $O$, un vecteur tangent **unitaire** pour $(\gamma)$. En effet : $\frac{d}{du}\vec{O\lambda}(0) = \left[\frac{\partial}{\partial u}\vec{OM}(u,v)\frac{du}{dt} + \frac{\partial}{\partial v}\vec{OM}(u,v)\frac{dv}{dt}\right]_{u=0} = \cos\varphi\,\vec{i} + \sin\varphi\,\vec{j}$.

Nous nous proposons d'étudier les variations de $\overline{O\Omega_0}$ calculé sur l'axe $(OZ)$ en fonction de l'angle $\varphi$ et, pour cela, d'établir une formule préliminaire sur $\overline{O\Omega_0}$.

### 9.2.1 Formule préliminaire

La figure représente le plan horizontal $(\Pi)$ et le plan contenant les vecteurs $\frac{d}{dt}\vec{O\lambda}$ et $\frac{d^2}{dt^2}\vec{O\lambda}$ au point $t = 0$, le premier étant vertical. On désigne par $\vec{OH}$ la projection de $\frac{d^2}{dt^2}\vec{O\lambda}$ sur le plan $(\Pi)$. La normale principale est donc $(OH)$ et le centre de courbure $\Omega$ de $(\gamma)$ est donc placé sur cette demi-droite, à savoir dans la concavité. On représente également dans $(\Pi)$ l'axe $(OZ)$ sur lequel on place $\Omega_0$.

La norme du produit vectoriel étant l'aire du parallélogramme construit sur les 2 vecteurs et l'un deux étant unitaire, on a $\left\|\frac{d}{dt}\vec{O\lambda} \wedge \frac{d^2}{dt^2}\vec{O\lambda}\right\| = \left\|\vec{OH}\right\|$. Par ailleurs, $\theta$ étant l'angle marqué sur la figure, un produit scalaire fournit : $\vec{OH}.\vec{k} = \left\|\vec{OH}\right\|\cos\theta$.

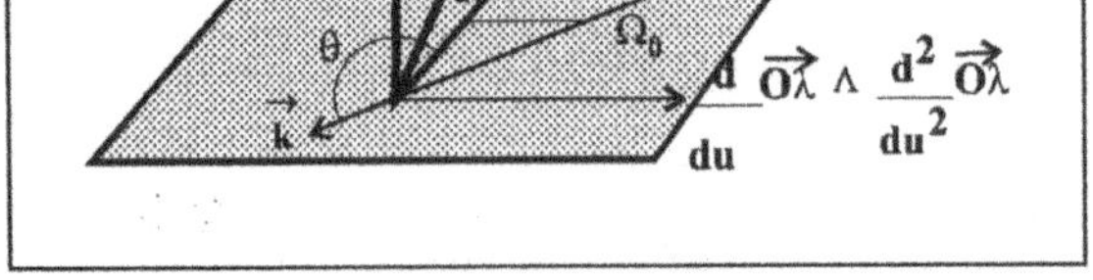


$\vec{OH} - \frac{d^2}{dt^2}\vec{O\lambda}$ étant orthogonal à $\vec{k}$, on a : $\frac{d^2}{du^2}\vec{O\lambda}\,.\vec{k} = \left\|\vec{OH}\right\|\cos\theta$.

Finalement, on a : $\vec{O\Omega_0} = \frac{R}{\cos\theta}\vec{k}$

$$= \frac{\vec{k}}{\left\|OH\right\|\cos\theta} = \frac{1}{\frac{d^2}{du^2}\vec{O\lambda}\,.\,\vec{k}}\vec{k}.$$

### 9.2.2 Calcul du rayon de courbure normal

La poursuite de la dérivation amorcée ci-dessus fournit pour la courbe $(\gamma)$ :

$$\frac{d^2}{dt^2}\vec{O\lambda}(0) = \frac{\cos^2\varphi}{a^2}\frac{\partial^2}{\partial u^2}\vec{OM}(0,0) + 2\frac{\sin\varphi\cos\varphi}{ab}\frac{\partial^2}{\partial u\partial v}\vec{OM}(0,0) + \frac{\sin^2\varphi}{b^2}\frac{\partial^2}{\partial v^2}\vec{OM}(0,0)$$

Posons : $A=\frac{\vec{k}}{a^2}\cdot\frac{\partial^2}{\partial u^2}\overrightarrow{OM}(0,0)$, $B=\frac{\vec{k}}{ab}\cdot\frac{\partial^2}{\partial u\partial v}\overrightarrow{OM}(0,0)$, $C=\frac{\vec{k}}{b^2}\cdot\frac{\partial^2}{\partial v^2}\overrightarrow{OM}(0,0)$. La formule du préliminaire donne alors :

$$\boxed{\left(A\cos^2\varphi\ +2B\cos\varphi\ \sin\varphi+C\sin^2\varphi\right)\overline{O\Omega_0}=1}.$$

### 9.2.3 Représentation du rayon de courbure normal par l'indicatrice de Dupin

Pour représenter commodément les variations de la courbure normale en un point de la surface, on considère le point $\omega$ défini dans le plan tangent en ce point par :

$$\overrightarrow{O\omega}=\left(\cos\varphi\ \vec{i}\ +\sin\varphi\ \vec{j}\right)\sqrt{\left|\overline{O\Omega_0}\right|}$$

Les coordonnées de ce point sont donc : $X_\omega=\cos\varphi\sqrt{\left|\overline{O\Omega_0}\right|}$ *et* $Y_\omega=\sin\varphi\sqrt{\left|\overline{O\Omega_0}\right|}$. En remplaçant dans l'égalité précédente, on obtient l'équation cartésienne, dans le plan tangent, de l'ensemble des points $\omega$, ensemble dit « **indicatrice de Dupin** » de la surface au point considéré :

$$\boxed{AX_\omega^{\ 2}+2BX_\omega Y_\omega+CY_\omega^{\ 2}=\varepsilon}.$$

Dans cette équation, $\varepsilon=+1$ si $\overline{O\Omega_0}>0$ et $\varepsilon=-1$ si $\overline{O\Omega_0}<0$. On en déduit que, si le point $\Omega_0$ reste constamment du même côté du plan tangent, cas pour lequel on oriente la normale pour que $\overline{O\Omega_0}>0$, alors $\varepsilon=+1$ et l'indicatrice est une conique. Si, par contre, $\Omega_0$ ne reste pas du même côté, les deux signes restant possibles, l'indicatrice est la réunion de deux coniques. Plus précisément, ce peut être une ellipse, la réunion de deux hyperboles ou un système de deux droites parallèles. La forme de cette indicatrice permet de se rendre compte de la forme de la surface au voisinage du point considéré.

**Discussion de la nature de l'indicatrice**

**Premier cas :**

On suppose que le discriminant $\Delta=B^2-AC$ est, au point $M(u,v)$ de la surface, strictement négatif. Toutes les courbures en ce point des courbes tracéees sur la surface et passant par ce point sont orientées dans le même sens ; la conique précédente n'a pas de branche infinie ; c'est une ellipse. On dit alors $M(u,v)$ est un **point elliptique** de $\mathbb{S}$.

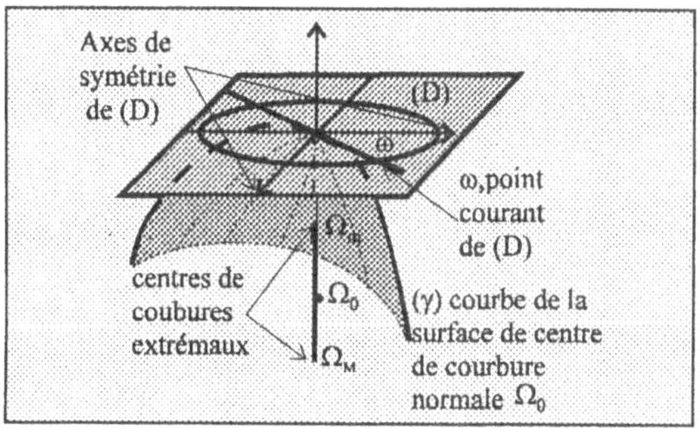


Une rotation des axes utilisés dans le plan tangent en $M(u,v)$ permet de ramener l'équation de cette conique à sa forme canonique $\frac{X'^2}{a^2}+\frac{Y'^2}{b^2}=1$, les nombres $a$ et $b$ étant les longueurs des demi-axes de l'ellipse.

Comme ces longueurs sont les distances maximales et minimales du centre de l'ellipse à l'un quelconque de ses points et comme cette distance élevée au carré représente le rayon de courbure normal, on en déduit que les centres de courbure normale décrivent un segment de la demi-droite placée sur la partie négative de la normale (du moins, pour

l'orientation choisie ici), noté $[\Omega_m, \Omega_M]$ ; les centres de courbure à l'extrémité étant **dits centres de courbure extrémaux.** Ces deux centres sont les centres de courbure normale associés aux courbes de la surface tangentes au point $M$ considéré à l'un ou l'autre des axes de symétrie de l'indicatrice *(D)* de Dupin en $M$. (Cf. figure précédente).
Un cas particulièremenr simple est à signaler : le cas où cette ellipse devient un cercle. Dans ce cas, le rayon de courbure normal est le même quel que soit la courbe de la surface passant par le point $M$ considéré. Un tel point $M$ est dit « **ombilic** » de cette surface

**Deuxième cas**

Si le discriminant est strictement positif, la conique *(D)* possède des branches infinies distinctes et comme la conique est centrée au point $M$ de la surface considérée, origine des axes dans le plan tangent, on en déduit qu'il s'agit de deux hyperboles admettant pour asymptotes communes les droites de ce plan tangent dont les pentes vérifient $\frac{Y}{X} = m_1$ ou $\frac{Y}{X} = m_2$, $m_1$ et $m_2$ étant les racines de l'équation : $Cm^2 + 2Bm + A = 0$.

Un exemple simple est obtenu lorsque $M = P_{0,0}$ et lorsque les vecteurs $\overrightarrow{P_{1,0}P_{2,0}}$ et $\overrightarrow{P_{0,1}P_{0,2}}$ (dont on sait qu'ils sont en relation simple avec les vecteurs dérivés d'ordre 2 pour les deux côtés aboutissant au point $P_{0,0}$) ont des projections sur la normale à la surface en $P_{0,0}$ qui sont de sens contraires. Comme $A$ et $C$ sont alors de signes contraires, le discriminant est bien positif.
Dans ce cas, il y a des courbes dont la concavité est tournée vers le « haut » (sens positif de la normale), l'un des côtés du carreau constitue l'une d'entr'elles et il y en a d'autres qui ont leur concavité tournée vers le bas, l'autre côté du carreau étant dans ce cas. Pour les premières qui sont associées à des tangentes en $P_{0,0}$ qui restent dans un des angles délimités par ces asymptotes, on à : $\overline{P_{0,0}\Omega_0} > 0$ sur la normale et pour les deuxièmes qui sont associées au deuxième angle, on a : $\overline{P_{0,0}\Omega_0} < 0$. En outre, une courbe tangente en ce point $P_{0,0}$ de la surface à l'une des asymptotes de *(D)* a un rayon de courbure normal qui « passe par l'infini ». Dans l'illustration qui suit, on voit comment les courbes de la surface

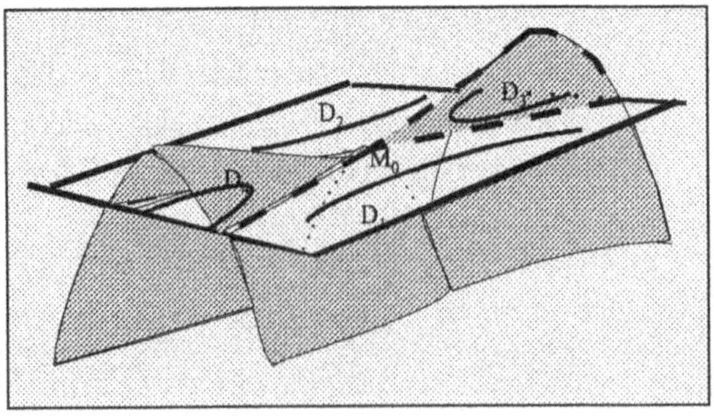


qui passent par un de ses points peuvent traverser le plan tangent, ce qui explique les possibilités de changements de signes de la courbure. Dans le plan tangent, l'indicatrice D se compose alors de deux arcs $D_1$ et $D_2$ dans un des angles des asymptotes, puis de $D_3$ et $D_4$ dans l'autre.

Les asymptotes ont un rôle séparateur pour ces deux familles de courbes. On dit que le point $M(u,v)$ est un **point hyperbolique ou encore un point à courbures opposées**. En faisant tourner les axes de façon à les faire coïncider avec les bissectrices des angles des

asymptotes, l'équation prend sa forme canonique $\frac{X'^2}{a^2}-\frac{Y'^2}{b^2}=\pm 1$ où $a$ et $b$ sont les demi-longueurs des axes. Le second membre étant +1 pour la famille des courbes à courbure positive (par exemple) et -1 pour les autres.
Les centres de courbure normale décrivent cette fois la réunion de deux demi-droites. L'une, d'origine $\Omega_m$, est placée sur la partie positive de la normale à la surface et l'autre, d'origine $\Omega'_m$ , est placée sur la partie négative de cette normale.
Il est facile de voir que si l'on considère une surface réglée telle que par un point de cette surface passe deux droites appartenant à celle-ci, ces droites ne sont autres que les asymptotes à l'indicatrice de Dupin en ce point (Cf. exercice 64 qui fait intervenir l'exemple du paraboloïde hyperbolique de l'exemple § 1.4.1).

**Troisième cas**

Enfin , le discriminant peut être nul. Dans cette hypothèse, le premier membre de l'équation est un carré et l'équation devient, puisqu'alors nécessairement $A>0$ et $C>0$ : $\left(\sqrt{A}\,X+\sqrt{C}\,Y\right)^2=1$. Cette équation fournit donc, par décomposition en produit de deux facteurs, une indicatrice composée de la réunion des droites d'équation $\left(\sqrt{A}\,X+\sqrt{C}\,Y\right)=+1$ et $\left(\sqrt{A}\,X+\sqrt{C}\,Y\right)=-1$ , c'est à dire de deux droites parallèles entre elles. Le rayon de courbure normal d'une courbe ayant une tangente dans la direction de ces droites est infini et $M(u,v)$ est dit un point **parabolique** (Cf .ex 65).

## *9.3 Etude de l'indicatrice sur des exemples*

Dans ces exemples, on se rapporte à un repère orthonormé $(O,X,Y,Z)$ de l'espace.
Les côtés du carreau sont 2 courbes de Bézier, toutes deux partant de O, l'une tangente à (OX) et située dans le plan (XOZ), l'autre tangente à (OY) et située dans le plan (YOZ), toutes deux au dessus du plan horizontal (XOY). Mais la disposition de certains points du réseau peut laisser présager que certaines courbes de la surface puissent traverser le plan horizontal, par exemple, en plaçant le point $P_{1,1}$ au dessous de ce plan. C'est une idée intuitive qui guide le choix des données pour que le coin $P_{0;0}$, que l'on prend pour point $O$, soit, pour cette surface, un point elliptique ou hyperbolique ou parabolique.

### 9.3.1 Détermination de l'équation d'une indicatrice

Dans l'exemple étudié qui dépend d'un paramètre $\alpha$, le carreau est degré $(2,2)$ et l'étude est faite au coin $P_{0,0}$ pris comme origine $O$ . On laisse le soin au lecteur de reprendre les calculs pour des degrés quelconques avec les mêmes points de Bézier d'indices inférieurs ou égaux à 2 que ceux donnés ci-après.

Ces points de Bézier sont définis vectoriellement par : $\overrightarrow{OP_{1,0}}=\vec{i}$ , $\overrightarrow{OP_{2,0}}=\vec{i}+2\vec{k}$ , $\overrightarrow{OP_{0,2}}=\vec{j}+2\vec{k}$ , $\overrightarrow{OP_{1,1}}=\vec{i}+\vec{j}+\alpha\vec{k}$ , $P_{2,1}=P_{1,0}$, $\overrightarrow{OP_{1,2}}=\vec{i}+\vec{j}$ et $P_{2,2}=P_{0,0}=O$
(Cf. figure ci-après). La remarque, faite ci-dessus, sur la possibilité pour des courbes de la surface de traverser le plan horizontal, conduit à prendre plutôt $\alpha<0$. En utilisant les propriété locales des courbes de Bézier ou en faisant les calculs directs, on trouve :

$$\frac{\partial}{\partial u}\overrightarrow{OM}(0,0)=2\vec{i}\ ,\ \frac{\partial}{\partial v}\overrightarrow{OM}(0,0)=2\vec{j}\ ,\ \frac{\partial^2}{\partial v^2}\overrightarrow{OM}(0,0)=-2\vec{j}+4\vec{k}\ ,$$

$\frac{\partial^2}{\partial u^2}\overrightarrow{OM}(0,0) = -2\,\vec{i} + 4\,\vec{k}$ et $\frac{\partial^2}{\partial u \partial v}\overrightarrow{OM}(0,0) = 4\alpha\,\vec{k}$, formules dont on déduit les coefficients $A$, $B$, $C$ de l'équation de l'indicatrice de Dupin (Cf. notations de l'exposé précédent) :

$$A = \frac{\vec{k}}{2^2}.\frac{\partial^2}{\partial u^2}\overrightarrow{OM}(0,0) = 1,\, C = \frac{\vec{k}}{2^2}.\frac{\partial^2}{\partial v^2}\overrightarrow{OM}(0,0) = 1, \quad B = \frac{\vec{k}}{2\times 2}.\frac{\partial^2}{\partial u \partial v}\overrightarrow{OM}(0,0) = \alpha.$$

Cette indicatrice est donc la conique du plan tangent, à savoir $(XOY))$, d'équation cartésienne : $X^2 + 2\alpha XY + Y^2 = \pm 1$. On rappelle qu'il est supposé : $\alpha < 0$.

### 9.3.2 Nature de l'indicatrice, étude de cas particuliers

#### a) Cas d'un point elliptique, axes de symétrie de l'indicatrice

- Si $\alpha \in ]-1, 0[$, le discriminant est négatif et, par conséquent, le point est elliptique, d'où le nombre +1 au second membre. En faisant tourner les axes de 45°, ce qui revient à poser : $X = \frac{1}{\sqrt{2}}(X_1 - Y_1)$ et $Y = \frac{1}{\sqrt{2}}(X_1 + Y_1)$, l'équation de la conique dans les nouveaux axes s'écrit $(X_1^2 + Y_1^2) + \alpha\,(X_1^2 - Y_1^2) = 1$, d'où la forme canonique :

$$\frac{X_1^2}{a^2} + \frac{Y_1^2}{b^2} = 1 \text{ avec } a^2 = \frac{1}{1+\alpha} \text{ et } b^2 = \frac{1}{1-\alpha}.$$

Ces résultats nous fournissent les axes de l'indicatrice qui sont les bissectrices de l'angle $(\vec{i}, \vec{j})$ et les rayons de courbure extrémaux . Un cas des plus simples est $\alpha = 0$ ; l'indicatrice est le cercle de centre $O$ et de rayon 1 ; le coin $O$ de la surface est alors un **ombilic**.

On peut vérifier, par un calcul simple que toutes les courbes de la surface passant par $O$ ont le même centre de courbure normal; autrement dit, le point $\Omega_0$ ne dépend pas de la courbe considérée (Cf. exercice 63).

#### b) Cas d'un point hyperbolique, asymptotes, axes de symétrie, courbes particulières à courbures normales infinies

- Si $\alpha < -1$, le discriminant est positif et, par conséquent, le point est hyperbolique. Les calculs précédents de rotation des axes restent valables. On obtient pour indicatrice la réunion de deux hyperboles d'équations réduites $\frac{X_1^2}{a^2} - \frac{Y_1^2}{b^2} = 1$ ou

$$-\frac{X_1^2}{a^2} + \frac{Y_1^2}{b^2} = 1 \text{ avec : } a^2 = -\frac{1}{1+\alpha} \text{ et } b^2 = \frac{1}{1-\alpha}.$$

Dans l'illustration qui suit, où on décrit simplement la disposition des points de Bézier, les côtés du carreau et le point $P_{1,1}$, on a supposé $\alpha = -1/4$, le point $O$ du carreau est donc elliptique. Il est facile de voir sur cette figure pourquoi le point devient hyperbolique lorsque le vecteur torsion, autrement dit le vecteur dérivé mixte, représenté sur cette figure, est de module plus important.

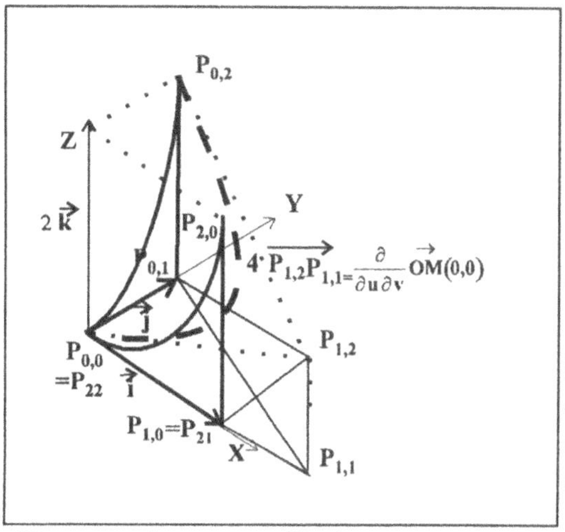


Dans le cas de la figure ($\alpha < 0$), le point $P_{1,1}$ est au dessous du plan tangent , le vecteur dérivée mixte indique le sens négatif de OZ. Or, on sait que les tangentes à la surface le long de la courbe $(v = 0)$ s'appuient sur la courbe de Bézier dont les points de Bézier sont les points $P_{i,1}$( Cf.remarque du §6.1). Il en résulte intuitivement que si le vecteur dérivé mixte est assez grand en norme, certaines courbes de la surface passant par $O$ seront situées au dessous du plan tangent .

C'est ce qui se passe effectivement pour $\alpha < -1$.

Comme cela a été fait dans le cas précédent, on détermine les axes de symétrie ainsi que les demi-droites décrites par les centres de courbure normale.

On peut trouver les asymptotes en se servant de l' équation réduite ; on peut aussi les trouver en égalant le premier membre de l'équation de départ à zéro. Cette égalité, qui se met sous la forme d'une équation du second degré $\left(\frac{Y}{X}\right)^2 + 2\alpha\left(\frac{Y}{X}\right) + 1 = 0$ fournit, par ses racines, les pentes des deux asymptotes. Les asymptotes étant obtenues, on peut en déduire (autre méthode que la rotation des axes) les axes de symétrie.

Etudions le cas où $\alpha = -2$. Les pentes des asymptotes sont alors $2 \pm \sqrt{3}$.

Pour préciser une **propriété relative à une courbe de la surface tangente à une asymptote de l'indicatrice**, on considère une telle courbe de point courant λ, définie par la liaison $\left(u = \frac{t}{2}\cos\varphi,\ v = \frac{t}{2}\sin\varphi\right)$ où, par exemple, $\tan\varphi = 2 + \sqrt{3}$. En utilisant les mêmes calculs que dans §9.2, on a $\frac{d}{du}\overrightarrow{O\lambda}(0) = \cos\varphi\,\vec{i} + \sin\varphi\,\vec{j}$ puis , en remarquant que $\sin(2\varphi) = \frac{2\tan\varphi}{1+\tan^2\varphi} = \frac{4+2\sqrt{3}}{8+4\sqrt{3}} = \frac{1}{2}$, une simplification donne :

$$\frac{d^2}{dt^2}\overrightarrow{O\lambda}(0) = \frac{\cos^2\varphi}{4}\left(-2\,\vec{i} + 4\,\vec{k}\right) + \frac{\sin\varphi\cos\varphi}{2}\left(-8\,\vec{k}\right) + \frac{\sin^2\varphi}{4}\left(-2\,\vec{j} + 4\,\vec{k}\right)$$

$$= -\frac{1}{2}\cos^2\varphi\,\vec{i} - \frac{1}{2}\sin^2\varphi\,\vec{j} + \left(1 - 2\sin(2\varphi)\right)\vec{k} = -\frac{1}{2}\cos^2\varphi\,\vec{i} - \frac{1}{2}\sin^2\varphi\,\vec{j}.$$

Ce résultat signifie que le plan osculateur de cette courbe est le plan tangent $(XOY)$ à la surface et qu'en conséquence le centre de courbure normal associé à cette courbe est rejeté à l'infini.

On a ainsi vérifié cette propriété des asymptotes de l'indicatrice.

### c) Cas d'un point parabolique

Si $\alpha = -1$, le discriminant est nul et, par conséquent, le coin $O$ est parabolique. L'équation de l'indicatrice s'écrit : $(X - Y)^2 = 1$; elle se décompose donc en les équations

$Y - X = 1$ et $Y - X = -1$. L'indicatrice est donc la réunion de deux droites parallèles à la première bissectrice des axes et symétriques par rapport à O.
Faisons, dans ce cas, l'étude locale d'une courbe, de point courant $\lambda$, dont la tangente est de pente 1 dans le plan $(XOY)$.

Les calculs faits ci-dessus donnent : $\frac{d}{du}\overrightarrow{O\lambda}(0) = \frac{1}{\sqrt{2}}\left(\vec{i} + \vec{j}\right)$ et, pour l'ordre 2 :

$$\frac{d^2}{dt^2}\overrightarrow{O\lambda}(0) = \frac{1}{8}\left(-2\,\vec{i} + 4\,\vec{k}\right) + \frac{1}{4}\left(-4\,\vec{k}\right) + \frac{1}{8}\left(-2\,\vec{j} + 4\,\vec{k}\right) = -\frac{1}{4}\left(\vec{i} + \vec{j}\right)$$

qui est proportionnel au vecteur dérivé d'ordre 1. Il en résulte que le centre de courbure de cette courbe, donc a fortiori le centre de courbure normal, est rejeté à l'infini.

## 9.4 Définitions de courbes remarquables sur une surface

Ces définitions sont valables en fait pour toutes les surfaces. En chaque point de $\mathbb{S}$, on peut déterminer l'indicatrice de Dupin pour ce point ; en particulier, les axes de symétrie et les asymptotes de cette indicatrice. Les lignes de la surface qui restent tangentes en chacun de leurs points à ces droites ont des propriétés remarquables.

### 9.4.1 Sections principales. Définition des lignes de courbure

Une section normale en un point $M$ de la surface qui est tangente à l'un des axes de symétrie de l'indicatrice $D$ en ce point est dite une « **section principale** ». Une telle courbe admet en $M$ un rayon de courbure extrémal. Pour cette raison, ces rayons sont aussi appelés **rayons de courbure principaux .**

Une ligne de courbure d'une surface $\mathbb{S}$ est une courbe tracée sur cette surface telle que la la tangente en chacun de ses points soit l'un des axes de symétrie de l'indicatrice en ce point. En un point $M$ de la surface passent donc deux lignes de courbure qui sont orthogonales.

**Exemple :** Si on considère une courbe de Bézier $C$ plane tournant autour d'une droite de son plan, on engendre une surface de révolution (attention, ce n'est pas un carreau de Bézier, mais on peut la ranger dans la famille des surfaces rationnelles), alors on peut montrer que l'une des familles de lignes de courbure est constituée des méridiennes, l'autre constituée des parallèles (Cf. exercice 67)

### 9.4.2 Définition des lignes asymptotiques

Une ligne asymptotique d'une surface $\mathbb{S}$ est une courbe tracée sur cette surface telle que la tangente en chacun de ses points soit l'une des asymptotes de l'indicatrice en ce point. En reprenant les calculs qui ont été faits sur la courbure normale, il est facile de voir que :
**Le plan osculateur en tout point d'une ligne asymptotique reste tangent à la surface.**
Cette propriété est caractéristique, on peut s'en servir pour les déterminer.

**Exemple** Si une surface est réglée, alors les droites de la surface font partie des lignes asymptotiques de cette surface.

**Remarque :** De telles lignes sont définies par des équations différentielles et, en général, ce ne sont pas des courbes polynomiales et donc pas des courbes de Bézier.

# 10. RACCORDEMENTS TANGENTIELS DE CARREAUX

## *10.1. Raccordement tangentiel de deux carreaux*

On suppose que les points courants sur deux carreaux $\mathbb{S}_1$ et $\mathbb{S}_2$, sont notés $M_1(u,v)$ et $M_2(u,w)$ et qu'ils ont une frontière commune vérifiant : $M_1(u,0)=M_2(u,0)$. On cherche à définir le raccordement tangentiel de ces carreaux, à savoir les conditions *d'identité de leurs plans tangents* le long de cette frontière commune. En un point $M_1(u_0,0)$, ces plans sont définis par $\left(\frac{\partial}{\partial u}\overrightarrow{OM_1}(u_0,0),\frac{\partial}{\partial v}\overrightarrow{OM_1}(u_0,0)\right)$ et $\left(\frac{\partial}{\partial u}\overrightarrow{OM_1}(u_0,0),\frac{\partial}{\partial w}\overrightarrow{OM_2}(u_0,0)\right)$ en supposant qu'effectivement ces couples définissent des plans. Une condition nécessaire et suffisante de raccordement est la coplanéité des vecteurs $\frac{\partial}{\partial u}\overrightarrow{OM_1}(u_0,0)$, $\frac{\partial}{\partial w}\overrightarrow{OM_2}(u_0,0)$ et $\frac{\partial}{\partial v}\overrightarrow{OM_1}(u_0,0)$ quel que soit $u_0$ dans $[0,1]$. Elle s'exprime par une linéaire dépendance de ces vecteurs avec des coefficients de dépendance $h$ et $k$ que l'on suppose généralement être des polynômes en $u$. Concluons :

**Proposition 4.11**

Une condition pour que les deux carreaux de points courants $M_1(u,v)$ et $M_2(u,w)$, assujettis à la condition $M_1(u,0)=M_2(u,0)$, se raccordent le long de ce côté commun $u\to M_1(u,0)$, s'exprime par l'existence de deux polynômes $h$ et $k$ tels que :

$$\boxed{\forall u\in[0,1],\quad \frac{\partial}{\partial w}\overrightarrow{OM_2}(u,0)=h(u)\frac{\partial}{\partial v}\overrightarrow{OM_1}(u,0)+k(u)\frac{\partial}{\partial u}\overrightarrow{OM_1}(u,0)}$$

Un tel couple $(h,k)$ sera, dans ce qui suit, appelé un couple de raccordement de $\mathbb{S}_1$ **vers** $\mathbb{S}_2$. La précision « vers » indique que, dans la relation précédente, on définit une dérivée partielle concernant $\mathbb{S}_2$ en fonction de deux dérivées partielles concernant $\mathbb{S}_1$, le polynôme $k$ étant le coefficient de la dérivée partielle par rapport à la variable commune.

**Remarques**

- Si, aux extrémités $M_1(0,0)$ *et* $M_1(1,0)$ de la frontière commune de 2 carreaux donnés, la condition précédente est vérifiée, on dispose des valeurs de $h$ et $k$ pour $u=0$ et $u=1$, on peut choisir : $h(u)=(1-u)h(0)+u\,h(1)$ (même chose pour $k$). Mais ces choix peuvent compliquer les raccords ultérieurs avec d'autres carreaux adjacents et on constate en pratique qu'il est préférable d'imposer aussi la nullité des dérivées aux extrémités. Ainsi : $h(u)=h(0)(2u^3-3u^2+1)+h(1)(-2u^3+3u^2)$( même chose pour $k$).

- Lorsque le carreau $\mathbb{S}_2$ est à construire, on peut réaliser d'autres contraintes. Ainsi, on réalise des tangentes communes aux côtés non communs en les points $M_1(0,0)$ et $M_1(1,0)$ par : $k(0)=k(1)=0$. Par ailleurs, en dérivant la relation en $u$, on voit que, si $k(0)=0,\ h(0)\neq 0,\ h'(0)=k'(0)=0$, alors les vecteurs dérivés mixtes en $M_1(0,0)$ sont colinéaires. Il est évident que ces conditions augmentent les degrés de $h$ et $k$.

- Supposons les carreaux $\mathbb{S}_1$ et $\mathbb{S}_2$ de degrés $(m,n)$ et $(m,n')$. La relation de raccordement définit la première directrice auxiliaire sur le carreau $\mathbb{S}_2$ par

$\overrightarrow{OT_2}(u,0) = \overrightarrow{OM_2}(u,0) + \frac{1}{n}\frac{\partial}{\partial w}\overrightarrow{OM_2}(u,0)$, c'est à dire la courbe de Bézier dont les points de Bézier sont les $P_{i,1}$ (Cf. remarque du § 6.1). Les degrés des fonctions $h$ et $k$ imposent donc un degré $m'$, en général supérieur à $m$, à cette directrice. Le côté commun, qui est de degré $m$ dans le carreau $\mathbb{S}_1$, doit donc être considéré comme de degré $m'$ dans $\mathbb{S}_2$ (augmentation fictive de degré). Pour des raisons d'homogénéité, on suppose alors que, par des augmentations fictives de degrés des directrices autres que la première auxiliaire, le degré de $\mathbb{S}_2$ est $(m',n')$. En tout cas :

La donnée d'un couple de raccordement le long du côté $(v=0)$ impose les points $P_{i,1}$ du réseau caractéristique de la surface $\mathbb{S}_2$, autrement dit, la première directrice auxiliaire du carreau $\mathbb{S}_2$.

- L'augmentation de degré étant fictive pour le côté $(u=1)$ du carreau $\mathbb{S}_2$, on peut raccorder ce carreau le long de ce côté à un troisième carreau, en lui redonnant son degré originel $m$.

- Enfin, la famille des vecteurs $\overrightarrow{M_2(u,0)T_2(u,0)}$ qui relient le côté commun à cette première directrice auxiliaire visualise la **nappe tangente commune** aux deux carreaux le long du côté commun (voir la figure ci-après).

### *10.2. Surfaces de raccordement*

Si on raccorde un carreau $\mathbb{S}_1$ à un carreau $\mathbb{S}_2$ le long du côté commun $M_1(u,0)$, puis le même carreau $\mathbb{S}_1$ au carreau $\mathbb{S}_3$ le long de l'autre côté $M_1(u,1)$, les résultats précédents qui peuvent se transposer sans difficulté au cas de $v=1$, fournissent la solution du problème.. Dans ce cas, la surface $\mathbb{S}_1$ peut être qualifiée de surface de raccordement de $\mathbb{S}_2$ et de $\mathbb{S}_3$. Dans la vue ci-après, on fournit une réalisation exécutée par le logiciel Catia d'un tel raccordement par un carreau de degré 6- 9 dont la première et l'avant-dernière directrices auxiliaires sont imposées :

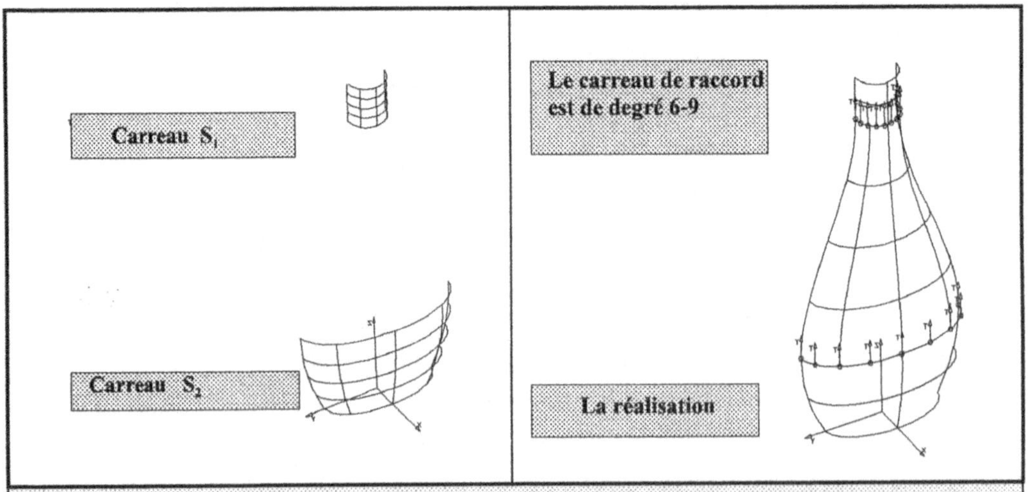


Reproduction autorisée par Bernard Terrée,labo Génie Mécanique de l'ENS de Cachan

On voit, sur cette figure, visualisées par quelques vecteurs, les deux nappes tangentes communes aux bords respectifs de $\mathbb{S}_2$ et de $\mathbb{S}_3$.

### *10.3 Raccordement de trois carreaux*

Si le raccord se fait sur deux côtés adjacents du carreau $\mathbb{S}_1$, il n'y a pas de difficulté si on n'impose aucune condition de raccord entre $\mathbb{S}_2$ et $\mathbb{S}_3$. Observons simplement que le plan tangent au point $M_1(0,0) = M_2(0,0) = M_3(0,0)$ sera bien celui de la surface $\mathbb{S}_1$ en ce point. Le problème est plus complexe lorque l'on impose en outre le raccord de $\mathbb{S}_2$ et $\mathbb{S}_3$. La situation , en modifiant légèrement les notations pour les rendre plus cohérentes, est donc la suivante

Les trois carreaux $\mathbb{S}_1$, $\mathbb{S}_2$, $\mathbb{S}_3$ sont tels que $\mathbb{S}_1$ et $\mathbb{S}_2$ ont un côté commun, ce qui s'écrit $M_2(0,w) = M_1(w,0)$, que $\mathbb{S}_1$ et $\mathbb{S}_3$ ont un autre côté commun adjacent au précédent, ce qui s'exprime par $M_1(0,v) = M_3(0,v)$ et enfin que $\mathbb{S}_2$ et $\mathbb{S}_3$ ont aussi un côté commun, condition que l'on écrit $M_3(u,0) = M_2(u,0)$. Les notations sont cohérentes si les trois points courants sont notés $M_1(w,v)$ , $M_2(u,w)$ et $M_3(u,v)$ (Cf. figure ci-après).

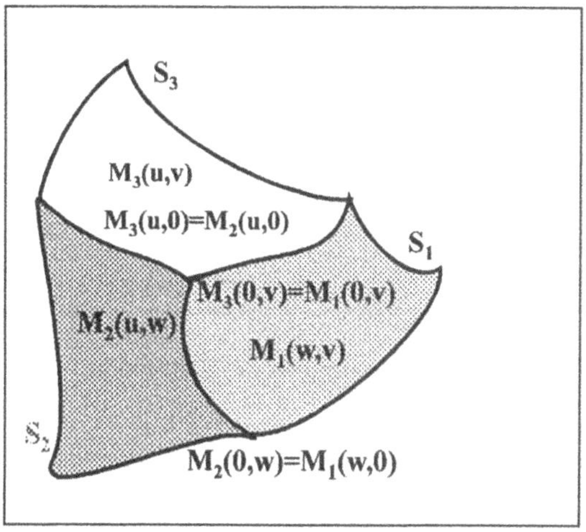


Les données de deux des couples de raccordement donnent le même plan tangent le long de chacune des deux frontières communes. Il en résulte, d'après une remarque faite ci-dessus, que pour chacun de ces raccordements une première directrice auxiliaire est alors déterminée.

En particulier, si l'on considère $\mathbb{S}_1$ et $\mathbb{S}_2$ comme donnés, les vecteurs dérivés partiels du premier ordre pour $\mathbb{S}_3$ au coin commun sont déterminés. Sont aussi déterminés par l'un des raccordements les points de Bézier $P_{i,1}$ du réseau de $\mathbb{S}_3$ et par l'autre raccordement les points $P_{1,j}$. Les points de Bézier $P_{1,1}$ qui proviennent de l'une ou de l'autre voie doivent, bien entendu coïncider. On aperçoit donc trois conditions dites de « compatibilité » pour assurer cet ensemble de trois raccordements. Le problème est le suivant :

*Peut-on déterminer ces conditions de compatibilité entre les trois couples de raccordement pour assurer cette cohérence du raccordement tangentiel deux à deux des trois carreaux?*

**Résolution**

Pour simplifier, le coin commun aux trois surfaces est l'origine $O$, on définit la surface $\mathbb{S}_1$ au moyen du réseau **canonique** des points notés Q, les vecteurs $\overrightarrow{OQ_{i,j}}$ étant notés $\overrightarrow{q_{i,j}}$ d'où : $\overrightarrow{OM_1}(w,v) = w\,\overrightarrow{q_{1,0}} + v\,\overrightarrow{q_{0,1}} + vw\,\overrightarrow{q_{1,1}} + w^2\,\overrightarrow{q_{2,0}} + v^2\,\overrightarrow{q_{0,2}} + \ldots$ et on définit également la surface $\mathbb{S}_2$ à l'aide de vecteurs $\overrightarrow{r}$ , à savoir :

$$\overrightarrow{OM_2}(u,w) = u\,\overrightarrow{r_{1,0}} + w\,\overrightarrow{r_{0,1}} + uw\,\overrightarrow{r_{1,1}} + u^2\,\overrightarrow{r_{2,0}} + w^2\,\overrightarrow{r_{0,2}} + \ldots\ldots$$

La condition $M_1(w,0)=M_2(0,w)$ fournit d'ailleurs les égalités $\vec{r_{0,1}}=\vec{q_{1,0}}$ *et* $\vec{r_{0,2}}=\vec{q_{2,0}}$, mais, dans ce qui suit, ces relations n'interviennent pas dans la mesure où tout le calcul utilisera seulement les vecteurs $\vec{q}$, à l'exception du terme $\vec{r_{2,0}}$.

On suppose que les carreaux $\mathbb{S}_1$ et $\mathbb{S}_2$ se raccordent le long de leur côté commun, ce qui se traduit par l'existence d'un couple de raccordement $(h_3,k_3)$ de $\mathbb{S}_1$ vers $\mathbb{S}_2$, que les carreaux $\mathbb{S}_2$ et $\mathbb{S}_3$ se raccordent également le long de leur côté commun, d'où un couple de raccordement noté $(h_1,k_1)$ de $\mathbb{S}_2$ vers $\mathbb{S}_3$ ; enfin que $\mathbb{S}_1$ et $\mathbb{S}_3$ se raccordent le long de leur côté commun, ce qui se traduit par l'existence d'un couple de raccordement $(h_2,k_2)$ de $\mathbb{S}_1$ vers $\mathbb{S}_3$.

Le **principe de la solution** est le suivant :

On calcule, par les deux voies correspondant aux deux relations de raccordement, les dérivées partielles premières au coin $O$ de $\mathbb{S}_3$. Les égalités des expressions obtenues fournissent déjà deux conditions de compatibilité. On exprimera de même le vecteur dérivé mixte $\frac{\partial^2}{\partial u\partial v}\vec{OM_3}(0,0)$ de deux façons différentes, l'une provenant du raccordement de $\mathbb{S}_2$ et $\mathbb{S}_1$ et l'autre du raccordement de $\mathbb{S}_3$ et $\mathbb{S}_1$. On sait que le vecteur $\vec{OP_{1,1}}$ de Bézier de $\mathbb{S}_3$ est défini par les vecteurs dérivés d'ordre 1 et ce vecteur dérivé mixte( Cf. §6.3, remarque après la proposition 4.3) . En tenant compte des deux conditions de compatibilité et des deux expressions de ce vecteur torsion de la surface $\mathbb{S}_3$ au coin commun $O$ aux trois surfaces, on obtient la troisième condition de compatibilité.

**Calculs**

Les polynômes $h$ et $k$ ne font intervenir dans les calculs que leurs valeurs et les valeurs de leurs dérivées au point 0. Aussi, pour tous ces polynômes, on note $\alpha_i=h_i(0)$, $\alpha'_i=h'_i(0)$, $\beta_i=k_i(0)$ et $\beta_i=k'_i(0)$ les termes de degré 0 et de degré 1.

Tenant compte de la condition de raccordement, le raccord de $\mathbb{S}_1$ vers $\mathbb{S}_2$ fournit :

$$\begin{cases} \frac{\partial}{\partial w}\vec{OM_2}(0,w)=\frac{\partial}{\partial w}\vec{OM_1}(w,0) \quad \textbf{(1)} \qquad \text{d'où} \quad \frac{\partial}{\partial w}\vec{OM_2}(0,0)=\vec{q_{1,0}} \quad \textbf{(2)} \\ \frac{\partial}{\partial u}\vec{OM_2}(0,w)=h_3(w)\frac{\partial}{\partial v}\vec{OM_1}(w,0)+k_3(w)\frac{\partial}{\partial w}\vec{OM_1}(w,0) \quad \textbf{(3)} \\ \text{d'où :} \quad \frac{\partial}{\partial u}\vec{OM_2}(0,0)=\alpha_3\vec{q_{0,1}}+\beta_3\vec{q_{1,0}} \quad \textbf{(4)} \end{cases}$$

Le raccord entre $\mathbb{S}_1$ vers $\mathbb{S}_3$ donne également, pour des raisons analogues :

$$\begin{cases} \frac{\partial}{\partial v}\vec{OM_3}(0,v)=\frac{\partial}{\partial v}\vec{OM_1}(0,v) \quad \textbf{(5)} \quad \text{d'où} \quad \frac{\partial}{\partial v}\vec{OM_3}(0,0)=\vec{q_{0,1}} \quad \textbf{(6)} \\ \frac{\partial}{\partial u}\vec{OM_3}(0,v)=h_2(v)\frac{\partial}{\partial w}\vec{OM_1}(0,v)+k_2(v)\frac{\partial}{\partial v}\vec{OM_1}(0,v) \quad \textbf{(7)} \\ \text{d'où} \quad \frac{\partial}{\partial u}\vec{OM_3}(0,0)=\alpha_2\vec{q_{1,0}}+\beta_2\vec{q_{0,1}} \quad \textbf{(8)} \end{cases}$$

Enfin, le raccord de $\mathbb{S}_2$ vers $\mathbb{S}_3$ fournit, en tenant compte des relations (**4**), (**6**) et (**8**) et de la définition canonique de $M_1$ :

$$\frac{\partial}{\partial u}\overrightarrow{OM_3}(u,0)=\frac{\partial}{\partial u}\overrightarrow{OM_2}(u,0) \quad (\mathbf{9}) \text{ d'où } \alpha_2\overrightarrow{q_{1,0}}+\beta_2\overrightarrow{q_{0,1}}=\alpha_3\overrightarrow{q_{0,1}}+\beta_3\overrightarrow{q_{1,0}} \quad (\mathbf{10})$$

$$\begin{cases}\dfrac{\partial}{\partial v}\overrightarrow{OM_3}(u,0)=h_1(u)\dfrac{\partial}{\partial w}\overrightarrow{OM_2}(u,0)+k_1(u)\dfrac{\partial}{\partial u}\overrightarrow{OM_2}(u,0) & (\mathbf{11})\\ \text{d'où} \quad \overrightarrow{q_{0,1}}=\alpha_1\overrightarrow{q_{1,0}}+\beta_1\left(\alpha_3\overrightarrow{q_{0,1}}+\beta_3\overrightarrow{q_{1,0}}\right) & (\mathbf{12})\end{cases}$$

On remarque déjà deux des conditions de compatibilité, qui correspondent aux égalités des expressions, venant de deux voies différentes, des vecteurs tangents au coin 0 de $\mathbb{S}_3$, à savoir la condition (**10**) qui résulte de la conjonction de (**4**) et (**8**) et la condition (**12**) qui résulte de la conjonction de (**6**) et (**8**).

Pour obtenir $\dfrac{\partial^2}{\partial u\partial v}\overrightarrow{OM_3}(0,0)$ par une première voie, on peut dériver la relation (**11**) par rapport à $u$, et remplacer $u$ par 0. Ce calcul exige que l'on connaisse les deux vecteurs $\dfrac{\partial^2}{\partial u^2}\overrightarrow{OM_2}(0,0)$ et $\dfrac{\partial^2}{\partial u\partial w}\overrightarrow{OM_2}(0,0)$. Le premier est connu par la définition canonique de $\mathbb{S}_2$, à savoir $\dfrac{\partial^2}{\partial u^2}\overrightarrow{OM_2}(0,0)=2\overrightarrow{r_{2,0}}$. Le second, en utilisant la définition d'une dérivée seconde sous la forme $\dfrac{\partial^2}{\partial u\partial w}\overrightarrow{OM_2}(0,0)=\dfrac{\partial}{\partial w}\left(\dfrac{\partial}{\partial u}\overrightarrow{OM_2}(0,w)\right)_{w=0}$, nous est fourni par la dérivation par rapport à $w$ de l'égalité (**3**). Ce second vecteur est ainsi :

$$\frac{\partial^2}{\partial u\partial w}\overrightarrow{OM_2}(0,0)=\frac{\partial}{\partial w}\left(\frac{\partial}{\partial u}\overrightarrow{OM_2}(0,w)\right)_{w=0}=\alpha_3\overrightarrow{q_{1,1}}+2\beta_3\overrightarrow{q_{2,0}}+\alpha'_3\overrightarrow{q_{0,1}}+\beta'_3\overrightarrow{q_{1,0}}.$$

On obtient ainsi une première expression (**13**)de ce vecteur dérivé mixte :

$$\alpha'_1\overrightarrow{q_{1,0}}+\beta'_1\left(\alpha_3\overrightarrow{q_{0,1}}+\beta_3\overrightarrow{q_{1,0}}\right)+\alpha_1\left(\alpha_3\overrightarrow{q_{1,1}}+2\beta_3\overrightarrow{q_{2,0}}+\alpha'_3\overrightarrow{q_{0,1}}+\beta'_3\overrightarrow{q_{1,0}}\right)+2\beta_1\overrightarrow{r_{2,0}}$$

On obtient ce vecteur $\dfrac{\partial^2}{\partial u\partial v}\overrightarrow{OM_3}(0,0)$ par une deuxième voie en dérivant cette fois l'égalité (**7**) par rapport à $v$, le remplacement de $v$ par 0 utilisant la définition canonique de $\mathbb{S}_1$ pour calculer $\dfrac{\partial^2}{\partial v^2}\overrightarrow{OM_1}(0,0)$ et $\dfrac{\partial^2}{\partial v\partial w}\overrightarrow{OM_1}(0,0)$.

Cette deuxième expression (**14**) s 'écrit :

$$\frac{\partial^2}{\partial u\partial v}\overrightarrow{OM_3}(0,0)=\alpha_2\overrightarrow{q_{1,1}}+2\beta_2\overrightarrow{q_{0,2}}+\alpha'_2\overrightarrow{q_{1,0}}+\beta_2'\overrightarrow{q_{0,1}}.$$

Il ne reste plus qu'à égaler les expressions (**13**) et (**14**) pour arriver à la troisième condition de compatibilité (**15**):

$$\boxed{\begin{aligned}&\left(\alpha'_1+\beta'_1\beta_3+\alpha_1\beta'_3-\alpha'_2\right)\overrightarrow{q_{1,0}}+\left(\beta'_1\alpha_3+\alpha_1\alpha'_3-\beta'_2\right)\overrightarrow{q_{0,1}}\\&\qquad+\left(\alpha_1\alpha_3-\alpha_2\right)\overrightarrow{q_{1,1}}+2\beta_1\overrightarrow{r_{2,0}}+2\alpha_1\beta_3\overrightarrow{q_{2,0}}-2\beta_2\overrightarrow{q_{0,2}}=\overrightarrow{0}\end{aligned}}$$

Terminons en simplifiant les 2 conditions (**10**) et (**12**).

Si on suppose, ce qui est le cas général, que les vecteurs $\vec{q_{1,0}}$ et $\vec{q_{0,1}}$ ne sont pas colinéaires, la condition (10) donne par identification la condition (**16**) :

$$\boxed{\alpha_2 = \beta_3 \text{ et } \alpha_3 = \beta_2}$$

et la condition (**12**) donne par identification la condition (**17**) :

$$\boxed{\alpha_3 \beta_1 = 1 \quad \text{et} \quad \alpha_1 + \beta_1 \beta_3 = 0}.$$

Concluons :

Pour effectuer, dans la situation décrite, le raccord simultané de trois carreaux deux par deux, il faut, *en général*, que les trois couples de raccordements soient assujettis aux conditions de compatibilité (15), (16) et (17)

**Cas particulier**
Si on suppose que les dérivées de tous les polynômes *h* et *k* s'annulent pour les valeurs nulles des paramètres, en particulier si ces polynômes sont des constantes, les coefficients $\alpha'_i$ *et* $\beta'_i$ sont tous nuls. Les conditions (16) et (17) étant supposées vérifiées, il nous reste la relation (15) qui permet de déterminer $\vec{r_{2,0}}$ en fonction des vecteurs $\vec{q}$ par la formule : $\beta_1 \vec{r_{2,0}} = \beta_3 \vec{q_{1,1}} + \beta_2 \vec{q_{0,2}} - \alpha_1 \beta_3 \vec{q_{2,0}}$, où n'interviennent plus $\vec{q_{1,0}}$ et $\vec{q_{0,1}}$.

**Remarque** : On peut également poser le problème du raccordement de 4 carreaux qui est, bien sur, d'une plus grande difficulté et, plus généralement, celui de N carreaux en distinguant selon la parité de N (Cf. **[10]**).

Signalons que les calculs faits ci-dessus s'inspirent très largement de ceux de Bézier et utilisent globalement les mêmes notations.

## 11. NOTES SUR LES AUTRES MODELES

Outre les carreaux B-splines et les carreaux composites qui ont été évoqués dans les définitions (Cf. §1.2.5 et 1.2.6), on peut définir logiquement les carreaux rationnels par des formules étendant celles des courbes rationnelles. Par exemple, on définit une **surface de Bézier rationnelle** de la façon suivante :

Etant donné un réseau de points $R_{i,j}$ de l'espace servant par exemple à définir un carreau de Bézier, on définit la surface de Bézier rationnelle associée à ce réseau comme l'ensemble des points $M(u,v)$ définis par $\overrightarrow{OM}(u,v) = \sum_{i=0}^{i=m} \sum_{j=0}^{j=n} F_{i,j}(u,v) \overrightarrow{OR_{i,j}}$ où les fonctions rationnelles $F_{i,j}$ sont définies à l'aide de poids doublement indexés $p_{i,j}$ par :

$$F_{i,j}(u,v) = \frac{p_{i,j} B_m^i(u) B_n^j(v)}{\sum_{i=0}^{i=m} \sum_{j=0}^{j=n} p_{i,j} B_m^i(u) B_n^j(v)}.$$

En remplaçant dans cette formule les fonctions de Bernstein par des fonctions B-splines, on obtient la définition d'une surface B-spline rationnelle. En se servant des propriétés des B-splines et de l'extension de certaines propriétés aux courbes de Bézier rationnelles ou

des B-splines rationnelles, on trouve assez facilement des propriétés analogues pour ces surfaces. Il en est ainsi pour les algorithmes de construction des points courants et des tangentes en chaque point de la surface.
L'intérêt de ces surfaces réside d'abord dans l'invariance projective de ces modèles. On note aussi la possibilité de la représentation de morceaux de surfaces du second degré et enfin, de façon très générale, la possibilité de représenter les surfaces de révolution engendrées par des courbes de Bézier ou des courbes B-splines.
Signalons également qu'en dehors de tous ces modèles basés sur celui de Bézier ou celui des B-splines, la C.A.O.utilise d'autres moyens, éventuellement plus élémentaires, pour engendrer des surfaces. Ainsi, le logiciel Catia construit des surfaces qui sont engendrées par des segments et des coniques et, en particulier, s'adapte bien à la mise en place de surfaces simples de révolution.
La reproduction qui termine ce chapitre est un exemple d'une telle réalisation.

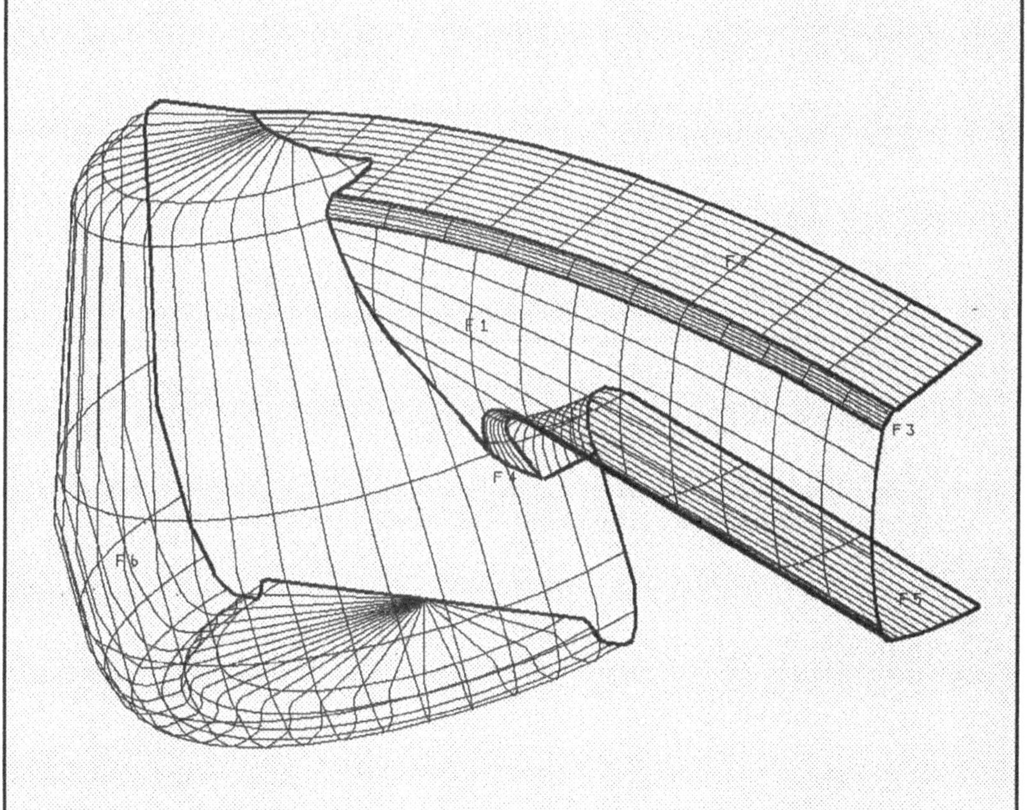


Composée de parties de surfaces réglées, de surfaces engendrées par des segments et des coniques et enfin d'une surface de révolution.

**Ecouteur téléphonique** (labo de Génie Mécanique de l'ENS de Cachan)

**Raccord tangentiel de 2 surfaces :**
**conservation du plan tangent**

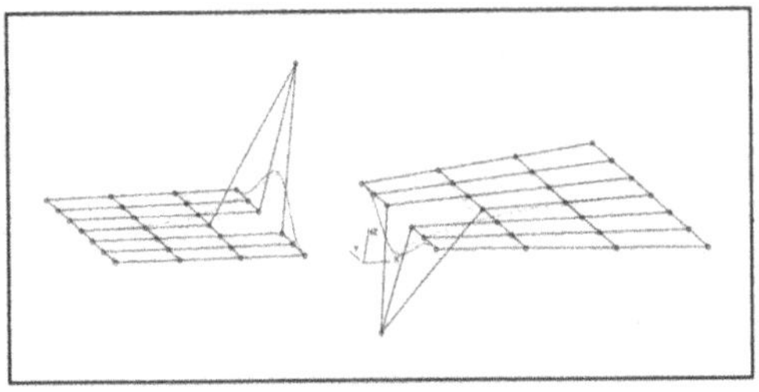

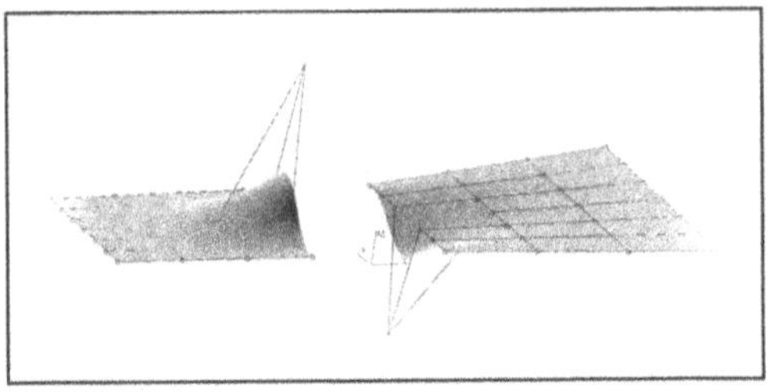

Surfaces à raccorder

Visulisation des carreaux

Visualisation des surfaces

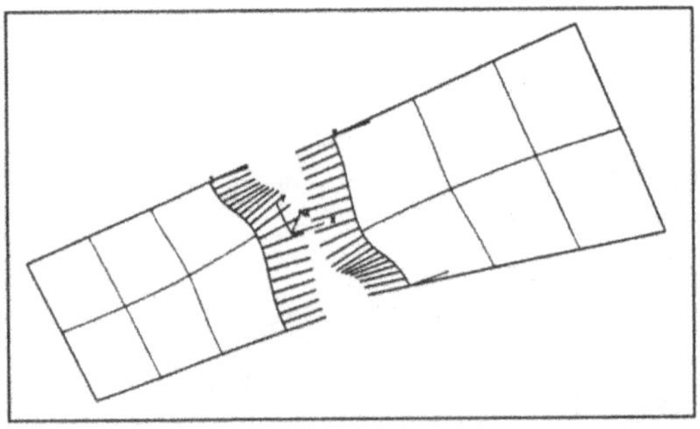

Peignes ou bandeaux des tangentes définis par les premières directrices auxiliaires

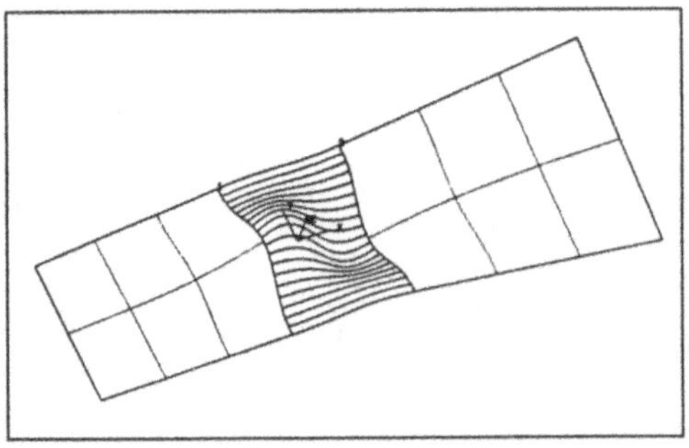

Visualisation des courbes constituant la surface de raccordement

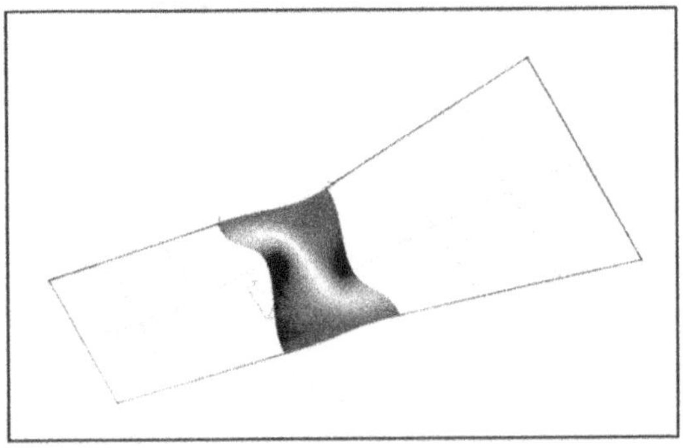

Visualisation de la surface de raccordement

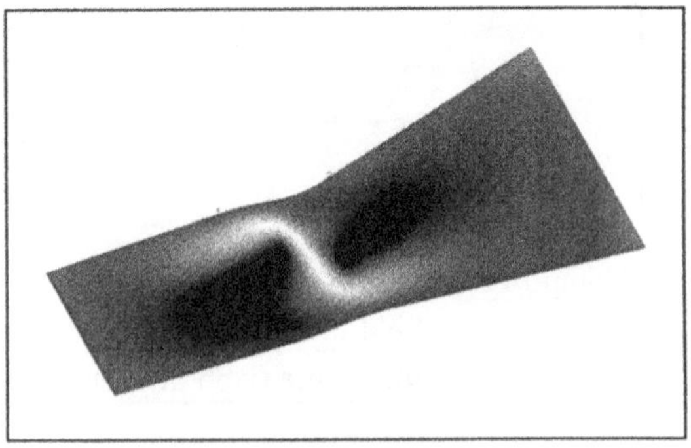

Visualisation de l'ensemble

*STRIM-Matra Datavision*

**Raccordement en courbure de 2 surfaces, l'une des lignes de raccord est une partie de frontière, l'autre une courbe tracée sur l'autre surface**

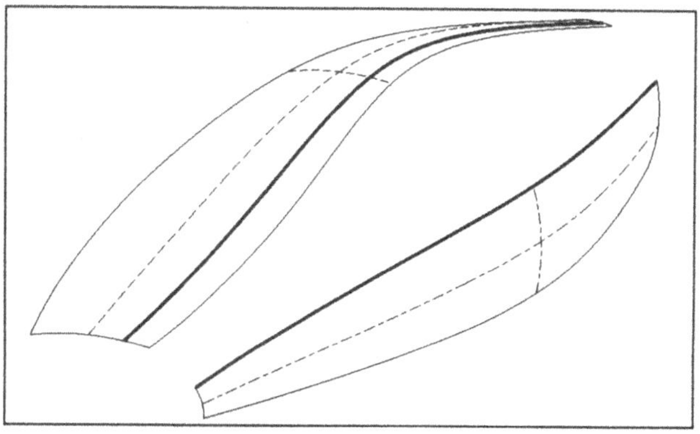

Les 2 surfaces à raccorder avec les 2 courbes de raccord

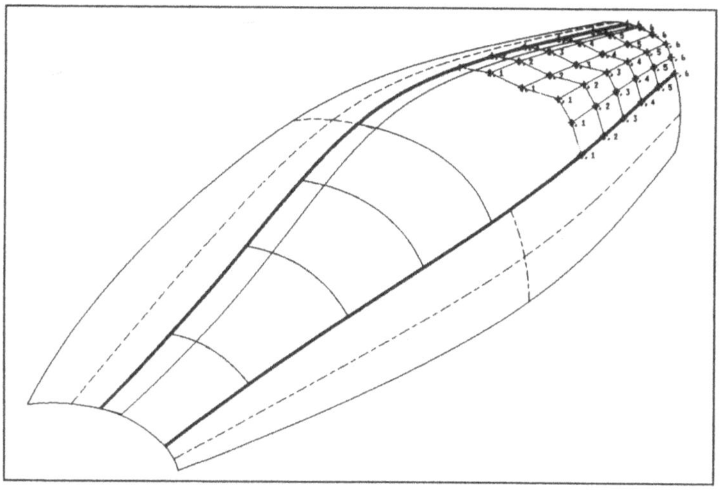

Construction de la surface de raccordement avec détail de l'un des 6 carreaux de cette surface

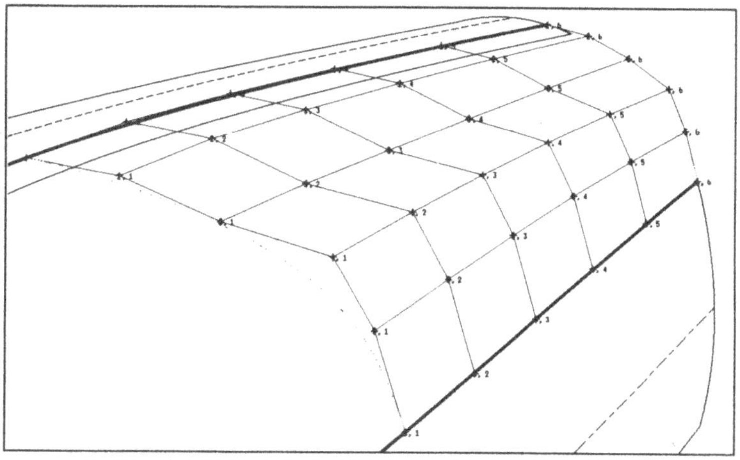

Zoom sur un de ces carreaux

*CATIA-Dassault Systèmes*

**Comblement d'un « trou » sur une surface**

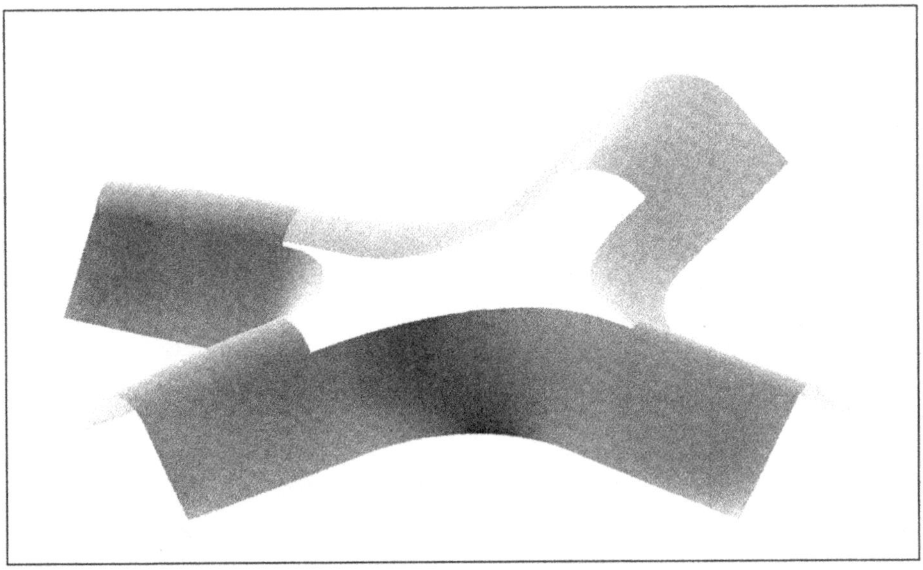

Facette triangulaire de Bézier

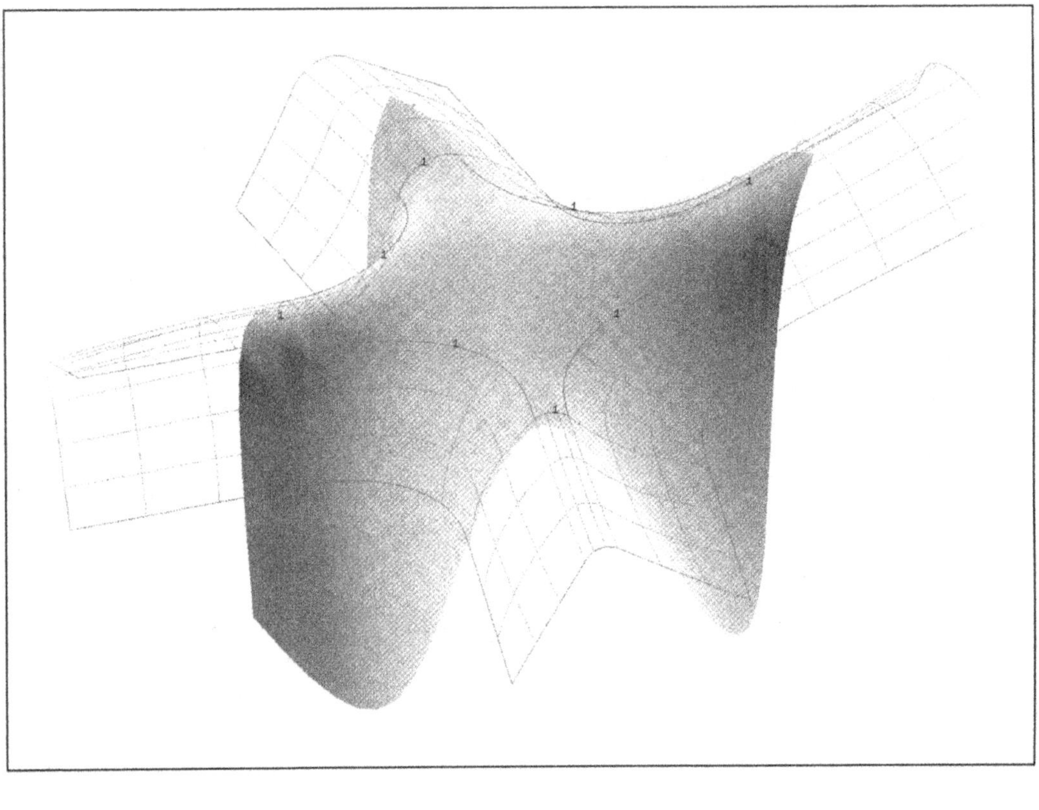

Forme réalisée

*STRIM-Matra Datavision*

**Quelques réalisations**

Voiture prototype
Courage compétition

Rafale de Dassault aviation

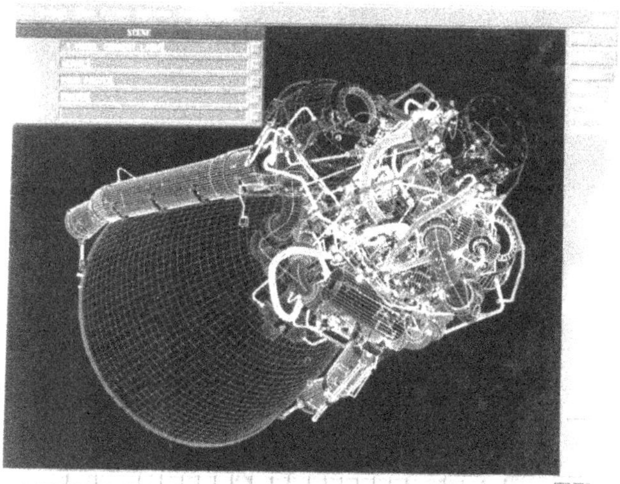

Moteur Vulcain
Détails des carreaux

Ariane 5

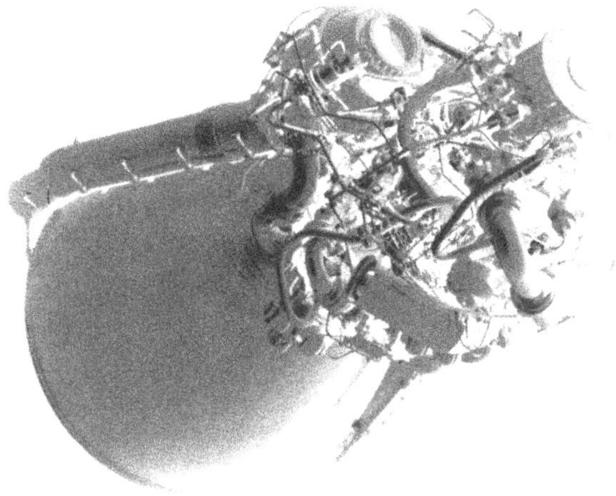

SEP Vernon
Forme réalisée

*CATIA-Dassault Systèmes*

# CHAPITRE 5

# LES FACETTES TRIANGULAIRES DE BEZIER

## 1. DEFINITION DES TRIANGLES DE BEZIER

On a pu constater l'importance de la notion de barycentre dans l'étude géométrique des courbes de Bézier. En particulier, dans la construction géométrique d'un point courant, les barycentres des générations successives sont des barycentres de systèmes de deux points.
L'idée de généralisation des courbes aux surfaces est de passer à des barycentres de systèmes de trois points. On commence par voir que, de la même façon qu'un point d'un segment est le barycentre de ses extrémités affectés des coefficients $u$ et $v$ avec la condition $u+v=1$, tout point à l'intérieur d'un triangle est le barycentre des sommets de ce triangle affectés des coefficients $u$, $v$, $w$ avec la condition $u+v+w=1$.

### *1.1. Coordonnées barycentriques dans un triangle*

Soit, dans le plan affine, un triangle $T$ de sommets $A,B,C$ dit triangle de base ou encore, plus loin, « domaine ou triangle paramétrique »[1] . Soit $m$ un point quelconque de ce plan qu'on suppose d'abord à l'intérieur strict, c'est à dire dans le triangle et sur aucun des trois côtés.

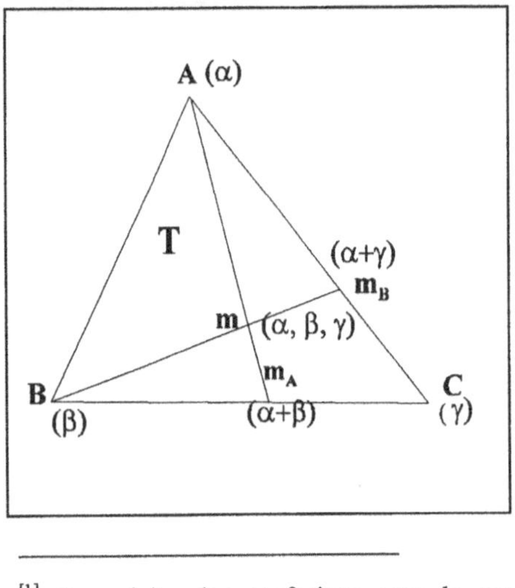


Traçons la droite $(mA)$ qui rencontre le côté $[BC]$ en un point noté $m_A$. Le point $m$, appartenant au segment $[A,m_A]$, est le barycentre des deux extrémités affectées des coefficients strictement positifs $\alpha$ et $\delta$ vérifiant $\alpha+\delta=1$. Par ailleurs, le point $m_A$ est le barycentre des points $B$ et $C$ affectés de coefficients positifs $b$ et $c$ et , d'une façon plus générale, de coefficients $\lambda b$ et $\lambda c$ où $\lambda$ est un réel arbitraire strictement positif. On peut choisir $\lambda$ de façon que $\lambda b+\lambda c=\delta$ d'où, à la place des coefficients

[1] Pour éviter les confusions avec le contexte des courbes splines, on peut préciser « domaine paramétrique pour la facette considérée».

$b$ et $c$, les coefficients barycentriques $\beta$ et $\gamma$ vérifiant $\beta+\gamma=\delta$. Le point $m$ vérifie alors, pour ces uniques coefficients positifs $\alpha$, $\beta$ et $\gamma$ tels que $\alpha+\beta+\gamma=1$, la relation vectorielle : $\alpha\, \overrightarrow{mA} + \delta\, \overrightarrow{mm_A} = \overrightarrow{O}$. Il en résulte, en tenant compte de $\delta\, \overrightarrow{mm_A} = \beta\, \overrightarrow{mB} + \gamma\, \overrightarrow{mC}$, que les coordonnées barycentriques $\alpha, \beta, \gamma$ d'un point $m$ intérieur à $T$ sont strictement positives, de somme 1 et le caractérisent par la formule :

$$\boxed{\alpha\, \overrightarrow{mA} + \beta\, \overrightarrow{mB} + \gamma\, \overrightarrow{mC} = \overrightarrow{0}}.$$

Si le point $m$ est sur un côté, tout en n'étant pas un sommet, par exemple sur $[A\ C]$, alors $m_A = C$ et ce qui précède reste valable avec $\beta = 0$, les autres coefficients barycentriques $\beta$ et $\gamma$ étant ceux de $m$ sur le segment $[A\ C]$. Si $m$ est sur un segment parallèle à un des côtés, la coordonnée de $m$ relative au sommet opposé à ce côté est constante (Cf. § 1.6.2). Les points $A$, $B$, $C$ eux mêmes ont pour coordonnées $(1,0,0),(0,1,0),(0,0,1)$. Notons enfin que le raisonnement fait ci-dessus reste valable pour tout point $m$ du plan à la condition d'accepter des coefficients barycentriques négatifs.

**Définition**

Un triangle de base $T$ étant donné dans un plan de référence, tout point $m$ de ce plan est barycentre de façon unique de ses sommets $A,B,C$ affectés de coefficients, $\alpha$, $\beta$ et $\gamma$ de somme 1. Ces coefficients sont appelés les coordonnées barycentriques de $m$ relativement à $T$. Les coordonnées barycentriques d'un point $m$ situé dans le triangle $T$ sont toutes les trois positives ou nulles. Elles sont toutes trois strictement positives pour un point $m$ à l'intérieur strict de T.

**Remarques**

- La démarche utilisée dans ce qui précède fait intervenir, par exemple, la droite $(mA)$ joignant $m$ à l'un des sommets. Elle permet, dans la pratique, de déterminer facilement les coordonnées barycentriques de $m$.
- On peut calculer les coordonnées barycentriques des points remarquables dans un triangle T (Cf. exercice 67) , le plus simple d'entre eux est le centre de gravité de ce triangle dont les coordonnées barycentriques sont égales toutes trois à 1/3.

## 1.2 Nouvelles expressions des courbes de Bézier

Dans la définition des courbes de Bézier à l'aide des polynômes de Bernstein figure un seul paramètre $u$, mais, en fait, les formules font apparaître corrélativement l'expression $1-u$. Comme $u$ et $1-u$ peuvent s'interpréter dans la plupart des études concernant les courbes de Bézier (notamment la construction algorithmique d'un point courant et la notion d'hodographe) comme des coefficients barycentriques de points relativement à des segments, il n'y a pas d'inconvénient, sauf celui de faire apparaître deux paramètres, à poser $v=1-u$. Avec cette notation, la formule de définition symbolique d'une courbe de Bézier de degré $n$ s'écrit :

$$\overrightarrow{OM}(u,v) = \left( v\,\overrightarrow{OP_0} + u\,\overrightarrow{OP_1} \right)^{[n]}.$$

En effet, en développant cette puissance symbolique, on voit que le terme général, qui s'écrit $C_n^k\, u^k\, v^{n-k} \left(\overrightarrow{OP_0}\right)^{[n-k]} [*] \left(\overrightarrow{OP_1}\right)^{[k]}$ ou $C_n^k\, u^k\, v^{n-k}\, \overrightarrow{OP_k}$, devient effectivement,

lorsqu'on remplace v par $1-u$, le terme général classique $B_n^k(u)\overrightarrow{OP_k}$.
Allons plus loin en convenant de noter avec deux indices les points de Bézier de la courbe. On pose pour cela $P_k = S_{k,n-k}$, les points $S_{i,j}$ ainsi introduits dépendant de deux indices inférieurs tels que $i+j=n$. On étend le calcul symbolique au produit de ces vecteurs doublement indexés par $\overrightarrow{OS_{i,j}}[*]\overrightarrow{OS_{i',j'}} = \overrightarrow{OS_{i+i',j+j'}}$, cette règle nouvelle étant cohérente avec celle concernant les points $P$ relativement à la somme de leurs indices inférieurs. Avec cette règle, la définition symbolique d'une courbe de Bézier devient :

$$\boxed{\overrightarrow{OM}(u,v) = \left(v\overrightarrow{OS_{0,1}} + u\overrightarrow{OS_{1,0}}\right)^{[n]}}$$

Le terme général du développement est en effet $C_n^k\, u^k\, v^{n-k}\left(\overrightarrow{OS_{0,1}}\right)^{[n-k]}[*]\left(\overrightarrow{OS_{1,0}}\right)^{[k]}$ qui n'est autre que $C_n^k\, u^k\, v^{n-k}\, \overrightarrow{OS_{0,n-k}}[*]\overrightarrow{OS_{k,,0}}$, soit encore $C_n^k\, u^k\, v^{n-k}\, \overrightarrow{OS_{k,n-k}}$, c'est à dire, d'après la convention précédente, $C_n^k\, u^k\, v^{n-k}\, \overrightarrow{OP_k}$. La formule est donc justifiée.

Par ailleurs, dans la construction géométrique d'un point, un barycentre de la $k$-ième génération peut s'écrire :

$$\overrightarrow{OP_j^k}(u,v) = v\overrightarrow{OP_j^{k-1}} + u\overrightarrow{OP_{j+1}^{k-1}}$$

ou encore :
$$\overrightarrow{OS_{j,n-j}^k} = v\overrightarrow{OS_{j,n-j}^{k-1}} + u\overrightarrow{OS_{j+1,n-j-1}^{k-1}}.$$

Dans cette dernière formule, le point $P_j^k$ est le barycentre des points $P_j^{k-1}$ et $P_{j+1}^{k-1}$ affectés des coefficients $u$ et $v$. Toute la théorie des courbes de Bézier peut être ainsi reformulée en utilisant ces « coordonnées barycentriques » $u$ et $v$ et ces nouveaux points à double indice.
Sans présenter pour les courbes d'autres avantages qu'une plus grande homogénéité d'écriture, ces nouvelles conventions sont en revanche, une bonne amorce pour une généralisation de la notion de courbe de Bézier à une notion de surface.

### *1.3 Formule symbolique de définition d'une surface de Bézier*

Dans la formule précédente, le symbole que l'on élève à la puissance $n$ fait intervenir le système $(u,v)$ des coordonnées barycentriques d'un point relativement au segment $[P_0\ P_1]$ ou du segment $[S_{0,1}, S_{1,0}]$. En augmentant d'une unité le nombre des variables et le nombre des indices, on généralise de façon naturelle par le système $(u,v,w)$ des coordonnées barycentriques d'un point relativement à un triangle dont les sommets dans l'espace sont, dans l'ordre, les points triplement indexés $S_{1,0,0}$, $S_{0,0,1}$, $S_{0,1,0}$, la somme des indices étant égale à 1. On généralise les produits symboliques des vecteurs $\overrightarrow{OS_{i,j,k}}$ en convenant que le produit symbolique de deux tels vecteurs est un vecteur du même type obtenu en additionnant les indices inférieurs de même rang.
Soit alors un exposant $n$ donné et un réseau de points de l'espace $R_{i,j}$ où les indices $i$ et $j$

prennent toutes valeurs entre *0* et $n$. On associe à ces points des points $S$ triplement indexés dont la somme des indices est $n$ par les formules $R_{i,j} = S_{i,j,n-i-j}$. On définit alors, par une formulation symbolique généralisant celle des courbes, le point $M(u,v,w)$ de l'espace, par l'écriture symbolique :

$$\boxed{\overrightarrow{OM}(u,v,w) = \left( u\,\overrightarrow{OS_{1,0,0}} + v\,\overrightarrow{OS_{0,1,0}} + w\,\overrightarrow{OS_{0,0,1}} \right)^{[n]}}.$$

Dans cette formule, le point $M$ ne dépend en fait que de deux variables puisque $u+v+w=1$. Par exemple, on peut garder $u$ et $v$ pour variables indépendantes ; le point $M$ décrit donc une surface qui dépendra essentiellement du réseau des points $R_{i,j}$ ou , ce qui revient au même, des points $S_{i,j,k}$ précédents.

Le développement de cette formule tient compte des mêmes règles du calcul symbolique énoncées lors de l'étude des courbes (Cf. §2.2 du chapitre 1), à ceci près que, pour faire le produit symbolique des vecteurs, on additionne respectivement les premiers indices puis les deuxièmes indices, puis les troisièmes. Mais ce calcul d'une puissance d'une somme de trois termes, sauf pour les faibles valeurs de l'exposant $n$, est évidemment plus complexe. Pour nous familiariser avec ces produits symboliques et trouver les coefficients polynomiaux en trois variables qui vont généraliser, dans ce développement, les polynômes de Bernstein, nous travaillons d'abord sur l'exemple $n=2$.

### *1.4 Exemples de développement*

#### 1.4.1 Calcul d'une puissance symbolique de degré 2

Le carré $(a+b+c)^2$ d'une somme de trois scalaires se développe par la somme des trois carrés et des doubles produits deux à deux de ces termes, à savoir :

$$(a+b+c)^2 = a^2+b^2+c^2+2bc+2ca+2ab.$$

En supposant donné un réseau de 6 points dans l'espace $R_{0,0}, R_{0,1}, R_{1,0}, R_{0,2}, R_{1,1}, R_{2,0}$ auxquels on associe les points $S$, les règles du calcul symbolique pour l'exposant 2 donnent ainsi globalement :

$$\left( u\,\overrightarrow{OS_{1,0,0}} + v\,\overrightarrow{OS_{0,1,0}} + w\,\overrightarrow{OS_{0,0,1}} \right)^{[2]} = u^2\left(\overrightarrow{OS_{1,0,0}}\right)^{[2]} + v^2\left(\overrightarrow{OS_{0,1,0}}\right)^{[2]} + w^2\left(\overrightarrow{OS_{0,0,1}}\right)^{[2]}$$

$$+2vu\,\overrightarrow{OS_{0,1,0}}[*]\overrightarrow{OS_{1,0,0}} + 2wu\,\overrightarrow{OS_{1,0,0}}[*]\overrightarrow{OS_{0,0,1}} + 2wv\,\overrightarrow{OS_{0,0,1}}[*]\overrightarrow{OS_{0,1,0}}$$

puis, en appliquant la règle des indices :

$$\left( u\,\overrightarrow{OS_{1,0,0}} + v\,\overrightarrow{OS_{0,1,0}} + w\,\overrightarrow{OS_{0,0,1}} \right)^{[2]} = u^2\,\overrightarrow{OS_{2,0,0}} + v^2\,\overrightarrow{OS_{0,2,0}} + w^2\,\overrightarrow{OS_{0,0,2}}$$

$$+2vu\,\overrightarrow{OS_{1,1,0}} + 2wu\,\overrightarrow{OS_{1,0,1}} + 2wv\,\overrightarrow{OS_{0,1,1}}$$

### 1.4.2 Calcul d'une puissance symbolique de degré 3

On introduit des points supplémentaires $R_{0,3}, R_{1,2}, R_{2,1}, R_{3,0}$ pour constituer le réseau d'une surface de degré *3*.Les points *S* qui en résultent ont une somme d'indices égale à 3. En l'absence d'une formule toute faite de la puissance d'exposant *3*, on mutiplie symboliquement le développement précédent par $u\overrightarrow{OS_{1,0,0}}+v\overrightarrow{OS_{0,1,0}}+w\overrightarrow{OS_{0,0,1}}$. On obtient, tous calculs faits, une somme de termes dans lesquels apparaissent des produits homogènes de degré *3* précédés de coefficients du binôme :

$$\left(u\overrightarrow{OS_{1,0,0}}+v\overrightarrow{OS_{0,1,0}}+w\overrightarrow{OS_{0,0,1}}\right)^{[3]}=u^3\overrightarrow{OS_{3,0,0}}+v^3\overrightarrow{OS_{0,3,0}}+w^3\overrightarrow{OS_{0,0,3}}+3w^2v\overrightarrow{OS_{0,1,2}}$$

$$+3wv^2\overrightarrow{OS_{0,2,1}}+3w^2u\overrightarrow{OS_{1,0,2}}+3wu^2\overrightarrow{OS_{2,0,1}}+3vu^2\overrightarrow{OS_{2,1,0}}+3v^2u\overrightarrow{OS_{1,2,0}}+6uvw\overrightarrow{OS_{1,1,1}}$$

## *1.5. Polynômes de Bernstein en trois variables et trois indices*

### 1.5.1 Définition des polynômes généralisés de Bernstein

La définition d'un polynôme de Bernstein à une variable écrit à l'aide des variables *u* et *v* nous donne : $B_n^i(u,v)=\dfrac{n!}{i!(n-i)!}u^i v^{n-i}$ ou encore, en utilisant deux indices complémentaires à *n* : $B_n^{(i,j)}(u,v)=\dfrac{n!}{i!j!}u^i v^j$. Pour le généraliser, non seulement on utilise trois variables *u, v, w* vérifiant $u+v+w=1$ mais aussi trois indices $(i,j,k)$ vérifiant $i+j+k=n$. On pose ainsi, de façon parfaitement symétrique :

$$\boxed{B_n^{(i,j,k)}(u,v,w)=\frac{n!}{i!j!k!}u^i v^j w^k}$$

### 1.5.2 Utilisation de ces polynômes dans l'expression de la puissance symbolique

Le développement précédent de la puissance symbolique d'exposant *n* s'écrit, en utilisant ces polynômes de Bernstein en trois variables, sous la forme :

$$\boxed{\left(u\overrightarrow{OS_{1,0,0}}+v\overrightarrow{OS_{0,1,0}}+w\overrightarrow{OS_{1,0,0}}\right)^{[n]}=\sum_{i+j+k=n}B_n^{(i,j,k)}(u,v,w)\overrightarrow{OS_{i,j,k}}}$$

On vérifie immédiatement la validité de cette formule sur les deux exemples précédents où $n=2$ et $n=3$. Supposons que cette formule soit vraie pour la puissance *n*. Soit alors un terme de la puissance de degré $n+1$ que l'on écrit $K_{a,b,c}\overrightarrow{OS_{a,b,c}}$ où $a+b+c=n+1$.

Ce terme provient de la somme de trois termes de la puissance de degré *n*, à savoir :

- $B_n^{a-1,b,c}\overrightarrow{OS_{a-1,b,c}}$, quand on le mutiplie par $u\overrightarrow{OS_{1,0,0}}$,
- $B_n^{a,b-1,c}\overrightarrow{OS_{a,b-1,c}}$, quand on le mutiplie par $v\overrightarrow{OS_{0,1,0}}$,

- $B_n^{a,b,c-1}\overrightarrow{OS_{a,b,c-1}}$, quand on le multiplie par $w\overrightarrow{OS_{0,0,1}}$.

On en déduit :
$$\begin{cases} K_{a,b,c} = u\,B_n^{a-1,b,c} + v\,B_n^{a,b-1,c} + w\,B_n^{a,b,c-1} \\ \quad = \left(\dfrac{n!}{(a-1)!b!c!} + \dfrac{n!}{a!(b-1)!c!} + \dfrac{n!}{a!b!(c-1)!}\right)u^a v^b w^c \\ \quad = \dfrac{n!}{a!b!c!}(a+b+c)u^a v^b w^c = \dfrac{(n+1)!}{a!b!c!}u^a v^b w^c = B_{n+1}^{a,b,c}(u,v,w) \end{cases}$$

et la formule est ainsi démontrée.

### 1.5.3 Formule de récurrence liant ces polynômes de Bernstein généralisés

On peut écrire la définition précédente des polynômes, en la multipliant au préalable par $i+j+k=1$, ce qui fait apparaître trois polynômes de Bernstein de degré $n-1$ :

$$B_n^{(i,j,k)}(u,v,w) = \frac{n!}{i!j!k!}u^i v^j w^k = (i+j+k)\frac{n!}{i!j!k!}u^i v^j w^k$$
$$= \frac{n!}{(i-1)!j!k!}u^i v^j w^k + \frac{n!}{i!(j-1)!k!}u^i v^j w^k + \frac{n!}{i!j!(k-1)!}u^i v^j w^k$$
$$= n\left(u\,B_{n-1}^{(i-1,j,k)} + v\,B_{n-1}^{(i,j-1,k)} + w\,B_{n-1}^{(i,j,k-1)}\right)$$

## *1.6 Définition d'une facette triangulaire de Bézier*

### 1.6.1 Définition

Un ensemble de points $R_{i,j}$ de l'espace étant donné où les indices prennent toutes les valeurs entre *0* et $n$ entier donné, la surface de Bézier $S$, dite plus précisément « **facette triangulaire de Bézier** », de réseau constitué des points précédents est l'ensemble des points $M(u,v,w)$ où *u*, *v*, *w* sont positifs et vérifient $u+v+w=1$, tels que :

$$\boxed{\overrightarrow{OM}(u,v,w) = \sum_{i+j+k=n} B_n^{(i,j,k)}(u,v,w)\overrightarrow{OS_{i,j,k}}},$$

les points $S_{i,j,k}$ étant liés aux points du réseau par $S_{i,j,k} = R_{i,j}$.

La formule symbolique de définition est donnée dans §1.3 précédent.

### 1.6.2 Frontière de la facette. Courbes de la facette où un des paramètres est constant

Si, dans la formule précédente, nous remplaçons un des paramètres par *0*, par exemple $w=0$, les polynômes en trois variables deviennent les polynômes de Bernstein en deux variables *u* et *v* avec $u+v=1$ et la formule devient :

$$\overrightarrow{OM}(u,v,0) = \sum_{i+j=n}\frac{n!}{i!j!}u^i v^j\,\overrightarrow{OS_{i,j,0}}.$$

On reconnait dans cette formule la définition d'une courbe de Bézier de degré $n$ dont les points de Bézier sont les points $S_{i,\,n-i,\,0}$ ; autrement dit , les points $R_{i,\,n-i}$.

De même pour $v=0$, on obtient une courbe de Bézier dont les points de Bézier sont les points $R_{i,0}$ . Enfin, pour $u = 0$, les points de Bézier de la courbe sont les $R_{0,j}$

Ainsi, la frontière d'une facette triangulaire de Bézier est faite de la réunion de trois courbes de Bézier dont on peut distinguer aisément les points de Bézier dans le réseau.

Il est possible, mais plus complexe, de trouver les points de Bézier des courbes de $S$ où l'un des paramètres prend une valeur constante non nulle (Cf. exercice 70). On perd ainsi la simplicité de la description des carreaux de Bézier par l'utilisation des isoparamétriques.

**1.6.3 Domaine paramétrique et notion d'image relative à une facette de Bézier**

On reprend les considérations du § 1.2.4 du chapitre 4 en l'adaptant au cas des coordonnées barycentriques.

Soit, dans un plan quelconque pris comme plan de référence, un véritable triangle $T$ dit alors **domaine ou triangle paramétrique** (Cf. § 1.1 et note [1]), de sommets $A$, $B$, $C$ que l'on se donne arbitrairement. Tout point $m$ de ce triangle est représenté de façon biunivoque par ses coordonnées barycentriques$(u,v,w)$ relativement à ce triangle. Si à tout point $m$ de coordonnées $(u,v,w)$ dans $T$, on associe le point $M(u,v,w)$ d'une facette de Bézier $S$ donnée, on définit une application du triangle $T$ à valeurs dans l'espace. Elle est dite **« relative à cette facette »** et notée encore $S$.

Cette application a pour image l'ensemble de tous les points $M(u,v,w)$ lorsque les paramètres prennent toutes les valeurs comprises entre *0* et *1* telles que $u+v+w=1$, c'est à dire la facette elle-même.

Cette notion, déjà introduite pour les carreaux de Bézier, n'apporte rien de fondamental mais elle permet des interprétations intéressantes. Ainsi, les 3 courbes de la frontière de la facette sont les images dans l'application précédente des trois côtés de $T$ et l'image, par exemple, d'un segment parallèle au côté $[A,B]$ ( où $w$ est constant) est une courbe de $S$ dont on pourrait dire, très abusivement bien entendu, qu'elle est « parallèle » à la courbe frontière $(w=0)$. Plus généralement, une courbe dans le triangle $T$ dont l'équation sera écrite en coordonnées barycentriques aura pour image une courbe tracée sur la facette de Bézier considérée (Cf. Ex 70, 71) ; des vecteurs repérés en coordonnées barycentriques dans $T$ auront également des images (Cf. § 3 qui suit).

## 2. PROPRIETES DE CES FACETTES DE BEZIER

### *2.1 Invariance de la définition vis-à-vis du choix de l'origine*

Comme dans toutes les questions de ce type déjà traitées, cette invariance se base sur la propriété, pour la somme des polynômes de Bernstein en trois variables de même degré, d'être égale à 1. Le soin est laissé au lecteur de montrer que cette somme est égale à $(u+v+w)^n$, ce qui donne le résultat (Cf. exercice 68).

### *2.2 Invariance affine*

C'est encore une conséquence de la propriété précédente. Il en résulte que la transformée d'une facette triangulaire de Bézier en est encore une, les points du nouveau réseau étant les images de ceux du réseau donné dans la transformation affine envisagée.

### *2.3 Propriété d'enveloppe convexe*

La facette est toute entière contenue dans l'enveloppe convexe des points du réseau. cela résulte d'une part de la propriété précédente concernant la somme des polynômes de Bernstein et d'autre part de la positivité de ces polynômes.

## 3. NOTION DE DERIVEE SUIVANT UNE DIRECTION

Les variables $u$, $v$, $w$ n'étant plus indépendantes, les dérivées partielles dans l'expression du point courant n'ont plus le même rôle. Nous introduisons ci-dessous une notion généralisant celle de dérivée partielle, mieux adaptée aux coordonnées barycentriques ; c'est la dérivation suivant un vecteur ou plutôt suivant une direction.

### 3.1 Composantes barycentriques d'un vecteur

Dans le plan de référence contenant le point $O$ et le triangle paramétrique $T$ de sommets $A$, $B$, $C$, considérons une direction $\delta$. Il est possible de placer deux points distincts $m'$ et $m$ dans $T$ tels que le vecteur $\overrightarrow{m'm}$ ait la direction $\delta$. Soient $(u',v',w')$ et $(u,v,w)$ leurs coordonnées barycentriques. Par définition de ces coordonnées, on a :

$$\overrightarrow{m'm} = \overrightarrow{Om} - \overrightarrow{Om'} = u\overrightarrow{OA} + v\overrightarrow{OB} + w\overrightarrow{OC} - \left(u'\overrightarrow{OA} + v'\overrightarrow{OB} + w'\overrightarrow{OC}\right)$$

$$= (u-u')\overrightarrow{OA} + (v-v')\overrightarrow{OB} + (w-w')\overrightarrow{OC}$$

Les différences $\alpha = u - u'$, $\beta = v - v'$, $\gamma = w - w'$ qui caractérisent cette égalité vectorielle sont dites les composantes barycentriques dans $T$ du vecteur $\overrightarrow{m'm}$ ou plutôt de la direction $\delta$ puisque le vecteur $\overrightarrow{m'm}$ n'est pas associé de façon unique à $\delta$. Il importe de remarquer que, les coordonnées barycentriques d'un point étant de somme 1, on en déduit que $\alpha + \beta + \gamma = 0$ ; autrement dit, **la somme des trois composantes est nulle**. on remarquera donc qu'elles ne peuvent être toutes les trois positives.

Réciproquement, donnons-nous 3 réels $\alpha, \beta, \gamma$ de somme nulle. On choisit un point $m'$ dans $T$. Une fois connue ses coordonnées$(u',v',w')$, on en déduit par différence les coordonnées$(u,v,w)$, donc un point $m$ du plan de référence, donc une direction. Par exemple, en prenant $m'$ en $A$ de coordonnées $(1,0,0)$, on a : $u = \alpha + 1$, $v = \beta$ , $w = \gamma$ et la **direction** est alors définie par $\overrightarrow{Am} = \beta\overrightarrow{AB} + \gamma\overrightarrow{AC}$. Il n'y a aucune raison pour que $m$ soit dans $T$, mais ce vecteur $\overrightarrow{Am}$ définit une direction $\delta$ et c'est cela l'essentiel. Donc :

Tout triplet $(\alpha, \beta, \gamma)$de réels non tous les trois nuls et de somme nulle définit une direction $\delta$ du plan du domaine paramétrique, celle définie, par exemple, par le vecteur $\overrightarrow{\delta_A} = \beta\overrightarrow{AB} + \gamma\overrightarrow{AC}$

Pour simplifier, on dit (abusivement) que $\delta$ est une direction du domaine $T$

### 3.2 Equation barycentrique d'une droite

Soit un point $m_0$ dans $T$. Une droite du plan de $T$ issue de $m_0$ est définie par un vecteur directeur dont on se donne les composantes barycentriques$(\alpha, \beta, \gamma)$. Un point $m$ appartient à cette droite $\Delta$ sous la condition nécessaire et suffisante qu'il existe un réel $t$

tel que : $u-u_0=t\alpha$ , $v-v_0=t\beta$ , $w-w_0=t\gamma$ . On en déduit les équations paramétriques barycentriques de la droite (où $u_0+v_0+w_0=1$ et $\alpha+\beta+\gamma=0$) :

$$\begin{cases} u=u_0+t\,\alpha \\ v=v_0+t\,\beta \\ w=w_0+t\,\gamma \end{cases}$$

Considérons la partie commune de $\Delta$ et du triangle *T*. On suppose que cette partie commune est un segment non réduit à un point, ce qui est le cas lorsque le point $m_0$ n'est pas situé en un des sommets de *T* et ceci quelle que soit la direction de la droite. Alors, l'image par l'application relative à la facette *S* (Cf.§ 1.6.3) de ce segment est une courbe tracée sur cette facette *S* et passant par $M_0=M(u_0,v_0,w_0)$. Dans la suite, on désignera cette courbe image par $S(\Delta)$.

### 3.3 Dérivée suivant une direction

On considère une facette *S* et le domaine paramétrique *T*, un point $M_0=M(u_0,v_0,w_0)$ de cette facette et une direction $\delta$ de *T* de composantes barycentriques $(\alpha,\beta,\gamma)$. On se propose de définir la dérivée de la fonction vectorielle $(u,v,w)\mapsto M(u,v,w)$ définissant *S* par rapport à cette direction $\delta$.

Revenons à un carreau de Bézier *C* et au plan tangent en un point $M(u_0,v_0)$ supposé défini par les vecteurs $\frac{\partial}{\partial u}\overrightarrow{OM}(u_0,v_0)$ *et* $\frac{\partial}{\partial v}\overrightarrow{OM}(u_0,v_0)$. Une droite *d* passant par $m(u_0,v_0)$ et de vecteur directeur $(a,b)$ dans le domaine *D* (ou, plus précisément dans le plan de référence du domaine paramétrique *D*) a pour équations paramétriques : $u=u_0+at$, $v=v_0+bt$. Son image *C(d)* par l'application de Bézier *C* relative au carreau (Cf. 1.2.4 du chapitre 4) est la courbe, tracée sur la surface, définie par la liaison $(u=u_0+at,\ v=v_0+bt)$. Cette courbe admet en $M_0$ une tangente définie par le vecteur $a\frac{\partial}{\partial u}\overrightarrow{OM}(u,v)+b\,\frac{\partial}{\partial v}\overrightarrow{OM}(u,v)$. On dit que ce vecteur est la dérivée au point $M_0$, par rapport à la direction *d*, de la fonction vectorielle $(u,v)\mapsto M(u,v)$.

Cette définition, très exploitable dans le cas des carreaux de Bézier pour lesquels les dérivées partielles jouent le rôle essentiel, va être adaptée au cas des facettes de Bézier.

Soit donc une facette de Bézier *S* que l'on définit avec deux variables indépendantes sous la forme $M_1(u,v)=M(u,v,1-u-v)$. Soit aussi une droite $\delta$ définie par les équations barycentriques précédentes (Cf.§3.2).

L'image $S(\delta)$ peut s'exprimer à l'aide de cette fonction $M_1$ par l'expression : $\overrightarrow{OM}(u_0+\alpha\,t, v_0+\beta t, 1-u_0-v_0-(\alpha+\beta)\,t)=\overrightarrow{OM_1}(u_0+\alpha\,t, v_0+\beta\,t)$. La dérivée directionnelle par rapport à la direction *d* de composantes $(\alpha,\beta)$ de la fonction $M_1$, qui est aussi la dérivée de cette fonction par rapport à *t*, s'exprime à l'aide de *M* par : $\alpha\,\frac{\partial}{\partial u}\overrightarrow{OM}(u_0,v_0,w_0)+\beta\,\frac{\partial}{\partial v}\overrightarrow{OM}(u_0,v_0,w_0)+(-\alpha-\beta)\frac{\partial}{\partial w}\overrightarrow{OM}(u_0,v_0,w_0)$. Autrement dit, puisque $\alpha+\beta+\gamma=0$, on en déduit d'abord une définition, ensuite une interprétation:

**Définition** : Soient $M_0 = M(u_0, v_0, w_0)$ un point d'une facette $S$ de Bézier et $\delta$ une direction du domaine paramétrique $T$ de composantes barycentriques $(\alpha, \beta, \gamma)$. Par définition, la dérivée au point $M_0$ de la fonction vectorielle $(u, v, w) \mapsto M(u, v, w)$ par rapport à la direction $\delta$ est le vecteur $\overrightarrow{D_\delta}(M_0)$ qui s'exprime par :

$$\boxed{\overrightarrow{D_\delta}(M_0) = \alpha \frac{\partial}{\partial u}\overrightarrow{OM}(u_0, v_0, w_0) + \beta \frac{\partial}{\partial v}\overrightarrow{OM}(u_0, v_0, w_0) + \gamma \frac{\partial}{\partial w}\overrightarrow{OM}(u_0, v_0, w_0)}$$

**Proposition 5.1**

Le vecteur $\overrightarrow{D_\delta}(M_0)$ qui représente la dérivée au point $M_0 = M(u_0, v_0, w_0)$ de la fonction vectorielle $(u, v, w) \mapsto M(u, v, w)$ par rapport à la direction $\delta$ s'interprète comme un vecteur tangent au point $M_0 = M(u_0, v_0, w_0)$ à la courbe $S(\delta)$ image de cette direction dans l'application de Bézier relative à la facette $S$.

**Remarque**

L'existence d'un plan tangent en $M_0$ à la facette $S$ équivaut ainsi à la coplanéité de ces vecteurs dérivés par rapport à toutes les directions de T.

# 4. CONSTRUCTION ALGORITHMIQUE D'UN POINT COURANT

Etant donnée la démarche de la généralisation de la définition des facettes à partir des courbes de Bézier, il est naturel de construire des points qui ont $u$, $v$, $w$ pour coordonnées barycentriques dans des triangles successifs, les premiers de tous ces triangles étant ceux dont les sommets sont les points $S$ du réseau qui, rappelons-le, ont une somme d'indices égale à $n$. Ces barycentres de rang *1* servent à constituer des triangles dans lesquels on considère les barycentres de la deuxième génération et ainsi de suite.

## *4.1 Suites de générations barycentriques*

### 4.1.1 Barycentres de la première génération

Pour tout triplet $(i, j, k)$ d'entiers de somme $n-1$, on considère le barycentre, noté $S^{(1)}_{i,j,k}$, des trois points du réseau dont les indices sont $(i+1, j, k), (i, j+1, k), (i, j, k+1)$, donc défini par : $\overrightarrow{OS^{(1)}_{i,j,k}} = u\overrightarrow{OS_{i+1,j,k}} + v\overrightarrow{OS_{i,j+1,k}} + w\overrightarrow{OS_{i,j,k+1}}$. Ces points s'obtiennent par des tracés géométriques à partir des points du réseau. Il faut remarquer que ces points dépendent des paramètres avec toujours $u + v + w = 1$.

### 4.1.2 Barycentres des générations suivantes

Pour tout triplet $(i, j, k)$ de somme $n-2$, on définit le barycentre de la deuxième génération, affecté de ce triplet d'indices au moyen de la formule :

$$\overrightarrow{OS^{(2)}_{i,j,k}} = u\overrightarrow{OS^{(1)}_{i+1,j,k}} + v\overrightarrow{OS^{(1)}_{i,j+1,k}} + w\overrightarrow{OS^{(1)}_{i,j,k+1}}.$$

Cet ensemble de barycentres définit la deuxième génération barycentrique.

On peut ainsi continuer en diminuant chaque fois d'une unité la somme des indices. De façon générale et récurrente, les points de la génération de rang $r$, où $r \leq n$, vérifient :

$$\forall(i,j,k) \text{ tel que } i+j+k=n-r \quad : \quad \overrightarrow{OS_{i,j,k}^{(r)}} = u\,\overrightarrow{OS_{i+1,j,k}^{(r-1)}} + v\,\overrightarrow{OS_{i,j+1,k}^{(r-1)}} + w\,\overrightarrow{OS_{i,j,k+1}^{(r-1)}}$$

### *4.2 Construction d'un point courant de la facette*

Comme dans le cas des courbes de Bézier, on démontre que le point unique qui constitue la génération de rang $n$ pour $(u,v,w)$ fixé n'est autre que le point $M(u,v,w)$ de la surface. Pour le démontrer, nous utilisons encore le calcul symbolique comme il a été fait pour les courbes (Cf. §6.3.1, chapitre 1). En développant symboliquement la puissance d'ordre $n-1$ dans la définition de $M(u,v,w)$, on obtient :

$$\overrightarrow{OM}(u,v,w) = \left(u\,\overrightarrow{OS_{1,0,0}} + v\,\overrightarrow{OS_{0,1,0}} + w\,\overrightarrow{OS_{0,0,1}}\right)^{[n-1]} [*] \left(u\,\overrightarrow{OS_{1,0,0}} + v\,\overrightarrow{OS_{0,1,0}} + w\,\overrightarrow{OS_{0,0,1}}\right)$$

$$= \left(\sum_{i+j+k=n-1} B_{n-1}^{(i,j,k)}(u,v,w)\,\overrightarrow{OS_{i,j,k}}\right)[*]\left(u\,\overrightarrow{OS_{1,0,0}} + v\,\overrightarrow{OS_{0,1,0}} + w\,\overrightarrow{OS_{0,0,1}}\right)$$

$$= \sum_{i+j+k=n-1} B_{n-1}^{(i,j,k)}(u,v,w)\left(u\,\overrightarrow{OS_{i+1,j,k}} + v\,\overrightarrow{OS_{i,j+1,k}} + w\,\overrightarrow{OS_{i,j,k+1}}\right)$$

On reconnait dans la parenthèse, puisque $i+j+k=n-1$, le barycentre d'indice $(i,j,k)$ de la première génération d'où la formule : $\overrightarrow{OM}(u,v,w) = \sum_{i+j+k=n-1} B_{n-1}^{(i,j,k)}(u,v,w)\,\overrightarrow{OS_{i,j,k}^{(1)}}$

Cette formule, que l'on ne peut interpréter comme définissant une facette puisque les points de la première génération dépendent effectivement des paramètres, peut cependant être itérée en considérant, à $(u,v,w)$ fixé, cette expression comme une puissance symbolique de degré $n-1$.

On obtient, au rang 2, la formule : $\overrightarrow{OM}(u,v,w) = \sum_{i+j+k=n-2} B_{n-2}^{(i,j,k)}(u,v,w)\,\overrightarrow{OS_{i,j,k}^{(2)}}$ et, au bout de $n$ étapes, une formule qui se réduit à un seul terme, à savoir: $\boxed{\overrightarrow{OM}(u,v,w) = \overrightarrow{OS_{0,0,0}^{(n)}}}$. Ceci se traduit par :

**Proposition 5.2**

Soit une facette triangulaire de Bézier de degré $n$ dont les points du réseau sont notés $S_{i,j,k}$ où la somme des indices est égale à $n$. Ces points représentant, $(u,v,w)$ étant fixé, la génération de rang *0*, la génération barycentrique de rang $r$ où $0 < r \le n$ est constituée des points $S_{i,j,k}^{(r)}$ ($i, j, k$ vérifiant $i+j+k=n-r$) définis par la formule de récurrence :

$$\boxed{\overrightarrow{OS_{i,j,k}^{(r)}} = u\,\overrightarrow{OS_{i+1,j,k}^{(r-1)}} + v\,\overrightarrow{OS_{i,j+1,k}^{(r-1)}} + w\,\overrightarrow{OS_{i,j,k+1}^{(r-1)}}}$$

Alors l'unique terme de la génération de rang $r=n$ associé à ce triplet $(u,v,w)$ de paramètres est le point de la facette ayant ce triplet de paramètres $(u,v,w)$.

### 4.3 Exemple et illustration

La figure qui suit représente une facette de degré 2. Il faut voir cette figure dans l'espace. On a construit le point $M$ qui, pour la clarté du dessin, a été choisi avec des paramètres $\left(\frac{1}{2},\frac{1}{3},\frac{1}{6}\right)$ donc de manipulation très simple. Dans chacun des triangles, on a construit sur le côté opposé au sommet de coefficient $\frac{1}{2}$ le point de coefficients barycentriques $\frac{1}{3}$ et $\frac{1}{6}$, à la suite de quoi on prend le milieu du segment joignant ce dernier point au sommet précédent.

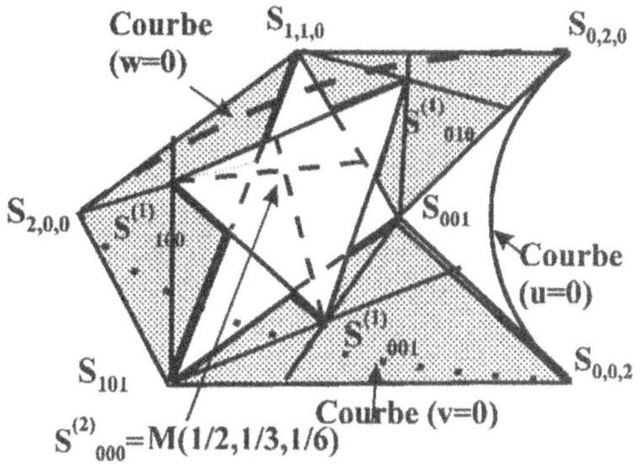


Les 4 barycentres sont définis par :

$$\overrightarrow{S^{(1)}_{1,0,0}} = u\overrightarrow{S_{2,0,0}} + v\overrightarrow{S_{1,1,0}} + w\overrightarrow{S_{1,0,1}}$$

$$\overrightarrow{S^{(1)}_{0,1,0}} = u\overrightarrow{S_{1,1,0}} + v\overrightarrow{S_{0,2,0}} + w\overrightarrow{S_{0,1,1}}$$

$$\overrightarrow{S^{(1)}_{0,0,1}} = u\overrightarrow{S_{1,0,1}} + v\overrightarrow{S_{0,1,1}} + w\overrightarrow{S_{0,0,2}}$$

$$\overrightarrow{S^{(2)}_{0,0,0}} = u\overrightarrow{S^{(1)}_{1,0,0}} + v\overrightarrow{S^{(1)}_{0,1,0}} + w\overrightarrow{S^{(1)}_{0,0,1}}$$

Cette figure est complétée par les 3 courbes de Bézier qui constituent la frontière de la facette. Il s'agit d'arcs de paraboles définis par leurs points de définition ( Cf § 1.6).

### 4.4. Formules symboliques associées aux générations barycentriques

Commençons par remarquer que la définition des points de la première génération barycentrique peut s'écrire pour $i+j+k=n-1$ :

$$\begin{aligned}\overrightarrow{OS^{(1)}_{i,j,k}}(u,v,w) &= u\overrightarrow{OS_{i+1,j,k}} + v\overrightarrow{OS_{i,j+1,k}} + w\overrightarrow{OS_{i,j,k+1}} \\ &= \overrightarrow{OS_{i,j,k}}[*]\left(u\overrightarrow{OS_{1,0,0}} + v\overrightarrow{OS_{0,1,0}} + w\overrightarrow{OS_{0,0,1}}\right)\end{aligned}$$

Pour la deuxième génération, en posant $\left(u\overrightarrow{OS_{1,0,0}} + v\overrightarrow{OS_{0,1,0}} + w\overrightarrow{OS_{0,0,1}}\right) = \overrightarrow{U}$, nous avons, en supposant $i+j+k=n-2$ :

$$\begin{aligned}\overrightarrow{OS^{(2)}_{i,j,k}}(u,v,w) &= u\overrightarrow{OS_{i+1,j,k}}[*]\overrightarrow{U} + v\overrightarrow{OS_{i,j+1,k}}[*]\overrightarrow{U} + w\overrightarrow{OS_{i,j,k+1}}[*]\overrightarrow{U} \\ &= \overrightarrow{OS_{i,j,k}}[*]\left(u\overrightarrow{OS_{1,0,0}} + v\overrightarrow{OS_{0,1,0}} + w\overrightarrow{OS_{0,0,1}}\right)[*]\overrightarrow{U} = \overrightarrow{OS_{i,j,k}}[*]\left(\overrightarrow{U}\right)^{[2]}\end{aligned}$$

L'itération de cette formule est immédiate et nous fournit d'une manière générale, en supposant $i+j+k=n-r$ : $\overrightarrow{OS^r_{i,j,k}}(u,v,w)=\overrightarrow{OS_{i,j,k}}[*]\left(\overrightarrow{U}\right)^{[r]}$. On en déduit :

$$\forall(i,j,k),\ i+j+k=n-r \Rightarrow \overrightarrow{OS^{(r)}_{i,j,k}}(u,v,w)=\overrightarrow{OS_{i,j,k}}[*]\left(u\overrightarrow{OS_{1,0,0}}+v\overrightarrow{OS_{0,1,0}}+w\overrightarrow{OS_{0,0,1}}\right)^{[r]}$$

Remarquons que pour $r=n$, il n'y a plus qu'un seul triplet d'indices $(0,0,0)$ et on retrouve le résultat de la proposition 5.2 précédente.

## 5. CALCUL DES DERIVEES SUIVANT UNE DIRECTION

Dans ce qui suit, on exploite les résultats de § 3.3, en particulier la formule donnant la dérivée de $\overrightarrow{OM}$ suivant une direction $\delta$ dont les composantes barycentriques sont notées $\alpha,\beta,\gamma$ . On commence par utiliser cette formule.

### *5.1 Expression de la dérivée suivant une direction*

En utilisant les propriétés d'une puissance symbolique, nous avons, par exemple :

$\frac{\partial}{\partial u}\overrightarrow{OM}(u,v,w)=n\left(u\overrightarrow{OS_{1,0,0}}+v\overrightarrow{OS_{0,1,0}}+w\overrightarrow{OS_{0,0,1}}\right)^{[n-1]}[*]\overrightarrow{OS_{1,0,0}}$ ce qui, en tenant compte d'une formule du pargraphe précédent, fournit : $\boxed{\frac{\partial}{\partial u}\overrightarrow{OM}(u,v,w)=n\overrightarrow{OS^{(n-1)}_{1,0,0}}}$. De même, $\frac{\partial}{\partial v}\overrightarrow{OM}(u,v,w)=n\overrightarrow{OS^{(n-1)}_{0,1,0}}$ et $\frac{\partial}{\partial w}\overrightarrow{OM}(u,v,w)=n\overrightarrow{OS^{(n-1)}_{0,0,1}}$. La formule du § 3.3 nous donne donc :

$$\overrightarrow{D_\delta(M)}(u,v,w)=n\left(\alpha\,\overrightarrow{OS^{(n-1)}_{1,0,0}}+\beta\overrightarrow{OS^{(n-1)}_{0,1,0}}+\gamma\,\overrightarrow{OS^{(n-1)}_{0,0,1}}\right)(u,v,w)$$

**Remarques** : Cette formule, dans laquelle les *points dépendent* de $(u,v,w)$, ne s'interprète pas comme un barycentre, malgré la manière dont intervient $(\alpha,\beta,\gamma)$, puisque, rappelons-le, on a $\alpha+\beta+\gamma=0$.

Il est important de vérifier, puique la dérivée suivant une direction est un vecteur « non lié », que le second membre ne dépend pas de O. C'est effectivement ce que l'on voit, en passant à un autre point O', en raison de cette relation $\alpha+\beta+\gamma=0$. On remarque, par ailleurs, que ce vecteur dérivée n'indique qu'une direction puisque $(\alpha,\beta,\gamma)$ peut être remplacé par un triplet proportionnel.

**Cas particuliers** :

Lorsque $(\alpha,\beta,\gamma)=(1,0,-1)$, la dérivée obtenue est $\frac{\partial}{\partial u}\overrightarrow{OM_1}$ au point considéré (notation de § 3.3) et, de même pour $(\alpha,\beta,\gamma)=(0,1,-1)$, la dérivée obtenue est $\frac{\partial}{\partial v}\overrightarrow{OM_1}$ au point considéré de la facette.

## 5.2 Conséquence sur le plan tangent

Supposons que pour le point $M(u_0,v_0,w_0)$ considéré, les trois barycentres de l'avant-dernière génération barycentrique déterminent un plan. Alors, la formule précédente exprime qu'au point $M(u_0,v_0,w_0)$ considéré, toutes ces dérivées suivant une direction arbitraire restent dans le même plan qui est celui contenant ces trois barycentres. Dans ces conditions, la surface admet un plan tangent en $M(u_0,v_0,w_0)$. Ajoutons que ce plan est déterminé par la construction algorithmique du paragraphe 4 et que cette propriété généralise d'une certaine manière l'algorithme de la tangente pour les courbes de Bézier (Cf. § 6.4 du chapitre 1). Le triangle formé par les 3 points de la génération barycentrique de rang *n-1* sera ainsi qualifié de « **triangle tangent** » au point $M(u_0,v_0,w_0)$

Dans la figure ci-dessus (paragraphe 4.3) le triangle tangent est défini par le triangle central représenté en grisé clair.

## 5.3 Dérivation transfrontière. Hodographe transfrontière

### 5.3.1 Triangle tangent le long d'un arc de frontière

Considérons le triangle de sommets $S_{1,0,0}^{(n-1)},S_{0,1,0}^{(n-1)},S_{0,0,1}^{(n-1)}$ associé au point courant $q(v)=M(0,v,1-v)$ de l'arc de frontière $(u=0)$. Ce point, de coordonnées barycentriques $(0,v,1-v)$ dans ce triangle, est donc situé sur le segment $\left[S_{0,1,0}^{n-1},S_{0,0,1}^{n-1}\right]$ au barycentre de coefficients $(v,1-v)$ et ce segment représente la tangente en $q(v)$ à cet arc de frontière. (Cf. algorithme de la tangente pour le point de paramètre $(v,w)$ de cet arc de Bézier). La figure ci-après décrit la situation pour $n=2$. Les formules symboliques de § 4.4 nous donnent ici :

$$\overrightarrow{OS_{1,0,0}^{(n-1)}}=\overrightarrow{OS_{1,0,0}}[*]\left(v\overrightarrow{OS_{01,0}}+(1-v)\overrightarrow{OS_{0,0,1}}\right)^{[n-1]}=\sum_{0}^{n-1}B_{n-1}^{i}(v)\overrightarrow{OS_{1,i,n-1-i}},$$ ce qui veut

dire que ce point $S_{1,0,0}^{(n-1)}$ est le point de paramètre $v$ de la courbe de Bézier de degré *n-1* et de points de Bézier définis par : $P_i=S_{1,i,n-1-i}$. On a de même pour les deux autres points, à l'aide des mêmes formules et en posant $Q_i=S_{0,i,n-i}$ :

$$\overrightarrow{OS_{0,0,1}^{(n-1)}}=\overrightarrow{OS_{0,\,0,1}}[*]\left(v\overrightarrow{OS_{01,0}}+(1-v)\overrightarrow{OS_{0,0,1}}\right)^{[n-1]}=\sum_{0}^{n-1}B_{n-1}^{i}(v)\,\overrightarrow{OQ_i}$$

$$\overrightarrow{OS_{0,1,0}^{(n-1)}}=\overrightarrow{OS_{0,1,0}}[*]\left(v\overrightarrow{OS_{01,0}}+(1-v)\overrightarrow{OS_{0,0,1}}\right)^{[n-1]}=\sum_{0}^{n-1}B_{n-1}^{i}(v)\overrightarrow{OQ_{i+1}}$$

En conclusion, les trois sommets du triangle tangent en un point de l'arc de frontière $(u=0)$ sont les points de même paramètre $v$ de 3 courbes de Bézier de degré *n-1*.

### 5.3.2 Dérivée transfrontière

Soit toujours, par exemple l'arc de frontière $(u=0)$, image du côté $u=0$ du triangle paramétrique $T$ et, par ailleurs, une direction $\delta$ **non parallèle à ce côté**. Il s'agit d'interpréter la formule précédente de la dérivée qui devient dans ce cas :

$$\overrightarrow{D_\delta(M)}(0,v,w)=n\left(\alpha\ \overrightarrow{OS^{(n-1)}_{1,0,0}}+\beta\overrightarrow{OS^{(n-1)}_{0,1,0}}+\gamma\ \overrightarrow{OS^{(n-1)}_{0,0,1}}\right)(0,v,w)$$

**a) Cas n= 2**

La figure ci-après est une adaptation de celle de § 4.3 ; elle fournit le triangle tangent de sommets $S^{(1)}_{1,0,0}\,;S^{(1)}_{0,1,0}\,;S^{(1)}_{0,0,1}$ en un point de la frontière $M(0,v,w)$. Ce qui va être développé peut évidemment s'adapter aux autres points frontières $(v=0)$ ou $(w=0)$.

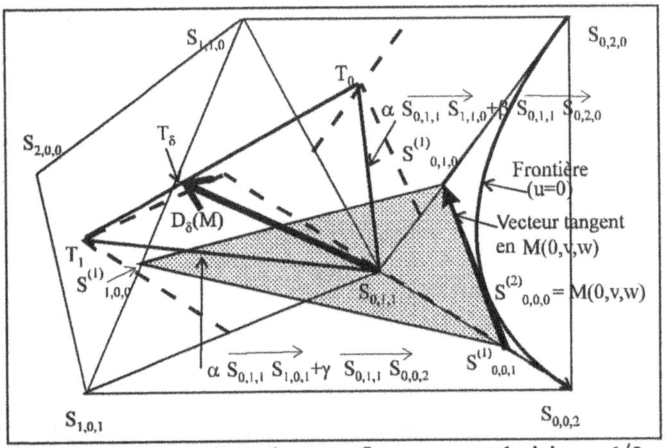


La formule précédente fournit alors un vecteur tangent à la surface en $M(0,v,w)$ qui est distinct du vecteur tangent en ce point à l'arc frontière. Ce vecteur « a pour direction $\delta$ » dans le triangle « tangent » en $M(0,v,w)$ ; on dit que c'est un vecteur dérivé transversal à la frontière ou encore **vecteur transfrontière**.

Pour les constructions de cette figure, on a choisi $v=1/3$, $\alpha=1/2$, $\beta=1/4$ et $\gamma=-3/4$. Les vecteurs de la formule précédente s'exprimant à l'aide des points du réseau par :

$$\overrightarrow{OS^{(1)}_{1,0,0}}=v\overrightarrow{OS_{1,1,0}}+w\overrightarrow{OS_{1,0,1}},\ \overrightarrow{OS^{(1)}_{0,1,0}}=v\overrightarrow{OS_{0,2,0}}+w\overrightarrow{OS_{0,1,1}}\ \text{et}\ \overrightarrow{OS^{(1)}_{0,0,1}}=v\overrightarrow{OS_{0,1,1}}+w\overrightarrow{OS_{0,0,2}}$$

et cette formule ne dépendant pas du choix de l'origine $O$, on peut définir le vecteur dérivé transfrontière à partir du point $S_{0,1,1}$ pris pour origine. On définit ainsi le point $T_\delta$ :

$$\overrightarrow{S_{0,1,1}T_\delta}=\frac{1}{n}\overrightarrow{D_\delta(M)}(0,v,w)=\alpha\left(v\overrightarrow{S_{0,1,1}S_{1,1,0}}+w\overrightarrow{S_{0,1,1}S_{1,0,1}}\right)+\beta v\overrightarrow{S_{0,1,1}S_{0,2,0}}+\gamma w\overrightarrow{S_{0,1,1}S_{0,0,2}}\,.$$

En regroupant les termes, on obtient alors :

$$\overrightarrow{S_{0,1,1}T_\delta}=v\left(\alpha\overrightarrow{S_{0,1,1}S_{1,1,0}}+\beta\ \overrightarrow{S_{0,1,1}S_{0,2,0}}\right)+(1-v)\left(\alpha\overrightarrow{S_{0,1,1}S_{1,0,1}}+\gamma\overrightarrow{S_{0,1,1}S_{0,0,2}}\right)$$

A l'aide des deux points $T_0$ et $T_1$ ( voir la figure précédente) définis par les relations :

$\overrightarrow{S_{0,1,1}T_0}=\alpha\overrightarrow{S_{0,1,1}S_{1,1,0}}+\beta\ \overrightarrow{S_{0,1,1}S_{0,2,0}}$ et $\overrightarrow{S_{0,1,1}T_1}=\alpha\overrightarrow{S_{0,1,1}S_{1,0,1}}+\gamma\overrightarrow{S_{0,1,1}S_{0,0,2}}$, la définition du vecteur $\overrightarrow{S_{0,1,1}T_\delta}$ devient : $\overrightarrow{S_{0,1,1}T_\delta}=v\overrightarrow{S_{0,1,1}T_0}+(1-v)\overrightarrow{S_{0,1,1}T_1}$. Ce point $T_\delta$ est donc le barycentre des points $T_0$ et $T_1$ affectés des coefficients $v$ et $1-v$. On suit, dans la figure ci-dessus, la construction géométrique des points $T_0$ et $T_1$ puis celle de $T_\delta$, d'où le vecteur dérivé transfrontière $\overrightarrow{S_{0,1,1}T_\delta}$ représenté en trait fort.

On pourrait dire que ce point $T_\delta$ est celui de paramètre $v$ d'une courbe de Bézier de degré 1 et de points de définition $T_0$ et $T_1$ ; c'est ce qu'on veut généraliser pour $n$ quelconque.

**b) Cas général**

On considère encore $u=0$ dans la formule du vecteur dérivé suivant la direction donnée $\delta$ du triangle $T$. Un des côtés du « triangle tangent » est tangent à la courbe frontière $(u=0)$. Le vecteur dérivé précédent $\overrightarrow{D_\delta(M)}(0,v,w)$, qui fournit un autre vecteur tangent à la surface en $M(0,v,w)$, est dit «vecteur dérivé transfrontière de coefficients $(\alpha,\beta,\gamma)$».

En utilisant les simplifications des formules précédentes de § 5.3.1, on a :

$$\overrightarrow{D_\delta(M)}(v,w)=n\left(\alpha\sum_0^{n-1}B_{n-1}^i(v)\,\overrightarrow{OP_i}+\beta\sum_0^{n-1}B_{n-1}^i(v)\overrightarrow{OQ_{i+1}}+\gamma\sum_0^{n-1}B_{n-1}^i(v)\,\overrightarrow{OQ_i}\right)$$

En l'absence d'un nouveau point origine qui jouerait le rôle de $S_{0,1,1}$ du cas $n=2$, on conserve l'origine quelconque et on pose, en revenant aux points du réseau :

$$\overrightarrow{OT_i}=\alpha\,\overrightarrow{OP_i}+\beta\,\overrightarrow{OQ_{i+1}}+\gamma\,\overrightarrow{OQ_i}=\alpha\,\overrightarrow{OS_{1,\,i,\,n-1-i}}+\beta\,\overrightarrow{OS_{0,\,i+1,\,n-i-1}}+\gamma\,\overrightarrow{OS_{0,\,i,n-i}}\,.$$

Le vecteur dérivé considéré est ainsi déterminé par le point $T_\delta(v)$ défini par la formule :

$$\overrightarrow{OT_\delta}(v)=\frac{1}{n}\overrightarrow{D_\delta(M)}(0,v,w)=\sum_0^{n-1}B_{n-1}^i(v)\overrightarrow{OT_i}$$

Ceci signifie que le point $T_\delta(v)$ est le point de paramètre $v$ d'une courbe de Bézier de degré *n-1* dont les points de Bézier sont les points $T_i$. Cette courbe est en quelque sorte un hodographe : on le qualifie **d'hodographe transfrontière relatif à la partie de frontière $(u=0)$ et aux coefficients de direction $(\alpha,\beta,\gamma)$.**

## 6. ELEVATION DU DEGRE

Les points $S_{i,\,j,\,k}$ sont donnés. Il s'agit de trouver des points notés $S^*_{i,\,j,\,k}$ de telle façon que l'on ait :

$$\sum_{i+j+k=n+1}B_{n+1}^{(i,\,j,\,k)}(u,v,w)\overrightarrow{OS^*_{i,\,j,\,k}}=\sum_{i'+j'+k'=n}B_n^{(i',\,j',\,k')}(u,v,w)\overrightarrow{OS_{i',\,j',\,k'}}$$

En multipliant le deuxième membre par $u+v+w$ (qui est égal à l'unité), on peut mieux réaliser l'identification dans les deux membres du terme $u^i\,v^j\,w^k$. Ce terme provient dans le second membre de la multiplication par $u$ du terme d'indice $(i-1,\,j,\,k)$, de la multiplication par $v$ du terme d'indice $(i,\,j-1,\,k)$ et de la multiplication par $w$ du terme d'indice $(i,\,j,\,k-1)$. On a ainsi :

$$\frac{(n+1)!}{i!\,j!\,k!}\overrightarrow{OS^*_{i,\,j,\,k}}=n!\left[\frac{1}{(i-1)!\,j!\,k!}\overrightarrow{OS_{i-1,\,j,\,k}}+\frac{1}{i!\,(j-1)!\,k!}\overrightarrow{OS_{i,\,j-1,\,k}}+\frac{1}{i!\,j!\,(k-1)!}\overrightarrow{OS_{i,\,j,\,k-1}}\right]$$

En simplifiant à l'aide des factorielles, on obtient la formule :

$$\boxed{\overrightarrow{OS^*_{i,\,j,\,k}}=\frac{1}{n+1}\left(i\,\overrightarrow{OS_{i-1,\,j,\,k}}+j\,\overrightarrow{OS_{i,\,j-1,\,k}}+k\,\overrightarrow{OS_{i,\,j,\,k-1}}\right)}$$

Dans le cas de $n=1$ où le réseau est réduit aux 3 sommets d'un triangle, ces nouveaux points sont d'une part ces mêmes sommets et d'autre part les milieux des côtés de ce triangle. On obtient ainsi, dans les cas où $n$ est faible, des conditions simples sur les réseaux de points de définition pour que le degré soit inférieur à $n$ (Cf. exercice 73).

# 7. NOTION DE SOUS-FACETTE

On désire réduire le domaine paramétrique $T$ qui est le triangle $A\ B\ C$ en un sous- domaine $T_1$ encore triangulaire. L'image de ce domaine $T_1$ vers la facette donnée ne peut être une partie de cette facette, ce qu'on appellera donc une sous-facette, que si le domaine $T_1$ est intérieur au domaine $T$. Il n'est toutefois pas interdit de prendre $T_1$ quelconque dans le plan de $T$, dans le cas par exemple où l'on veuille prolonger la facette donnée au delà de ses frontières. Nous considérons seulement le cas où la facette et la sous-facette ont en commun une partie de la frontière, par exemple l'arc de frontière $(u=0)$, ce qui revient à supposer que $T_1$ est un triangle $A_1BC$, le point $A_1$ étant un point de l'intérieur du triangle $T$, non situé sur BC.

On vérifiera (Cf. exercice 74) que si l'on désigne les coordonnées barycentriques dans $T$ et $T_1$ par $(u,v,w)$ et $(u_1,v_1,w_1)$ respectivement et si $(a,b,c)$ sont les coordonnées de $A_1$ dans T, alors on a les relations :

$$\boxed{u=a\,u_1\ ,\ \ v=b\,u_1+v_1\ ,\ \ w=c\,u_1+w_1}$$

On définit alors la sous-facette ainsi définie par l'écriture symbolique utilisant les points du réseau de la facette donnée ( point courant de cette sous-facette noté $M_1(u_1,v_1,w_1)$) :

$$\overrightarrow{OM_1}(u_1,v_1,w_1)=\left(a\,u_1\,\overrightarrow{OS_{1,0,0}}+(b\,u_1+v_1)\overrightarrow{OS_{0,1,0}}+(c\,u_1+w_1)\overrightarrow{OS_{0,0,1}}\right)^{[n]}.$$

$$\overrightarrow{OM_1}(u_1,v_1,w_1)=\left(u_1\left(a\overrightarrow{OS_{1,0,0}}+b\overrightarrow{OS_{0,1,0}}+c\overrightarrow{OS_{0,0,1}}\right)+v_1\,\overrightarrow{OS_{0,1,0}}+w_1\,\overrightarrow{OS_{0,0,1}}\right)^{[n]}$$

Si on pose $\overrightarrow{O\Lambda_{1,0,0}}=a\overrightarrow{OS_{1,0,0}}+b\overrightarrow{OS_{0,1,0}}+c\overrightarrow{OS_{0,0,1}}$, $\Lambda_{0,1,0}=S_{0,1,0}$, $\Lambda_{0,0,1}=S_{0,0,1}$, cette formule fournit avec les règles du calcul symbolique la définition de la sous-facette :

$$\overrightarrow{OM_1}(u_1,v_1,w_1)=\left(u_1\,\overrightarrow{O\Lambda_{1,0,0}}+v_1\,\overrightarrow{O\Lambda_{0,1,0}}+w_1\,\overrightarrow{O\Lambda_{0,0,1}}\right)^{[n]}.$$

On en déduit les points du réseau de cette sous-facette. Ils sont définis par :

$$\overrightarrow{O\Lambda_{n,0,0}}=\left(\overrightarrow{O\Lambda_{1,0,0}}\right)^{[n]}=\left(a\overrightarrow{OS_{1,0,0}}+b\overrightarrow{OS_{0,1,0}}+c\overrightarrow{OS_{0,0,1}}\right)^{[n]},\ \Lambda_{0,n,0}=S_{0,n,0},\ \Lambda_{0,0,n}=S_{0,0,n}$$

et, de façon plus générale :

$$\overrightarrow{O\Lambda_{i,j,k}}=\left(a\overrightarrow{OS_{1,0,0}}+b\overrightarrow{OS_{0,1,0}}+c\overrightarrow{OS_{0,0,1}}\right)^{[i]}[*]\overrightarrow{O\Lambda_{0,j,0}}[*]\overrightarrow{O\Lambda_{0,0,k}}$$

$$=\overrightarrow{OS_{0,j,k}}[*]\left(a\overrightarrow{OS_{1,0,0}}+b\overrightarrow{OS_{0,1,0}}+c\overrightarrow{OS_{0,0,1}}\right)^{[i]}=\overrightarrow{OS^{(i)}_{0,j,k}}(a,b,c)$$

Le dernier terme venant des formules symboliques de § 4.4. Finalement, on peut définir les points du réseau de la sous facette en « faisant passer le premier indice en position supérieure entre parenthèses », à savoir : $\boxed{\forall(i,j,k)\ \text{tel que}\ i+j+k=n\ ,\ \Lambda_{i,j,k}=S^{(i)}_{0,j,k}}$.
Dans le cas de $n=2$, la sous facette est facile à représenter (Cf. exercice 74 où $A_1$ est le centre de gravité du triangle $T$).

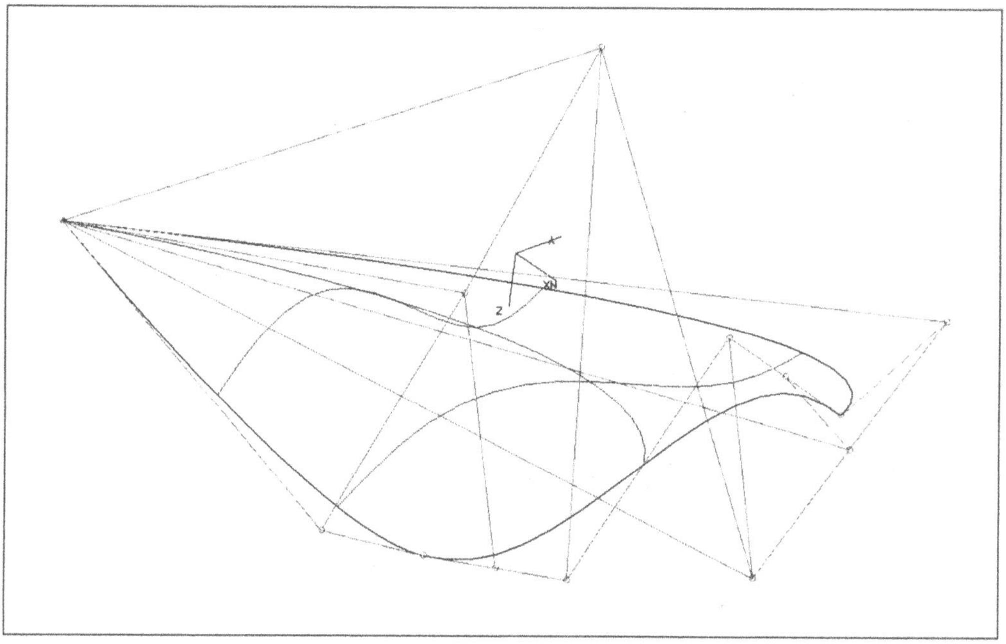

Raccord de 2 courbes par une troisième avec conservation de la courbure aux 2 points de raccord

*STRIM-Matra Datavision*

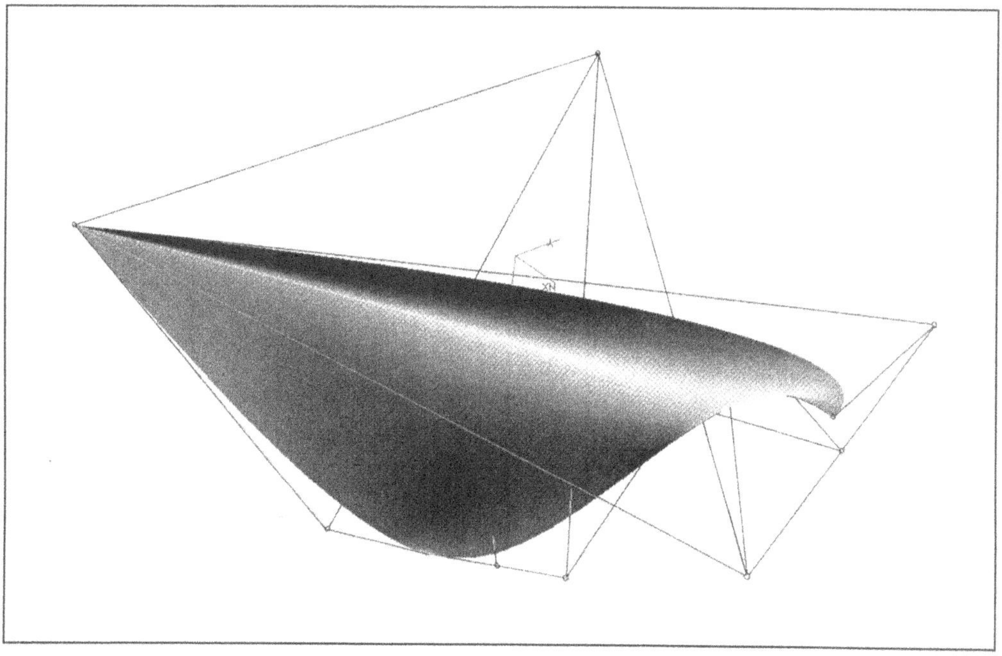

Courbe gauche avec visualisation de courbures

*CATIA-Dassault Systèmes*

# CHAPITRE 6

# INTERPOLATION

## 1.INTERPOLATION POLYNOMIALE DE TYPE LAGRANGE

### *1.1 Position du problème pour une variable et généralités*

On se place dans le plan rapporté à un repère non nécessairement orthonormé. L'axe des abscisses est noté $Ot$, l'axe des ordonnées est généralement noté $Oy$. Une suite$(t_0 < t_1 <\dots < t_n)$ de points $(t_k)$ de l'axe des abscisses, où l'indice $k$ prend les valeurs de $0$ à $n$, étant donnée, on désire associer à toute fonction $f$ de la variable $t$, définie sur un intervalle contenant ces points, une fonction polynôme $P_f$ prenant les mêmes valeurs que $f$ en chacun de ces points. Pour les interpolations à deux variables, on pourra se référer aux exercices de la fin de l'ouvrage.

**1.1.1 Définition**

Si le polynôme cherché est de degré $p$, ces conditions se traduisent par $n+1$ équations à $p+1$ inconnues qui sont les coefficients du polynôme. Si l'on exige $p = n$, on définit :

La suite des $n+1$ abscisses d'interpolation $(t_k)$ étant donnée (dite **suite d'interpolation**), le polynôme $P_f$, de degré au plus $n$, tel que : $\{\forall k \in [[0,n]] \;,\; P_f(t_k) = f(t_k)\}$ est dit **polynôme d'interpolation de Lagrange de $f$** ou polynôme interpolateur ou encore interpolant de $f$, associé à cette suite d'interpolation .

On note $M_k$ le point du plan de cordonnées $(t_k, f(t_k))$. Le problème précédent consiste donc à chercher une courbe polynomiale, de degré au plus $n$, passant par tous ces points.

**Remarque** : Si $f$ est un polynôme de degré au plus $n$, alors son polynôme d'interpolation de Lagrange $P$ vérifie $P = f$ car deux polynômes de degrés au plus $n$ qui coïncident sur $n+1$ valeurs distinctes sont des polynômes identiques.

**1.1.2 Existence et unicité**

Si l'on exprime le polynôme cherché sous sa forme canonique : $P_f(t) = \sum_{i=0}^{i=n} a_i\, t^i$ , les conditions précédentes fournissent les $n+1$ équations : $\sum_{i=0}^{i=n} a_i\,(t_k)^i = f(t_k)$ dont le déterminant, dit « déterminant de Van der Monde » s'écrit de la façon suivante :

$$\begin{vmatrix} 1 & t_0 & \cdots\cdots & t_{n-1} & t_n \\ 1 & (t_0)^2 & \cdots\cdots & (t_{n-1})^2 & (t_n)^2 \\ \cdots & \cdots & \cdots\cdots & \cdots & \cdots \\ 1 & (t_0)^{n-1} & \cdots\cdots & (t_{n-1})^{n-1} & (t_n)^{n-1} \\ 1 & (t_0)^n & \cdots\cdots & (t_{n-1})^n & (t_n)^n \end{vmatrix}$$

On peut prouver que ce déterminant est égal au produit de toutes les différences des $t_i$ deux à deux donc non nul puisque, par hypothèse, les abscisses d'interpolation forment une suite strictement croissante. Par conséquent ( Cf. annexe 2) :

**Proposition 6.1**

Il existe un unique polynôme, de degré au plus égal à $n$, solution du problème d'interpolation de Lagrange associé à une fonction $f$ et à une suite strictement croissante$(t_i)$ de $n+1$ d'abscisses d'interpolation.

Pour éviter les confusions lorsque l'on change la suite d'interpolation, il est utile de noter plus précisément $t \mapsto P_f(t_0,t_1,\ldots,t_n\,;t)$ cette fonction polynomiale

**Remarques**

- Si l'on exige que le degré soit inférieur strictement à $n$, alors, en général, le problème est sans solution (sans solution exacte, précisons-nous). On verra plus loin des possibilités de définir des solutions approchées. Par contre, si l'on consent un degré supérieur à $n$, alors il y a une infinité de solutions pour ce problème d'interpolation.

- Le calcul de la solution peut se faire évidemment à l'aide des déterminants, mais si le degré dépasse seulement 4, ces calculs deviennent rapidement complexes et il est bon de connaître d'autres possibilités de détermination, même théoriques, de ce polynôme de Lagrange ainsi que des algorithmes de calcul numérique de l'interpolant en un point.

## 1.2 Algorithme d'Aitken

### 1.2.1 Relation récursive et algorithme associé

Le calcul du polynôme de Lagrange associé à la suite de deux points est celui d'une fonction affine dont on se donne les valeurs en deux points. En faisant intervenir les polynômes interpolateurs constants de $f$ pour les suites d'abscisses réduites à $t_0$ ou à $t_1$, on peut écrire : $P(t_0,t_1\,;t)=\dfrac{t-t_1}{t_0-t_1}f(t_0)+\dfrac{t_1-t}{t_1-t_0}f(t_1)=\dfrac{t-t_1}{t_0-t_1}P(t_0\,;t)+\dfrac{t_1-t}{t_1-t_0}P(t_1\,;t)$.

En utilisant les deux fonctions affines interpolant $f$ relativement aux systèmes d'abscisses $(t_0,t_1)$ et $(t_1,t_2)$, on obtient de même, en les multipliant par des fonctions convenables suggérées par la formule précédente, l'expression du polynôme d'interpolation de $f$ relatif à $(t_0,t_1,t_2)$, à savoir : $P(t_0,t_1,t_2\,;t)=\dfrac{t-t_1}{t_0-t_1}P(t_0,\,t_1\,;t)+\dfrac{t_2-t}{t_2-t_0}P(t_1,t_2\,;t)$. Cette formule est aisément vérifiable et initialise avec la précédente la formule générale suivante permettant de passer de l'interpolant de degré $n-1$ à l'interpolant de degré $n$ :

$$\boxed{P(t_0,\ldots,\,t_n\,;t)=\frac{t_n-t}{t_n-t_0}P(t_0,\ldots,t_{n-1}\,;t)+\frac{t-t_0}{t_n-t_0}P(t_1,\ldots\ldots,t_n\,;t)}.$$

Les conditions d'interpolation sont en effet vérifiées immédiatement pour les abscisses $t_0$ et $t_n$. Pour une autre abscisse $t_i$ , la vérification résulte de l'écriture :

$$f(t_i) = \frac{t_n - t_i}{t_n - t_0} f(t_i) + \frac{t_i - t_0}{t_n - t_0} f(t_i).$$

Cette formule présente une certaine analogie avec les algorithmes de Casteljau ou de Bézier dans les constructions des courbes de Bézier car la somme des deux coefficients fractionnaires est bien égale à 1. En revanche, ces coefficients ne sont positifs que si $t$ est à l'intérieur de $[t_0, t_n]$. De toute façon, elle permet le calcul des polynômes d'interpolation de façon récursive. L'algorithme correspondant, appelé **algorithme d'Aitken**, est basé sur la formule précédente où l'indice $n$ est remplacé par l'indice $p$. Il permet de calculer les interpolants de degré $p$ au plus connaissant les interpolants de degré $p-1$ au plus sur des suites d'interpolation extraites de $(t_0, t_1, \ldots, t_n)$.

### 1.2.2 Traduction par des constructions géométriques :

Dans ce qui suit, la fonction $f$ est donnée ainsi que la suite d'interpolation. Pour une valeur fixée de $t$, on détermine la valeur de $P_f(t_0, t_1, \ldots, t_n; t)$ noté plus simplement $P(t_0, t_1, \ldots, t_n; t)$ en déterminant géométriquement le point de coordonnées $(t, P(t_0, t_1, \ldots, t_n; t))$. Dans le cas de $n = 1$, ce point est le point d'abscisse $t$ de la droite joignant les deux points de la suite d'interpolation donnée.

a) **Construction d'une valeur de l'interpolant de degré deux.**

La figure qui suit fournit une manière de trouver le point $M_{012}$ de coordonnées $(t, P(t_0, t_1, t_2; t))$. La verticale de $H$ d'abscisse $t$ coupe les droites $(M_0, M_1)$ et $(M_1, M_2)$ en les deux points $M_{01}$ et $M_{12}$. D'aprés la formule de récursivité précédente, il s'agit de trouver sur le segment $[M_{01} M_{12}]$ le point $M_{012}$ barycentre des points $M_{01}$ et $M_{12}$ affectés des coefficients $t_2 - t$ et $t - t_0$ respectivement. La construction est décrite ci-après :

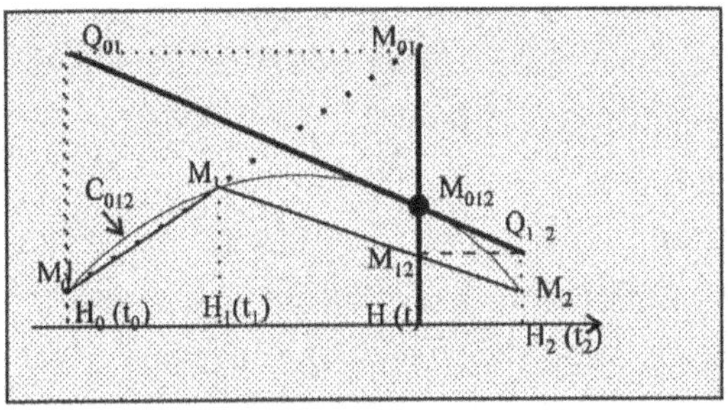


Les points $Q_{01}$ *et* $Q_{12}$, d'abscisses $t_0$ *et* $t_2$ sont sur des parallèles à l'axe des abscisses issues de $M_{01}$ et $M_{12}$. On a donc :

$$\frac{\overline{M_{012} M_{12}}}{\overline{M_{012} M_{01}}} = \frac{\overline{M_{012} Q_{12}}}{\overline{M_{012} Q_{01}}} = \frac{t_2 - t}{t_0 - t}, \text{ d'où :}$$

$$\overline{M_{012} M_{12}}(t - t_0) + \overline{M_{012} M_{01}}(t_2 - t) = 0 \; (*)$$

On a ainsi établi la propriété de barycentre et on en déduit classiquement que $\overline{HM_{012}} = P(t_0, t_1, t_2; t)$ ; il suffit en effet de retrancher l'égalité $(*)$ précédente de l'écriture $(t_2 - t_0)\,\overline{HM_{012}} = (t_2 - t)\,\overline{HM_{01}} + (t - t_0)\,\overline{HM_{02}}$ pour conclure à la propriété :

$$(t_2 - t_0)\,\overline{HM_{012}} = (t_2 - t)\,\overline{HM_{012}} + (t - t_0)\,\overline{HM_{012}}.$$

**Remarque**

On observe que ce qui précède fournit une construction d'un point arbitraire de la parabole d'axe « vertical » passant par trois points donnés d'abscisses distinctes.

b) **Cas général**

Cette construction précédente va s'appliquer plusieurs fois afin de passer aux degrés suivants. Par exemple pour $n=3$, on applique la construction précédente aux suites d'interpolation $(t_0,t_1,t_2)$ et $(t_1,t_2,t_3)$ ce qui fournit les points $M_{012}$ et $M_{123}$ points d'abscisses $t$ sur les deux paraboles associées. A partir de ces deux points et des abscisses extrèmes $t_0$ *et* $t_3$, une construction similaire à la précédente fournit $M_{0123}$ point d'abscisse $t$ de la cubique passant par les 4 points $M_0, M_1, M_2, M_3$. Cette construction figure ci-dessous :

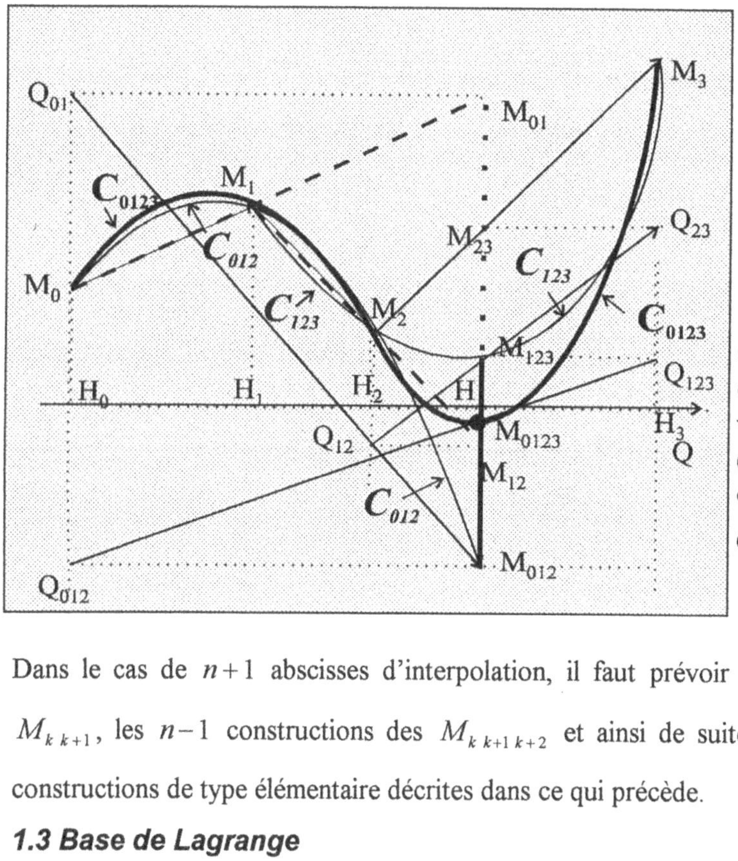


A partir de $M_{012}$ et $M_{123}$ résultant de la construction précédente, on mène les parallèles à l'axe des abscisses qui coupent les verticales de $H_0$ et $H_3$ en $Q_{012}$ et $Q_{123}$. Alors, la droite qui joint ces deux derniers points coupe la verticale du point H (d'abscisse $t$) au point cherché, à savoir $M_{0123}$ dont l'ordonnée est : $P(t_0,t_1,t_2,t_3,t)$.

Dans le cas de $n+1$ abscisses d'interpolation, il faut prévoir les $n$ constructions des $M_{k\,k+1}$, les $n-1$ constructions des $M_{k\,k+1\,k+2}$ et ainsi de suite, soit en tout $\frac{n(n+1)}{2}$ constructions de type élémentaire décrites dans ce qui précède.

### *1.3 Base de Lagrange*

Les $n+1$ produits $l_n^k(t)=\prod_{i\neq k}(t-t_i)$ (pour $k$ allant de $0$ à $n$) sont des polynômes de degrés n qui s'annulent pour toutes les abscisses d'interpolation sauf une. Il est ainsi intéressant de considérer les fonctions, notées $L_n^k$ qui à $t$ associe $L_n^k(t)=\frac{l_n^k(t)}{l_n^k(t_k)}$. Ce polynôme prend la valeur 1 sur $t_k$ et la valeur 0 sur les autres, ce qu'on exprime à l'aide du symbole de Kronecker $\delta_i^k$ par $L_n^k(t_i)=\delta_i^k$. On peut en déduire facilement que ces polynômes qui sont au nombre de $n+1$ forment une base de l'espace $\mathcal{P}_n$. Il suffit pour cela de démontrer qu'ils sont linéairement indépendants ( Cf. annexe 2). Or, si la relation

$\sum_{0}^{n} \lambda_k L_n^k = 0$ est vérifiée, ce qui signifie que, pour tout $t$, on a $\sum_{0}^{n} \lambda_k L_n^k(t) = 0$, on obtient successivement $\lambda_0 = 0, \lambda_1 = 0, \dots, \lambda_n = 0$ en remplaçant $t$ par $t_0$, puis par $t_1$, et ainsi de suite jusqu'au remplacement par $t_n$.

Le polynôme interpolateur de $f$ s'exprime donc de façon unique dans cette base ; il est facile de prouver ou de vérifier que :

$$\boxed{P_f(t_0, t_1, \dots, t_n ; t) = \sum_{k=0}^{k=n} f(t_k) L_n^k(t)}.$$

Remarquons que si $f$ est la fonction constante de valeur 1 dont le polynôme d'interpolation se confond donc avec elle-même, on obtient : $\sum_{k=0}^{k=n} L_n^k = 1$.

### *1.4 Base de Newton et différences divisées*

Ce paragraphe utilise les différences divisées (Cf. §5.5 du chapitre 2 et exercice 44).

#### 1.4.1 Base de Newton

Les $n+1$ polynômes $\omega_k$ définis par $\omega_0(t) = 1$, $\omega_1(t) = (t - t_0)$, $\omega_2(t) = (t - t_0)(t - t_1)$, ... $\omega_n(t) = \prod_{k=0}^{k=n-1} (t - t_k)$ qui sont de degrés échelonnés (Cf. annexe 2) forment une base de l'espace $\mathcal{P}_n$ ; on l'appelle la base de Newton. On peut ainsi développer, sur cette base, l'interpolant de Lagrange de $f$ relativement à la suite $(t_0, t_1, \dots, t_n)$.

#### 1.4.2 Calcul des composantes de l'interpolant sur la base de Newton

Ces composantes font intervenir les différences divisées de $f$ sur la suite d'interpolation donnée. Un raisonnement par récurrence (Cf. Ex 75) donne le résultat :

$$\boxed{P(t_0, t_1, \dots t_n ; t) = \sum_{k=0}^{k=n} D_k[(t_0, t_1, \dots t_k) ; f] \omega_k(t)}$$

#### 1.4.3 Cas particulier d'une suite d'interpolation régulière

En égalant les coefficients des termes de plus haut degré dans cette expression et dans le développement sur la base de Lagrange, on trouve la formule suivante (Cf. Ex 76) :

$$D_n[(t_0, t_1, \dots t_n) ; f] = \sum_{k=0}^{k=n} \frac{f(t_k)}{\omega'(t_k)} \quad \text{où on a posé : } \omega(t) = \prod_{i=0}^{i=n} (t - t_i).$$

Cette formule (Cf. Ex77) conduit, dans le cas où la suite d'interpolation est régulière de pas $h$, ce qui signifie : $t_{k+1} = t_k + h$, à : $D_n[(t_0, t_1, \dots t_n) ; f] = \frac{1}{n! h^n} \sum_{k=0}^{k=n} (-1)^{n-k} C_n^k \ f(t_k)$.

Enfin, en employant l'opérateur $\Delta$ de Newton (Cf. Ex 77) agissant sur la suite des $f(t_k)$ par $\Delta f_{k+1} = f(t_{k+1}) - f(t_k)$, on obtient : $D_n[(t_0, t_1, \dots t_n) ; f] = \frac{(\Delta^n f)_0}{n! h^n}$, d'où l'écriture, bien adaptée aux algorithmes de calcul, du polynôme d'interpolation :

$$\boxed{P_f(t_0, t_1, \dots t_n, t_{n+1} ; t) = \sum_{k=0}^{k=n} \frac{1}{k! h^k} (\Delta^k f)_0 \, \omega_k(t)}.$$

### *1.5 Expression dans d'autres bases. Cas de la base de Bernstein*

On sait que les polynômes de Bernstein $B_n^k$ qui ont servi dans la construction des courbes de Bézier constituent une base de $\mathcal{P}_n$. En utilisant la matrice de passage de l'une des bases à l'autre (Cf. annexe 2), on peut obtenir l'expression du polynôme interpolateur à l'aide de ces polynômes de Bernstein. En exprimant, directement à l'aide de la base considérée, le polynôme interpolateur, la résolution peut toujours se ramener à de calculs de déterminants. Cependant, les formules sont compliquées et, visiblement, ces polynômes sont mal adaptés au problème d'interpolation qui fait intervenir $n+1$ abscisses d'interpolation quelconques. Mais le cas qui est maintenant examiné, de l'interpolation, dite ici « **interpolation paramétrique** », par une courbe de Bézier, présente un intérêt pratique évident (Passage obligé d'une courbe de Bézier, par des points donnés, avec éventuellement d'autres contraintes). Cette interpolation paramétrique à un paramètre se généralise elle-même en interpolation à deux paramètres ( ou variables) ; il s'agit alors de déterminer une surface polynomiale par des points donnés à l'avance (Cf. ex 95).

### *1.6 Interpolation paramétrique par les courbes de Bézier*

Dans ce problème, l'interpolation polynomiale est généralisée. Les points $M_i$ donnés dans le plan ou dans l'espace) sont quelconques et ne sont donc plus en général sur une courbe donnée d'équation $y = f(t)$. Le rôle joué par la fonction $f$ est joué, à présent, par un couple de fonctions (un triplet dans le cas de l'espace) représentant paramétriquement une courbe passant par les points donnés. Le problème est alors de construire une courbe à représentation paramétrique polynomiale passant par ces points. Nous n'envisageons, dans ce paragraphe, que l'interpolation de tels points par une courbe de Bézier. Il faut remarquer que deux sortes de problèmes apparaissent : celui où le passage par les points est seulement imposé dans un ordre donné, l'autre où des considérations la plupart du temps intuitives permettent d'imposer des valeurs $t_i$ aux paramètres des points de passage. Dans le cas de l'espace par exemple, on est ramené à la recherche d'une fonction polynomiale vectorielle $\overrightarrow{OV}$ telle que : $\overrightarrow{OV}(t_i) = \overrightarrow{OM_i}$ . On est ainsi ramené à trois problèmes d'interpolation polynômiale, l'un pour la coordonnée $x(t)$, un autre pour $y(t)$ et enfin un troisième pour $z(t)$.

#### 1.6.1 Interpolation par une courbe de Bézier avec paramètres imposés

On suppose que tous les paramètres sont dans $[0,1]$, que le premier point a pour paramètre $t_0 = 0$ et le dernier le paramètre $t_n = 1$. Une des méthodes la plus souvent utilisée pour attribuer les valeurs du paramètre aux différents points, si ceux-ci sont assez régulièrement espacés, est de prendre des valeurs en progression arithmétique (Il existe bien d'autres méthodes possibles, voir **[8]** et **[27]**). Une autre contrainte dans la pratique est également le degré que l'on cherche à prendre le plus petit possible.

◆ **Cas de $n+1$ points ordonnés avec le degré $n$**

La valeur du paramètre de $M_i$ étant $\frac{i}{n}$ où *i* varie entre *0* et *n*, le problème est ramené à la résolution de trois systèmes de Cramer d'ordre $n+1$ du type $\sum_{i=0}^{i=n} a_i B_n^i\left(\frac{i}{n}\right) = x_i$ (même chose pour *y* et même chose pour *z*). Les triplets $(a_i, b_i, c_i)$ uniques trouvés sont les sommets du polygone caractéristique de la courbe cherchée. Bien entendu, on peut aussi utiliser les formulations canoniques par la base des monômes; le retour aux sommets se faisant comme il est décrit dans § 2.2.2 du chapitre 1.

◆ **Le degré est imposé supérieur à *n* .**

Dans ce cas, il y a une infinité de solutions, on choisit, en général parmi ces solutions celle qui semble réaliser la forme la plus « lisse » (Cf. la fin de ce chapitre et l'annexe 4).

◆ Dans certains cas, et tout principalement pour réduire les complexités des calculs, on désire prendre **un degré inférieur à *n*** . Dans ce cas, il ne peut y avoir de solution exacte et on cherche des solutions approchées qui réalisent une meilleure approximation dans un certain sens, notamment les approximations par une méthode de moindres carrés (Voir les exercices 78, 79, 80).

### 1.6.2 Cas particulier de l'interpolation polynomiale

Retournons au problème habituel de l'interpolation associé aux points $M_k$ donnés de coordonnées $(t_k, f(t_k))$ dans le cas où ces abscisses sont régulièrement espacées. On peut, par une transformation de type affine sur la variable *t*, se ramener au cas où $t_k = \frac{k}{n}$. Pour déterminer les sommets $P_k$ du polygone caractéristique de la courbe de Bézier de degré *n* qui passe par ces points, on applique ce qui précède. On obtient une solution unique sous la forme paramétrique $(g(t), h(t))$. Or, par définition d'une courbe de Bézier, la fonction *h* vérifie : $h(t) = \sum_{k=0}^{k=n} \frac{k}{n} B_n^k(t) = t$. Cela résulte de la définition d'une courbe de Bézier de sommets alignés régulièrement espacés, donc en réalité de degré 1 ; on peut aussi le vérifier par le calcul en utilisant la relation $k\,C_n^k = n\,C_{n-1}^{k-1}$ et en mettant *t* en facteur dans l'égalité précédente. La représentation paramétrique $(g(t), h(t))$ est donc en réalité la représentation cartésienne de la courbe de Bézier et comme la fonction g est polynomiale de degré *n*, l'unicité du polynôme d'interpolation orouve que $g = P_f$ .

On notera que dans le cas où la suite d'interpolation est régulière, on peut se servir utilement de la base de Newton.

### 1.6.3 Passage d'une courbe de Bézier par des points donnés

Les $n+1$ points $M_i$ sont donnés avec le point de départ $M_0$ et le point d'arrivée $M_n$ . Il s'agit de trouver des courbes de Bézier de degré *n* dont les points extrémités sont $M_0$ et $M_n$ et qui passe par les autres points $M_i$. Puisque les deux extrémités de la courbe sont déjà connues, les inconnues du problème sont les autres sommets du polygone caractéristique. On ne considère que le cas très simple de $n = 2$. Si on appelle $t_1$ le paramètre, **inconnu**, de $M_1$, le problème se ramène à la recherche du sommet $P_1$ du polygone caractéristique tel que : $B_2^0(t_1)\overrightarrow{OM_0} + B_2^1(t_1)\overrightarrow{OP_1} + B_2^2(t_1)\overrightarrow{OM_2} = \overrightarrow{OM_1}$ ou bien, en plaçant le point O en $M_0$ : $B_2^1(t_1)\overrightarrow{M_0P_1} + B_2^2(t_1)\overrightarrow{M_0M_2} = \overrightarrow{M_0M_1}$ .

En fait, le paramètre $t_1$ étant arbitraire, on obtient une solution pour chacune des valeurs de $t_1$, donc une infinité de solutions. On peut construire de telles solutions en s'imposant, par exemple, la tangente en $M_0$, ce qui conduit (voir plus loin) à des interpolations de type Hermite (Cf. ex 83) ; on peut aussi s'imposer un autre point de passage (Cf. ex 84).

# 2 INTERPOLATION POLYNOMIALE DE TYPE HERMITE

On généralise le problème de l'interpolation polynomiale de Lagrange en imposant en certains des points d'interpolation l'égalité des dérivées du polynôme et de la fonction donnée jusqu'à un ordre donné. Une étude préalable sur tous ces polynômes nouveaux et sur leur degré minimum permet d'aboutir à la définition suivante

## *2.1 Définition*

On considère encore une suite d'abscisses d'interpolation $(t_0, t_1, \dots t_n)$ toujours strictement croissante, mais cette fois, chacune est affectée d'un entier $d_k \geq 0$ (indice de dérivation). Une fonction *f* étant donnée, définie sur un intervalle contenant toutes ces abscisses et dérivable au moins $d_k$ fois au point $t_k$, le polynôme d'Hermite associé à ces données est le polynôme H de degré au plus égal à $n + \sum_k d_k$ tel que :

$$\boxed{\forall k \in [[0,n]] \ , \ \forall d \in [[0,d_k]] \ , \ f^{(d)}(t_k) = H^{(d)}(t_k)}$$

On démontre, sans le faire ici dans le cas général, que ce polynôme est unique, d'où l'article défini « *le* » utilisé dans cette définition.

Parmi les cas particuliers les plus utilisés figurent ceux où $d_k \in \{0,1\}$. Sauf en ce qui concerne l'interpolation par les fonctions splines, nous nous placerons dans ces cas particuliers dans ce qui suit (Cf. l'unicité dans ces cas particuliers : exercice 85).

## *2.2 Exemples préliminaires pour $n = 1$ ou $n = 2$*

Dans ces exemples élémentaires, on supposera que les abscisses extrèmes d'interpolation sont 0 et 1, une transformation affine sur la variable permettra d'obtenir le cas général. Avec cette hypothèse, on peut se servir des polynômes de Bernstein.

### 2.2.1 Cas n=1

◆ On suppose que $d_0 = 1$ *et* $d_1 = 0$, d'où le degré 2 pour les polynômes d'Hermite. Or les 3 polynômes de Bernstein $B_2^i$ forment une base pour $\mathcal{P}_2$, on peut donc écrire le polynôme cherché sous la forme : $H(t) = a_0(1-t)^2 + 2a_1 t(1-t) + a_2 t^2$. En écrivant les conditions : $H(0) = f(0),\ H'(0) = f'(0),\ H(1) = f(1)$, on obtient le résultat :

$$\boxed{H(t) = f(0)(1-t)^2 + \left(f'(0) + 2f(0)\right)t(1-t) + f(1)t^2}.$$

On en déduit qu'une base de $\mathcal{P}_2$ commode pour l'interpolation d'Hermite dans le cas étudié est constitué des polynômes suivants :

$$U_2^0(t) = (1-t)^2 + 2t(1-t) = 1 - t^2 \ , \quad U_2^1(t) = t^2 \ , \quad V_2^0 = t\,(1-t).$$

Le polynôme d'Hermite de *f* s'exprime alors par : $H = f(0)U_2^0 + f(1)U_2^1 + f'(0)V_2^0$.

◆ On suppose, à présent, que $d_0 = d_1 = 1$, d'où le degré 3 pour les polynômes cherchés qui seront de la forme $H(t) = \sum_{k=0}^{k=3} a_k B_3^k(t)$. En écrivant les conditions d'interpolation $H(0) = f(0),\ H'(0) = f'(0),\ H(1) = f(1),\ H'(1) = f'(1)$, on obtient :

$$\boxed{H(t) = f(0)(1-t)^3 + \left(f'(0) + 3f(0)\right)t(1-t)^2 + \left(f'(1) + 3f(1)\right)t^2(1-t) + f(1)t^3}.$$

On en déduit qu'une base analogue à la précédente, commode pour l'interpolation d'Hermite dans le cas étudié (et qui sera généralisée dans § 2.3), est formée de :

$$\begin{cases} H_3^0(t) = (1-t)^3 + 3t(1-t)^2 = (1+2t)(1-t)^2 \ , & K_3^0(t) = t(1-t)^2 \\ H_3^1(t) = t^3 + 3t^2(1-t) = t^2(3-2t) & , \ K_3^1(t) = t^2(1-t) \end{cases}$$

Le polynôme d'interpolation d'Hermite de f s'exprime alors par :

$$H_f = f(0)H_3^0 + f(1)H_3^1 + f'(0)K_3^0 + f'(1)K_3^1.$$

**2.2.2 Cas où n=2**

On introduit la deuxième abscisse $t_1 = a \in ]0,1[$. Etudions seulement deux cas.

◆ Cas $d_0 = 1, d_1 = d_2 = 0$, d'où le degré 3 pour les polynômes d'Hermite que nous écrivons encore sur la base des polynômes $B_3^k$. Les conditions d'interpolation qui sont ici : $H(0) = f(0), H'(0) = f'(0), H(a) = f(a), H(1) = f(1)$ donnent le résultat :

$$H(t) = f(0)B_3^0(t) + \left(\frac{f'(0)}{3} + f(0)\right)B_3^1(t) + a_2\, B_3^2(t) + f(1)B_3^3(t) \quad \text{avec :}$$

$$a_2\, B_3^2(a) = f(a) - f(0)B_3^0(a) - \left(\frac{f'(0)}{3} + f(0)\right)B_3^1(a) - f(1)a^3.$$

De là, on déduit facilement une base pour cette interpolation d'Hermite (Cf.exercice 93 ).

◆ Cas $d_0 = d_1 = d_2 = 1$, d'où le degré 5 pour les polynômes d'Hermite associés que nous écrivons sur la base des $B_5^k$. Les conditions d'interpolation s'écrivent : $H(0) = f(0), H'(0) = f'(0), H(a) = f(a), H'(a) = f'(a), H(1) = f(1), H'(1) = f'(1)$.

Elles fournissent une base analogue à celle du deuxième cas de *n=1* et qu'on va retrouver dans le paragraphe qui suit (Cf. exercice 94 ).

### *2.3 Base d'Hermite*

Dans ce paragraphe, on suppose que tous les $d_k$ sont égaux à 1. Les polynômes d'interpolation sont donc de degré maximum $2n+1$. Il est donc logique de chercher une base analogue à celle de Lagrange dans l'espace $\mathcal{P}_N$ où $N = 2n+1$. De façon précise, on cherche les polynômes qui s'annulent sur toutes les abscisses d'interpolation et dont les dérivées s'annulent sur toutes ces abcisses sauf une pour laquelle cette dérivée est égale à 1. On associe aux polynômes $L_n^k$ de la base de Lagrange les polynômes $H_n^k$ et $K_n^k$, de degrés égaux à *N*, définis par $H_n^k(t) = \left[1 - 2(t-t_k)\left(L_n^k\right)'(t_k)\right]\left(L_n^k(t)\right)^2$ et par $K_n^k(t) = (t-t_k)\left(L_n^k(t)\right)^2$.

On vérifie les propriétés suivantes $H_n^k(t_i) = \delta_i^k$, $K_n^k(t_i) = 0$ et $\left(K_n^k\right)'(t_i) = \delta_i^k$. Ces relations permettent d'ailleurs de prouver facilement que ces polynômes au nombre de $2n+2$ constituent une base de $\mathcal{P}_N$ ( Cf. ex 85). Cette base est dite « d'Hermite » et on a :

**Proposition 6.2**

Le polynôme d'interpolation d'Hermite de la fonction dérivable *f*, associé à la suite d'interpolation $(t_0, t_1, .., t_n)$ et aux $d_k = 1$, s'exprime sous la forme :

$$H_f(t_0, t_1, .., t_n; t) = \sum_{k=0}^{k=n}\left[f(t_k)H_n^k(t) + f'(t_k)K_n^k(t)\right]$$

### 2.4 Base de Newton

La formule trouvée,dans le cas de la base de Newton, pour les polynômes de Lagrange, se généralise au cas des polynômes d'Hermite. Il suffit, pour cela, de considérer encore les différences divisées, avec, cette fois, des abscisses non toutes distinctes. Pour énoncer le résultat, on utilise de nouvelles notations : la suite des abscisses est développée sous la forme $(\tau_0, \tau_1, \ldots, \tau_N)$ où les premiers termes $\tau_0, \tau_1, \ldots, \tau_{d_0}$, au nombre de $d_0 + 1$, sont tous égaux à $t_0$, les suivants, au nombre de $d_1 + 1$ sont tous égaux à $t_1$ et, ainsi de suite jusqu'au groupe des $d_n + 1$ derniers qui sont tous égaux à $t_n$. Les éléments de la base de Newton sont alors remplacés par $\omega_0(t) = 1$ et $\omega_r(t) = \prod_{j=0}^{j=r-1} (t - \tau_j)$ où $i$ prend ses valeurs de 1 jusqu'à $N = n + \sum d_k$, produits qui peuvent contenir des facteurs identiques (ce qui n'était pas le cas dans l'interpolation de Lagrange). Ces nouveaux éléments, au nombre de $N+1$, constituent un ensemble de polynômes linéairement indépendants (Cf. exercice 86). Alors, avec ces notations, et en supposant la fonction $f$ suffisamment différentiable, on généralise ce qui a été obtenu dans le cas de Lagrange :

**Proposition 6.3**

Le polynôme d'Hermite associée aux données générales définies ci-dessus s 'écrit, dans la base de Newton , sous la forme :

$$\boxed{H_f(\tau_0, \tau_1, \ldots \tau_N ; t) = f(\tau_0) + D_1[(\tau_0, \tau_1); f]\omega_1(t) + \ldots\ldots + D_N[(\tau_0, \tau_1, \ldots \tau_N); f]\omega_N(t)}$$

On vérifie cette formule dans les deux premiers cas de § 2.2 pour $n=1$ et $n=2$ (Cf.ex 94)..

**Démonstration dans le cas particulier où tous les $d_k$ sont égaux à 1.**

On y utilise la formule relative au cas de Lagrange.

Soit $H$ le polynôme d'Hermite, de degré $2n+1$, associé à la suite strictement croissante des $n+1$ abscisses $(t_0, t_1, \ldots, t_n)$, tous les indices de dérivation $d_k$ étant égaux à 1. Considérons $2n+2$ suites $(\tau_{i,k})_{k \in N}$ pour $i$ prenant les valeurs de $0$ à $2n+2$, telles que pour chaque valeur de $k$, on ait $\tau_{0,k} < \tau_{1,k} < \ldots < \tau_{2n+2,k}$ et telles que les limites lorsque $k \to +\infty$ vérifient $\lim_{k \to +\infty} \tau_{i,k} = \tau_i$, les nombres $\tau_i$ ayant la signification précédente. L'interpolant de Lagrange de $H$, associé pour chaque valeur de $k$ à ces .$2n$+2 valeurs distinctes $\tau_{i,k}$, est le polynôme $H$ lui-même (Cf. remarque § 1.1.1). Il s'écrit :

$$H(t) = H(\tau_{0,k}) + \sum_{j=1}^{j=2n+1} D_j[(\tau_{0,k}, \tau_{1,k}, \ldots \tau_{j+1,k}); H](t - \tau_{0,k})(t - \tau_{1,k})\ldots(t - \tau_{j-1,k})$$

Pour tout $t$ fixé, le passage à la limite, qui conserve $H(t)$, fournit :

$$H(t) = \lim_{k \to +\infty} H(\tau_{0,k}) + \sum_{j=1}^{j=2n+1} \lim_{k \to +\infty} D_j[(\tau_{0,k}, \tau_{1,k}, \ldots \tau_{j+1,k}); H](t - \tau_0)(t - \tau_1)\ldots(t - \tau_{j-1}).$$

Or, H étant continue, $\lim_{k \to +\infty} H(\tau_{0,k}) = H(\tau_0) = H(t_0) = f(t_0)$. Il reste à prouver, ce qui se fait par récurrence que : $\lim_{k \to +\infty} D_j[(\tau_{0,k}, \tau_{1,k}, \ldots \tau_{j+1,k}); H] = D_j[(\tau_0, \tau_1, \ldots, \tau_{j+1}); f]$.

D'abord, pour $j=1$, les accroissements finis donnent : $\lim\limits_{k\to+\infty}\dfrac{H(\tau_{1,k})-H(\tau_{0,k})}{\tau_{1,k}-\tau_{0,k}}=H'(\tau_0)$.

En outre, par la définition du polynome d'Hermite $H$, $H'(\tau_0)=H'(t_0)=f'(t_0)$. La propriété est donc prouvée pour $j=1$ puisque $D_1[(t_0,t_0);f]=f'(t_0)$.

En supposant la relation vraie pour l'indice $j$, considérons la limite de la différence d'ordre $j+1$. En utilisant l'hypothèse de récurrence, on obtient la preuve annoncée :

$$\lim_{k\to+\infty} D_{j+1}\left[\left(\tau_{0,k},\tau_{1,k},\dots\tau_{j+2,k}\right);H\right]$$

$$=\frac{\lim\limits_{k\to+\infty} D_j\left[\left(\tau_{1,k},\tau_{2,k},\dots\tau_{j+2,k}\right);H\right]-\lim\limits_{k\to+\infty} D_j\left[\left(\tau_{0,k},\tau_{1,k},\dots\tau_{j+1,k}\right);H\right]}{\tau_{j+2}-\tau_0}$$

$$=\frac{D_j\left[\left(\tau_1,\tau_2,\dots\tau_{j+2}\right);f\right]-D_j\left[\left(\tau_0,\tau_1,\dots\tau_{j+1}\right);f\right]}{\tau_{j+2}-\tau_0}=D_{j+1}\left[\left(\tau_0,\tau_1,\dots\tau_{j+2}\right);f\right].$$

# 3 INTERPOLATION PAR DES FONCTIONS SPLINES

## 3.1 *Interpolation polynomiale par morceaux*

Dans ce qui précède, l'interpolation de Lagrange ou d'Hermite est réalisée par un polynôme sur tout l'intervalle de définition ou de différentiabilité de $f$, donc réalisée par une fonction indéfiniment régulière. La complication du calcul de tels polynômes, lorsque le nombre des abscisses est élevé, invite à réaliser cette interpolation sur des sous-intervalles ne contenant que des abscisses en nombre faible. On peut d'ailleurs, selon les contraintes imposées, passage simple ou intervention des dérivées en ces points, mélanger les deux types d'interpolation, Lagrange sur certains de ces intervalles et Hermite sur d'autres. Les calculs sont ainsi rendus beaucoup plus simples mais, évidemment, si l'on peut conserver la continuité du polynôme par morceaux obtenu, en revanche la différentiabilité n'est pas conservée a priori aux extrémités de ces intervalles. Une des méthodes la plus adaptée et la plus utilisée est certainement celle de l'interpolation par les fonctions splines (Cf. **[1]**, **[3]**, **[27]**, **[34]**, **[36]**, **[46]**) ; c'est la seule qui est étudiée ici.

## 3.2 *Présentation du problème de l'interpolation spline. Notations*

On commence par les espaces vectoriels engendrés par les fonctions B-splines (Cf. § 5 du chapitre 2), quelques modifications étant faites sur les indices des valeurs nodales.

### 3.2.1 Espaces de fonctions splines

a) *Espace* $S_m(x_1,x_2\dots,x_k)$ *des fonctions polynomiales splines sur* $[a,b]$

On se donne l'entier $m>0$ et la suite strictement croissante des $k$ points $(x_1,x_2\dots,x_k)$ dans $]a,b[$ que l'on complète d'ailleurs par $x_0=a$ et $x_{k+1}=b$. L'espace $S_m(x_1,x_2\dots,x_k)$ est l'espace vectoriel de toutes les fonctions qui sont *m-1* fois continûment dérivables sur $[a,b]$ et dont les restrictions à chaque $[x_i,x_{i+1}]$, $i$ parcourant $[[0,k]]$, sont des polynômes de degré *m*. On démontre que cet espace est de dimension $k+m+1$ (Cf. exercice 87).

b) *Relation avec les B-splines*
L'intervalle $[a,b]$ étant toujours fixé avec les notations précédentes, on construit de façon arbitraire une suite de $2m+2+k$ valeurs nodales, toutes simples, strictement croissante, contenant la suite $(x_0, x_1, \ldots x_k, x_{k+1})$, obtenue en plaçant arbitrairement $m$ noeuds au dessous de $x_0 = a$ et $m$ noeuds au dessus de $x_{k+1} = b$. On considère alors les fonctions B-splines $N_m^i$ de degré $m$ associées à ce vecteur-noeud $(x_{-m}, x_{-m+1}, \ldots, x_{k+m+1})$ (Cf. §5,chapitre 2). où l'indice $i$ prend toutes les valeurs entre $-m$ et $k+m+1-1-m-1=k$. On peut montrer (Cf. exercice 87) que les restrictions de ces B-splines à l'intervalle $[a,b]$ constituent une base de $S_m(x_1, x_2 \ldots, x_k)$.

### 3.2.2 Définition de l'interpolation spline

On se donne une fonction $f$ continue sur $[a,b]$, une suite strictement croissante $(x_1, x_2 \ldots, x_k)$ dans $]a,b[$ et $k+m+1$ abscisses d'interpolation, où $m \geq 1$, dans $[a,b]$ vérifiant $t_1 \leq t_2 \leq \ldots \leq t_{k+m+1}$. Les répétitions définissent pour tout $j \in [[1, k+m+1]]$ les indices $d_j \geq 0$ de dérivation au moyen de $d_j = Max\{i \,/\, t_j = t_{j-1} = \ldots = t_{j-i}\}$ avec :

$$d_j \leq m \text{ si } t_j \notin \{x_1, \ldots, x_k\} \quad \text{et} \quad d_j \leq m-1 \text{ si } t_j \in \{x_1, \ldots, x_k\}.$$

La fonction $f$ étant supposée dérivable au moins $d_j$ fois au point $t_j$, le problème d'interpolation spline (de Lagrange si tous les $d_j$ sont égaux à *0*, d'Hermite sinon) consiste à trouver une fonction : $t \mapsto s(t) = \sum_{i=-m}^{i=k} a_i N_m^i(t)$ (donc $s \in S_m(x_1, x_2 \ldots, x_k)$) telle que : $\forall j \in [[1, \ldots, k+m+1]], \quad s^{(d_j)}(t_j) = f^{(d_j)}(t_j)$.

## 3.3 Résultats concernant l'interpolation spline

### 3.3.1 Théorème sur l'interpolation spline

**Proposition 6.4**

Les deux propriétés suivantes sont équivalentes :
1) Pour toute fonction $f$ $d_j$ fois différentiable en chaque point $t_j$, le problème de l'interpolation spline a une solution unique dans $S_m(x_1, x_2 \ldots, x_k)$.
2) Les abscisses d'interpolation vérifient par rapport aux points $x_1, x_2 \ldots, x_k$ les relations :

$$\forall j \in [[1,k]], \quad t_j < x_j < t_{j+m+1}.$$

On ne démontre, dans le cas général, que la condition nécessaire de cette proposition.

**Démonstration :**
Montrons $1 \Rightarrow 2$ par l'absurde. On suppose donc que 2) est faux, ce qui peut se traduire par l'une ou l'autre de deux situations : ou bien $\exists \sigma$ tel que $x_\sigma \geq t_{\sigma+m+1}$, ou bien $\exists \sigma$ tel que $x_\sigma \leq t_\sigma$. Ces deux situations se traitent de la même manière ; étudions seulement la première. Les inconnues du problème sont les coefficients $a_i$ de la fonction

spline cherchée ; elles vérifient $\sum_{i=-m}^{i=k} a_i \left(N_m^i\right)^{(\alpha)}\left(t_j\right)=f^{(\alpha)}\left(t_j\right)$ où, pour chaque $t_j$, $\alpha$ prend les valeurs de 0 à $d_j$. Considérons les équations relatives aux abscisses $t_j$ où $j \leq \sigma+m+1$. Dans ces équations, puisque le support de $N_m^i$ est $\left[x_i, x_{i+m+1}\right]$, les termes $\left(N_m^i\right)^{(\alpha)}\left(t_j\right)$ sont nuls sitôt que $i \geq \sigma$ ; car, en effet , $t_j \leq t_{\sigma+m+1} \leq x_\sigma \leq x_i$. Ces équations s'écrivent donc : $\sum_{i=-m}^{i=\sigma-1} a_i \left(N_m^i\right)^{(\alpha)}\left(t_j\right)=f^{(\alpha)}\left(t_j\right)$ et ce sous-système du système précédent est formé d'au moins $\sigma+m+1$ équations et comporte $m+1+\sigma-1=m+\sigma$ inconnues $a_i$ . Un tel sous-système qui comporte plus d'équations que d'inconnues ne peut admettre des solutions pour tout choix des seconds membres et, a fortiori, le système lui-même n'admet pas de solution pour certaines fonctions *f*. Ceci contredit 1). L'autre situation apportant la même contradiction, on en déduit donc que $1 \Rightarrow 2$.

On trouvera, par exemple, une démonstration de la réciproque dans **[56]**. Elle fait intervenir une étude des supports d'une fonction spline de l'espace $S_m\left(x_1, x_2 .., x_k\right)$ et du nombre des zéros, lorsque ce nombre est fini, d'une telle fonction sur les différents intervalles limités par les points $x_i$ . On se contente, dans ce qui suit, sur deux exemples simples $m=1$ et $m=2$ et dans le seul cas de l'interpolation de Lagrange (Cf. ex 88 pour le cas d'Hermite), de suggérer des méthodes de démonstration de cette réciproque en utilisant seulement la définition des fonctions splines (Cf. § 3.2.1). En même temps, on donne une démarche pour déterminer la spline d'interpolation cherchée.

### 3.3.2 Existence et détermination de telles splines dans les cas m = 1 et m = 2

#### a) Cas où m=1

La condition 2) de la proposition précédente donne : $t_j < x_j < t_{j+2}$.

◆ Si $k=1$, il n'y a qu'une seule condition, à savoir : $t_1 < x_1 < t_3$, ce qui donne, en se limitant au cas d'une interpolation de Lagrange, deux situations possibles $t_1 < t_2 < x_1 < t_3$ ou $t_1 < x_1 < t_2 < t_3$. D'après la définition d'un élémént de l'espace $S_1$, la spline èst formée de 2 fonctions affines ayant la même valeur au point $x_1$. Dans la première situation, la fonction affine est déterminée sur $\left[x_0, x_1\right]$, ce qui fournit sa valeur en $x_1$. La fonction affine sur $\left[x_1, x_2\right]$ est alors déterminée par ses valeurs en $x_1$ et $t_3$.

◆ Si *k* est supérieur à 1, les conditions 2) de la proposition précédente imposent que l'un au moins des intervalles $\left[x_i, x_{i+1}\right]$ contiennent deux valeurs $t_j$ consécutives. Sur cet intervalle, la fonction affine est donc déterminée et, par conséquent, elle impose sa valeur aux extrémités de cet intervalle ; on peut donc continuer sur les intervalles adjacents à déterminer *s* par ses valeurs en deux points distincts.

#### b) Cas m=2

Dans ce cas, la fonction spline *s* cherchée est continue, dérivable et de degré 2 par morceaux, ce qui suppose des raccordements au premier ordre aux points $x_i$ .

◆ Si $k=1$, la seule condition requise est $t_1 < x_1 < t_4$. Les places de $t_2, t_3$ ne sont pas imposées. On a ainsi les trois situations : $t_1 < t_2 < t_3 < x_1 < t_4$ ou $t_1 < t_2 < x_1 < t_3 < t_4$ ou encore $t_1 < x_1 < t_2 < t_3 < t_4$, celle-ci se ramenant à la première. On montre que dans chacune de ces situations, le problème homogène associé au problème d'interpolation n'a que la solution nulle ; autrement dit, une spline qui s'annule sur les 4 points $t_j$ est la fonction nulle.

Dans la première situation, la fonction du second degré qui s'annule en trois points distincts $t_1, t_2, t_3$ de $[x_0, x_1]$ est forcément nulle sur ce segment. Il en résulte que cette fonction et sa dérivée sont nulles au point $x_1$. Sur $[x_1, x_2]$, la spline qui est du second degré, nulle en $x_1$ et en $t_4$ et de dérivée nulle en $x_1$, est nécessairement aussi la fonction nulle, ce qui termine.

La deuxième situation réclame quelques calculs. On désigne respectivement par $At^2 + Bt + C$ et $A't^2 + B't + C'$ les restrictions de la spline $s$ aux segments $[x_0, x_1]$ et $[x_1, x_2]$. Les conditions d'annulation sur les 4 points et de raccordement en $x_1$ s'écrivent :

$$\begin{cases} At_1^2 + 2Bt_1 + C = 0, \quad At_2^2 + 2Bt_2 + C = 0, \quad Ax_1^2 + 2Bx_1 + C = A'x_1^2 + 2B'x_1 + C' \\ Ax_1 + B = A'x_1 + B', \quad A't_3^2 + 2B't_3 + C' = 0, \quad A't_4^2 + 2B't_4 + C' = 0 \end{cases}$$

Posons : $\sigma_1 = \dfrac{t_1 + t_2}{2}$ et $\sigma_2 = \dfrac{t_3 + t_4}{2}$. La quatrième équation fournit alors $A' = \lambda A$ où $\lambda = \dfrac{x_1 - \sigma_1}{x_1 - \sigma_2}$. La troisième équation devient alors successivement : $A(x_1 - t_1)(x_1 - t_2) = A'(x_1 - t_3)(x_1 - t_4)$ puis $A\left[(x_1 - t_1)(x_1 - t_2) - \lambda(x_1 - t_3)(x_1 - t_4)\right] = 0$.

Comme $\lambda < 0$ et que $x_1$ est à l'extérieur de chaque couple des racines, on en déduit que le facteur de $A$ est non nul, donc que $A = 0$. Tous les autres coefficients qui lui sont proportionnels sont nuls et la spline solution est bien la fonction nulle sur $[a,b] = [x_0, x_1]$.

◆ Si k est quelconque, un intervalle $[x_i, x_{i+1}]$ peut contenir 0 ou 1 ou 2 ou 3 abscisses $t_j$ consécutives. A l'aide des intervalles adjacents, dans lesquels on retrouve en particulier les situations du cas où $k = 1$, on prouve (Cf. ex 88) que la solution est nulle dans $[a,b]$.

### 3.3.3 Interpolation spline avec contraintes aux extrémités

On peut définir d'autres problèmes d'interpolation-spline où, par exemple, on fait intervenir les dérivées aux extrémités de $[a,b]$. A ce sujet, on a :

**Proposition 6.5**

Soit $f$ continûment dérivable à l'ordre $n$ sur $[a,b]$ avec $n \geq 1$ et une suite strictement croissante de points $(x_1, x_2, \dots, x_k)$ incluse dans $]a,b[$. Alors, il existe une unique fonction spline $s$ appartenant à l'espace $S_{2n+1}(x_1, x_2, \dots, x_k)$ telle que :

$$\forall i \in [[0, k+1]], \quad s(x_i) = f(x_i) \quad \text{et} \quad \forall d \in [[1, n]], \quad s^{(d)}(a) = f^{(d)}(a), \ s^{(d)}(b) = f^{(d)}(b)$$

**Démonstration**

On commence par remarquer que le nombre de conditions à remplir pour $s$ est $2k + 2 + 2n$ ; ce nombre est bien la dimension de l'espace $S_{2n+1}(x_1, x_2, \dots, x_k)$. Pour simplifier, on ne fera la démonstration que dans le cas $n = 1$, le principe de cette preuve restant le même lorsque $n$ est un entier quelconque. Le problème se ramenant à la résolution d'un système linéaire , on est amené à prouver que le système homogène associé n'a que la solution nulle.

Soit donc $s$ de degré 3 telle que $\forall i \in [[0,k+1]]$, $s(x_i)=0$ et $s'(a)=0$, $s'(b)=0$. Nous allons prouver que $\int_a^b (s''(t))^2\,dt=0$, ce qui entrainera, étant donnée la continuité de $s''$ et la positivité de son carré, que la fonction $s''$ est nulle sur $[a,b]$. Une intégration par parties sur chacun des intervalles $[x_i, x_{i+1}]$ nous donne, après regroupement des termes :
$\int_a^b (s''(t))^2\,dt = [s''(t)s'(t)]_a^b - \sum_0^k \int_{x_i}^{x_{i+1}} s'''(t)s'(t)\,dt$. Les dérivées en $a$ et en $b$ étant nulles, le premier terme est nul. Sur **chacun** des intervalles $[x_i, x_{i+1}]$, la fonction s''', dérivée d'un polynôme de degré 3 est une constante $c_i$. Le deuxième terme est donc nul puisque, grâce aux hypothèses : $\sum_0^k c_i \int_{x_i}^{x_{i+1}} s'(t)\,dt = \sum_0^k c_i\left(s(x_{i+1}-s(x_i))\right)=0$. Il en résulte ainsi que $s''$ est la fonction nulle sur $[a,b]$, donc que $s(t)=\alpha\, t+\beta$. En tenant compte encore de $s(a)=s(b)=0$, on obtient $s(t)=0 \quad \forall t \in [a,b]$, ce qui termine la démonstration.

On trouvera, dans l'exercice 89, une autre interpolation, voisine de celle-ci, par une spline de degré $2n+1$ et vérifiant : $\forall d \in [[0,2r]]$, $s^{(d)}(a)=s^{(d)}(b)$ (spline périodique).

### 3.3.4 Interpolation par une spline naturelle

**Définition**

Soit toujours une suite strictement croissante de points $(x_1, x_2, \ldots, x_k)$ incluse dans $]a,b[$. Une spline $s$, élément de l'espace $S_{2n+1}(x_1, x_2, \ldots, x_k)$ est dite spline naturelle sur $[a,b]$ si l'on peut étendre $s$ en une fonction *2n* fois continûment dérivable sur $\mathbb{R}$ telle que, sur chacun des intervalles $]-\infty, a[$ et $]b,+\infty[$, cette fonction soit polynomiale de degré *n*.

**Remarque** :

La propriété d'être *2n* fois dérivable pour une telle spline implique, puisqu'à droite de *b* les dérivées d'indices compris entre $n+1$ et $2n$ sont nulles, qu'il en est de même à gauche de *b*. La propriété analogue est à prendre en compte au point *a*. Autrement dit, les dérivées de la spline *s* considérée sur $[a,b]$, vérifient en *a* et en *b* les relations: $\forall d \in [[n+1, 2n]]$ , $s^{(d)}(a)=s^{(d)}(b)=0$.

**Proposition 6.6**

La fonction f étant continue sur $[a,b]$ et si $k \geq n-1$, il existe une unique spline naturelle $s$ de l'espace $S_{2n+1}(x_1, x_2, \ldots, x_k)$ telle que $\forall i \in [[0,k+1]]$, $s(x_i)=f(x_i)$.

**Démonstration**

On peut déjà constater, grâce à la remarque précédente que le nombre des conditions régissant $s$ est $2n+2k+2$, nombre qui est bien égal à la dimension de $S_{2n+1}(x_1, x_2, \ldots, x_k)$. On montre encore que le problème sans second membre associé n'admet que la solution nulle. Soit donc *s*, une spline naturelle nulle sur les $x_i$ ; on veut démontrer que *s* est la fonction nulle. En envisageant des intégrations par parties, comme dans la démonstration précédente, on obtient par les mêmes arguments

: $\int_a^b \left(s^{(n+1)}(t)\right)^2 dt = 0$ d'où la conclusion : $s^{(n+1)}$ est nulle. Autrement dit, $s$ est polynômiale de degré $n$. Or $k \geq n-1$, les conditions $s(x_i)=0$ qui sont en nombre $k+2$ supérieur à $n+1$ fournissent donc la nullité de ce polynôme $s$.

# 4 INTERPOLATION PARAMETRIQUE SPLINE

## 4.1 Préliminaires sur les jonctions des courbes composites de Bézier

On se préoccupe de la régularité de la jonction de deux courbes de Bézier dont l'extrémité de l'une est égale à l'origine de la suivante. On peut toujours supposer (quitte à élever le degré de l'une) que ces courbes sont du même degré $n$. La courbe $C_1$ a le polygone $P_0, P_1, \ldots, P_n$ , l'autre $C_2$ a le polygone $P_n, P_{n+1}, \ldots, P_{2n}$. On sait qu'on réalise un raccord **géométrique d'ordre 1**, à savoir identité des tangentes au point $P_n$ , lorsque les vecteurs $\overrightarrow{P_{n-1}P_n}$ *et* $\overrightarrow{P_nP_{n+1}}$ sont simplement colinéaires. On exige, à présent, l'égalité des vecteurs dérivés au premier ordre, par rapport à un même paramètre, soient égaux (et non plus seulement proportionnels). Dans ce cas, on dit que le raccord est de type $\mathcal{C}^1$. De même, pour l'ordre 2, on peut envisager seulement une plus grande régularité géométrique, en imposant par exemple l'égalité des courbures. Dans ce qui suit, on exigera davantage, à savoir l'égalité des vecteurs dérivés d'ordre 2. Dans ce cas, on dit que le raccord est de type $\mathcal{C}^2$. On commence par le cas du degré 2.

### 4.1.1 Raccord de jonction de deux arcs de Bézier de degré 2

Les deux arcs $C_1$ et $C_2$ sont définis par les polygones $(P_0, P_1, P_2)$ et $(P_2, P_3, P_4)$, les points $P_1, P_2$ et $P_3$ étant alignés pour assurer la même tangente au point commun $P_2$. Supposons d'abord que les paramétres des deux arcs soient sur $[0,1]$. Dans ce cas les 2 vecteurs dérivés d'ordre 1 sont donnés respectivement par $2\,\overrightarrow{P_1P_2}$ et $2\,\overrightarrow{P_2P_3}$. Le point $P_2$ doit donc être au milieu du segment $[P_1, P_3]$ pour assurer le raccord de type $\mathcal{C}^1$.

Mais les questions posées ici exigent que l'on ne se limite plus à cet intervalle $[0,1]$. On suppose que le paramètre de $C_1$ est $u$ variant dans l'intervalle $[u_0, u_1]$ dont la longueur est notée $d_0$ et que le paramètre de $C_2$ est $u$ variant dans $[u_1, u_2]$ de longueur $d_1$, le paramètre, pour la réunion des deux courbes, étant encore noté $u$ variant dans $[u_0, u_2]$. On se ramène alors à $[0,1]$ sur les trois arcs, donc au cas précédent, en utilisant les paramètres $t^-, t^+$ et $t$ définis par $t^- = \dfrac{u-u_0}{u_1-u_0}$, $t^+ = \dfrac{u-u_1}{u_2-u_1}$, $t = \dfrac{u-u_0}{u_2-u_0}$. Cette fois, en tenant compte des dérivations composées, l'égalité des vecteurs dérivés fournit :

Le raccord de type $\mathcal{C}^1$ équivaut à la relation : $\dfrac{dt^-}{dt}\overrightarrow{P_1P_2} = \dfrac{dt^+}{dt}\overrightarrow{P_2P_3}$, ou encore à :

$$\boxed{d_0\,\overrightarrow{P_2P_3} + d_1\,\overrightarrow{P_2P_1} = \overrightarrow{0}}.$$

En passant par les deux paramétrages qui sont du second degré, on peut remarquer que le raccord de type $\mathcal{C}^2$ équivaut à dire que la réunion des deux arcs constituent un arc de parabole C dont les deux tangentes aux extrémités sont les deux droites $(P_0, P_1)$ et $(P_4, P_3)$. La propriété des tangentes à la parabole C ou encore la propriété des points de la génération barycentrique de rang 1 pour C permet alors de conclure :

La condition de raccord de type $\mathcal{C}^2$ équivaut à dire que ces deux droites se rencontrent en un point T tel que $\overrightarrow{OP_1} = (1-t_1)\overrightarrow{OP_0} + t_1\,\overrightarrow{OT}$, ou encore ( forme barycentrique) que :

$$(d_1 + d_0)\overrightarrow{OP_1} = d_1\,\overrightarrow{OP_0} + d_0\,\overrightarrow{OT}$$

Remarquons que, sous cette condition, on a aussi : $\overrightarrow{OP_3} = (1-t_1)\overrightarrow{OT} + t_1\,\overrightarrow{OP_4}$.

#### 4.1.2 Cas du degré n

Pour le cas du raccord de type $\mathcal{C}^1$, le raisonnement, en utilisant les mêmes notations, en particulier $d_0 = u_1 - u_0$ et $d_1 = u_2 - u_1$, est exactement le même. On trouve donc :

Le raccord de type $\mathcal{C}^1$ équivaut à la relation : $\frac{dt^-}{dt}\,\overrightarrow{P_{n-1}P_n} = \frac{dt^+}{dt}\,\overrightarrow{P_n P_{n+1}}$, soit encore :

$$\boxed{d_0\,\overrightarrow{P_n P_{n+1}} + d_1\,\overrightarrow{P_n P_{n-1}} = \overrightarrow{0}}$$

Pour le raccord $\mathcal{C}^2$, on se raméne à la situation de $n=2$ en utilisant l'expression, fournie dans § 6.4.2 du chapitre 1, des vecteurs dérivés d'ordre 2, à l'aide des points de la génération barycentrique de rang $n-2$. Cette formule montre que ces vecteurs dérivés ne font intervenir que les points $P_n, P_{n-1}, P_{n-2}$ pour l'arc $C_1$ et $P_n, P_{n+1}, P_{n+2}$ pour l'arc $C_2$. Si on suppose que la condition $\mathcal{C}^1$ est réalisée, on peut considérer que les deux arcs de parabole $C_1^*$ et $C_2^*$ qui ont pour polygones $P_n, P_{n-1}, P_{n-2}$ et $P_n, P_{n+1}, P_{n+2}$ (et qui ne sont pas, bien entendu, des sous arcs de $C_1$ et $C_2$) ont, pour un paramétrage convenable, un raccord de type $\mathcal{C}^1$. D'après la remarque précédente, les vecteurs dérivés du second ordre au point $P_n$ , relativement à $C_1$ ou $C_2$, sont ceux , en ce point $P_n$, des arcs $C_1^*$ et $C_2^*$. On est ainsi ramené à la situation précédente, d'où le résultat concernant le type $\mathcal{C}^2$ :

La condition de raccord de type $\mathcal{C}^1$ étant remplie, le raccord de type $\mathcal{C}^2$ est réalisé si et seulement si les deux droites $(P_{n-2}, P_{n-1})$ et $(P_{n+2}, P_{n+1})$ se rencontrent en un point $T$ tel que : $(d_0 + d_1)\overrightarrow{OP_{n-1}} = d_0\,\overrightarrow{OP_{n-2}} + d_1\,\overrightarrow{OT}$. Cette condition équivaut à l'existence d'un point $T$ tel que : $(d_0 + d_1)\overrightarrow{OP_{n-1}} = d_0\,\overrightarrow{OP_{n-2}} + d_1\,\overrightarrow{OT}$ et $(d_0 + d_1)\overrightarrow{OP_{n+1}} = d_0\,\overrightarrow{OT} + d_1\,\overrightarrow{OP_{n+2}}$

### *4.2 Etude de courbes de Bézier composites de degré 2 et de type $\mathcal{C}^1$*

On considère une courbe composite de Bézier formée de $n+1$ arcs successifs de parabole. dont les polygones ont des sommets formant la suite $P_0, P_1, \ldots, P_{2(n+1)}$. Une suite strictement croissante $(u_0, u_1, \quad, u_{n+1})$ de réels, donnée arbitrairemant, définit les

domaines $[u_i, u_{i+1}]$ des paramètres pour chacun de ces arcs ainsi que les longueurs respectives de ces intervalles $d_i = u_{i+1} - u_i$. Ce qui précède peut s'appliquer à chacune des jonctions entre deux arcs consécutifs.
Si, pour de telles courbes composites, on envisageait des raccords de type $\mathcal{C}^2$, la courbe composite deviendrait un arc de parabole, c'est pourquoi on ne considère, dans ce cas où $n=2$, que le cas des raccords de type $\mathcal{C}^1$.
Cette courbe composite est alors caractérisée par les conditions :

$$\forall i \in [[0, n-1]], \quad d_{i+1}\, \overrightarrow{P_{2i+2}\, P_{2i+1}} + d_i\, \overrightarrow{P_{2i+2}\, P_{2i+3}} = \overrightarrow{0}.$$

Les nombres $d_i$ faisant partie des données, ces relations permettent de reconstituer les sommets des polygones de Bézier à partir des points $P_0, P_1, P_3, P_5, \ldots, P_{2n+1}, P_{2n+2}$ ; autrement dit, cette courbe composite, à raccords de type $\mathcal{C}^1$ est déterminée par la donnée de ces derniers points et de la suite $(u_0, u_1, \quad, u_{n+1})$.
Or, une telle définition où interviennent, d'une part, des polynômes de degré 2 par morceaux, avec régularité globale de type $\mathcal{C}^1$ et, d'autre part, la donnée de ce qu'on est tenté d'appeler des valeurs nodales, fait songer (Cf. § 1.1 du chapitre 2) à la définition d'une courbe B-spline. En fait, nous allons prouver :

**Proposition 6.7**

La courbe composite de Bézier précédente à jonctions de type $\mathcal{C}^1$ pour le paramétrage associé à la suite $(u_0, u_1, \quad, u_{n+1})$ est identique à la courbe B-spline de polygone $P_0, P_1, P_3, P_5, \ldots, P_{2n+1}, P_{2n+2}$ et de vecteur nodal $(u_0, u_0, u_0, u_1, u_2, \ldots, u_n, u_{n+1}, u_{n+1}, u_{n+1})$, obtenu en triplant les nombres extrémités de la suite donnée.

Pour le prouver, on utilise les notations des B-splines générales. On a ainsi $k = n+5$ et, comme le degré $m$ est 2, le domaine du paramètre est $[t_m, t_{k-m}] = [t_2, t_{n+3}] = [u_0, u_{n+1}]$ qui est bien la réunion des intervalles associés aux $n+1$ arcs de parabole considérés.

La courbe B-spline définie ci-dessus est donc caractérisée par : $\overrightarrow{OM}(t) = \sum_0^{2+n} N_2^i(t)\, \overrightarrow{OQ_i}$

avec $Q_0 = P_0$, $Q_i = P_{2i-1}, Q_{n+2} = P_{2n+2}$.
On établit (Cf. Exercice 42) les résultats suivants pour les trois premieres fonctions:

$$N_2^1(t) = \left(\frac{u_1 - t}{u_1 - u_0}\right)^2, \; N_2^1(t) = \frac{(t-u_0)(u_1-t)}{(u_1-u_0)^2} + \frac{(t-u_0)(u_2-t)}{(u_2-u_0)(u_1-u_0)}, \; N_2^2(t) = \frac{(t-u_0)^2}{(u_2-u_0)(u_1-u_0)}$$

On trouve alors que le premier arc de la courbe B-spline est un arc de parabole dont les extrémités sont $Q_0$ et le point $M(u_1)$ défini par $(d_0 + d_1)\overrightarrow{OM}(u_1) = d_1\, \overrightarrow{OQ_1} + d_0\, \overrightarrow{OQ_3}$, autrement dit, le point $P_2$. On détermine également les tangentes en ces points ; on trouve respectivement la droite $(Q_0, Q_1)$ et la droite $(Q_1, Q_2)$, c'est à dire les droites $(P_0, P_1)$ et $(P_1, P_2)$. On en conclut que ce premier arc de B-spline est confondu avec le premier arc de la courbe composite de Bézier. On poursuit en prouvant qu'il en est de même des autres arcs. On a ainsi terminé l'identification annoncée.
L'identification précédente peut être conduite géométriquement (Voir le cas de $n = 3$).

Remarquons que la courbe B-spline « démarre » au point $Q_0$ avec la tangente $(Q_0,Q_1)$, ce qui est conséquence de la multiplicité du premier noeud (Cf. § 6.3.3).

## *4.3 Etude de courbes de Bézier composites de degré 3 et de type $\mathcal{C}^2$*

### 4.3.1 Identification d'une telle courbe avec une courbe B-spline cubique

On se donne, à présent une courbe composite de Bézier formée de $n+1$ arcs de Bézier de degré 3 dont les polygones ont des sommets formant la suite $P_0,P_1,\dots,P_{3[n+1]}$. Une suite strictement croissante $(u_0,u_1,\ \ ,u_{n+1})$arbitraire de réels définit les domaines$[u_i,u_{i+1}]$ des paramètres pour chacun de ces arcs. On pose : $d_i = u_{i+1} - u_i$.

Les résultats de § 4.1 sont maintenant appliqués pour des jonctions de type $\mathcal{C}^2$. Ainsi, les points $P_{3i+2},P_{3i+3}$ et $P_{3i+4}$ sont alignés avec les situations barycentriques suivantes (où $i$ varie de 0 à $n-1$) : **(1)** $(d_i+d_{i+1})\overrightarrow{OP_{3i+3}} = d_i\,\overrightarrow{OP_{3i+4}} + d_{i+1}\,\overrightarrow{OP_{3i+2}}$.

Par ailleurs, si, pour $i \geq 1$, on note $T_i$ le point d'intersection des droites$(P_{3i-1},P_{3i-2})$ et $(P_{3i+1},P_{3i+2})$, on a les relations : **(2)** $\begin{cases}(d_{i-1}+d_i)\overrightarrow{OP_{3i-1}} = d_{i-1}\,\overrightarrow{OT_i} + d_i\,\overrightarrow{OP_{3i-2}} \\ (d_{i-1}+d_i)\overrightarrow{OP_{3i+1}} = d_{i-1}\,\overrightarrow{OP_{3i+2}} + d_i\,\overrightarrow{OT_i}\end{cases}$.

La figure ci-après montre, dans le cas d'une courbe B-spline à 3 arcs, d'où $n=2$, la disposition des points P et T et aussi celle des points Q, sommets relatifs à la spline :

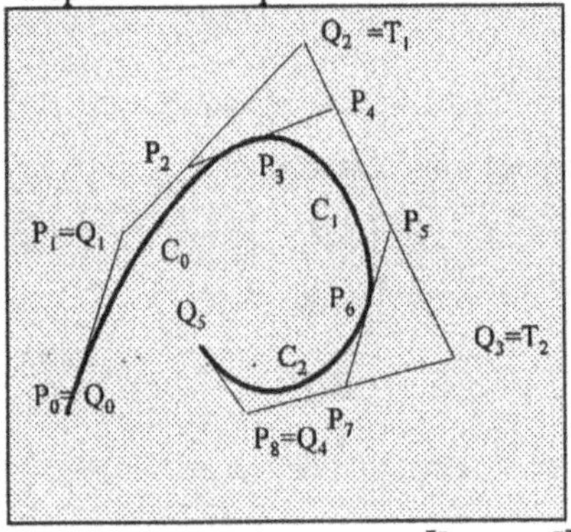


On considère alors la courbe B-spline de degré 3 dont les valeurs nodales sont obtenues à partir de la suite $(u_0,u_1,\ \ ,u_{n+1})$ en accordant aux deux valeurs extrèmes une multiplicité d'ordre 4 (=3+1), à savoir : $(u_0,u_0,u_0,u_0,u_1,\ \ ,u_{n+1},u_{n+1},u_{n+1},u_{n+1},u_{n+1})$, ce qui pour$n=2$ donne :$(u_0,u_0,u_0,u_0,u_1,u_2,u_3,u_3,u_3,u_3)$.

Les sommets du polygone de la B-spline sont les points $Q_i$ définis par :

$Q_0 = P_0$, $Q_1 = P_1$, $\forall i \in [[2,n+1]]$, $Q_i = T_{i-1}$, $Q_{2+n} = P_{3n+2}$ et enfin $Q_{3+n} = P_{3n+3}$. On peut voir que, pour les arcs non extrèmes, le segment $[T_i,T_{i+1}]$ contient 2 sommets consécutifs de Bézier ; c'est le cas, dans la figure précédente, de $[T_1,T_2]$ qui contient $P_3$ et $P_4$. Le système vérifié par ces deux points (Cf. relations **(2)**):

$$\begin{cases}(d_0+d_1)\overrightarrow{OP_4} = d_1\,\overrightarrow{OQ_2} + d_0\,\overrightarrow{OP_5} \\ (d_1+d_2)\overrightarrow{OP_5} = d_2\,\overrightarrow{OP_4} + d_1\,\overrightarrow{OQ_3}\end{cases}$$

fournit $P_4$ et $P_5$. Ainsi : $(d_0+d_1+d_2)\,\overrightarrow{OP_4} = (d_1+d_2)\overrightarrow{OQ_2} + d_0\,\overrightarrow{OQ_3}$.

En reprenant les notations du § 6 du chapitre 2, on a $m=3$, $k=n+6$et, par conséquent, le domaine paramétrique est $[t_m,t_{k-m}] = [t_3,t_{n+3}] = [u_0,u_{n+1}]$. Cette courbe B-spline est

donc constituée de $n+1$ arcs de cubiques. Prouvons que, comme dans le cas $n=2$ :
**Proposition 6.8**

La courbe composite de Bézier précédente astreinte aux jonctions de type $\mathcal{C}^2$ est identique à cette courbe B-spline cubique.

Plutôt qu'un calcul (Cf. exercice 43), nous utilisons ici des arguments géométriques . On se contente, en fait du premier arc ; les autres vérifications étant analogues.
Comme la valeur nodale $u_0$ est de multiplicité 4, on sait (Cf. § 6.3.3 du chapitre 2) que la courbe B-spline passe par le point $Q_0 = P_0$ et, qu'en utilisant la variable $t = \dfrac{u-u_0}{u_1-u_0}$, le vecteur dérivé en ce point est $3\overrightarrow{Q_0Q_1} = 3\overrightarrow{P_0P_1}$. Pour le point $M(u_1)$ de la B-spline, on utilise la construction géométrique décrite dans §6.5 du chapitre 2. Comme $u_1$ appartient à $[u_1,u_2]=[t_4,t_5]$, on a $j=4$ (notations de § 6.5), les barycentres de la première génération sont $Q_i^{(1)}$ où i varie entre $j-m=2$ et $j=4$. Ces points, définis par $\overrightarrow{OQ_i^{(1)}} = \mu^i_3\overrightarrow{OQ_i} + (1-\mu^i_3)\overrightarrow{OQ_{i-1}}$ où les coefficients $\mu^i_3$ sont donnés par : $\mu^i_3 = \dfrac{t-t_i}{t_{i+3}-t_i}$, peuvent s'exprimer à l'aide des $d_i$. On trouve :

$$\begin{cases} (d_0+d_1)\overrightarrow{OQ_2^{(1)}}(u_1) = d_0\,\overrightarrow{OQ_2} + d_1\,\overrightarrow{OQ_1} \\ (d_0+d_1+d_2)\overrightarrow{OQ_3^{(1)}}(u_1) = d_0\,\overrightarrow{OQ_3} + (d_1+d_2)\,\overrightarrow{OQ_2} \\ \overrightarrow{OQ_4^{(1)}}(u_1) = \overrightarrow{OQ_3} \quad (\text{car } u_1 = t_4 \Rightarrow \mu^4_3 = 0 \text{ et } 1-\mu^4_3 = 1) \end{cases}$$

On remarque ainsi que $Q_2^{(1)}(u_1) = P_2$, que (formule précédente donnant $P_4$) $Q_3^{(1)} = P_4$ et que $Q_4^{(1)} = Q_3$: On recommence pour les barycentres de la génération de rang 2. Ce sont les points $Q_i^{(2)}(u_1)$ où $i=3$ et $i=4$ définis au moyen des coefficients $\mu^i_{m-1}$. On trouve :

$$(d_1+d_0)\overrightarrow{OQ_3^{(2)}} = d_0\,\overrightarrow{OQ_3^{(1)}} + d_1\,\overrightarrow{OQ_2^{(1)}} = d_0\,\overrightarrow{OP_4} + d_1\,\overrightarrow{OP_2}$$

$$\overrightarrow{OQ_4^{(2)}} = \overrightarrow{OQ_3^{(1)}} = \overrightarrow{OP_4} \quad (\text{car } \mu^4_2 = 0)$$

Là encore, ces points se confondent avec $P_3$ et $P_4$ et, puisque $\mu^4_1 = 0$, l'unique barycentre $Q_4^{(3)}$ se confond avec $P_3$, autrement dit : $M(u_1) = P_3$. De plus, la tangente en ce point est définie par la droite $(P_3, P_4)$ joignant les deux barycentres de rang 2.
Plus précisément, cherchons le vecteur dérivé, par rapport à la variable $u$ (décrivant $[u_0,u_2]$) relative à la spline considérée, au point de paramètre $u_1$. En utilisant la proposition 2.18 du chapitre 2 (attention aux notations), on a :

$$\frac{d}{du}\overrightarrow{OM}(u_1) = \frac{m}{t_{j+1}-t_j}\overrightarrow{Q_{j-1}^{(m-1)}(u_1)Q_j^{(m-1)}(u_1)} = \frac{3}{u_2-u_1}\overrightarrow{P_3P_4}.$$

Grâce aux relations $(\mathbf{1})$, on a aussi : $\frac{d}{du}\overrightarrow{OM}(u_1) = -\frac{3}{u_2 - u_1}\frac{d_1}{d_0}\overrightarrow{P_3P_2} = -\frac{3}{u_1 - u_0}\overrightarrow{P_3P_2}$.

Finalement, en utilisant la variable $t$ de $[0,1]$ de la définition d'une courbe de Bézier, on conclut, à l'aide de cette formule, que $\left.\frac{d}{dt}\overrightarrow{OM}\right|_{t=1} = 3\overrightarrow{P_2P_3}$.

En tenant compte de ces résultats aux extrémités du premier arc de la spline (Cf. § 4.3.3, chapitre 1), on voit que le premier arc de la B-spline considérée est confondu avec l'arc de Bézier de degré 3 dont le polygone caractéristique a pour sommets $P_0, P_1, P_2, P_3$ . Les autres vérifications se font de façon analogue ; d'où la conclusion annoncée ci-dessus.

### 4.3.2 Réciproque

Dans ce qui précède, la courbe composite de Bézier étant donnée, on a construit une courbe B-spline qui lui est identique. On peut établir une réciproque en montrant qu'une B-spline cubique à $n+1$ arcs étant donnée par sa suite de noeuds $(u_0, u_0, u_0, u_0, u_1, u_2, \dots, u_{n+1}, u_{n+1}, u_{n+1}, u_{n+1})$ et les sommets $Q_0, Q_1, Q_2, \dots Q_{n+3}$ de son polygone, on peut déterminer les sommets des polygones caractéristiques de la courbe composite de Bézier avec jonctions de type $\mathcal{C}^2$ qui lui est identique. Or, ces sommets se déduisent immédiatement des relations précédentes, notamment en résolvant les systèmes constitués par les relations $(\mathbf{2})$, mises pour la circonstance, pour $1 \le i \le n-1$, sous la forme :

$$(3)\begin{cases}(d_{i-1}+d_i)\overrightarrow{OP_{3i+1}} - d_{i-1}\overrightarrow{OP_{3i+2}} = d_i\overrightarrow{OQ_{i+1}}\\ -d_{i+1}\overrightarrow{OP_{3i+1}} + (d_{i+1}+d_i)\overrightarrow{OP_{3i+2}} = d_i\overrightarrow{OQ_{i+2}}\end{cases}.$$

Le déterminant s'écrit : $\Delta = (d_{i-1}+d_i)(d_{i+1}+d_i) - d_{i+1}d_{i-1} = d_i(d_{i+1}+d_i+d_{i+1}) = d_i D_i$; où on a posé $D_i = d_{i+1}+d_i+d_{i+1}$. On en déduit les solutions définies par :

$$(\mathbf{4})\begin{cases}D_i\overrightarrow{OP_{3i+1}} = (d_{i+1}+d_i)\overrightarrow{OQ_{i+1}} + d_{i-1}\overrightarrow{OQ_{i+2}}\\ D_i\,OP_{3i+2} = d_{i+1}\overrightarrow{OQ_{i+1}} + (d_{i-1}+d_i)\overrightarrow{OQ_{i+2}}\end{cases}.$$

Pour $i = 0$, on sait que $P_2$ vérifie : $(d_0 + d_1)\overrightarrow{OP_2} = d_0\overrightarrow{OQ_2} + d_1\overrightarrow{OP_1}$ ; la deuxième équation précédente est donc encore valable si on convient que $d_{-1} = 0$ (ce qui semble logique en raison de la multiplicité de $u_0$). La première de ces équations est alors évidente. De même, lorsque $i = n$, la convention $d_{n+1} = 0$ rend valable la première des équations $(\mathbf{4})$, la deuxième étant alors évidente. Finalement , concluons qu'avec les 2 conventions précédentes, les équations $(\mathbf{4})$ sont valables pour $0 \le i \le n$ .

Pour résumer, les sommets du polygone caractéristique de la courbe composite de Bézier sont définis par les égalités $P_0 = Q_0, P_1 = Q_1, P_{3n+2} = Q_{n+2}, P_{3n+3} = Q_{n+3}$, les relations $(\mathbf{1})$ et les formules $(\mathbf{4})$ valables pour $0 \le i \le n$ .

## *4.4 Interpolation par une spline cubique*

L'importance des B-splines cubiques apparaît dans l'énoncé du problème suivant :

Etant donnés des points du plan $M_i$ où $0 \le i \le n+1$, et une suite strictement croissante de réels $(u_0, u_1, ..., u_{n+1})$, trouver une courbe B-spline cubique dans ce plan, associée à la suite nodale déduite de la suite précédente en quadruplant $u_0$ et $u_{n+1}$, telle que le point courant $M(u)$ vérifie les $n+2$ relations : $\forall i \in [[0, n+1]] \quad M(u_i) = M_i$.

**Résolution**

Remarquons d'abord que les sommets inconnus $Q_k$ du polygone de la B-spline cherchée, au nombre de $n+4$, vérifient les $n+2$ équations : $\sum_0^{n+3} N_3^k(u_i)\overrightarrow{OQ_k} = OM_i$. Ce problème ne recevant pas, en général, de solution unique, on peut, pour obtenir l'unicité (sous réserve d'existence), adjoindre deux contraintes convenables. On choisit généralement d'imposer les vecteurs dérivés aux extrémités, ce qui revient à se donner, dans ce cas des valeurs nodales extrèmes quadruples, les points $Q_1$ et $Q_{n+2}$. Par exemple, on se donne pour point $Q_1$ le deuxième point de Bézier de l'arc de parabole d'extrémités $M_0$ et $M_2$ qui passe par $M_1$ ( choix analogue pour $Q_{n+2}$ , à partir des 3 derniers points).

En considérant la courbe composite de Bézier à jonctions de type $C^2$ à laquelle la B-spline cherchée s'identifie, on sait que les points $Q_k$ sont liés aux sommets $P_j$ des polygones des arcs successifs de cette courbe.

On a déjà : $P_{3i} = M_i$ pour $0 \le i \le n+1$, ces points $P_{3i}$ étant liés barycentriquement à $P_{3i-1}$ *et* $P_{3i+1}$ lorsque $1 \le i \le n$, par les relations $(1)$ dans le paragraphe 4.3, à savoir $(d_{i-1} + d_i)\overrightarrow{OP_{3i}} = d_{i-1}\overrightarrow{OP_{3i+1}} + d_i\overrightarrow{OP_{3i-1}}$. En éliminant $P_{3i-1}$ *et* $P_{3i+1}$ entre les relations $(4)$ de § 4.3 ( avec les conventions $d_{-1} = d_{n+1} = 0$) et cette dernière relation on trouve :

$$(d_{i-1} + d_i)\overrightarrow{OM_i} = \frac{d_{i-1}}{D_i}\left[(d_{i+1} + d_i)\overrightarrow{OQ_{i+1}} + d_{i-1}\overrightarrow{OQ_{i+2}}\right]$$

$$+\frac{d_i}{D_{i-1}}\left[d_i\overrightarrow{OQ_i} + (d_{i-2} + d_{i-1})\overrightarrow{OQ_{i+1}}\right] = a_i\overrightarrow{OQ_i} + b_i\overrightarrow{OQ_{i+1}} + c_i\overrightarrow{OQ_{i+2}},$$

formule où on a posé : $a_i = \frac{(d_i)^2}{D_{i-1}}$, $b_i = \frac{d_i((d_{i-2} + d_{i-1}))}{D_{i-1}} + \frac{d_{i-1}(d_{i+1} + d_i)}{D_i}$, $c_i = \frac{(d_{i-1})^2}{D_i}$.

On en déduit donc le système de type tridiagonal vérifié par les $Q_i$ où $2 \le i \le n+1$ :

$$\begin{array}{ll}
b_1\overrightarrow{OQ_2} + c_1\overrightarrow{OQ_3} & = (d_0 + d_1)\overrightarrow{OM_1} - a_1\overrightarrow{OQ_1^{*}} \\
a_2\overrightarrow{OQ_2} + b_2\overrightarrow{OQ_3} + c_2\overrightarrow{OQ_4} & = (d_1 + d_2)\overrightarrow{OM_2} \\
\cdots\cdots \quad \cdots\cdots \quad \cdots\cdots & \\
a_{n-1}OQ_{n-1} + b_{n-1}OQ_n + c_{n-1}OQ_{n+1} & = (d_{n-2} + d_{n-1})OM_{n-1} \\
a_nOQ_n + b_nOQ_{n+1} & = (d_{n-1} + d_n)OM_n - c_n\overrightarrow{OQ_{n+2}^{*}}
\end{array}$$

Les notations $\overrightarrow{OQ_1^*}$ et $\overrightarrow{OQ_{n+2}}^*$ indiquent des valeurs arbitraires (Cf. remarque préalable). Ce système donne, par projections sur les axes, deux systèmes linéaires de $n$ équations dont les inconnues sont les coordonnées notées $(\xi_k, \eta_k)$ des points $Q_k$ pour $1 < k < n+2$. Les matrices de ces deux systèmes sont identiques à la matrice tridiagonale suivante : $\begin{bmatrix} b_1 & c_1 & 0 & \ldots\ldots & 0 \\ a_2 & b_2 & c_2 & \ldots\ldots & 0 \\ 0 & a_3 & b_3 & c_3\ldots\ldots & 0 \\ \ldots & \ldots & \ldots & \ldots\ldots & \\ 0 & 0 & \ldots\ldots & 0\ldots\; a_n & b_n \end{bmatrix}$. On peut prouver que si cette matrice est à diagonale strictement dominante, c'est à dire si elle vérifie les conditions suivantes : $\forall k \in [[1,n]]$, $b_k > a_k + c_k$ , alors elle est inversible (Cf. exercice 90).

**Propriété de minimum**

On démontre (Cf. **[45]** par exemple) que la spline cubique $s$ d'interpolation précédente, de composantes $x$ et $y$, vérifie la propriété de minimum suivante : Si $s_1$ est une autre courbe interpolatoire de type $\mathcal{C}^2$ et satisfaisant aux mêmes contraintes supplémentaires aux extrémités, la dérivée d'ordre 2 de la composante $x_1$ vérifie l'inégalité : $\int_{u_0}^{u_{n+1}} \left(x_1''\right)^2(u)du \geq \int_{u_0}^{u_{n+1}} \left(x''\right)^2(u)du$ ( même inégalité pour les $y$). Voir l'exercice 91.

## 5. NOTIONS D'APPROXIMATION ET DE LISSAGE

L'interpolation d'une fonction $f$ définie sur $[a,b]$ réalise en quelque sorte une approximation de cette fonction. En supposant qu'un sens précis soit donné à la notion d'approximation qui fait intervenir une « **distance entre deux fonctions** », on peut définir les diverses approximations, au sens de cette distance, de la fonction $f$ (Cf. **[37]**, **[55]**... et annexe 4). Dans certains cas, une interpolation relative à une certaine suite d'abscisses peut réaliser une telle approximation, par exemple une suite régulière sur $[a,b]$. On peut d'ailleurs se poser la question de savoir si la famille des interpolants de Lagrange ou d'Hermite peut converger au sens de la distance choisie vers la fonction $f$ (Cf. annexe 4).
En restant dans le domaine de l'interpolation, on peut considérer aussi, sur un système d'abscisses donné, tous les types d'interpolations exactes ou approchées possibles d'une même fonction $f$. Ce problème, cas particulier d'un problème de lissage (Cf. annexe 4) est alors de décider quelle est la meilleure de ces interpolations. La résolution d'un tel problème demande qu'au préalable on définisse, ici encore, des critères de comparaison de telles interpolations.

Les notions ainsi abordées constituent un thème mathématique essentiel. Nous renvoyons à l'annexe 4 pour quelques précisions supplémentaires mais surtout à la littérature abondante sur ce sujet (Cf. **[1]**, **[27]**, **[35]**, **[36]**, **[46]**, **[55]**), en signalant seulement deux critères classiques qui sont évoqués dans cet ouvrage. La méthode des moindres carrés donne un critère très utilisé (Cf. exercices 78 et 79). La minimisation de la courbure joue également un grand rôle dans les interpolations de type spline, un exemple en est donné par la propriété de minimum décrite à la fin du paragraphe précédent.

# EXERCICES SUR TOUS LES CHAPITRES

## EXERCICES SUR LE CHAPITRE 1

Dans chacun des exercices suivants de 1 à 4, on donne les coordonnées des points de définition dans un repère orthonormé ; on demande de préciser les variations des coordonnées, les tangentes aux points de paramètres 0 et 1, les tangentes parallèles aux axes et les points remarquables de la courbe. Les exercices suivants portent sur la détermination de courbes de Bézier soumises à des contraintes données, sur les déterminations de points, de tangentes, de courbure et l'utilisation des hodographes.

**Exercice 1**

Pour les 2 courbes de degré 2, les points de définition étant respectivement $P_0(0,0,0)$ ; $P_1(2,1,0)$ ; $P_2(2,0,0)$ et $P_0(0,0,0)$ ; $P_1(2,1,2)$ ; $P_2(2,0,0)$

**Exercice 2**

Pour les courbes de degré 3 définies respectivement par $P_0(0,0,0)$ ; $P_1(1,1,1)$ ; $P_2(0,0,0)$; $P_3(0,0,1)$ et $P_0(0,0,0)$ ; $P_1(1,1,1)$ ; $P_2(1,1,1)$; $P_3(0,0,1)$.
Quelles sont leurs projections respectives sur le plan horizontal?

**Exercice 3**

Pour la courbe de Bézier de degré 4 située dans le plan horizontal et de points de définition $P_0(0,0,0)$ ; $P_1(1,1,1)$ ; $P_2(0,0,0)$; $P_3(0,0,1)$.

**Exercice 4**

Pour la courbe de Bézier de degré 4 de points de définition $P_0(0,0,0)$ ; $P_1(1,1,1)$ ; $P_2(1,0,0)$; $P_3(0,0,1)$; $P_4(0,0,0)$. Etudier sa projection horizontale.

**Exercice 5**

Pour un déplacement d'un point de définition caractérisé par le vecteur $\vec{D}$ (Cf. §2.2.3, c), tous les points subissent un déplacement de vecteur colinéaire à $\vec{D}$. En étudiant les variations des polynômes de Bernstein, étudier l'intensité de ce déplacement suivant les valeurs du paramètre du point de la courbe considéré.

**Exercice 6**

Construire la courbe de Bézier dont les points de définition sont donnés par leurs coordonnées : $P_0(0,0)$ ; $P_1(2,0)$ ; $P_2(1,0)$; $P_3(0,1)$; $P_4(0,2)$; $P_5(0,0)$.

**Exercice 7**

Soit la courbe de Bézier du plan xOy dont les points de définition sont $P_0(0,0)$ ; $P_1(0,1)$; $P_2(a,a)$; $P_3(1,0)$; $P_4(0,0)$.

1°) Montrer que la courbe admet un axe de symétrie ; on le précisera.

2°) Déterminer la condition sur le nombre a supposé positif pour que la courbe recoupe les segments $[P_1, P_2]$ et $[P_3, P_2]$. On donnera une solution analytique puis une solution géométrique;

3°) Déterminer la condition sur le nombre a supposé positif pour que la courbe soit tangente au segment $[P_1, P_3]$.

**Exercice 8**

1°)Soit la courbe $\Gamma$ représentée par : $\begin{cases} x = f(t) = -3t^3 + 6t^2 - 1 \\ y = g(t) = 3(3t^3 - 5t^2 + 2t) \end{cases}$.

a) Etudier les variations de f et de g sur l'intervalle $[0,1]$ et construire $\Gamma$.

b) Précisez les points de définition de $\Gamma$ considérée comme une cubique de Bézier.

2°)On donne une courbe définie paramétriquement dans le plan par :

$$\begin{cases} x = at^3 + bt^2 + ct \\ y = a't^3 + b't^2 + c't \end{cases}.$$

a) Déterminer les conditions pour que cette courbe passe par le point O pour $t = 1$.

b) Sous les conditions précédentes, déterminer les points de Bézier de la courbe donnée.

**Exercice 9**

On écrit la puissance d'ordre $n$ en composant symboliquement la puissance d'ordre n-1 avec la puissance 1 sous la forme ci-dessous (associativité des puissances):

$$\overrightarrow{OM(t)} = \left((1-t)\overrightarrow{OP_0} + t\,\overrightarrow{OP_1}\right)^{[n-1]} [*] \left((1-t)\overrightarrow{OP_0} + t\,\overrightarrow{OP_1}\right)$$

a) Montrer que : $\overrightarrow{OM(t)} = \sum_0^{n-1} B_{n-1}^i(t)\left[ OP_i * \left((1-t)\overrightarrow{OP_0} + t\,\overrightarrow{OP_1}\right)\right]$

b) En déduire, en faisant intervenir les barycentres de la première génération, la formule démontrée dans le § 6.3.1 : $\boxed{\overrightarrow{OM(t)} = \sum_0^{n-1} B_{n-1}^i(t)\overrightarrow{OP_i^1(t)}}$.

c) Trouver, par une méthode analogue, la formule fournissant le point courant à l'aide des barycentres de la génération de rang 2.

**Exercice 10**

Rédiger, avec toute la rigueur nécessaire, la démonstration contenue dans le § 6.3.2 qui aboutit au théorème 1.6.

**Exercice 11**

Démontrer, par récurrence, la formule encadrée de § 6.4.2.

**Exercice 12**

Le vecteur dérivée en $M(t)$ est donné par $\frac{d}{dt}\overrightarrow{OM}(t) = \sum_{i=0}^{i=n}\left(B_n^i\right)'(t)\overrightarrow{OP_i}$. En se servant de l'équation différentielle **(R₃)** ( cf, § 2.1.4), on a, en multipliant par $t(1-t)$, la relation :

$$t(1-t)\frac{d}{dt}\overrightarrow{OM}(t) = -nt\sum_{i=0}^{i=n} B_n^i(t)\overrightarrow{OP_i} + \sum_{i=1}^{i=n} i\,B_n^i(t)\overrightarrow{OP_i}.$$

a) Montrer que : $t(1-t)\frac{d}{dt}\overrightarrow{OM}(t) = nt\left[-\sum_{i=0}^{i=n} B_n^i(t)\overrightarrow{OP_i} + \sum_{i=o}^{i=n-1} B_{n-1}^i(t)\overrightarrow{OP_{i+1}}\right]$.

b) Montrer qu'on aboutit ainsi, lorsque $t$ n'est pas nul, à la formule :

$$\boxed{(1-t)\frac{d}{dt}\overrightarrow{OM}(t) = n\left[\overrightarrow{OP_1^{n-1}} - \overrightarrow{OM}\right] = n\,\overrightarrow{MP_1^{n-1}}}$$

c) Donner une conclusion et comparer avec les résultats de § 6.4.3.

**Exercice 13**

Soit la courbe de Bézier du plan xOy dont les points de définition sont $P_0(0,0)$ ; $P_1(1,0)$; $P_2(0,a)$; $P_3(a,0)$; $P_4(0,1)$; $P_5(0,0)$.

a) Utiliser, dans le cas $a = 2$ puis dans le cas $a = 1$, la construction algorithmique du point courant et de la tangente pour le point de paramètre ½ .

a) Montrer que le point de paramètre ½ est, quel que soit $a$, sur $\Delta$ d'équation $y = x$.

b) Trouver l'équation dont les racines sont les valeurs du paramètre $t$ des points de la courbe autres que $M(0), M(1), M(1/2)$ qui sont aussi sur $\Delta$.

c) En utilisant cette équation, trouver la condition sur $a$ pour que la courbe de Bézier donnée ait un point de croisement ( de paramètre $t_0$ appartenant à $[0,1]$).

d) Construire approximativement la courbe pour $a = 1$, $a = 3/2$, $a = 2$.

**Exercice 14 :** Reprendre la résolution de l'exercice 7 en utilisant la notion d'hodographe.

**Exercice 15**

Construire géométriquement, soit à l'aide de l'hodographe, soit directement à l'aide de la propriété 6.4.4, le vecteur dérivé d'ordre 2 en un point $M$ d'une cubique de Bézier définie par ses points de définition. En déduire une construction du centre de courbure en $M$. Déterminer un point de cette cubique s'il en existe où ce vecteur est orthogonal à la tangente.

**Exercice 16**

Soit une cubique de Bézier plane dont les points de définition ont pour coordonnées $(0,0)$;$(0,1)$;$(1,1)$;$(a,b)$.

a) Déterminer, par le calcul, $a$ et $b$ pour que cette courbe admette un point de croisement dont les deux paramètres sont 1/3 et 2/3.

b) Résoudre cette question par la géométrie

**Exercice 17**

Définir les sommets du polygone caractéristique de l'arc $(M(a)M(b))$ d'une cubique de Bézier donnée. On donnera une solution numérique en utilisant le calcul matriciel puis une solution géométrique en utilisant l'hodographe.

**Exercice 18**

A partir d'un motif de base auquel on fait subir des similitudes successives, on réalise une courbe de Bézier composite dont l'allure est définie ci-après:

A **Réalisation du motif de base**

1. a)Etablir que $(\Gamma_0)$ définie par ses points de Bézier $O(0,0)$, $A_0(3,12)$, $B_0(0,9)$ est représentée paramétriquement par : $x = 6t - 6t^2$ , $y = 24t - 15t^2$ où $t \in [0,1]$.

b) Etudier les variations des fonctions $x$ et $y$ sur $[0,1]$. Représenter $(\Gamma_0)$.

2. Soit $(\Gamma_0')$ la courbe de Bézier définie par $O, A_0' = (a,b)$ et $B_0$ , $a$ et $b$ étant 2 réels.

a) Déterminer $a$ et $b$ pour que-$(\Gamma_0')$ admette $(B_0\, A_0)$ comme tangente en $B_0$ et admette une tangente parallèle à l'axe des ordonnées au point d'abscisse -1.

b) Ces conditions étant réalisées, en déduire que $(\Gamma_0')$ admet sur $[0,1]$ la représentation paramètrique $x = -4t + 4t^2$ , $y = 14t - 5t^2$.

c)Prouver que les points $A'_0, B_0, A_0$ sont alignés et que la droite $(A'_0\, A_0)$ est tangente en $B_0$ aux deux courbes $(\Gamma_0)$ et $(\Gamma_0')$. Représenter $(\Gamma_0')$.

On appelle « feuille » $F_0$ le motif obtenu par la réunion des deux courbes $(\Gamma_0)$ et $(\Gamma_0')$.

B. **Réalisation de la forme**

A partir de cette feuille, la forme à réaliser est composée de 6 feuilles $F_0, F_1, \dots, F_5$.

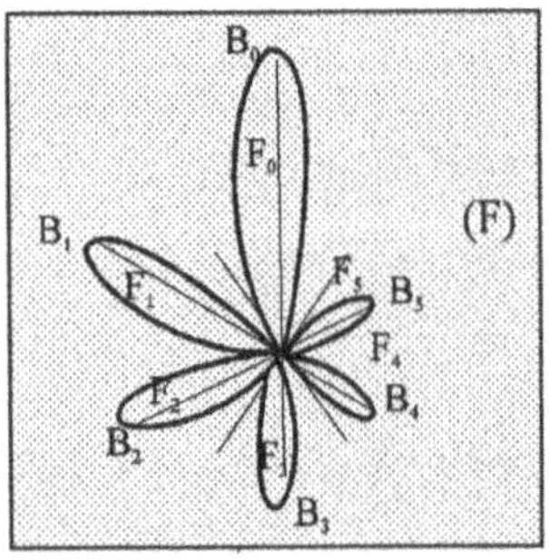


1°) Pour k entier tel que $1 \le k \le 5$, la feuille $F_k$ est la transformée de la feuille $F_{k-1}$ par une similitude S decentre O, de rapport R et d'angle $\alpha$, avec $R > 0$ *et* $\alpha \in ]0, \pi[$.

a) Calculer R et $\alpha$ sachant que dans le repère précédent, le point $B_3$ a pour coordonnées $\left(0, -\frac{243}{64}\right)$.

b) Vérifier que S est l'application qui, à tout point M d'affixe $z$ associe le point M' d'affixe $z'$ telle que : $z' = x' + i\,y' = \frac{3}{8}\left(1 + i\sqrt{3}\right)z$.

c) En déduire $(x', y')$ en fonction des coordonnées $(x, y)$ du point M.

2°) Représenter le plus précisément possible la forme F dont l'allure est schématisée ci-dessus et rédiger des procédures permettant de réaliser F sur un écran graphique.

**Exercice 19** : **Une police de caractère**

On souhaite obtenir une police de caractère, par exemple, réaliser la lettre grecque $\alpha$ , en utilisant le modèle de Bézier.

1) Réaliser la forme $\alpha$ à l'aide de deux cubiques de Bézier symétriques l'une de l'autre.

2) Réaliser la forme $\alpha$ à l'aide d'une seule courbe de Bézier de degré 6.

**Exercice 20 (addition de deux courbes de Bézier)**

Soient deux courbes de Bézier décrites par les points courants $M_1(t)$ et $M_2(t)$.

a) Montrer que le point M défini par $\overrightarrow{OM}(t) = \overrightarrow{OM_1}(t) + \overrightarrow{OM_2}(t)$ décrit une courbe de Bézier (on peut être amené à procéder à une augmentation fictive de degré). Définir les points de Bézier de cette dernière courbe. Donner les solutions matricielle et géométrique.

b) Définir la courbe de Bézier dont le point courant $M_3(t)$ est définie par :

$\overrightarrow{OM_3}(t) = \overrightarrow{OM_1}(t) + \frac{d}{dt}\overrightarrow{OM_1}(t)$. Donner les solutions matricielle et géométrique.

**Exercice 21**

A l'aide de cubiques de Bézier ou d'arcs de paraboles, choisir convenablement les points de définition pour définir et obtenir les formes indiquées en fin du paragraphe 9.2.2.

**Exercice 22**

Soit la courbe (Cf. §3.2 du chapitre 1) dont les points de Bézier sont de coordonnées $(-1,0);(2,2);(-2,2);(1,0)$.

a) Ecrire l'équation de la tangente à la courbe au point $M(1/4)$. Trouver ensuite la valeur du paramètre du point d'intersection (autre que le point de contact) de cette tangente avec la courbe. Trouver également les coordonnées de ce point d'intersection. b)En utilisant ce qui précède, donner un exemple de courbe de Bézier de degré 4 qui possède à la fois un point d'inflexion et un point de rebroussement.

**Exercice 23**

Soit une cubique de Bézier dont on connait seulement les points extrémités $M(0)$ et $M(1)$ et les deux tangentes en ces points qui se coupent en T. On s'impose les valeurs respectives $R_0$ *et* $R_1$ des rayons de courbure en ces points. On note $\theta$ l'angle des droites $P_0T$ et $P_3T$ où $P_0 = M(0)$ *et* $P_3 = M(1)$, $a_1 = P_0T$, $a_3 = P_3T$. On considère le point S tel que $P_1TP_2S$ (où $P_1$ et $P_2$ sont les points de Bézier inconnus) soit un parallélogramme. On repère le point S dans un système d'axes associé à $TP_1$ et $TP_2$.

a) Calculer le rayon $R_0$ en fonction de l'angle $\theta$ et des coordonnées de S dans le système d'axes précédent. Donner une formule analogue pour ce qui concerne $R_1$.

b) Montrer que S est à l'intersection de deux paraboles, en déduire $P_1$ et $P_2$ .

**Exercice 24**

Soit une courbe de Bézier de degré 4. Ecrire matriciellement le passage des points de Bézier P aux points canoniques Q (Cf.§8.5.5). En ajoutant un vecteur nul dans la colonne des vecteurs $\overrightarrow{OQ_i}$ et en déterminant la matrice inverse de $\mathcal{M}_5$, trouver les formules reliant les nouveaux points de Bézier P' à ces points Q et retrouver la proposition 1.12.

**Exercice 25**

Généraliser l'exercice précédent et retrouver ainsi la relation de la proposition 1.12.

## EXERCICES SUR LE CHAPITRE 2

**Exercice 26** (Somme des polynômes de Riesenfeld)

A l'aide de la proposition 2.6, prouver, par récurrence, que la somme des polynômes solutions de degré *m*, dont les indices vont de *-m* à *n*, est une constante sur $[0,n+1]$.

**Exercice 27**

Par la méthode indiquée § 1.2.2,c), déterminer les polynômes de Riesenfeld de degré 4.

**Exercice 28**

A l'aide de la proposition 2.6 et sachant que le support de $S_m^i$ est $[i,i+m+1]$, montrer que $S_m^i$ est strictement positive sur l' intervalle ouvert associé.

**Exercice 29**

A l'aide de la relation de la proposition 2.5 et du fait que $S_m^i$ s'annule hors de $[i,i+m+1]$, retrouver la proposition 2.3 (Procéder par intégrations successives).

**Exercice 30**

Prouver la relation de la proposition 2.5 en utilisant la formule de la proposition 2.3.

**Exercice 31**

Etudier la courbe B-spline uniforme de degré 3 dont les coordonnées des points de contrôle sont, dans le repère $\left(O,\vec{i},\vec{j}\right)$, $(-1,0);(4,0);(4,0)\ ;(4,1);(6,0);(6,0)$.

Construire géométriquement quelques points et les tangentes en ces points.

**Exercice 32**

Soit la courbe B-spline uniforme à un arc dont les points de contrôle sont de coordonnées $(1,0);(1,0);(-1,a);(1,a);(-1,0);(-1,0)$. Dessiner cette courbe en utilisant les coordonnées et, d'autre part, en construisant quelques points (on discutera suivant les valeurs de $a$ supposé positif). Cette courbe peut-elle posséder un point de croisement?

**Exercice 33**

Soit une fonction $f$ définie sur $\mathbb{R}$ par $f(u) = (u-0)_+^2 + b\,(u-1)_+^2 + c\,(u-2)_+^2 + d(u-3)_+^2$.

Déterminer les constantes *b, c, d* pour que $f$ soit identiquement nulle pour $u \geq 3$. Généraliser en déterminant les constantes $a_i$ pour que la fonction $g$ , polynômiale par morceaux, de degré $n$, définie sur $\mathbb{R}$ par $g(u) = u_+^n + \sum_{i=1}^{i=n+1} a_i (u-i)_+^n$, soit identiquement nulle pour $u \geq n+1$ (on le fera pour $n=3$ et $n=4$, puis pour $n$ quelconque en faisant intervenir les coefficients du binôme). Reconnaître les fonctions obtenues.

**Exercice 34 (Calcul symbolique pour les courbes B-splines et dérivation)**

On rappelle la formule symbolique de la définition d'une courbe B-spline: $\overrightarrow{OM}(u) = \frac{1}{m!}\sum_{-m}^{n}(I-T)^{m+1} T_*^k \left( U_m(u)\overrightarrow{OP_0}\right) = \frac{1}{m!}(I-T)^{m+1}\left(\sum_{-m}^{n} T_*^k \left( U_m(u)\overrightarrow{OP_0}\right)\right)$,formule où $T_*^k$ opère à la fois sur les fonctions et sur les vecteurs, selon la définition $T_*^k\left(U_m(u)\overrightarrow{OP_0}\right) = T^k(U_m)\overrightarrow{OP_{0+k}} = (u-k)_+^m \overrightarrow{OP_k}$. Retrouver, par dérivation et utilisation de $(I-T)^{m+1} = (I-T)^m \circ (I-T)$, la propriété d'hodographe d'une B-spline uniforme.

**Exercice 35**

En utilisant une démarche analogue à celle qui a abouti à la proposition 2.9, et en poursuivant la dérivation, déterminer le vecteur dérivé d'ordre 2 au point courant $M(u)$d'une courbe B-spline. En déduire la construction du centre de courbure en un point d'une telle courbe (qui généralise une construction relative à une courbe de Bézier).

**Exercice 36**

Soit la courbe B-spline C de degré 2, composée de 2 arcs, dont les points de contrôle ont pour coordonnées : $Q_{-2} = (0,-2); Q_{-1} = (0,2);$ $Q_0 = (4,-2); Q_1 = (8,18)$, Sur cette courbe, on considère la tangente horizontale au point J du premier arc qui rencontre la courbe en un deuxième point, noté I (qui est placé sur le deuxième arc).

a) Construire la courbe C et déterminer les paramètres des points I et J

b) Construire les points $P_j$ où j varie de -3 à 1 avec $P_{-3} = O$ tels que la cubique B-spline uniforme ayant ces points de contrôle admette C pour hodographe de pôle I.

c) Représenter paramétriquement cette cubique et expliquer ses particularités.

**Exercice 37 (Construction géométrique d'une cubique B-spline uniforme)**

Construire une telle courbe admettant un point d'inflexion et un point de rebroussement.

**Exercice 38**

Construire géométriquement une cubique uniforme ayant 2 points de rebroussements

**Exercice 39**

On considère une cubique B-spline uniforme composée d'un seul arc dont les points de contrôle sont $Q_{-3} = (-1,0); Q_{-2} = (a,1); Q_{-1} = (-a,1); Q_0 = (1,0)$ où $a > 0$ est donné.

a) Ecrire les équations paramétriques de la courbe.

b) On suppose que la courbe admet un point de croisement pour les 2 valeurs t et t' distinctes du paramètre. Montrer que $t + t' = 1$ ( on utilisera les 2 ordonnées).

c) En utilisant les abscisses, déterminer $tt'$ à l'aide de $a$ puis $t$ et $t'$ et les coordonnées du point de croisement I en discutant de la possibilité que ces valeurs appartiennent à $[0,1]$.

d) Dessiner l'hodographe de pôle I de cette courbe en faisant choix d'un a convenable.

**Exercice 40**

On reprend l'exercice précédent en choisissant $a = 1/8$. Que peut-on dire, a priori, de la quartique B-spline uniforme admettant pour hodographe relativement au pôle I la cubique précédente? Déterminer paramétriquement et construire cette quartique.

Même question si l'on place le pôle de l'hodographe au point de croisement J de la tangente à la cubique en I avec l'axe des abscisses.

**Exercice 41 ( Symétrie des valeurs du paramètre)**

a) A partir de la proposition 2.1, dans laquelle on remplace $t$ par $t-i+m+1$, montrer en décomposant la somme du second membre en deux parties que :

$$\sum_{k=0}^{i}(-1)^k C_{m+1}^{k+1}(t-i+m-k)^m + \sum_{i+1}^{m+1}(-1)^k C_{m+1}^{k+1}(t-i+m-k)^m = 0.$$

b) Par des changements d'indices et les propriétés des coefficients du binôme, prouver, en utilisant § 1.2.3 b) que : $R_m^{m-i}(1-t) = -\sum_{i+1}^{m+1}(-1)^k C_{m+1}^{k+1}(t-i+m-k)^m = 0$. En déduire, à l'aide de a), la relation de symétrie $R_m^i(t) = R_m^{m-i}(1-t)$.

**Exercice 42.**

On considère le vecteur nodal $(u_0, u_0, u_0, u_1, u_2, \ldots, u_n, u_n, u_n)$

a) Déterminer les fonctions splines de degré 2 associées, par les formules de récursivité d'abord, par les formules de différences fractionnaires ensuite.

b) Construire la courbe B-spline correspondante pour n=2, les sommets du polygone étant arbitrairement donnés. Reconnaître les arcs de cette B-spline et comparer le résultat avec l'exemple de l'introduction au chapitre 2 (Cf. § 1.1).

**Exercice 43.**

Résoudre le même exercice que le précédent pour le cas des cubiques relativement au vecteur nodal $(u_0, u_0, u_0, u_0, u_1, u_2, \ldots, u_n, u_n, u_n, u_n)$.

**Exercice 44**

Prouver l'équivalence de la définition des différences divisées avec la définition suivante :

$$D_n[(t_0, t_1, \ldots t_n); f] = \frac{1}{t_{n-1} - t_n}\left(D_{n-1}[(t_0, t_1, \ldots t_{n-1}); f] - D_{n-1}[(t_0, t_1, \ldots t_{n-2}, t_n); f]\right)$$

# EXERCICES SUR LE CHAPITRE 3

**Exercice 45 (Rapport anharmonique , théorème des 4 tangentes pour une conique)**

a) Définitions : le rapport anharmonique de 4 points alignés $A, B, C, D$, noté $[A, B, C, D]$, est défini par $[A, B, C, D] = \frac{\overline{BA}}{\overline{BD}} : \frac{\overline{CA}}{\overline{CD}}$. Prouver que si 4 droites $D_1, D_2, D_3, D_4$ d'un même plan, issues d'un même point, sont coupées par deux droites de ce plan en $A, B, C, D$ et $A', B', C', D'$ respectivement, on a $[A, B, C, D] = [A', B', C', D']$ ; on peut donc parler du rapport anharmonique, noté $[D_1, D_2, D_3, D_4]$, de ces 4 droites, comme étant celui défini par 4 points alignés de ces 4 droites (attention à l'ordre).

b) Soit un arc de parabole de Bézier défini par les 3 sommets $P_0, P_1, P_2$ de son polygone. On considère deux tangentes à cet arc en $M$ et $M'$ qui se coupent en $K$ et qui coupent le segment $[P_0 P_1]$ en $T$ et $T'$ et le segment $[P_1 P_2]$ en $S$ et $S'$. En utilisant les propriétés d'une tangente à la parabole relativement à deux autres tangentes, démontrer les égalités suivantes : $[P_0, T, T', P_1] = [T, M, K, S] = [T', K, M', S'] = [P_1, S, S', P_2]$.

c) En considérant qu'un arc de conique est la projection conique d'une parabole, montrer que cette propriété de la parabole est encore valable pour les 4 tangentes à une même conique, à savoir que l'une quelconque de ces tangentes rencontre les 4 tangentes, dans l'ordre, en 4 points donnant le même rapport (par convention l'intersection d'une tangente avec elle-même étant le point de contact avec la conique.

**Exercice 46**

Soit un arc de Bézier rationnel de degré 2 (conique) défini par ses poids et les sommets de son polygone. En dérivant la fonction $t \mapsto s(t)\overrightarrow{OM}(t)$ et en faisant intervenir les nombres $p_i^{(1)}$ et les points $Q_i^{(1)}$ de la première génération barycentrique, prouver, ce qui généralise « l'algorithme de la tangente» pour les courbes polynomiales de Bézier, que la tangente en $M(t)$ est définie par la droite joignant les deux points de cette génération de rang 1.

**Exercice 47**

Vérifier, pour définir une courbe de Bézier rationnelle, la formule symbolique suivante :

$$s(t).\overrightarrow{OM}(t) = \left((1-t)p_0\,\overrightarrow{OP_0} + t\,p_1\,\overrightarrow{OP_1}\right)^{*[m]}$$

**Exercice 48**

Généraliser la propriété de l'exercice 46 précédent pour la tangente au point courant à une courbe de Bézier rationnelle.

**Exercice 49**

En utilisant les points des générations barycentriques successives, définir le sous-arc d'une courbe de Bézier rationnelle de degré 2, puis de degré 3, associé à l'intervalle $[0,a]$.

**Exercice 50**

a) Soit une courbe rationnelle de Bézier de degré 2 dont l'équation est de forme standard (Cf. § 4.2) où le poids unique est noté $z_1$. Le point $M(t)$ de cette courbe admet pour coordonnées barycentriques (Cf. §1.1 du chapitre 5), dans le triangle $(Q_0,Q_1,Q_2)$ formé par les sommets du polygone caractéristique, les nombres $a_0,a_1,a_2$. Déterminer les 3 équations donnant ces nombres en fonction de *t* et de $z_1$. En éliminant, par division dans ces équations, le paramètre *t*, montrer que $(z_1)^2 = \dfrac{(a_1)^2}{4a_0\,a_2}$.

b) On définit une conique, sous réserve d'existence, par deux de ces points, les tangentes en ces points et, par ailleurs, un autre point . Cela revient à se donner les trois sommets $(Q_0,Q_1,Q_2)$ du polygone de la conique et un point $M$ de cette conique. Sans restreindre la généralité, on peut supposer que la conique est définie par une équation standard. En utilisant ce qui précède, déterminer la conique. Discuter. Géométriquement, cette conique est la projection conique d'une parabole que l'on peut déterminer (Cf. § 4.3).

**Exercice 51**

a) Soit un arc de parabole défini par son polygone $P_0,P_1,P_2$. La tangente en $M$ coupe les droites $(P_0,P_1)$ et $(P_1,P_2)$ en T et T'. Montrer que les 3 droites $(P_0,T')$, $(P_1,M)$ et $(P_2,T)$ sont concourantes. On peut utiliser le théorème classique de Céva : « Soit,dans un triangle $A,B,C$, 3 droites issues respectivement de $A,B,C$ et recoupant les côtés opposés en $a,b,c$. Alors, ces trois droites sont concourantes sous la condition nécessaire et suffisante : $\frac{\overline{cA}}{\overline{cB}} \times \frac{\overline{aB}}{\overline{aC}} \times \frac{\overline{bC}}{\overline{bA}} = -1$ ».

b) On définit une conique par les trois sommets $(Q_0, Q_1, Q_2)$ et par une autre tangente qui coupe en $T$ et $T'$ les droites $(Q_0, Q_1)$ et $(Q_1, Q_2)$. En utilisant a) étendu, par projection conique, à un arc de conique quelconque, déterminer la conique, si elle existe, par le nombre $z_1$ de son équation standard, ce qui revient, par exemple, à déterminer le point M de contact de la tangente donnée (en se ramenant ainsi à l'exercice précédent).

## EXERCICES SUR LES CHAPITRES 4 ET 5.

**Exercice 52**

On déplace en $P'_{i,j}$ le point $P_{i,j}$ du réseau d'un carreau de Bézier. Dans ce déplacement, le point $M(u,v)$ devient $M'(u,v)$. Définir le vecteur $\overrightarrow{MM'}$ en fonction du vecteur-déplacement $\overrightarrow{P_{i,j}P'_{i,j}}$ et étudier les variations de ce vecteur en fonction de $u$ et $v$

**Exercice 53 (Courbes tracées sur une surface)**

a) Soit un carreau du second degré dont le réseau des points $P_{i,j}$ est donné. Montrer que les produits $B_2^i(u)B_2^j(u)$ s'expriment simplement à l'aide des polynômes $B_4^k(u)$ et en déduire que la courbe du carreau définie par la liaison « $u = v$ » est une courbe de Bézier du quatrième degré dont on définira les sommets du polygone caractéristique.

b) Résoudre la même question pour un carreau de degré 3.

**Exercice 54**

Si le polynôme $\varphi$ est de degré $p$, alors les polynômes composés $B_n^j(\varphi(u))$ sont de degré $np$. En utilisant le fait que les polynômes $B_p^k$ où k prend les valeurs entre 0 et $p$ constituent une base de l'espace vectoriel des polynômes de degré inférieur ou égal à $p$ (Cf. annexe 2), et des remarques sur les degrés des produits de deux polynômes de Bernstein, montrer que les polynômes $B_m^i(u) \times B_n^j(\varphi(u))$ sont des combinaisons linéaires des polynômes $B_{m+np}^k$. En déduire que la courbe tracée sur un carreau de Bézier de degré $(m,n)$, définie par la liaison « $v = \varphi(u)$ » est une courbe de Bézier de degré $m+np$.

**Exercice 55**

a) Retrouver les résultats de l'exercice précédent en utilisant la définition du carreau à l'aide des points de définition canoniques $Q_{i,j}$ (Cf. § 2.2), définition que l'on peut écrire sous la forme : $\overrightarrow{OM}(u,v) = \sum_{i=0}^{i=m}\sum_{j=0}^{j=n} u^i v^j \, \overrightarrow{OQ_{i,j}}$.

b) On suppose $a$ et $b$ strictement positifs et on considère le changement de variables défini par : $u = u_1$, $v = a u_1 + b v_1$, les nouvelles variables étant dans un rectangle assez petit du type $[0,\alpha] \times [0,\beta]$ pour que $(u,v) \in [0,1] \times [0,1]$. On suppose que $m = n = 2$. En remplaçant dans la formule précédente, trouver les nouveaux points canoniques $Q_{i,j}^1$ en fonction des anciens $Q_{i,j}$.

Déterminer alors les points du réseau de Bézier du carreau de Bézier décrit par le point

$M(u_1, au_1 + bv_1)$ lorsque $(u_1, v_1) \in [0,1] \times [0,1]$.

**Exercice 56**

On considère sur un carreau donné la courbe de Bézier définie par la liaison « $v = au$ ». A l'aide de la formule de définition symbolique ou de la formule matricielle canonique, éterminer, dans les cas où les degrés ne dépassent pas 3, les sommets du polygone caractéristique à l'aide des points du réseau du carreau.

Résoudre la même question en utilisant la définition polynomiale canonique (Cf. ex 55).

**Exercice 57**

En adaptant la construction géométrique pour les degrés 2 ou 3 de sous-arcs de Bézier, associés à un intervalle $[0,a]$, aux sous arcs des directrices ou des génératrices des carreaux de Bézier, décrire une méthode qui permette de définir un sous-carreau associé à un domaine paramétrique du type $[0,a] \times [0,b]$ d'un carreau donné. Appliquer cette méthode aux cas où l'un des degrés est 1 puis aux cas de $m = n = 2$ et de $m = 2, n = 3$.

**Exercice 58**

En adaptant la construction d'un sous-arc de Bézier à l'aide des points des générations barycentriques au cas des directrices et des génératrices d'un carreau donné, donner la construction d'un sous-carreau associé au domaine $[0,a] \times [0,b]$.

**Exercice 59**

Dans la détermination d'un sous-carreau associé à $[0,a] \times [0,b]$, les points du réseau se modifient. Définir, à l'aide des vecteurs dérivés en $M(0,0)$, les nouveaux points qui sont d'indices inférieurs ou égaux à 1. On remarquera que le vecteur $\frac{\partial^2}{\partial u \partial v} \overrightarrow{OM}(0,0)$ est obtenu simplement à l'aide des vecteurs $\overrightarrow{P_{0,0}P_{0,1}} + \overrightarrow{P_{0,0}P_{1,0}}$ et $\overrightarrow{P_{0,0}P_{1,1}}$, ce qui conduit au nouveau vecteur $\overrightarrow{P'_{0,0}P'_{1,1}}$ d'où le point $P'_{1,1}$.

**Exercice 60**

Un carreau de Bézier, qui est donc engendré par ses isoparamétriques,peut être défini à l'aide des polynômes $f_{i,m}$ de Bézier (Cf. § 4.4 du chapitre 1. On désigne par $\overrightarrow{W_i}$ les vecteurs-côtés du polygone caractéristique de l'isoparamètrique décrite par $M(u,0)$, par $\overrightarrow{W_{i,j}}$ (où $i \in [[0,m]]$ et $j \in [[1,n]]$les vecteurs-côtés des polygones caractéristiques des directrices ayant respectivement pour point de départ les « extrémités » des vecteurs $\overrightarrow{W_i}$ précédents et par $\overrightarrow{T_j}$ les vecteurs-côtés du polygone caractéristique de l'isoparamétrique décrite par $M(0,v)$. Montrer que le point courant $M(u,v)$ est défini par la formule :

$$\overrightarrow{OM}(u,v) = \overrightarrow{W_0} + \sum_{i=1}^{i=m} \overrightarrow{W_i} \cdot f_{i,m}(u) + \sum_{j=1}^{j=n} \overrightarrow{T_j} \cdot f_{j,n}(v) + \sum_{i=1}^{i=m} \sum_{j=1}^{j=n} \left( \overrightarrow{W_{i,j}} - \overrightarrow{W_{i-1,j}} \right) \cdot f_{i,m}(u) f_{j,n}(v).$$

Redéfinir à l'aide de cette formule les isoparamètriques et leurs polygones caractéristiques.

**Exercice 61**

Dans l'étude d'un carreau au voisinage de $M(0,0)$, on peut utiliser le changement de variables défini dans l'exercice 54. Calculer les nouvelles dérivées partielles en ce point à l'aides anciennes et des nombres a et b. En déduire que si l'angle géométrique formé par les vecteurs $\frac{\partial \overrightarrow{OM}}{\partial u}(0,0)$ et $\frac{\partial \overrightarrow{OM}}{\partial v}(0,0)$ est un angle obtus, on peut choisir a pour que les nouveaux vecteurs $\frac{\partial \overrightarrow{OM}}{\partial u_1}(0,0)$ et $\frac{\partial \overrightarrow{OM}}{\partial v_1}(0,0)$ soient orthogonaux. En interprétant le changement de variables (dans l'exercice 55) lorsque a est négatif, montrer qu'un tel changement de paramètres permet de supposer que, dans tous les cas où les vecteurs dérivés ne sont pas nuls, on peut, pour l'étude au voisinage de $M(0,0)$, supposer ces deux vecteurs orthogonaux.

**Exercice 62**

Résoudre de façon géométrique le problème d'augmentation fictive du degré en $u$ de 2 à 3 dans un carreau de degré $(2,n)$. Résoudre ce même problème en utilisant la définition matricielle canonique.

**Exercice 63**

**Indicatrice en un point ombilic**

On reprend l'exemple de § 9.3. Dans le cas où $\alpha = 0$ , montrer que l'indicatrice est le cercle de centre O et de rayon 1 ; le coin O de la surface est un ombilic. Vérifier, par un calcul simple que toutes les courbes de la surface passant par O ont le même centre de courbure normal ; autrement dit, le point $\Omega_0$ ne dépend pas de la courbe considérée.

**Exercice 64**

**Indicatrice dans le cas d'une surface réglée**

Soit une surface réglée telle que par un point de cette surface passe deux droites appartenant à celle-ci. Montrer que l'indicatrice en ce point est du type hyperbole et que ces droites ne sont autres que les asymptotes à l'indicatrice de Dupin en ce point. Déterminer l'équation de cette indicatrice dans le plan tangent en $M(u,v)$ pour l'exemple 1.4.1 (paraboloïde hyperbolique). e

**Exercice 65**

Donner des exemples de surface où il existe des points de type parabolique (voir le cas d'un cylindre parabolique).

**Exercice 66**

On fait tourner une courbe de Bézier C plane autour d'une droite de son plan. On engendre ainsi une surface de révolution (attention, ce n'est pas un carreau de Bézier, mais on peut la ranger dans la famille des surfaces rationnelles), montrer que l'une des familles de lignes de courbure est constituée des méridiennes, l'autre constituée des parallèles.

**Exercice 67**

Soit un triangle $A,B,C$ donné de longueurs de côtés $a,b,$ $c$ ,dont le centre de gravité est noté G, l'orthocentre H, le centre du cercle inscrit I et les centres des cercles exinscrits $I_A$ ,$I_B$ ,$I_C$ respectivement dans les angles de sommets $A,B,C$.

a) Déterminer les coordonnées barycentrique de G.

b) Montrer que le pied $H_A$ de la hauteur du triangle issue de A vérifie la relation : $\overline{H_A B} \tan \hat{B} + \overline{H_A C} \tan \hat{C} = 0$. En déduire les coordonnées barycentriques de H.

c) Montrer que le pied J de la bissectrice de l'angle $\hat{A}$ vérifie $b\overline{JB} + c\overline{JC} = 0$. En déduire les coordonnées barycentriques de I. Déterminer de même les coordonnées barycentriques de $I_A, I_B, I_C$.

**Exercice 68**

Prouver que la somme des polynômes de Bernstein en trois variables de même degré est égale à 1 (on prouvera que cette somme est égale à $(u+v+w)^n$.

**Exercice 69**

En considérant, par associativité, une somme de trois termes comme une somme de deux termes, déterminer le dévéloppement de la puissance symbolique de degré 3 du § 1.4.2. Le faire aussi pour le degré 4.

**Exercice 70**

Dans la définition symbolique d'une facette de degré 2, on suppose que $w = c$, constante de $]0,1[$. Les variables $u_1$ et $v_1$ définies par $: u = (1-c)u_1$ et $v = (1-c)v_1$ vérifient $u_1 + v_1 = 1$. En écrivant $\overrightarrow{OS_{0,0,k}} = (u_1 + v_1)^k \overrightarrow{OS_{0,0,k}}$ pour les vecteurs d'indices $k$ non nuls, déterminer les points de Bézier de l'isoparamétrique « $w = c$ » à l'aide des points du réseau de la facette de degré 2.

Résoudre la même question pour le degré 3 puis généraliser sur le degré.

**Exercice 71**

On considère la courbe d'une facette de degré 2 définie par la liaison « $v = w$ ». En utilisant la puissance symbolique de degré 2 et les paramètres $u$ et $2v$, déterminer les points de Bézier de cette courbe. Généraliser pour le degré $n$ quelconque.

Pour les degrés 2 et 3, examiner le cas de la liaison « $w = au + bv$ ».

**Exercice 72**

Reprendre pour $n = 2$ et $n = 3$ la démonstration faite dans le cas général au § 5.3.2. Dessiner sur une figure les points de Bézier des hodographes transfrontières associés à $(\alpha, \beta, \gamma)$.

**Exercice 73**

Définir la situation des points d'un réseau pour une facette de degré 2 qui est en réalité une facette de degré 1. Même question pour une facette de degré 3 qui est en réalité de degré 2.

**Exercice 74**

Vérifier (notations de § 7, chapitre 5) que si l'on désigne les coordonnées barycentriques dans $T$ et $T_1$ par $(u,v,w)$ et $(u_1,v_1,w_1)$ respectivement et si $(a,b,c)$ sont les coordonnées de $A_1$ dans $T$, alors on a les relations : $u = a\,u_1$ , $v = b\,u_1 + v_1$ , $w = c\,u_1 + w_1$.

Dans le cas où $n = 2$ et où $A_1$ est le centre de gravité de T, représenter, dans une figure, la sous-facette correspondante avec ses 3 courbes frontières.

Déterminer, dans cette sous-facette, l'image d'un segment parallèle au côté commun de $T$ et de $T_1$.

Déterminer également l'image du segment porté par la droite joignant les 2 sommets non communs A et $A_1$ de $T$ et $T_1$.

# EXERCICES SUR LE CHAPITRE 6

**Exercice 75**

**Ecriture de l'interpolant sur la base de Newton**

Vérifier, pour $n = 0$ et $n = 1$, la validité de la formule qui suit et démontrer cette formule par récurrence : $P(t_0, t_1, \dots t_n ; t) = \sum_{k=0}^{k=n} D_k\left[(t_0, t_1, \dots t_k); f\right]\omega_k(t)$. Pour passer de $n$ à $n+1$, on écrit : $P(t_0, t_1, \dots t_n, t_{n+1} ; t) = \sum_{k=0}^{k=n} D_k\left[(t_0, t_1, \dots t_k); f\right]\omega_k(t) + a_{n+1}\,\omega_{n+1}(t)$ et on se sert du fait que l'interpolant pour la suite $(t_0, t_1, \dots t_{n-1}, t_{n+1})$ a la même valeur $f(t_{n+1})$ pour $t = t_{n+1}$. On obtient la conclusion en se servant de la définition des différences divisées de l'exercice 44.

**Exercice 76**

En remarquant que, dans le développement sur la base de Newton, le terme de plus haut degré, a pour coefficient $D_n\left[(t_0, t_1, \dots t_n); f\right]$ et en comparant ce terme à ceux provenant de l'expression du polynôme d'interpolation sur la base de Lagrange, prouver la formule :

$$D_n\left[(t_0, t_1, \dots t_n); f\right] = \sum_{k=0}^{k=n} \frac{f(t_k)}{\omega'(t_k)} \text{ où } \omega(t) = \prod_{i=0}^{i=n}(t - t_i).$$

**Exercice 77**

**Cas d'une suite d'interpolation régulière**

On suppose que la suite d'interpolation est régulière, c'est à dire que $t_{k+1} = t_k + h$ où h est le pas de la suite. Calculer $l_n^k(t_k)$ et en déduire

$$D_n\left[(t_0, t_1, \dots t_n); f\right] = \frac{1}{n!h^n} \sum_{k=0}^{k=n} (-1)^{n-k} C_n^k\ f(t_k)$$

Montrer que l'opérateur $\Delta$ de Newton, agissant sur les $f(t_k)$ par $\Delta f_{k+1} = f(t_{k+1}) - f(t_k)$, vérifie : $\left(\Delta^n f\right)_0 = \sum_{k=0}^{k=n}(-1)^{n-k}\, C_n^k\, f(t_k)$ et en déduire : $D_n\left[(t_0, t_1, \dots t_n); f\right] = \frac{\left(\Delta^n f\right)_0}{n!h^n}$. En déduire la formule de l'interpolant :

$$P_f(t_0, t_1, \dots t_n, t_{n+1} ; t) = \sum_{k=0}^{k=n} \frac{1}{k!h^k}\left(\Delta^k f\right)_0 \omega_k(t).$$

**Exercice 78**

On se pose le problème d'interpoler $M_0 = (0,0); M_1 = (1,1); M_2 = (2,0); M_3 = (3,1)$ de façon approchée par un arc de Bézier de degré 2 en supposant que ces points ont pour paramètres $0, 1/3, 2/3, 1$. On utilise la définition canonique de l'arc : $\overrightarrow{OM}(t) = \sum_{i=0}^{i=2} t^i\, \overrightarrow{OQ_i}$.

1°) *Méthode des moindres carrés* .Calculer $S = \left\|\overrightarrow{M_1\, M(1/3)}\right\|^2 + \left\|\overrightarrow{M_2\, M(2/3)}\right\|^2$ à l'aide

des coordonnées inconnues $(x_1,y_1)$ de $Q_1$ et, en résolvant un système de 2 équations à 2 inconnues, trouver $(x_1,y_1)$ pour que cette somme S soit minimale.
En déduire les sommets du polygone caractéristique de l'arc de Bézier ainsi trouvé.
2°) *Autre méthode.*
On désigne par $(C)$ la courbe exacte d'interpolation de Bézier, de degré 3, par $(C')$ la courbe obtenue en renversant l'ordre de passage des points et $(C_*)$ la courbe approchée. Déterminer d'abord les points $Q_i$ de $(C)$, puis les points $Q_i'$ de $(C')$, définis classiquement par : $\overrightarrow{OM_i} = \sum_{i=0}^{i=3}(t_i)^j\,\overrightarrow{OQ_j}$, $\overrightarrow{OM_{3-i}} = \sum_{j=0}^{j=3}(1-t_i)^j\,\overrightarrow{OQ_j'}$. Déterminer ensuite les points $P_0$ et $P_1^-$ tels que $P_0 = Q_0$ et $-3\overrightarrow{OP_0}+3\overrightarrow{OP_1^-} = \overrightarrow{OQ_1}$ ainsi que $P_2$ *et* $P_1^+$ tels que $P_2 = Q_0'$ et $-3\overrightarrow{OP_2}+3\overrightarrow{OP_1^+} = \overrightarrow{OQ'_1}$.
On prend alors, pour sommets du polygone caractéristique de $(C_*)$, les points $P_0; P_1, P_2$ avec $2\overrightarrow{OP_1} = \overrightarrow{OP_1^-} + \overrightarrow{OP_1^+}$. Quelle est, **ici,** la particularité de $(C_*)$? Comparer à $(C)$.

**Exercice 79**

On reprend avec un quatrième point $M_4 = (4,0)$, les paramètres imposés étant $(0, 1/4, 1/2, 3/4, 1)$. On cherche une courbe d'interpolation approchée $(C_*)$ de degré 3. La première méthode conduit à résoudre un système de 4 équations à 4 inconnues. La deuxième méthode consiste à calculer les points $Q_i$ et $Q'_i$ des courbes exactes $(C)$ et $(C')$ puis les points de Bézier $P_0$ *et* $P_1$ d'une courbe de degré 3 associée aux à $Q_i$ de $(C)$ et les premiers points de Bézier $P_3$ *et* $P_2$ d'une courbe associée aux $Q'_i$ de $(C')$, à savoir $P_0 = Q_0$, $4\left(\overrightarrow{OP_1}-\overrightarrow{OP_0}\right) = \overrightarrow{OQ_1}$, $P_3 = Q'_0$, $4\left(\overrightarrow{OP_2}-\overrightarrow{OP_3}\right) = \overrightarrow{OQ'_1}$. On prend ces 4 points pour en faire les sommets du polygone caractéristique de $(C_*)$. Comparer $(C)$ et $(C_*)$.

**Exercice 80**

Généraliser la deuxième méthode des 2 exercices précédents pour $n+1$ points en approchant par une courbe de degré $n-1$. On distingue les cas où n est pair (voir alors l'exercice 79) ou impair(voir alors l'exercice 78).

**Exercice 81**

**Approximation d'un arc de cercle**

Soit un arc de cercle de rayon 1, d'extrémités $A$ et $B$ et de tangentes en ces points $TA$ et $TB$, l'angle de ces droites étant $2\alpha$. On désigne par $C$ et $D$ les milieux respectifs du segment $AB$ et de l'arc $\overset{\frown}{AB}$. On fait l'approximation de cet arc par la cubique $(C)$ de Bézier dont les sommets du polygone sont $A\ E\ F\ B$ où $E$ et $F$ sont sur les segments $AT$ et $TB$ de telle façon que cette cubique ait le même axe de symétrie que l'arc de cercle. Déterminer géométriquement le point $M$ de $(C)$ de paramètre ½.

En désignant par $G$ le milieu de $EF$, déterminer en fonction de $\alpha$ le rapport $\frac{CG}{CT}$ pour que ce point $M$ coïncide avec $D$.
Déterminer alors $E$ et $F$. Faire la figure précise pour $\alpha = 45°$ et apprécier l'approximation.

**Exercice 82**

**Autre méthode d'approximation**

Soit la cubique C dont les points de définition sont $(1,0),(1,a),(a,1),(0,1)$. Déterminer les coordonnées $x(t)$ *et* $y(t)$ du point courant de C.

Calculer l'intégrale $I = \int_0^1 (x\,y' - x'\,y)dt$ qui représente l'aire limitée par C et les axes de coordonnées. Trouver $a$ pour que la différence $I - \pi/4$ entre cette aire et celle du quart de cercle de centre O et de rayon 1 soit minimale. On en déduit ainsi une autre approximation de cet arc de cercle.

**Exercice 83**

Trouver le deuxième point de Bézier d'un arc de Bézier de degré 2 d'extrémités données $P_0 = M(0)$ et $P_2 = M(1)$, de tangente $P_0T$ en $P_0$ donnée et passant par un autre point donné $M_1$. On peut prendre les axes $\left(\overrightarrow{P_0T}, \overrightarrow{P_0P_2}\right)$. Discuter l'existence de cet arc.

**Exercice 84**

On reprend l'exercice précédent avec les données de $P_0 = M(0)$ et $P_2 = M(1)$, de $M_1$ et, en outre d'une tangente D. On suppose que D est parallèle à $(P_0\,P_2)$. Construire $P_1$ lorsque $M_1$ est sur D. Déterminer $P_1$ par le calcul pour $M_1$ quelconque.

Lorsque D est sécante à $(P_0\,P_2)$, on prend le système d'axes $(P_0\,P_2, D)$. Montrer que le point $P_1$ est, en général sur la réunion de 2 droites parallèles à D. Discuter.

Résoudre le problème lorsque $M_1$ est sur D puis lorsque $M_1$ n'est pas sur D. Discuter.

**Exercice 85 (Interpolation d'Hermite)**

Montrer que la réunion des familles de polynômes $\{H_n^k\}$ *et* $\{K_n^k\}$ (Cf. §2.3 chapitre 6) constitue une base de l'espace des polynômes de degré au plus égaux à $2n+1$.

Montrer que le problème d'interpolation d'Hermite associé à des abscisses d'interpolation et aux contraintes $H(t_i) = f(t_i)$ et $H'(t_i) = f'(t_i)$ admet une solution unique de degré $2n+1$. Déterminer ce polynôme d'Hermite pour la fonction $t \mapsto t^8$, puis pour la fonction $t \mapsto sin(\pi t/2)$, les abscisses d'interpolation étant les entiers de $0$ à $3$.

**Exercice 86**

Montrer, en commençant par le cas particulier où $N = 3$, que les polynômes définis par : $\omega_0(t) = 1$ et $\omega_r(t) = \prod_{j=0}^{j=r-1} (t - \tau_j)$ où $i$ prend ses valeurs de 1 jusqu'à N et où les $\tau_i$ constituent une suite quelconque de réels, sont linéairement indépendants dans l'espace des polynômes.

**Exercice 87**

L'espace $S_m(x_1, x_2 .. , x_k)$ est défini dans § 3.2.1 du chapitre 6.

Démontrer qu'il s'agit bien d'un espace vectoriel. Montrer que les restrictions à $[a,b]$ des fonctions B-splines $N_m^i$ de degré $m$ (Cf. § 5 du chapitre 2) associées à des suites nodales $(x_{-m}, x_{-m+1}, .., x_{k+m+1})$ incluant $(x_0, x_1, ... x_k, x_{k+1})$ constituent une base de cet espace et, qu'en conséquence, cet espace est de dimension $k+m+1$.

**Exercice 88** (Cf. § 3.3.2, cas où $m = 2$ )
Etablir, dans les cas de $k = 2$ et $k = 3$, sous les conditions $t_j < x_i < t_{j+m+1}$, l'existence et l'unicité de la spline d'interpolation. Reprendre les cas de $k = 1$ ou $k = 2$ avec une abscisse d'interpolation double.
Etudier les cas où $m = 3$ avec $k = 1$ ou $k = 2$ et prouver, sous les conditions précédentes l'existence et l'unicité de la spline d'interpolation.

**Exercice 89**
Une spline périodique est un élément de $S_{2n+1}(x_1, x_2 .. , x_k)$ telle que : $\forall d \in [[0, 2n]]$, $s^{(d)}(a) = s^{(d)}(b)$.
Montrer que si $f$ est une fonction continue sur $[a,b]$ telle que $f(a) = f(b)$, alors il existe une unique spline périodique $s$ telle que $s(x_i) = f(x_i)$. On utilisera une preuve analogue à celle de la proposition 6.5 ou 6.6.

**Exercice 90**
On considère la matrice tridiagonale A de § 4.4 avec les conditions $\forall k \in [[1, n]]$, $b_k > a_k + c_k$, ces nombres étant tous positifs. Montrer que la seule solution du système $AX = O$ où X est une colonne de réels $x_1, x_2, .. , x_{n+1}$ est la solution nulle. On commencera par $n=2$ en calculant $x_1$ et $x_3$ à l'aide de $x_2$ et en substituant dans la deuxième équation. Résoudre quand $n = 3$. Dans le cas général, on détermine à l'aide de $x_1$ les premières inconnues et à l'aide de $x_{n+1}$ les dernières inconnues ; une équation au « milieu du système » permettant d'achever le calcul et de conclure.

**Exercice 91**
**Propriété de minimum de la spline cubique d'interpolation (Cf.§ 4.4)**
On écrit : $x_1(u) = x(u) + (x_1 - x)(u)$. En dérivant 2 fois et, en intégrant par parties le double produit $2x''(x_1 - x)''$ qui figure dans l'intégrale de $(x_1'')^2$, on obtient le résultat en utilisant la propriété d'interpolation de $s$ et $s_1$.

**Exercice 92**
**Exemple de splines d'interpolation de Lagrange**
Prouver, à l'aide de la proposition 6.3, l'existence et l'unicité de l'interpolant spline dans $S_m(x_1, x_2 .. , x_k)$ pour les abscisses $y_i = \frac{1}{m}(x_{i-m} + ... + x_{i-1})$ *où* $i \in [[1, k+m+1]]$.

**Exercice 93**
**Interpolation d'Hermite**
La suite d'interpolation est $(0, a, 1)$ où $a \in ]0,1[$, la fonction dérivable donnée est $f$.

a) On suppose $d_0 = 1, d_1 = d_2 = 0$. Trouver, en utilisant les polynômes $B_3^i$ de Bernstein, une base $(U, V, W, T)$ de $\mathcal{P}_3$ telle que $H_f = f(0)U + f(a)V + f(1)W + f'(0)T$.

b) On suppose $d_0 = d_2 = 1, d_1 = 0$. Trouver une base analogue $(U, V, W, T, X)$ dans $\mathcal{P}_4$ telle que l'on puisse écrire : $H_f = f(0)U + f(a)V + f(1)W + f'(0)T + f'(1)X$.

**Exercice 94**
La suite d'interpolation est $(0, a, 1)$ où $a \in ]0,1[$, la fonction dérivable donnée est $f$. On suppose $d_0 = d_1 = d_2 = 1$. Déterminer le polynôme d'Hermite de $f$ par les trois méthodes suivantes : a) A l'aide des polynômes $B_5^i$, b) En utilisant la proposition 6.2 et c) En

utilisant la base de Newton et les différences divisées.

**Exercice 95 (Sur l'interpolation de Lagrange à deux variables)**

Etant donné un réseau « rectangulaire » de points du plan $M_{i,j}$ de coordonnées $(x_i, y_j)$ et une fonction $f$ de deux variables $(x,y)$, le problème d'interpolation de $f$ relativement à ce réseau est de trouver un polynôme en ces deux variables de façon que l'on ait : $\forall M_{i,j}\ ,\ P(M_{i,j}) = f(M_{i,j})$.

1°) Donner un principe de résolution du problème en cherchant le polynôme $P$ comme un produit tensoriel de polynômes de Bernstein, à savoir : $P(x,y) = \sum_i \sum_j A_{k,l} B_m^k(x) B_n^l(y)$, les coefficients $A_{k,l}$ étant les inconnues du problème. On commencera par le cas où les $M_{i,j}$ sont les sommets du carré $[0,1]\times[0,1]$ et on prendra les degrés $m = n = 1$. Déterminer dans ce cas les nombres $A_{k,l}$ à l'aide de $f$. On continue avec le cas où les points $M_{i,j}$ sont les 6 points de coordonnées $(0,0);(0,1);(1/2,0)\ ;(1/2,1);(1,0);(1,1)$ en prenant $m = 2$ et $n = 1$. Enfin, on donnera le principe de la solution pour des suites $(x_i)_{0\le i\le m}$ et $(y_j)_{0\le j\le n}$ arbitraires.

2°) On désigne par $f_y$ la fonction : $x \mapsto f(x,y)$ et par $f_x$ la fonction : $y \mapsto f(x,y)$. On peut commencer par déterminer le polynôme de Lagrange, en la variable $x$, de la fonction $f_y$ sur la suite d'interpolation des $x_i$ ; on obtient ainsi une fonction $F(x,y)$ polynomiale en $x$. On interpole ensuite la fonction $F_x$, la variable étant donc $y$, sur la suite des $y_j$. On obtient ainsi un polynôme $P$ de deux variables $(x,y)$. Montrer, dans le cas général, que ce polynôme interpole bien la fonction $f$ sur le réseau des $M_{i,j}$. Faire les calculs dans les deux cas simples donnés dans 1°) et comparer avec ce qui a été obtenu dans ce 1°).

3°) Soit $G$, polynomiale en $y$, obtenue en interpolant $f_x$ sur la suite des $y_j$. On considère la fonction $Q$ définie, à l'aide de $F$ de $G$ et de $P$ le polynôme précédent, par : $Q(x,y) = F(x,y) + G(x,y) - P(x,y)$. Déterminer la fonction Q dans le premier cas particulier de 1°) et montrer que la fonction Q interpole f sur les côtés du carré $[0,1]\times[0,1]$. Examiner le deuxième cas particulier puis le cas des 9 points dont les coordonnées appartiennent à $\{0,1/2,1\}$. Peut-on généraliser?

**Exercice 96 (Interpolation de type Hermite)**

1°) Les points $M_{i,j}$ étant donnés dans le plan, ainsi qu'une fonction dérivable 2 fois $f$ de deux variables, on se propose de trouver un polynôme H en deux variables tel que : $\forall M_{i,j}\ ,\ H(M_{i,j}) = f(M_{i,j}),\ \frac{\partial H}{\partial x}(M_{i,j}) = \frac{\partial f}{\partial x}(M_{i,j}),\ \frac{\partial H}{\partial y}(M_{i,j}) = \frac{\partial f}{\partial y}(M_{i,j})$.

Résoudre ce problème en utilisant une méthode analogue à celle du 2°) de l'exercice 95.

2°) On donne les 4 points $A,B,C,D$ de coordonnées $(0,0,1);(0,1,2)\ ;(1,0,-1)\ ;(1,1,0)$. Déterminer un carreau de Bézier de degré minimum qui aient ces 4 points pour coins.Peut-on déterminer de tels carreaux de Bézier de degré $(3,3)$ dont les 8 vecteurs dérivés partiels en ces coins soient imposés et qui passent par 4 autres points? Peut-on trouver un tel carreau de degré $(2,2)$ avec 4 plans tangents donnés aux coins? Discuter.

# ANNEXES

## *Annexe 1 (Coefficients du binôme)*

### 1. Définitions

Une combinaison de *i* éléments dans un ensemble qui en contient *n* est un sous ensemble ou partie de celui-ci qui contient un nombre i de ces éléments. On note $C_n^i$ le nombre de ces combinaisons. Un arrangement de i éléments dans un ensemble qui en contient *n* est une **suite** ( donc un sous-ensemble ordonné) constituée de i éléments de cet ensemble. On note $A_n^i$ le nombre de telles suites . En « dérangeant » l'ordre d'un tel arrangement, donc en faisant toutes les permutations possibles qui sont au nombre de i! (factorielle de i ), on fabrique i! combinaisons distinctes.
Un calcul classique de dénombrement, que l'on peut établir par récurrence, montre la formule :

$$C_n^i = \frac{A_n^i}{i!} = \frac{n(n-1)(n-2)......(n-i+1)}{i!} = \frac{n!}{i!(n-i)!}$$

Remarque : On convient que $0! = 1$. Pour les termes extrèmes, o, a $C_n^0 = C_n^n = 1$.

**2. Propriétés** : On a : $C_n^i = C_n^{n-i}$ ; $C_{n+1}^{i+1} = C_n^i + C_n^{i+1}$ ; $\sum_{i=0}^{i=n} C_n^i = 2^n$

### 3.Calcul à l'aide du triangle de Pascal

| | | | |
|---|---|---|---|
| $C_0^0$ | | | |
| $C_1^0$ | $C_1^1$ | | |
| $C_2^0$ | $C_2^1$ | $C_2^2$ | |
| $C_3^0$ | $C_3^1$ + | $C_3^2$ | $C_3^3$ |
| | | $C_4^2$ | |
| | | | |

| | | | |
|---|---|---|---|
| 1 | | | |
| 1 | 1 | | |
| 1 | 2 | 1 | |
| 1 | 3 + | 3 | 1 |
| 1 | 4 | 6 | 4 |
| | | | |

L'algorithme de calcul se base sur la deuxième des égalités précédentes : On fait la somme de deux nombres consécutifs dans une ligne pour trouver le coefficient de la ligne suivante et relatif à la deuxième colonne.

### 4. Autres algorithmes de calcul

- L'un est basé sur la formule $C_n^i = \frac{n-i+1}{i} C_n^{i-1}$ où *n* est fixé, *i* variable. L'algorithme récursif associé, initialisé à $C_n^0 = 1$, se résume en le produit : $C_n^i = \frac{n-i+1}{i} \times \frac{n-(i-1)+1}{i-1} \times .....\times \frac{n-1+1}{1} C_n^0$.

- Un autre est basé sur la formule $C_n^i = \frac{n}{n-i} C_{n-i}^i$ où i est fixé et n variable. L'algorithme récursif associé, initialisé à $C_i^i = 1$, se résume en le produit : $C_n^i = \frac{n}{n-i} \times \frac{n-1}{n-1-i} \times .... \times \frac{i+1}{i} \times C_i^i$.

### 5. Applications classiques importantes

◆ **Formule du binôme de Newton.**
Cette formule permet le calcul de la puissance d'une somme de deux nombres :

$$(a+b)^n = \sum_{i=0}^{i=n} C_n^i a^i b^{n-i} = b^n + C_n^1 a b^{n-1} + C_n^2 a^2 b^{n-2} + ... + a^n.$$

◆ **Formule de dérivation d'ordre n d'un produit de 2 fonctions** (dite aussi formule de Leibniz) :

$$(u=v)^{(n)} = \sum_{i=0}^{i=n} C_n^i u^{(i)} v^{(n-i)} = v^{(n)} + C_n^1 u' v^{(n-1)} + C_n^2 u'' v^{(n-2)} + ... + u^{(n)}$$

## *Annexe 2 (Espaces vectoriels et systèmes linéaires)*

### 1.Définitions et exemples

Le corps $\mathbb{K}$ étant précisé, dit corps des scalaires ($\mathbb{R}$ou $\mathbb{C}$), un ensemble E est dit un espace vectoriel sur $\mathbb{K}$ s'il est doté de deux opérations :

- l'une dite addition vectorielle: $(a,b)\mapsto a+b$ qui munit E d'une structure de groupe commutatif d'élément neutre noté 0 ou $\vec{0}$ ,

- l'autre dite multiplication par les scalaires : $(\lambda ,a)\mapsto \lambda\, a$ appliquant $\mathbb{K}\times E$ dans E et telle que $\lambda(a+b)=\lambda\, a+\lambda b$ , $(\lambda +\mu )a=\lambda\, a+\mu a$ , $\lambda\,(\mu\, a)=(\lambda\, \mu)a$ , $1a=a$ .

Les **exemples** les plus courants sont les espaces des vecteurs libres de la géométrie élémentaire et les espaces de polynômes. En particulier, l'ensemble des polynômes réels de degré inférieur ou égal à l'entier $n$ donné positif est un espace vectoriel $\mathcal{P}_n$ pour les opérations classiques que sont l'addition des polynômes et la multiplication d'un polynôme par un réel.

### 2. Espaces de dimension finie

Etant donnée une partie $A$ finie ou non d'un espace vectoriel $E$, une combinaison linéaire d'éléments de A est un vecteur $y$ qui peut s'écrire $y=\alpha_1 x_1+\alpha_2 x_2+...+\alpha_p x_p$ où les $x_i$ sont pris en nombre fini dans A. On désigne par $[A]$ l'ensemble de toutes ces combinaisons linéaires . Alors, pour les opérations de $E$, $[A]$ est un espace vectoriel ; on dit que c'est le **sous-espace vectoriel de *E* engendré par *A***.

**Définition 1 :** Un espace $E$ est dit « **de dimension finie** » si on peut trouver une partie finie A de E telle que $[A]$ soit égal à $E$ ; $[A]$ est dite alors une partie génératrice finie de $E$. Si, au contraire, il n'existe aucune partie finie de $E$ possédant cette propriété, l'espace est dit « **de dimension infinie** ».

**Définition 2 :** Une partie finie $\{x_1,x_2,...,x_p\}$ de E est dite **libre** si les seuls scalaires, pour lesquels la combinaison linéaire $\alpha_1 x_1+\alpha_2 x_2+...+\alpha_p x_p$ est égale à l'élément nul de E, sont: $\alpha_1=\alpha_2=...=\alpha_p=0$. On dit aussi que les vecteurs de cette partie sont **linéairement indépendants.**

**Définition 3 :** Soit un espace $E$ de dimension finie non réduit au vecteur nul. Soit une partie génératrice finie $A$ extraite de $E$ (il en existe). alors, on peut extraire de $A$ une partie $B$ qui soit libre et qui reste génératrice. Une telle partie $B$ est dite une **base** de $E$.

**Théorème et Définition 4** : Dans un espace $E$ de dimension finie non réduit au vecteur nul, il existe une infinité de bases. On démontre que toutes ces bases ont le même nombre d'éléments. Ce nombre entier, strictement positif, commun à toutes les bases est appelé la **dimension de E**

**Définition 5** : Soit une base ordonnée $(e_1,e_2,e_3,...\,e_n)$ de E. Alors, tout vecteur $x$ de $E$ peut s'écrire d'une manière unique comme combinaison linéaire des vecteurs de cette base : $x=\sum_{i=1}^{i=n}\alpha_i\, e_i$ . Ces scalaires $\alpha_i$ constituent l'ensemble ordonné des **composantes** de x.

**Propriété importante** Lorsque l'on sait qu'un espace E est de dimension finie $n$, alors :

- Toute partie génératrice de E constituée de $n$ éléments est une base,
- Toute partie libre de $E$ constituée de $n$ éléments est une base.

**Exemples de bases** - Dans l'espace $\mathbb{R}^n$ , ensemble des $n$-uples de réels $(a_1,a_2,...a_n)$, les $n$ éléments suivants : $e_1=(1,0,0,...,0)$ ; $e_2=(0,1,0,...,0)$ ;$e_3=(0,0,1,...,0)$... ;$e_n=(0,0,0,...,1)$ forment une base appelée la base canonique de $\mathbb{R}^n$ .

- Dans l'espace $\mathcal{P}_n$, qui est de dimension $n+1$, des polynômes de degré < n+1 (notés $a_n X^n+a_{n-1} X^{n-1}+...+a_0 X^0$), les polynomes suivants : $X^0$ ; $X^1$ ; $X^2$ ;... ; $X^n$ constituent une base ; elle est encore appelée la base canonique de $\mathcal{P}_n$ et les coefficients $a_i$ de l'écriture précédente sont les composantes du polynôme envisagé sur cette base canonique. Les polynômes de Bernstein $B_n^i(X)=C_n^i X^i\,(1-X)^{n-i}$ ,où $i$ prend les valeurs de $0$ à $n$, en constituent une autre. De façon plus générale, $n+1$ polynômes dont les degrés réels s'échelonnent de $0$ à $n$ constituent une base de $\mathcal{P}_n$.

## 3. Normes et distances associées dans un espace vectoriel

**Définitions** Un espace vectoriel $E$ étant donné, de dimension finie ou infinie, une norme sur $E$ est une application de $E$ dans les réels positifs, généralement notée $x \mapsto \|x\|$ qui vérifie :

$\forall(\lambda, x) \in K \times E \quad \|\lambda x\| = |\lambda| \|x\|$, $\forall(x,y) \in E \times E \quad \|x+y\| \leq \|x\| + \|y\|$ et $\|x\| = 0 \Rightarrow x = 0_E$

On définit alors la distance de deux éléments $x$ et $y$ de $E$ par : $d(x,y) = \|x - y\|$.

Deux normes $\| \ \|_1$ et $\| \ \|_2$ sur $E$ sont dites « **équivalentes** » si on peut trouver 2 nombres $m$ et $M$ strictement positifs tels que ; $\forall x \in E \quad m\|x\|_2 \leq \|x\|_1 \leq M\|x\|_2$.

**Propriété** Dans un espace de dimension finie, toutes les normes sont équivalentes. Il en résulte que si une suite $(x_n)$ de cet espace converge vers $x$ au sens d'une norme, autrement dit si $\|x_n - x\|$ tend vers 0, alors elle converge aussi vers $x$ au sens d'une autre norme. Il n'est donc pas besoin de la spécifier la norme utilisée. En général, c'est indispensable de la spécifier si l'espace est de dimension infinie.

## 4. Applications linéaires et matrice d'une application linéaire

Etant donnés deux espaces vectoriels $E$ et $F$ sur le même corps $\mathbb{K}$, une application $f$ de E vers F est dite linéaire si pour tout couple $(x,y)$ de vecteurs de E et tout scalaire $\lambda$ de $\mathbb{K}$, $f$ vérifie :

$$f(x+y) = f(x) + f(y) \text{ de et } f(\lambda x) = \lambda f(x).$$

Dans le cas où les deux espaces $E$ et $F$ sont de dimensions finies $n$ et $p$ et après que des bases soient choisies $(e_1, e_2, e_3, \ldots e_n)$ et $(\varepsilon_1, \varepsilon_2, \ldots, \varepsilon_p)$ dans ces espaces, une telle application linéaire peut être représentée par un tableau rectangulaire de nombres de $\mathbb{K}$ (matrice de $f$ dans les bases données). Cette matrice a $n$ colonnes, la colonne numéro $i$ étant constituée des composantes ordonnées sur la base de $F$ du vecteur $f(e_i)$. Dans le cas où $E=F$, on ne se sert que d'une seule base et la matrice associée à $f$ est une matrice carrée.

## 5. Opérations matricielles

Une matrice $A$ de type *(p-n)*, c'est à dire à $p$ lignes et $n$ colonnes, est généralement notée $A = (a_{i,j})_{1 \leq i \leq p,\ 1 \leq j \leq n}$, le premier indice $i$ étant l'indice de ligne et l'autre $j$ l'indice de colonne.

**Addition** : Lorsque deux matrices $A$ et $B$ sont du même type, la somme des deux matrices est une matrice du même type qui s'obtient en additionnant les termes de $A$ et de $B$ qui ont même rang de ligne et de colonne : $c_{i,j} = a_{i,j} + b_{i,j}$

**Multiplication par un scalaire de $\mathbb{K}$** : $\lambda A$ est la matrice de terme générique $\lambda\, a_{i,j}$.

**Multiplication de deux matrices**

<u>Cas particulier</u> Soit $A$ de type *(p-n)* et une matrice colonne $X = (x_j)$ de type $(n,1)$. Par définition le produit (dans cet ordre) $AX$ est la matrice colonne $(y_i)$ de type $(p,1)$ et de terme générique $y_i = \sum_{j=1}^{j=n} a_{i,j}\, x_j$. Par exemple, si $A$ est la matrice associée à l'application linéaire $f$ et si $X$ est la matrice colonne des composantes dans la base donnée d'un vecteur $x$ de E, alors $AX$ est la colonne des composantes de $f(x)$ dans la base donnée de $F$.

<u>Cas général</u> Dans la multiplication à gauche de $B$ de type $(n-q)$ par $A$ de type $(p-n)$, on suppose que le nombre des colonnes de $A$ est égal au nombre des lignes de $B$. Le produit est alors noté $AB$ ; c'est une matrice de type $(p-q)$. Si on désigne les $q$ colonnes successives de $B$ par $B_1, B_2, \ldots B_q$, alors la matrice $AB$ est composée des $q$ colonnes $AB_1, AB_2, \ldots, AB_q$.

Par exemple si $A$ est la matrice associée à l'application linéaire $f$ de $E$ dans $F$ et si $B$ est la matrice associée à une application linéaire $g$ de $F$ dans $G$, la matrice $BA$ est la matrice associée à l'application linéaire composée $g \circ f$ de E dans G ( bien entendu, les 3 espaces sont munis de bases fixées a priori).

## 6.Problèmes de changements de bases dans un espace vectoriel

**Définition** Une première base $\mathcal{B}_1=\left(e_1,e_2,e_3,\ldots e_n\right)$ étant donnée dans $E$, on en considère une deuxième $\mathcal{B}_2$ dont le vecteur $e'_k$ de rang $k$ s'écrit : $e'_k=\sum_{i=1}^{i=n}p_{i,k}\,e_i$ . Par définition, la matrice de passage $P$ de $\mathcal{B}_1$ à $\mathcal{B}_2$ est la matrice carrée dont la colonne de rang $k$ est constituée des composantes $p_{i,k}$ de $e'_k$ dans $\mathcal{B}_1$.

**Propriétés** -Soit un vecteur $x$ de $E$ dont les colonnes de composantes sur $\mathcal{B}_1$ et $\mathcal{B}_2$ sont $X_1$ et $X_2$, alors $X_1=P\,X_2$ d'où, puisque toute matrice de passage est inversible, $X_2=P^{-1}\,X_1$.

- Soient deux bases $\mathcal{B}_1$ et $\mathcal{B}_2$ dans $E$ et deux bases $\mathcal{U}_1$ et $\mathcal{U}_2$ dans $F$, les matrices de passage étant notées $P$ et $Q$ ( carrées d'ordre $n$ et $p$ respectivement). Soit, par ailleurs, une application linéaire de $E$ dans $F$ qui est représentée par la matrice $A_1$ relativement au choix des bases $\mathcal{B}_1$ et $\mathcal{U}_1$ et par la matrice $A_2$ relativement au choix des bases $\mathcal{B}_2$ et $\mathcal{U}_2$, alors on a la relation : $A_2=Q^{-1}\,A_1\,P$.

## 7. Résolution des systèmes linéaires de n équations à n inconnues

Le système d'équations $A\,X=B$ où $X$ est la colonne des n inconnues et $B$ la colonne second-membre admet une solution unique quelle que soit $B$ si la matrice carrée $A$ d'ordre $n$ est inversible. Le système est alors dit « de Cramer ».

Chacune des conditions suivantes est équivalente à cette inversibilité :

1°) Le déterminant de $A$ est non nul,

2°) Le rang de $A$ est égal à $n$, autrement dit les colonnes de A sont indépendantes dans $\mathbb{R}^n$,

3°) Le noyau de $A$ est réduit au vecteur nul, autrement dit, le système homogène associé $A\,X=0$, dit aussi « sans second membre » n'admet que la solution nulle $X=0$.

**Méthodes numériques de résolution d'un système de Cramer**

En dehors de l'utilisation des déterminants et des méthodes élémentaires d'élimination ou de substitution qui ne sont utilisées que pour les faibles valeurs de $n$ ($n<5$), les méthodes numériques se divisent en deux classes : les méthodes directes et les méthodes itératives.

**Méthodes directes** (Cf, les références d'analyse numérique de **[51]** à**[58]**)

Elles consistent à se ramener à la résolution d'un sytème équivalent $M\,A\,X=MB$, obtenu en multipliant par une matrice $M$ inversible, où la matrice $M\,A$ est une matrice triangulaire ; ce dernier système se résolvant par la méthode élémentaire de substitution ( la dernière équation ne contient qu'une inconnue, on remplace dans la précédente et ainsi de suite ...).

Il en est ainsi des méthodes du pivot, des méthodes « $LU$ », de la méthode de Choleski pour les matrices symétriques définies-positives, des méthodes $QR$...(voir les références bibliographiques).

**Méthodes itératives**

Ayant décomposé la matrice $A$ sous la forme $A=M-N$ où $M$ est inversible, le système est équivalent au système $X=M^{-1}\,N\,X+M^{-1}\,B$. On considère alors la suite de vecteurs $\left(X^{(m)}\right)_{m\geq 0}$ de $\mathbb{R}^n$ dont le premier terme est arbitraire et dont le terme général est défini de façon itérative par $X^{(m+1)}=M^{-1}\,N\,X^{(m)}+M^{-1}\,B$. Il s'agit ensuite de savoir si, lorsque $m$ tend vers $+\infty$, la suite admet une limite dans $\mathbb{R}^n$, cette limite étant alors nécessairement X la solution du problème considéré. Ceci revient à dire, qu'étant donnée une norme $\|.\|$ choisie *arbitrairement* dans $\mathbb{R}^n$ (Cf. le paragraphe 3), on a $\lim_{m\to+\infty}\left\|X^{(m)}-X\right\|=0$.

Les méthodes de ce type, les plus courantes, conduisent aux méthodes de Jacobi, de Gauss-Seidel et de relaxation. Dans la méthode de Jacobi, $M=D$ où $D$ est la diagonale de $A$ supposée inversible. Dans la méthode de Gauss-Seidel, $M=D-E$ où $-E$ est la matrice obtenue à partir de $A$ en remplaçant par *0* les termes strictement au-dessous de la diagonale. On énonce deux résultats de convergence :

- Si $A$ est symétrique définie- positive, la méthode de Gauss-Seidel converge.
- Si $A$ est à diagonale strictement dominante, c'est à dire si $\left|a_{i,i}\right|>\sum_{k\neq i}\left|a_{i,k}\right|$ pour tout i allant de *1* à $n$, alors la méthode de Gauss-Seidel converge.

## *Annexe 3 ( Etude locale des courbes paramétriques)*

Dans ce qui suit, on considère, dans l'espace rapporté à un repère donné, une courbe définie par une fonction vectorielle $\vec{V}$ selon la formule : $\overrightarrow{OM}(t) = \vec{V}(t) = x(t)\vec{i} + y(t)\vec{j} + z(t)\vec{k}$ . On se place au voisinage d'un point $M(t_0)$ où les fonctions sont dérivables suffisamment .

### 1. Etude au premier ordre. Tangente en un point

Soit $p$ l'entier le plus petit tel que $\vec{V}^{(p)}(t_0) \neq \vec{0}$ . Alors, **ce vecteur est un vecteur directeur pour la tangente à la courbe en $M(t_0)$.**

### 2. Etude au second ordre. Position locale de la courbe

On considère ensuite le vecteur dérivé de plus petit ordre $q$ supérieur à $p$ tel que le produit vectoriel $\vec{V}^{(p)}(t_0) \wedge \vec{V}^{(q)}(t_0)$ soit non nul. On peut effectuer un développement limité de la fonction $\vec{V}$ au voisinage de $t_0$ ( où $\varepsilon_i(t)$ tendent vers 0 lorque $t$ tend vers $t_0$) :

$$\vec{V}(t) - \vec{V}(t_0) = (t - t_0)^p\left(\frac{1}{p!} + \varepsilon_1(t)\right)\vec{V}^{(p)}(t_0) + (t - t_0)^q\left(\frac{1}{q!} + \varepsilon_2(t)\right)\vec{V}^{(q)}(t_0)$$

Par le choix de $p$ et de $q$, ces vecteurs dérivés d'ordre $p$ et $q$ déterminent un plan qui est dit **le plan osculateur à la courbe en $M(t_0)$.** En désignant ces vecteurs par $\vec{W}_1$ *et* $\vec{W}_2$ , on peut écrire :

$\vec{V}(t) = \vec{V}(t_0) + X_1(t)\vec{W}_1 + X_2(t)\vec{W}_2$ avec :

$$X_1(t) = (t - t_0)^p\left(\frac{1}{p!} + \varepsilon_1(t)\right) \text{ et } X_2(t) = (t - t_0)^q\left(\frac{1}{q!} + \varepsilon_2(t)\right)$$

Suivant que $p$ est pair ou impair $X_1$ peut rester toujours positif ou bien prendre les deux signes en passant par *0*. De même pour $Y_1$ en raisonnant sur $q$. Les figures suivantes résument la **discussion** :

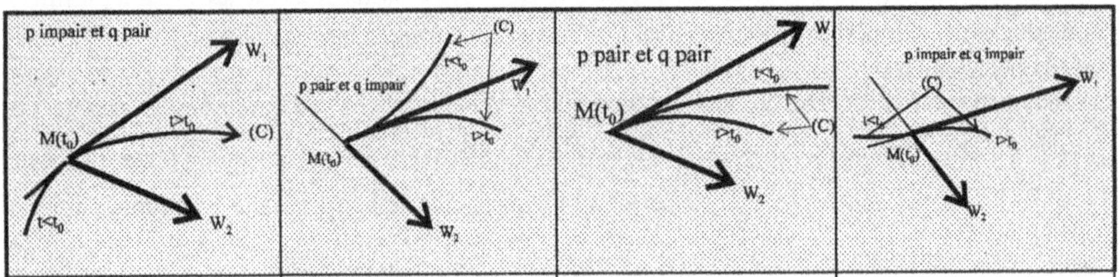


| | | | |
|---|---|---|---|
| **Allure de point ordinaire** | **Allure de point de rebroussement de première espèce** | **Allure de point de rebroussement de deuxième espèce** | **Allure de point d'inflexion** |

Pour $p=1$ et $q=2$, le point est dit ordinaire. Pour $p=1$ et $q=3$, le point est un point d'inflexion. Pour $p=2$ et $q=3$, le point est dit rebroussement de première esmèce. Pour $p=2$ et $q=4$ le point est dit rebroussement de deuxième espèce. Il en resulte donc qu'en laissant de côté les cas d'extension de ces différents types de points, un point ordinaire est caractérisé par $\vec{V}^{(1)}(t_0) \wedge \vec{V}^{(2)}(t_0) \neq \vec{0}$ , un point d'inflexion est caractérisé par $\vec{V}^{(1)}(t_0) \neq \vec{0}$ et $\vec{V}^{(1)}(t_0) \wedge \vec{V}^{(2)}(t_0) = \vec{0}$ et les points de rebroussement ou points stationnaires) par $\vec{V}^{(1)}(t_0) = \vec{0}$ .

## *Annexe 4 (Approximation et lissage)*

### 1.Approximations arbitrairement fines

**Définitions :** Une norme ayant été définie sur un espace vectoriel $E$ de fonctions définies sur un intervalle $(a,b)$, on dit qu'une suite de fonctions $(g_m)$ de cet espace converge , au sens de cette norme vers la fonction $f$ de cet espace si : $\lim_{m\to+\infty}\|g_m - f\| = 0$. Une approximation, « à $\varepsilon$ près », au sens de cette norme, peut alors être obtenue par une des fonctions $g_m$ , $m$ étant assez grand pour que $\|g_m - f\| \leq \varepsilon$.

Parmi les normes de $E$ les plus utilisées, figure la norme de la convergence uniforme sur $[a,b]$. Elle est définie par : $\|f\|_\infty = Sup\{|f(t)|\ ,\ t \in [a,b]\}$. La suite $(g_m)$ converge donc uniformément sur $[a,b]$ vers $f$ si : $\|g_m - f\|_\infty = Sup\{|(g_m - f)(t)|\ ,\ t \in [a,b]\} \to 0$.

**Résultats concernant ce type d'approximation**

**Théorème de Weierstrass :** Soit $f$ une fonction continue sur $[a,b]$. Alors il existe une suite $(g_m)$ de polynômes (ou plutôt de restrictions à $[a,b]$ de tels polynômes) qui converge uniformément sur $[a,b]$ vers $f$. Par exemple, lorsque $[a,b]=[0,1]$ on peut prendre pour fonctions $g_m$ celles définies par les polynômes de Bernstein de degré $m$ associés à $f$ de la façon suivante : $g_m(t) = \sum_{i=0}^{i=m} f\left(\frac{i}{m}\right) B_m^i(t)$.

**Résultats en relation avec l'interpolation :** Il existe des fonctions $f$ continues sur $[a,b]$ telles que si l'on considère les interpolants de $f$ relativement aux suites d'interpolation régulières de $[a,b]$ contenant $m$ points, la suite de ces interpolants ne converge pas uniformément vers $f$ sur $[a,b]$. En revanche, ce résultat de convergence peut être obtenu pour certaines familles de suites d'interpolation ou bien en faisant des hypothèses supplémentaires sur $f$.

### 2. Meilleure approximation dans un sous-espace

**Définition :** Soit un sous-espace vectoriel $V$ de l'espace de fonctions $E$. On suppose $E$ muni d'une norme $\|.\|$ et, pour toute fonction $f$ de E, on pose $d(f,V) = inf\{\|f - v\|,\ v \in V\}$ . La fonction $f$ étant donnée, la meilleure approximation de $f$ dans $V$, si elle existe, est un élément g de $V$ tel que $\|f - g\| = d(f,E)$.

**Résultats généraux**

Si le sous-espace $V$ est de dimension finie, alors tout élément $f$ de $E$ admet une meilleure approximation dans $V$. Il n'y a pas toujours unicité.

Si la norme choisie est, par exemple, associée à un produit scalaire (norme euclidienne ou hermitienne), on obtient l'unicité.

**Résultats concernant les splines** ( Cf. en particulier **[47]** et **[55]**)

Toute fonction continue sur $[a,b]$ a une meilleure approximation unique dans l'espace $S_m(x_1,x_2,..,x_k)$ au sens de la norme en moyenne définie par : $g \mapsto \int_a^b |g(t)|dt$. Mais, c'est seulement sous certaines conditions que $f$ a une meilleure approximation, au sens de $\|\ \|_\infty$, dans cet espace.

### 3. Notions de lissage

Soient $E$ un espace de fonctions définies sur $[a,b]$, $V$ un de ces sous-espaces et $n$ applications, notées $A_i$ de $E$ vers $\mathbb{R}$. Par exemple, une suite d'interpolation étant donnée, $A_i(f) = f(x_i)$. Deux fonctions $f$ et g étant données, l'une dans $E$, l'autre dans $V$, on peut considérer le réel positif $\delta(f,g) = Sup\{|A_i(f) - A_i(g)|,\ i \in [[1,n]]\}$. On dit que $h$, élément de $V$ réalise un lissage de $f$ au sens des applications $A_i$ si $\forall g \in V\ ,\delta\ (f,h) \leq \delta(f,g)$. Le problème d'interpolation approchée, en particulier lorsque $V = S_m(x_1,x_2,..,x_k)$, rentre dans ce cadre.

# Bibliographie

[1] **AHLBERG. J** *The Theory of splines and their apllications .* Académic Press 67
[2] **BARNHILL R** *Représentations et approximation of surfaces* Math.Software III Acad Press 77
[3] **BARSKY, BARTELS ET BEATY** *Mathématiques et C.A.O Les B-splines* Vol 6 Hermes (1987)
[4] **BARSKY, BARTELS ET BEATY** *Mathématiques et C.A.O Les bêta-splines* Vol 7 Hermes (1987)
[5] **BERNSTEIN** *Démonstration du théorème de Weierstrass.*Harkov Soobs Matem 13 (1912)
[6] et [7] **BEZIER.P** *Déf. numérique des courbes et surfaces I et II* Automatisme 11 et 12 (1966, 1967)
[8] *Essai de définition numérique des courbes et des surfaces expérimentales* PhD thése (1977)
[9] *The mathemlatical basis of the UNUSURF CAD System.* Butterworths, London (1986)
[10] *Mathématiques et C.A.O Courbes et Surfaces.* Volume 4 de la collection Hermes (1986)
[11] **BOEHM W** *Generating the Bézier points de B-splines* Computer Aided Design, 13 (1981)
[12] *Inserting new knots into B-splines curves* Computer aided Design, 12 (1980)
[13] *Rational geometric splines* Computer aided Désign, 4 (1987)
[14] **CHANG. G** *Matrix formulation of Bézier technique* Computer aided Désign, 14 (1982)
[15] **COONS S** *Mathématiques et C.A.O Méthode matricielle* Vol5 Hermés (1987)
[16] *Rational bicubic surface patches* Technical Report M I T(1968)
[17] **Coons, Barnhill et Riesenfeld** *Surface patches and B-splines curves* Computer Aided Design (1974)
[18] *COX* *The numerical evaluation of B-splines* D.N.A.C 4 Physical laboratory (1971)
[19] **DE BOOR** *Bicubic spline interpolation* Journal Math Phys 41 ( 1962)
[20] *On calculating with B-spline* Journal Approx Math (1972)
[21] **De Boor et Hollig** *Hermite Interpolation* Computer Aided Désign 4 (1988)
[22] **DE CASTELJAU** · *Courbes et surfaces à pôles* Rapport technique Citroën Paris (1963)
[23] *Shape Mathematics and C.A.D* Kogan page London (1986)
[24] **FARIN .G** *Algorithms for rational Bézier curves* Computer Aided Désign 15 (1983)
[25] *Triangular Bernstein- Bézier patches* Computer Aided Désign 3 (1986)
[26] *Curvature and the fairness of curves and surfaces* Comp. graphics et applications 9 (1989)
[27] *Courbes et surfaces pour la CGAO* Masson (1992)
[28] **FERGUSON** *Construction de curves and surfaces using optimisation* Comp.Aided Désign 18 (86)
[29] *Multivariable curve interpolation* J.A.C.M II 2 (1964)
[30] **FILIP. D** *Adaptative subdivision algorithms for a set triangles* Comp. Aided Désign 18 (1986)
[31] *FORREST* *Interpolation and approximation by Bézier polynômials.* Computer J 15 (1972)
[32] *On Coons and other methods* for *représentation of surfaces* .Comp. Graphics and Image Proces.72
[33] **GORDON et Riesenfeld.** *Bernstein-Bézier methods for the computer aided design* J.A.C.M (1974)
[34] *B-splines et Surfaces* C.A.G.D (1974)
[35] **GREGORY.J** *Smooth interpolation without twist sonstraints* Comp. Aided Désign (1974)
[36] **GREVILLE.T** *Theorey and applications of spline fonctions* Académic Press (1969)
[37] **LORENTZ.** *G Bernstein polynomials* Toronto press(1953)
[38] **PRAUTTSCH.H** *Degrée elevation,of spline curves* Comp. Aided Désign 18 (1984)
[39] **RIESENFELD.R** *Applications de b-spline approx to geométric problems* Thèse UTAH (1973)
[40] **SABIN.M** *Recursive subdivision Mathematics of surfaces* Clarendon press (1986)
[41] *Spline surface* British Aicraft Corp (1969)
[42] *Trinomial basis functions for interpolation in triangular regions* British Aicraft Corp (1971)
[43] **SABLONNIERE.P** *Bases de Bernstein et approximants splines* Thèse LILLE (1982)
[44] *Interpolation by quadratic plines on triangles and squares* Comput. in Industry 3 (1982)
[45] *Bernstein-Bezier method for the construction* of *bi-variate spline approximants* C.A.G.D (1985)
[46] **SCHOENBERG.I** *On spline fonctions in Inequalities* Academic Press (1967)
[47] **SCHUMAKER.***L* *Spline fonctions Basic Theory* Wiley (1981)
[48] **TILLER.W** *Rational B-splines for curve and surface représentation.* Comp. graphic and app 3. (83)
[49] **VERON.M** *Contribution aux surfaces numériques U.N.I.S.U.R.F Raccordement* Th NANCY .(73)
[50] **VERSPRILLE.K** *Computer aided design applications of the rational B-spline* Th.Syracuse (1975)

**Références en analyse numérique et en approximation**

[51] **Céa** *Optimisation Théorie et algorithmes.* Dunod (1971)
[52] **Ciarlet** *Introduction à l'analyse numérique et à l'optimisation.* Masson (1982)
[53] **Gastinel** *Analyse numérique linéaire.* Hermann (1966)
[54] **Hagueman and Young** *Applied itérative méthods.* Académic Press (1982)
[55] **Laurent J.P** *Approximation et optimisation.* Hermann (1973)
[56] **Nürnberger** *Approximation by spline functions.* Springer-Verlag (1989)
[56] **Stewart** *Introduction to matrix computations.* Academic Press (1973)
[58] **Varga** *Matrix iterative analysis.* Prentice Hall (1962).

Imprimé en France par CPI Firmin Didot. Dépôt légal Février 1998 (153705)